Lehrbuch der zeitgemäßen Vorkalkulation im Maschinenbau

von

Ingenieur **Friedrich Kresta**
Beratender Ingenieur, Wien

unter Mitarbeit von

Oberingenieur **Theodor Käch**
Betriebsleiter, Ravensburg (Wttbg.)

Zweite
umgearbeitete Auflage

Mit 132 Abbildungen, 116 Tabellen
und 7 logarithmischen Tafeln

Springer-Verlag Berlin Heidelberg GmbH 1928

ISBN 978-3-662-40632-8   ISBN 978-3-662-41112-4 (eBook)
DOI 10.1007/978-3-662-41112-4
Softcover reprint of the hardcover 2nd edition 1928

Mit Erlaß des Österreichischen Bundesministeriums für Handel und Verkehr vom 27. März 1926 Z1 64160—15 zum Unterrichtsgebrauch an gewerblichen Bundeslehranstalten technischer Richtung und verwandten Lehranstalten allgemein zugelassen.

Vorwort zur ersten Auflage.

Die Vorkalkulation der zu bearbeitenden Werkstücke erfordert reiche Erfahrungen auf dem Gebiete moderner und rationeller Arbeitsmethoden, sowie vielseitige Kenntnisse aller Arbeitsmaschinen und deren Hilfswerkzeuge; sie stellt an den Kalkulationsbeamten Anforderungen, die ein reiches praktisches und technisches Können bedingen.

Die systemlose Festsetzung der Akkordpreise, speziell die berühmte „sichere Schätzung", führt zu fortwährenden Streitigkeiten mit der Arbeiterschaft, sie hat schon manchem, mit den besten Mitteln ausgestatteten und sonst gut geleiteten Betriebe großen Schaden gebracht und ist deshalb grundsätzlich zu verwerfen.

Obzwar die Gegensätze zwischen den Wünschen des Unternehmers und dem seine Arbeitskraft verkaufenden Arbeitnehmer sich nie ganz beseitigen lassen, so können doch dieselben durch eine sachgemäße genaue Vorherbestimmung der Arbeitsdauer des Werkstückes bedeutend gemildert werden.

Die moderne Vorkalkulation bedingt deshalb die Berechnung der Laufzeiten auf wissenschaftlicher Grundlage, nach Schnittgeschwindigkeit und Vorschub, sowie die Vorbestimmung der Arbeitsdauer eines Werkstückes scharf getrennt nach Maschinenzeiten und Handzeiten.

Eine Schätzung der Arbeitsdauer soll in der modernen Vorkalkulation nur ausnahmsweise und nur dort stattfinden, wo eine Berechnung der Laufzeit nach Schnittgeschwindigkeit und Vorschub nicht möglich ist.

Erwähnt sei ferner, daß die Berechnung bzw. Akkordierung nach Flächeninhalt in keinem Betriebe gehandhabt werden sollte, da dieselbe, wie einige Beispiele in diesem Buche zeigen, falsch ist. Diese Berechnungsart mag höchstens zur rohen Schätzung bei Überschlagsrechnungen ihre Anwendung finden.

Da ich während meiner langjährigen Tätigkeit als Betriebsleiter und als Bureauchef der Vorkalkulation leider immer wieder die Erfahrung machen mußte, daß gerade der Vorkalkulation, diesem so wichtigen Zweige eines modern organisierten Betriebes, nicht immer das nötige Verständnis entgegengebracht wird, da ferner in bezug auf Schnittgeschwindigkeit und Vorschub in vielen Fällen ganz irrige Begriffe vorherrschen und die Wechselbeziehungen zwischen Schnittgeschwindigkeit und Vorschub einerseits und der Spantiefe andererseits oft vollständig verkannt werden, so habe ich mich

I*

zur Herausgabe dieses Buches entschlossen. Bei der Abfassung desselben war ich bestrebt, den reichhaltigen Stoff in möglichst einfacher, auch für den Laien leichtverständlichen Weise zu behandeln, damit auch jenen Werkmeistern oder Kalkulationsbeamten, denen nicht die Gelegenheit geboten war, eine technische Schule zu besuchen, die Möglichkeit gegeben ist, sich in das Wesen der modernen Vorkalkulation einzuführen.

In diesem Buche sind alle zur Berechnung der Laufzeiten erforderlichen Formeln, Tabellen, logarithmischen Tafeln und Anleitungen, sowie viele Beispiele enthalten, die es dem Kalkulationsbeamten, Werkmeister und Betriebsleiter ermöglichen, rasch und sicher die Laufzeiten zu berechnen.

Durch die Veröffentlichung dieses Werkes hoffe ich, ein für die Vorkalkulation praktisches Hilfs- und Nachschlagebuch geschaffen und hierdurch einem allgemeinen Bedürfnisse auf diesem Gebiete abgeholfen zu haben.

Gleichzeitig richte ich an die verehrten Fachkollegen die Bitte, mir durch sachliche Kritik den weiteren Ausbau dieses Buches und die Beseitigung von Unvollkommenheiten zu ermöglichen.

Wiener-Neustadt, im August 1921.

Der Verfasser.

Vorwort zur zweiten Auflage.

Der rasche Absatz der ersten Auflage dieses Werkes zeugt von der wachsenden Bedeutung, die man allenthalben und mit vollstem Recht der technischen Vorkalkulation beimißt und berechtigt ferner zu der Annahme, daß das Werk den allgemeinen Bedürfnissen entsprochen hat.

Die von seiten der geehrten Fachkollegen gemachten Vorschläge und Anregungen zum weiteren Ausbau des Werkes veranlaßten mich, an die Ausarbeitung der zweiten Auflage zu schreiten und nachstehende Ergänzungen bzw. Erweiterungen durchzuführen.

1. Über Kalkulation und Unkosten-(Selbstkosten-)Berechnung im allgemeinen.

2. Über Gliederung von Hand- und Maschinenarbeitszeiten.

3. Über Zeitverluste und Ermüdungszuschläge.

4. Über Maschinenkarten.

5. Über Herstellungspläne und Gliederung der Arbeitsgänge in Einzelelemente.

6. Über Berechnung von Arbeitszeiten auf Maag-Zahnradhobel- und -Schleifmaschinen.

7. Über Berechnung von Schlosser- und Montagearbeiten.

8. Über Berechnung von Arbeitszeiten bei Autogen- und elektr. Schweißen.

9. Über Zeitstudien usw.

Außerdem wurden die Aufsätze über Schleifarbeiten (Innen- und Außenschleifen), dann über Schnittgeschwindigkeiten und über Arbeiten an der Bohrmaschine nach neuzeitigen Anschauungen umgearbeitet und durch den Aufsatz über Gewindschneiden auf der Bohrmaschine ergänzt. Auch die übrigen Aufsätze wurden textlich erweitert und verbessert sowie durch Tabellen, logarithmische Täfeln und Formeln vervollkommnet.

Allen Fachkollegen, die durch Vorschläge und Anregungen den weiteren Ausbau des Werkes ermöglichten, spreche ich an dieser Stelle meinen Dank aus.

Insbesondere aber danke ich meinem Mitarbeiter, Herrn Ober-Ing. Käch, der durch seine vorzüglichen Fachkenntnisse wesentlich zum Gelingen der vorliegenden Neuauflage beigetragen hat.

Zum Schluß richte ich an die verehrten Fachkollegen abermals die Bitte, mich bei dem weiteren Ausbau dieses Werkes durch Vorschläge und Anregungen, speziell in den Fachgebieten der Schlosserei, Schmiederei und Spenglerei, kurz in allen jenen Gebieten, bei welchen vorwiegend mit Handarbeiten zu rechnen ist, zu unterstützen.

Wien, im Februar 1928.

Der Verfasser.

Inhaltsverzeichnis.

I. Einleitung.
Seite

Grundlagen der Selbstkostenberechnung 1
   Die direkten (Einzel-) Kosten 1
   Die indirekten (Gemein-) Kosten 3
Aufteilung der indirekten (Gemein-) Kosten auf die Kostenstellen 5
   Nach der Prozent-Lohnregie-Methode 5
   Nach der Zeit-Platzkosten-Methode 6
      Beispiele . . . . 9—11
Grundlagen der Zeitkalkulation 12
Der Zeitakkord 13
Schnittgeschwindigkeit, Vorschub, Spantiefe und deren Wechselbeziehungen
  zueinander 15
     a) Die Schnittgeschwindigkeit 16
       Beispiele 16
     b) Die Bestimmung der Schnittgeschwindigkeit und des wirtschaft-
       lich günstigsten Spanquerschnittes 23
     c) Erklärung der lg. Tafel I zur Bestimmung von Schnittgeschwindig-
       keit und Spanquerschnitt 26
Handarbeiten (Handarbeitszeiten) 28
Zeitverluste und Ermüdungs-Zuschläge 32
Herstellungspläne 32
     a) Zweckmäßigkeit und Ausarbeitung 32
     b) Zergliederung der Arbeitsgänge in Einzel-Elemente 36
     c) Unterweisungskarten 36
Maschinenkarten 40

II. Maschinen mit umlaufender Bewegung.
1. Drehbänke.

Allgemeines 47
Die Laufzeitberechnung bzw. Formeln für die Ermittlung:
   1. Der Schnittgeschwindigkeit 49
   2. Der Umdr./min 50
   3. Des mittleren Durchmessers 50
   4. Der Breite der Kreisringfläche 51
Die Laufzeiten:
   1. Für Langdrehen 53
   2. Für Plandrehen 53
   3. Bei bekannten Umdrehungen 56
   Kalkulationsbeispiele für Dreharbeiten . . . . 56—64
Das Gewindeschneiden 65
Beispiele für die Zeitberechnung:
     a) Nach Formeln 68
     b) Nach Tabellen 69

2. Revolverbänke und Automaten.

Griff- und Einrichtzeiten 72
Zeiten für Stähle schleifen 74
   Kalkulationsbeispiele für Revolverbänke . . . . 75—80
   Kalkulationsbeispiele für Automaten . . . . 80—84

Seite

3. Die Schleifmaschine.

Schnittgeschwindigkeit der Schleifscheibe 88
Umfangs-Geschwindigkeit des Arbeitsstückes 88
Tischvorschub 89
Spantiefe 90
Schleifzugabe 91
Laufzeitberechnung 92
    Kalkulationsbeispiele . . . . 96—97

4. Die Bohrmaschine.

Laufzeitberechnung 99
Schnittgeschwindigkeit und Umdrehungen 103
Aufspann- und Griffzeiten 104
Der Stiftenlochbohrer 106
    Kalkulationsbeispiele . . . . 107—108
Das Gewindeschneiden auf der Bohrmaschine 112
Laufzeitberechnung für das Schneiden von Gewinden:
    1. In Sacklöcher 123
    2. In Durchgangslöcher:
        a) ohne Rücklauf 123
        b) mit Rücklauf 124
        Kalkulationsbeispiele 125
Das Einziehen von Schraubenbolzen auf der Bohrmaschine 127
    Formeln für die Laufzeitberechnung 127
    Kalkulationsbeispiele . . . . 129—130
Reibarbeiten auf der Bohrmaschine:
        a) Das Ausreiben zylindrischer Bohrungen 130
        Formeln für die Laufzeitberechnung 131
        b) Das Ausreiben konischer Löcher 132
        Formeln für die Laufzeitberechnung 132
        Kalkulationsbeispiele . . . . 136—137

5. Die Fräsmaschine.

Schnittgeschwindigkeit, Vorschub und Schnittwiderstand 139
    Erklärung der lg. Tafel II zur Ermittlung der Werte Schnittgeschwindig-
    keit, Vorschub und Schnittwiderstand 145
Laufzeitberechnung 148
Das Nutenfräsen 150
        a) mittels Schaftfräser 150
        b) mittels Zweischneider 151
        c) mittels hinterdrehten Scheibenfräsern 151
Laufzeitberechnung 152
    Kalkulationsbeispiele 156
Das Rundfräsen 156
    Kalkulationsbeispiel 157
Das Fräsen von Spitz- und Flachgewinden und Schnecken:
        a) Mit walzenförmigen Gewindefräsern 157
        Formeln für die Ermittlung der Werte, Querschnitt, Vorschub,
        Schnittdruck- und Schnittzeit . . . . 158—160
        Erklärung der lg. Tafel III zur Ermittlung der Werte, Vorschub,
        Schnittdruck- und Schnittzeit 161
        Beispiel 162
        b) Mit Scheiben- oder Modul- bzw. Profilfräsern 162
        Formeln für die Laufzeitberechnung 164
        Kalkulationsbeispiele 166
Das Zahnradfräsen 167
        a) Nach dem Teilverfahren:
        Formeln für die Laufzeitberechnung 167
        Kalkulationsbeispiel 170

Seite

b) Nach dem Abwälzverfahren:
   Formeln für die Laufzeitberechnung 175
   Kalkulationsbeispiel 176

6. Die Kaltkreissäge.

Kalkulationsbeispiele . . . . 180 u. 186

III. Maschinen mit hin- und hergehender Bewegung.

1. Die Langhobelmaschine.

Schnittgeschwindigkeit 187
Laufzeitberechnung 190
Aufspannzeiten 194
   Kalkulationsbeispiele . . . . 197—201

2. Die Kulissen-Hobelmaschine.

3. Die Shapingmaschine.

Laufzeitberechnung 207
Einricht-, Griff- und Aufspannzeiten 207
   Kalkulationsbeispiele . . . . 208—210

4. Die Zahnradhobelmaschine.

A. Das Abwälzhobelverfahren System Bilgram 211
   a) Hobeln der Stirnräder 211
   b) Hobeln der Kegelräder 212
B. Das Abwälzhobelverfahren mittels Schneidrad System Fellow 225
C. Das Abwälzhobelverfahren System Maag 216
D. Das automatische Kegelrad-Abwälzhobelverfahren System Cleason . . 218
Die Schnittgeschwindigkeit 219
   a) Für das Abwälzhobelverfahren System Bilgram 219
   b) Für das Abwälzhobelverfahren System Fellow mittels Schneidrad 219
   c) Für das Abwälzhobelverfahren System Maag 220
Der Vorschub
   a) Nach dem System Bilgram 224
   b) Nach dem System Fellow 229
   c) Nach dem System Maag 230
Die Laufzeitberechnung 230
   a) Nach dem Abwälzverfahren System Bilgram 231
   b) Nach dem Abwälzverfahren System Fellow 231
      1. Auf der Röber-Zahnrad-Stoßmaschine 231
      2. Auf der Zahnrad-Stoßmaschine von Lorenz 232
   c) Nach dem Abwälzverfahren System Maag 234
Maschinen-Einrichtzeiten System Maag 235
    „   „   System Bilgram und Fellow 237
    „   „   System Oerlikon und Cleason 238
   Zeiten für Stähle schleifen 238
   Kalkulationsbeispiele . . . . 238—241

5. Die Stirnradschleifmaschine System Maag.

Bestimmung der Schleifzeit 243
   Beispiel 245

IV. Das Akkordieren von Handarbeiten.

1. Schlosserarbeiten.

A. Meißeln und Feilen 248
B. Gewindeschneiden 250
C. Abrichten und Schaben von Flächen, Lagerschalen und Ringen 254

2. Das autogene Schweißen.

3. Das elektrische Schweißen.

A. Das Widerstand-Schweiß- und Erhitzverfahren 256
    a) Punktschweißung 256
    b) Nahtschweißung 258
    c) Stumpfschweißung 251
    d) Erhitzung 269
B. Die Lichtbogenschweißung 262
    a) In Schmiedeeisen 262
    b) In Gußeißen 263
Vergleichsberechnungen der elektrischen gegenüber der Feuerschweißung:
    a) Punktschweißung 266
    b) Stumpfschweißung 268

4. Das Akkordieren von Wickeleiarbeiten im Elektro-Motorenbau nach empirischen Formeln.

    a) Für Drehstrom . . . . 269—272
    b) Für Gleichstrom . . . . 273—275

V. Schlußwort.

1. Zeitstudien.

2. Der Kalkulations- und Betriebs-Rechenschieber.

Rechnungsbeispiele . . . . 287—291

3. Genormte Schruppstähle.

Druckfehler-Berichtigung.

Seite 52, Tabelle 6, für Plandrehen, Kreisringfläche lies: $T = \dfrac{(d_a + d_i) \cdot \pi \cdot l \cdot x}{2 \cdot v \cdot 60 \cdot s}$

statt: $T = \dfrac{(d_a + d_i)\, l \cdot x}{2 \cdot v \cdot 60 \cdot s}$

„ 67, Aufschrift der Tabelle 13 lies: 33,3 mm/sek, statt: m/sek

„ 70, 3. Zeile lies: mittelhartes, statt: mittelstarkes

„ 70, letzte Zeile im vorletzten Absatz lies: Tabelle 6, statt: Tabelle 5

„ 83, in der 2. Formel lies: $\dfrac{80 + 70}{45 \cdot 2}$, statt: $\dfrac{80 + 70}{35 \cdot 3,14}$

„ 136, vorletzte Zeile lies: Werkzeug wechseln 0,20, statt: 0,10

„ 179, 9. Zeile lies: $x = 0,75\, r = 300$ mm, statt: 100 mm

„ 239, 11. Zeile lies: $T = 0,35 \cdot 60 = 21,0$, statt: $T = 35 \cdot 60 = 21,0$

„ 241. 19. Zeile lies: $7 \cdot 1,30 = 9$, statt: $7 \cdot 1,35 = 9$

„ 249. 20. Zeile lies: $\dfrac{3,14}{2,2} \cdot M$, statt: $\dfrac{2,2}{3,14} \cdot M$

I. Einleitung.

Grundlagen der Selbstkostenberechnung.

Unter Kalkulation versteht man die Verkaufspreis-Bestimmung eines Erzeugnisses. Je nachdem dieselbe vor oder nach der Herstellung erfolgt, spricht man von einer Vor- oder Nachkalkulation. Dieses Werk beschränkt sich lediglich auf die Vorkalkulation.

Die Vorkalkulation befaßt sich somit nicht nur mit der Festsetzung der Herstellungszeiten, bzw. der sogenannten produktiven Kosten, sondern auch mit der Ermittlung aller Aufwendungen, die das Erzeugnis zu seiner Herstellung verursacht.

Man unterscheidet hierbei direkte (oder Einzel-) Kosten und indirekte (oder Gemein-) Kosten. Letztere sind wesentlich vom Beschäftigungsgrad des Werkes abhängig und zerfallen daher wieder in konstante und veränderliche Kosten.

Das Unkostenverteilungsschema Abb. 1 veranschaulicht die Aufteilung der Kostenarten auf das Erzeugnis (den Kostenträger), wobei, je nach ihrer Eigenart, die direkten Kosten unmittelbar und die indirekten Kosten mittelbar im Wege über die Kosten- und Hilfskostenstellen dem Kostenträger angelastet werden.

Die Summe aller Kosten ergibt die Selbtkosten.

Selbstkosten + Gewinn den Verkaufspreis.

Die Berechnung bzw. der Voranschlag der mutmaßlichen Selbstkosten erfolgt durch die technische Vorkalkulation.

Der Verkaufspreis bzw. die Höhe des Gewinnes hingegen wird von der kaufmännischen Leitung bestimmt.

Die direkten (Einzel-) Kosten.

Hierunter fallen:

a) die Materialkosten, die unmittelbar für ein Erzeugnis (Kostenträger) verarbeitet werden,

b) die Fertigungskosten, die unmittelbar für ein Erzeugnis (Kostenträger) aufgewendet werden,

c) sonstige unmittelbar für das Erzeugnis aufgewendete Kosten, wie: Lizenzen, Provisionen, Verpackungskosten usw.

d) Sonderkosten, die über den Rahmen des Gewöhnlichen hinausgehen und unmittelbar für das Erzeugnis aufgewendet werden.

e) Wagnisse besonderer Art, die mit einem Erzeugnis zusammenhängen und über das allgemeine Wagnis hinausgehen.

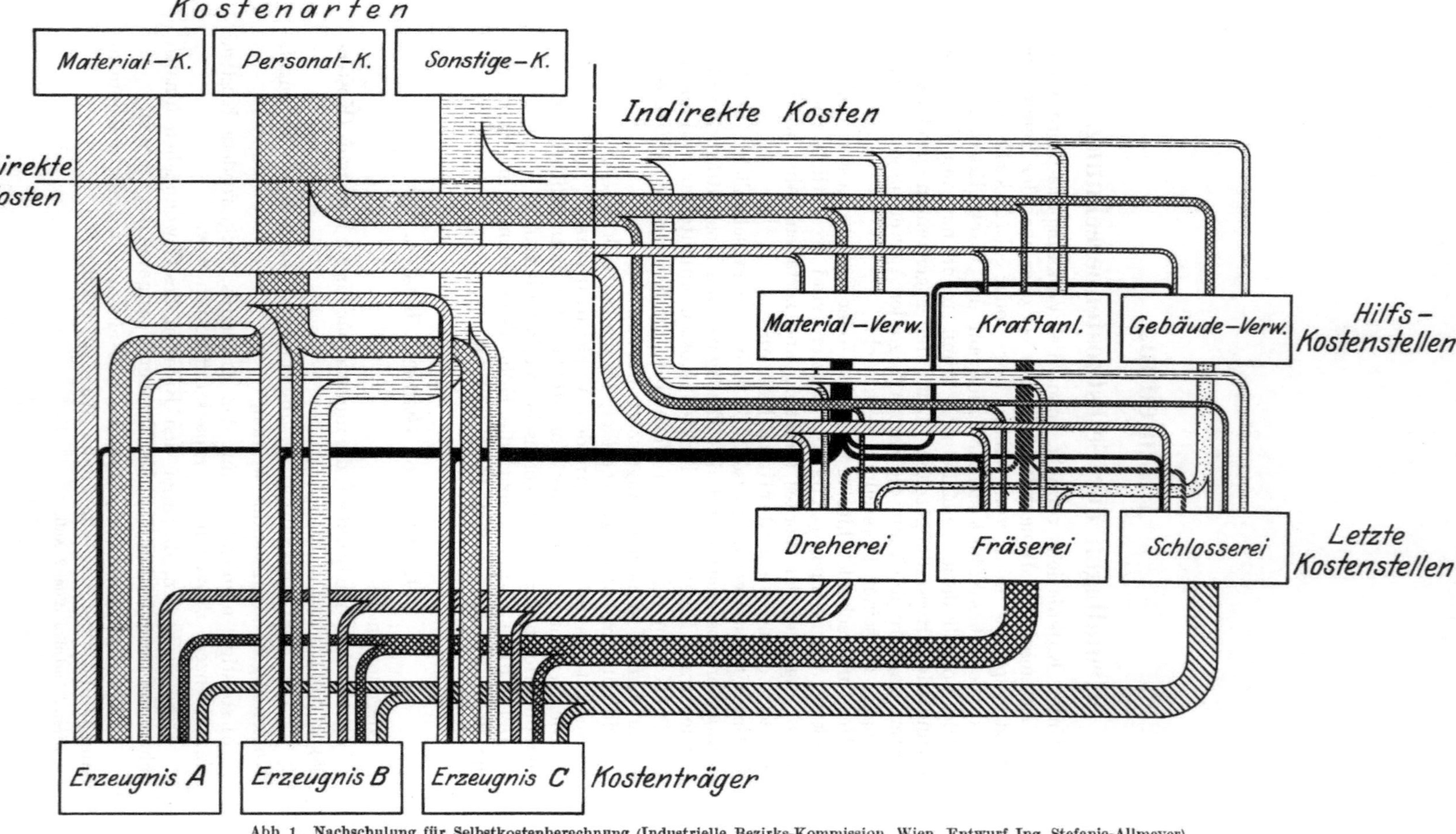

Abb. 1. Nachschulung für Selbstkostenberechnung (Industrielle Bezirks-Kommission, Wien, Entwurf Ing. Stefanie-Allmeyer).

a) Materialkosten.

Diese setzen sich im allgemeinen zusammen aus dem Materialgrundpreis plus den Kosten für Fracht, Zoll, Verpackung, Transport usw., sowie aller durch die Anlieferung und Verwaltung des Materials entstehenden Spesen und einem Zuschlag für Ausfälle durch Bruch, Verderben, Diebstahl, Schwund usw.

Guß- und Schmiedestücke, die in eigener Gießerei oder Schmiede hergestellt werden, sind genau so anzurechnen, als ob dieselben von auswärts bezogen würden. Gießerei und Schmiede sind somit als Unterlieferanten der Hauptfabrik anzusehen.

b) Die Fertigungskosten.

Darunter sind die Arbeitslöhne aller jener Personen verstanden, die an der Herstellung eines Erzeugnisses (Kostenträger) direkt beteiligt sind.

Die indirekten (Gemein-) Kosten.

Zu den indirekten Kosten sind alle Ausgaben zu rechnen, die nicht durch die unmittelbaren Materialkosten und Arbeitslöhne verursacht werden und die sich nur mittelbar auf das Erzeugnis (Kostenträger) bzw. auf die Arbeitslöhne aufteilen lassen.

Dazu gehören:

1. Die Löhne der Hilfs- und Transportarbeiter, sowie der Heizer und Maschinisten, ferner der Vorarbeiter, Einsteller und Werkstattschreiber, kurz die Löhne aller an der Herstellung des Erzeugnisses nicht direkt beschäftigten Personen.

2. Die Gehälter der technischen und kaufmännischen Beamten, der Meister und Aufsichtsbeamten, Revisoren, Magazinverwalter, Portiere, Nachtwächter usw.

3. Der Verbrauch an Betriebsmaterialien, wie: Kohlen, Strom, Licht, Schmiermaterialien, Putzwolle, Werkzeugen usw.

4. Die Anfertigung und Instandhaltung der Modelle.

5. Die Instandhaltungsarbeiten und Reparaturen an Gebäuden und Maschinen.

6. Die Krankenkassen und Versicherungsbeiträge, Urlaubsgelder und alle sozialen Abgaben, ferner Steuern, Reklame, Drucksachen, Schreib- und Zeichenmaterialien.

7. Zinsen und Abschreibungen an Gebäuden und Maschinen.

Zwecks genauer Aufteilung der indirekten Kosten auf die Kostenstellen bzw. Kostenträger ist es unbedingt notwendig, daß alle Ausgaben genauest auf das richtige Konto gebucht werden.

Die indirekten (Gemein-) Kosten setzen sich zusammen aus:

a) den allgemeinen Kosten,

b) den Werkstättenkosten,

c) den Maschinen- oder Platzkosten.

Zu den unter a) angeführten allgemeinen Kosten gehören jene Kosten, welche sich auf das ganze Werk aufteilen lassen, und zwar:

1*

Die Gehälter und sonstigen Aufwendungen der Direktoren und Beamten, die Verzinsung und Abschreibung der Verwaltungsgebäude und Büros (Lager und Magazine, sowie deren Instandhaltungskosten gehören nicht zu den allgemeinen Kosten, sondern zu den Materialkosten), ferner sämtliche unproduktive Löhne, die nicht zu Lasten der einzelnen Werkstätten aufgeteilt werden können.

Die unter b) benannten Werkstätten-Kosten werden den einzelnen Werkstätten entsprechend, d. h. je nach ihrer Größe und Einrichtung, bestimmt. Diese setzen sich zusammen aus Verzinsung und Abschreibung, sowie den Instandhaltungskosten der Werkstättengebäude, der Kosten für Licht, Beheizung, allgemeinen Kraftbedarf (wie Antrieb für Transmissionen, Krane, Schleifmaschinen, sowie allen diversen Hilfsmaschinen) und den Kosten für Betriebsmaterialien, wie Öl, Putzwolle, Besen usw., ferner den Aufschlägen für Werkstätteneinrichtungen und allgemeinen Werkzeugen, den Gehältern für die Werkstattbeamten, wie Meister, Aufsichtspersonal, Vorarbeiter usw., gleichgültig ob deren Entlohnung wöchentlich oder monatlich erfolgt.

Sind in einem Gebäude zwei oder mehrere Abteilungen, z. B. Schlosserei und Dreherei, untergebracht, so verteilen sich die auf das Gebäude entfallenden Kosten auf die einzelnen Abteilungen im Verhältnis zu der auf die Abteilungen entfallenden Bodenfläche in Quadratmeter.

Die unter c) angeführten Maschinen-Kosten setzen sich zusammen aus den speziellen Kosten der Maschine, wie Verzinsung, Instandhaltung, Kraftverbrauch derselben, Werkzeuge und Hilfsmaterialien.

Die Maschinenkosten sind für jede Maschine getrennt, mindestens aber für mehrere gleichartige Maschinen, die in Gruppen zusammengefaßt werden, zu bestimmen.

Die Festsetzung der Kosten pro Maschine oder Platz, bzw. pro Maschinengruppe ist besonders wichtig, da bei einer Offertstellung, speziell solcher Konkurrenzartikel, die einem starken Wettbewerb unterliegen, die Maschinen- oder Platzkosten eine große Rolle spielen und bei der Preisfrage oft ausschlaggebend sind.

Es ist ja auch vollkommen klar und ohne weiteres einleuchtend, daß es gänzlich falsch wäre, für alle Arbeitsplätze und Maschinen die gleichen Kostensätze zu wählen, da naturgemäß jede Maschine infolge ihres Anschaffungswertes, Kraft- und Raumbedarfes sowie der Instandhaltungskosten, Wartung usw. andere Spesen verursachen muß.

Nehmen wir als Beispiel 2 Maschinen an, a) eine kleine Drehbank, deren Anschaffungswert S 1000 beträgt, und b) eine Spezialmaschine, mit einem Anschaffungswert von S 15000, deren spezielle Kosten sich pro Jahr für die kleine Drehbank auf S 1600 und für die Spezialmaschine auf S 4500 belaufen, während die Arbeitslöhne für beide Maschinen in der gleichen Höhe mit S 2700 pro Jahr angenommen sind, so würden die Maschinenkosten in Prozenten für jede der Maschinen betragen:

für die kleine Drehbank

$$\frac{1600\cdot100}{2700} = 59{,}25 \text{ vH},$$

für die Spezialmaschine

$$\frac{4500\cdot100}{2700} = 166{,}66 \text{ vH},$$

hingegen im Mittel, d. h. bei gleicher Verteilung der Maschinenkosten auf beide Maschinen:

$$\frac{(1600+4500)\cdot100}{2700\cdot2} = \frac{6100\cdot100}{5400} = 113 \text{ vH},$$

was entschieden falsch wäre, da eine derartige Unkostenberechnung ein vollständig falsches Bild ergeben würde.

Aufteilung der indirekten (Gemein-) Kosten auf die Kostenstellen.

Die Aufteilung kann nach zweierlei Methoden erfolgen, und zwar:

Nach der Prozent-Lohnregie-Methode

a) mit einheitlichem Regiesatz,
b) nach Regiegruppen.

Nach der allgemein bekannten und fast ausschließlich gebräuchlichen Prozentlohnregiemethode, bei der die Lohnsumme als Grundlage der Kostenermittlung dient, ergibt das Verhältnis der indirekten Kosten zu den im gleichen Zeitraum gezahlten produktiven Arbeitslöhnen, die Höhe des Prozentsatzes an, der als Aufschlag auf die produktiven Arbeitslöhne gilt.

Wenn beispielsweise die allgemeinen Kosten in einem Werk pro Jahr S 45 000 und die direkten (produktiven) Arbeitslöhne S 90 000 betragen, so ergeben die allgemeinen Kosten in Prozenten ausgedrückt

$$\frac{4500\cdot100}{90000} = 50 \text{ vH}.$$

Angenommen, daß in diesem Werk die Abteilungen: Dreherei, Fräserei und Schlosserei in 3 voneinander unabhängigen Gebäuden untergebracht sind und daß die jährlichen Ausgaben:

	an Werkstättenkosten	an direkten Fertigungslöhnen
für das Gebäude Dreherei . . .	S 12 000	10 000
„ „ „ Fräserei . . .	S 15 000	13 000
„ „ „ Schlosserei . .	S 11 000	13 000

betragen, so ergibt dies an Werkstättenkosten:

$$\text{Für die Dreherei . . .} \quad \frac{12000\cdot100}{10000} = 120 \text{ vH}.$$

$$\text{„ „ Fräserei . . .} \quad \frac{15000\cdot100}{13000} = 115{,}5 \text{ vH} \sim 116 \text{ vH}.$$

$$\text{„ „ Schlosserei . .} \quad \frac{11000\cdot100}{13000} = 84{,}5 \text{ vH} \sim 85 \text{ vH}.$$

Nehmen wir ferner an, daß die Maschinen- oder Platzkosten im Durchschnitt[1])

für die Dreherei   mit   150 vH
   „   „   Fräserei   „   120   „
   „   „   Schlosserei   „   30   ..

errechnet wurden, so erhalten wir für die drei Abteilungen folgende Regiesätze:

	Dreherei	Fräserei	Schlosserei
Allgemeine Kosten	50	50	50
Werkstätten-Kosten	120	116	85
Maschinen- oder Platzkosten	150	120	30
in Summa	320 vH	286 vH	165 vH

Muß nun ein Werkstück zu seiner Herstellung verschiedene Werkstätten durchlaufen, so berechnen sich deren Herstellungskosten nach dem in den betreffenden Abteilungen geltenden Regiesatz.

Demnach würden beispielsweise die Herstellungskosten (ohne Materialkosten) für ein Werkstück, das in der Dreherei, Fräserei und Schlosserei bearbeitet werden muß, wobei für die Bearbeitung nachstehende Löhne gezahlt wurden, betragen:

Dreherlohn . . . . S 30
+ 320 vH . . . . „ 96   S 126

Fräserlohn . . . . S 12
+ 286 vH . . . . „ 34,32   S 46,32

Schlosserlohn . . . S 15
+ 165 vH . . . . „ 24,75   S 39,75

Summa   . . S 212.07

Nach der Zeit-Platzkosten-Methode[2]).

Bei der Zeitplatzkostenmethode werden die Maschinen- oder Platzkosten in derselben Weise ermittelt wie bei der Prozentlohnregiemethode, jedoch nicht prozentual auf den Lohn aufgeteilt, sondern unabhängig von den Lohnkosten als Kostenanteil behandelt, d. h. die pro Jahr für eine Maschine oder Arbeitsplatz aufgelaufenen Kosten ergeben, durch die Anzahl der Arbeitsstunden pro Jahr geteilt, den Kostenanteil bzw. die Platzkosten pro Stunde.

Die Zeitplatzkostenmethode ist zwar in ihrer Berechnungsart etwas umständlicher, gewährleistet aber eine wesentlich einwandfreiere Ermittlung der Herstellungs- bzw. der Selbstkosten. Sie ermöglicht

---

[1]) Es sei nochmals darauf hingewiesen, daß die Berechnung der Maschinen- oder Platzkosten mit einheitlichem Regiesatz unzulässig ist und hier nur der Einfachheit halber angenommen wurde.

[2]) Die Daten sind teilweise dem Aufsatz von Ing. A. Reichert, Wien, Sparwirtschaft, Jg. 1925, H. 3 entnommen.

ferner, bei entsprechender Durchführung, nicht nur eine genaue Betriebskontrolle und die Bestimmung der Selbstkosten auch bei verschiedenen Beschäftigungsgraden des Werkes (insbesondere wenn die festen und veränderlichen Kosten getrennt gebucht werden), sondern auch den Vergleich der Kosten pro Arbeitsplatz und daher auch die Ermittlung der billigsten Bearbeitungsart.

Wir unterscheiden:

1. Feste Platzkosten.

Hierunter fallen alle jene Kosten, welche ohne Rücksicht auf die mehr oder minder starke Ausnutzung des Arbeitsplatzes (evtl. auch bei Stillstand) auflaufen, und zwar:

1. Alle mit der Erhaltung der Arbeitsräume in Zusammenhang stehenden Kosten, Gebäudeanlagekapitals-Verzinsung, Abschreibung, Gebäudesteuern, Instandhaltung, Gebäudeversicherung und ähnliches mehr, auf den Quadratmeter bezogen.

2. Alle Kosten der Arbeitsplatzeinrichtung (Schraubstock, Werkbank, Flaschenzug) oder Arbeitsmaschinen, welche ohne Rücksicht auf die Ausnutzungszeit entstehen, wie Anlagekapitalzinsen, Abschreibung, Versicherung, allenfalls Schmierung und Wartung.

3. Beleuchtungs-, Beheizungs- und Reinigungskosten der Arbeitsräume und ähnliches mehr, doch werden diese Kosten sich z. B. bei Überstunden allenfalls gleich bleiben, bei Nachtschichten voraussichtlich sich erhöhen, sind also nur bedingt als feste Kosten zu betrachten.

4. Ein mehr oder weniger großer Teil der allgemeinen Kosten, wie Gehälter und Spesen der Geschäftsführung und Werkstättenleitung u. dgl. m.

5. Steuern u. dgl. m.

6. Sonstige Spesen, wie Reklame, Ausgaben für Einrichtungen zugunsten der Angestellten u. dgl. m., Spesen, welche aus den Rechtsverhältnissen der Firma entstehen usw.

7. Entsprechender Anteil der allgemeinen Werkseinrichtungskosten (Krane, Aufzüge usw.).

2. Betriebsplatzkosten.

Hierunter sind alle jene Kosten verstanden, welche durch die mehr oder minder große Intensität der Ausnutzung oder im Zusammenhang mit der Ausnutzung entstehen, und zwar

1. Kraftkosten,

2. Kosten der Antriebsmittel, wie Riemen, Sicherungen u. dgl.,

3. Instandhaltungskosten der Arbeitsmaschinen,

4. Kosten der Werkzeuginstandhaltung und Ersatz,

5. Kosten für Instandhaltung und Ersatz der Hilfsmittel, wie Drehdorne, Bleibacken für Schraubstöcke usw.,

6. Transportspesen für Material und Abtransport der Späne und Abfälle,

7. alle sonstigen mit der mehr oder weniger starken Ausnutzung des Arbeitsplatzes zusammenhängende Kosten (ausschließlich der Arbeiterkosten).

Ein weiteres Eingehen auf die Platzkostenbestimmung würde im Rahmen dieses Werkes zu weit führen, es soll daher nur noch an Hand nachstehender Beispiele durch Gegenüberstellung der verschiedenen Methoden gezeigt werden, zu welch merkwürdigen Preisergebnissen man bei der Anwendung der Prozentlohnregiemethode gegenüber der Zeitplatzkostenmethode kommt und daß letztere unbedingt richtigere Werte ergibt als die Prozentlohnregiemethode, wobei noch zu erwähnen wäre, daß die Platzkosten in einer Zeiteinheit, z. B. Stunde, stets die gleichen bleiben, gleichgültig ob ein hochqualifizierter, mittlerer oder minderwertiger Arbeiter oder gar ein Lehrling an einem Arbeitsplatz arbeitet, es daher unrichtig wäre, die Platzkosten prozentual vom Lohn abhängig zu machen, wie dies nach der Prozentlohnregiemethode geschieht, da nach dieser Methode (siehe folgende Beispiele) die Platzkosten je nach Höhe des Arbeitslohnes schwanken.

Die Prozentlohnregiemethode kann daher nur dort ohne Nachteil Anwendung finden, wo bei fast gleichen Löhnen auf gleichartigen Arbeitsplätzen nur wenig verschiedene Waren erzeugt werden, was aber in der Praxis nur in den seltensten Fällen zutreffen dürfte.

Für die nachstehenden Beispiele sei eine Fabrik mit folgenden Arbeitsplätzen und Platzkosten angenommen.

		Einzeln S	Zu- sammen S
I.	10 Schlosser samt Lehrlingen (je 7 m² inkl. Montageplatz)	1,50	15,00
II.	1 Kaltsäge	1,00	1,00
III.	6 Drehbänke à 1 m Drehlänge	1,80	10,80
IV.	2 　　 ″ 　　 à 2,5 m 　　 ″ 　　	2,50	5,00
V.	2 mittlere Revolverdrehbänke	2,00	4,00
VI.	1 Plandrehbank	2,20	2,20
VII.	1 Shapingmaschine 150 mm Hub	1,50	1,50
VIII.	1 　　 ″ 　　 450 mm 　　 ″ 　　	2,00	2,00
IX.	1 Planhobelmaschine mit 2 Supporten 2 × 1 × 1 m	3,50	3,50
X.	1 kleine Handhebelfräsmaschine	1,40	1,40
XI.	1 einfache Fräsmaschine	2,20	2,20
XII.	1 Universalfräsmaschine	2,50	2,50
XIII.	1 Tischbohrmaschine für 10 mm Lochdurchmesser	1,20	1,20
XIV.	1 Säulenbohrmaschine für 20 mm Lochdurchmesser	1,50	1,50
XV.	1 　　 ″ 　　 ″ 45 mm 　　 ″	1,80	1,80
XVI.	1 Universalwerkzeugschleifmaschine	1,50	1,50
XVII.	1 Schmirgelscheibenschleifmaschine	1,40	1,40
XVIII.	1 Sandschleifstein	0,60	0,60
XIX.	1 Schmiedefeuer	2,80	2,80
	35 Arbeitsplätze		61,90

Zur Gegenüberstellung der Berechnungen sollen auch für die Prozentlohnregiemethode die vorstehend angegebenen indirekten Kosten angenommen werden. Wir erhalten daher bei einem Gesamtkostenaufwand von S 61,90 für 35 Arbeitsplätze nach der Prozentlohnregiemethode.

a) mit einheitlichem Regiesatz für alle Arbeitsplätze, pro Arbeitsplatz:

$$S = \frac{61,90}{35} = 1,768\,57.$$

Nehmen wir im Durchschnitt die produktiven Kosten mit S 1,00 pro Stunde an, so erhalten wir als Regiesatz, der als Aufschlag auf die produktiven Löhne gilt:

$$\frac{1,768\,57 \cdot 100}{1} = 176,857 \text{ vH} = \sim 180 \text{ vH},$$

b) mit Regiesätzen, getrennt für Maschinen-, Schlosser- und Schmiedearbeiten (Gruppenregiesätze) unter Zugrundelegung von durchschnittlichen Lohnkosten von S 1,00 pro Stunde:

Schlosser.

Für 10 Arbeitsplätze betragen die Gesamtkosten pro Stunde S 15,00, daher

$$\text{pro Arbeitsplatz-Stunde} \qquad S = \frac{15,00}{10} = 1,50,$$

$$\text{dies ergibt einen Regiesatz von:} \quad \frac{1,50 \cdot 100}{1} = 150 \text{ vH}.$$

Maschinen.

Für 24 Arbeitsplätze betragen die Gesamtkosten pro Stunde S 44,10, daher

$$\text{pro Arbeitsplatz-Stunde} \qquad S = \frac{44,10}{24} = 1,8375,$$

$$\text{dies ergibt einen Regiesatz von:} \quad \frac{1,8375 \cdot 100}{1} = \sim 184 \text{ vH}.$$

Schmiedefeuer.

Für 1 Arbeitsplatz betragen die Gesamtkosten pro Stunde S 2,80,

$$\text{dies ergibt einen Regiesatz von:} \quad \frac{2,80 \cdot 100}{1} = 280 \text{ vH}.$$

1. Beispiel. Auf Grund gewissenhaft durchgeführter Aufzeichnungen wurde ermittelt, daß die Platzkosten pro Stunde, beispielsweise für den Arbeitsplatz III, S 1,80 betragen.

Nehmen wir nun an, daß auf diesem Arbeitsplatz eine Arbeit von verschieden qualifizierten Arbeitern mit einem Stundenverdienst von S 1,20, 0,90, 0,60 und einem Lehrling mit einem Stundenlohn von S 0,20 in der gleichen Zeiteinheit, z. B. 1 h, ausgeführt wird, so würden die Platz- bzw. Herstellungskosten (ohne Materialkosten) betragen:

a) **Berechnung nach der Methode Ia (Regiesatz 180 vH).**

	S	S	S	S
Arbeiterkosten	1,20	0,90	0,60	0,20
Regie 180 vH	2,16	1,62	1,08	0,36
Herstellungskosten	3,36	2,52	1,68	0,56

b) **Berechnung nach der Methode II.**

	S	S	S	S
Arbeiterkosten	1,20	0,90	0,60	0,20
Platzkosten	1,80	1,80	1,80	1,80
Herstellungskosten	3,00	2,70	2,40	2,00

Der vorstehend angenommene Fall, wonach drei verschieden hoch entlohnte Arbeiter sowie der Lehrling eine Arbeit in der gleichen Zeit fertigstellen, trifft in der Praxis wohl selten zu. Wir können vielmehr bei einer gerechten, d. h. den Leistungen des Arbeiters angemessenen Entlohnung mit nachstehenden Herstellungszeiten rechnen:

	S	S	S	S
Arbeitslöhne pro Stunde	1,20	0,90	0,60	0,20
Herstellungszeit in Stunden	1,00	1,25	1,50	2,00

Danach würden die Platzkosten bzw. Herstellungskosten betragen:

Nach Methode Ia.

	S	S	S	S
Arbeiterkosten	1,20	1,125	0,90	0,40
Regie 180 vH	2,16	2,025	1,62	0,72
Herstellungskosten	3,36	3,15	2,52	1,12

Nach Methode II.

	S	S	S	S
Arbeiterkosten	1,20	1,125	0,90	0,40
Platzkosten	1,80	2,25	2,70	3,60
Herstellungskosten	3,00	3,375	3,60	4,00

Wie wir aus den vorstehenden Beispielen ersehen, sind die Kosten der Arbeitsmaschine pro Stunde nach der Methode Ia im Verhältnis der Arbeiterkosten schwankend, was jedoch, wie bereits erwähnt, nicht richtig sein kann, da die an der Maschine pro Stunde aufgelaufenen anteiligen allgemeinen Betriebskosten, sowie die spez. Kosten, wie Abschreibung, Instandhaltung, Raummiete, Beleuchtung, Beheizung, Kraftbedarf usw., ohne Rücksicht auf die Qualifikation des Arbeiters zustande kommen. Infolgedessen ist auch die Berechnung der Herstellungskosten nach der Methode Ia unrichtig.

2. Beispiel. Es soll ein Kostenvoranschlag über das Hobeln von 2 m langen und 1 m breiten Platten aus Gußeisen gemacht werden.

Die Vorkalkulation hat hierfür bzw. pro Platte 60 Arbeitsstunden bei einem Stundenverdienst von S 1,20 veranschlagt.

Die Bearbeitungskosten betragen demnach:

Berechnung Ia (Regiesatz 180 vH).

     Arbeiterkosten: 60 Arbeiterstunden à S 1,20 . . S 72,00
     Regiekosten: 180 vH auf S 72,00 . . . . S 129,60
     Bearbeitungskosten: . . . . S 201,60

Berechnung Ib (Regiesatz 185 vH).

     Arbeiterkosten: 60 Arbeiterstunden à S 1,20 . . S 72,00
     Regiekosten: 185 vH auf S 72,00 . . . . S 133,20
     Bearbeitungskosten: . . . . S 205,20

Berechnung II (Arbeitsplatz IX, Platzkosten S 3,50).

     Arbeiterkosten: 60 Arbeiterstunden à S 1,20 . . S 72,00
     Platzkosten: 60 Arbeitsstunden à S 3,50   . . . S 210,00
     Bearbeitungskosten: . . . . S 282,00

3. Beispiel. Nehmen wir an, daß eine Firma den Kostenvoranschlag laut Beisp. 2 auf Grund der Berechnung Ia gemacht hätte und daß diese den Auftrag infolge des niedrig gestellten Angebotes zugewiesen erhält.

Das Hobeln der Platten soll nun von zwei verschieden qualifizierten Arbeitern, und zwar dem Arbeiter X mit einem Stundenverdienst von S 0,70 und dem Arbeiter Y mit einem Stundenverdienst von S 1,00, also von Arbeitern mit einem niedrigeren Stundenverdienst, als vorkalkuliert wurde, ausgeführt werden, wobei der minderqualifizierte Arbeiter für die Bearbeitung eine längere Zeit ge-

braucht, als vorkalkuliert wurde (statt 60 — 70 h), während der gutqualifizierte
Arbeiter auf Grund seiner Erfahrungen und größeren Geschicklichkeit beim Aufspannen und den diversen Nebenarbeiten, die gleiche Arbeit in 50 h fertigstellt.

Für die beiden vorgenannten Fälle würden die Bearbeitungszeiten betragen:

Nach Berechnung Ia (Regiesatz 180 vH).

	Arbeiter X		Arbeiter Y	
Arbeiterkosten:	70 h à S 0,70 = S	49,00,	50 h à S 1,00 = S	50,00
Regiekosten:	180 vH = S	88,20,	180 vH = S	90,00
Bearbeitungskosten:		**S 137,20**		**S 140,00**

Nach Berechnung II (Platzkosten S 3,50).

	Arbeiter X		Arbeiter Y	
Arbeiterkosten:	70 Stunden à S 0,70 = S	49,00	50 Stunden à S 1,00 = S	50,00
Platzkosten:	70 „ à S 3,50 = S	245,00	50 „ à S 3,50 = S	175,00
Bearbeitungskosten:		**S 294,00**		**S 225,00**

Im 1. Fall (Arbeiter X) stellen sich die Bearbeitungskosten nach der Berechnung Ia, und zwar hauptsächlich infolge der prozentualen Aufteilung der
Regiekosten auf den niedrigeren Stundenverdienst, trotz längerer Arbeitsdauer, niedriger als bei der Vorkalkulation auf Grund eines höheren Stunden-
verdienstes, aber kürzerer Arbeitsdauer, angenommen wurde.

Die Firma würde demnach nach der Berechnung Ia einen **scheinbaren**
Verdient von S 201,60 — 137,20 = **64,48** pro Platte erzielen, während sie tatsäch-
lich, wie auch die Berechnung II zeigt, einen ganz empfindlichen Verlust von
S 294,00 — 201,60 = **92,40** pro Platte erleidet.

Auch im 2. Fall (Arbeiter Y) erleidet die Firma trotz kürzerer Arbeitsdauer und niedrigerem Stundenverdienst, als in der Vorkalkulation angenommen wurde, nach der Berechnung II einen Verlust von S 225,00 — 201,60
= **23,40** pro Platte, während sie nach der bei der Vorkalkulation angewandten
Berechnung Ia einen Gewinn von S 201,60 — 140,00 = **61,40** erzielen sollte.

Die angeführten Beispiele zeigen zur Genüge, daß die Berechnung
nach der Methode Ia und Ib unzulässig ist, da sie ganz falsche Resultate ergibt, und daß speziell bei Arbeiten, für die nur Arbeitsplätze
mit hohen Platzkosten in Frage kommen, bei der Berechnung nach
der Methode Ia und Ib die Gefahr vorliegt, daß durch die Anwendung
dieser Berechnungsart derart hohe Verluste entstehen, die selbst durch
hohe Gewinnzuschläge nicht gedeckt werden könnten.

Aus vorstehenden Ausführungen geht ferner klar hervor, daß es
gänzlich falsch wäre, auf alle Fabrikate und für alle Werkstätten einen
einheitlichen Unkostensatz zu wählen.

Kurze Zusammenfassung des Vorstehenden für die Unkostenberechnung:

a) Alle direkten Aufwendungen gehen zu Lasten des-
jenigen Auftrages, für den sie geleistet wurden.

b) Unter Unkosten ist nur das zu buchen, was sich nicht
zwanglos zu Lasten des Einzelauftrages erfassen läßt.

Die Ermittlung der Platzkosten oder des prozentualen Aufschlages
auf die direkten Arbeitslöhne bietet, wie vorstehend gezeigt wurde,
keine Schwierigkeiten, vorausgesetzt, daß die aufgewendeten Ausgaben
auf das richtige Konto gebucht wurden.

Auch die Materialkosten lassen sich bei richtiger Eintragung der
aufgelaufenen Spesen ohne weiteres ermitteln.

Grundlagen der Zeitkalkulation.

Schwieriger hingegen ist die Vorherbestimmung der Arbeitsdauer eines Werkstückes, da hierbei alle für die Berechnung ausschlaggebenden Werte (tote Zeiten) usw., die für jede Art von Arbeit veränderlich sind, unbedingt berücksichtigt werden müssen. Zu diesen gehören z. B.:

1. das Einrichten der Maschine,
2. das Aufspannen und Ausrichten des Werkstückes,
3. die reine Laufzeit nach Schnittgeschwindigkeit und Vorschub,
4. das Schleifen der Stähle bzw. der Schneidwerkzeuge,
5. die diversen Nebenarbeiten,
6. das Abspannen des Werkstückes usw.

Die zur Bearbeitung eines Erzeugnisses erforderliche Gesamtzeit setzt sich aus einer Summe Teilarbeitszeiten zusammen.

Wir unterscheiden hierbei im wesentlichen:

1. Handzeiten,   2. Maschinenzeiten.

Bei Werkstücken, deren Bearbeitung nur von Hand erfolgt, z. B. Schlosser- und Spenglerarbeiten, kommen nur Handarbeitszeiten in Frage, und zwar:

a) Vorbereitungszeiten,   c) Griffzeiten,
b) Handhabungszeiten,   d) Bearbeitungszeiten,
              e) Zuschlagzeiten.

Bei Werkstücken hingegen, die maschinell bearbeitet werden, sind zu den vorerwähnten Handzeiten noch die Maschinenzeiten hinzuzurechnen. Letztere bestehen aus:

a) den Schnittzeiten,   b) den Lehr- oder Rücklaufzeiten,
              c) den Zuschlagzeiten.

Schema.

a) für reine Handarbeit.

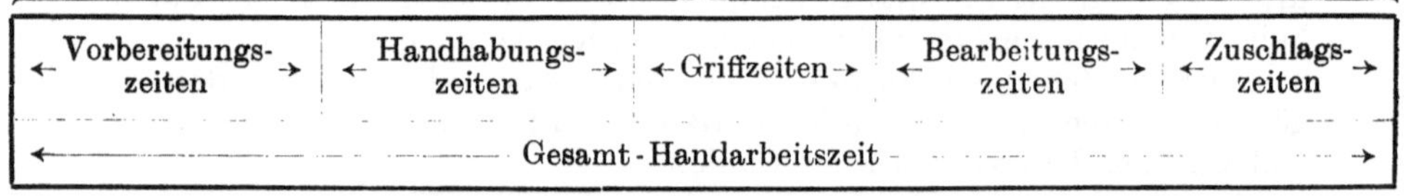

b) für Hand- und Maschinenarbeit.

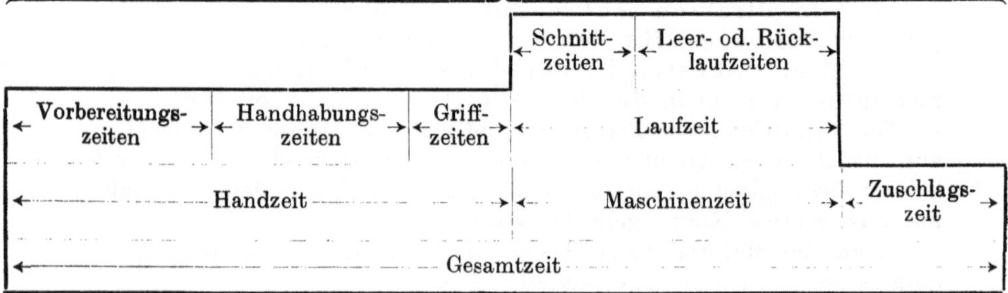

Zu den Vorbereitungs- bzw. Einrichtzeiten gehören die Zeiten für jene Arbeiten, die erforderlich sind um mit der Bearbeitung des Werkstückes beginnen zu können, z. B. die Maschine bis zur kalibermäßigen Anfertigung einrichten oder bei Handarbeiten die nötigen Behelfe zurichten.

Unter Handhabungszeiten fallen die Zeiten für das Ein- und Ausspannen des Werkstückes, Hochheben desselben usw.

Während unter Griffzeiten alle während der eigentlichen Bearbeitung notwendigen Griffe, wie Maschine anstellen, messen, Span anstellen usw., verstanden sind.

Unter Zuschlagzeiten sind zu rechnen: Tagesverluste und Ermüdungszuschläge. Die Zuschläge richten sich ganz nach den örtlichen bzw. Betriebsverhältnissen.

Die Zeiten für Handarbeiten lassen sich im allgemeinen weder nach einem Schema, noch nach Formeln, sondern nur nach sorgfältig und systematisch durchgeführten Zeitstudien[1]) ermitteln; doch können auch hier Ausnahmen stattfinden, wie später unter Berechnung von Handarbeiten gezeigt wird.

Das Studium dieser Zeiten ist jedoch nicht so einfach, wie es wohl auf den ersten Blick erscheinen mag, es erfordert große Übung im Zerlegen der Arbeitsgänge in Einzelelemente, stellt an den ausführenden Beamten hohe Anforderungen und bedingt eine lange Betriebspraxis.

Zur genauen Vorbestimmung der für die Bearbeitung eines Werkstückes erforderlichen Zeitdauer ist es deshalb unbedingt notwendig, sowohl die Maschinen- als auch die Handgriffzeiten zu berücksichtigen, wobei jedoch die Maschinen- und Handgriffzeiten scharf voneinander getrennt behandelt werden müssen.

Der Zeitakkord.

Da die Lohnkosten, die für die Herstellung eines Erzeugnisses auflaufen, ein Produkt aus Zeit × Geldwert darstellen, so ist es sehr naheliegend, den Gegenwert für eine zu leistende Arbeit im Zeitmaß — Zeitakkord und nicht im Geldakkord — auszudrücken, nachdem die Zeit einer der wenigen Faktoren ist, die bei schwankendem Geldwert als Zahl stets ihren gleichen Wert behält.

Mit der Benützung der Zeit als Grundmaß für die Entlohnung des Arbeiters gestaltet sich die Lohnabrechnung viel einfacher, da man jederzeit in der Lage ist, diese dem wechselnden Geldwert anzupassen, wodurch alle Schwierigkeiten, die dem Geldakkord bei der Lohnverrechnung anhaften, mit einem Schlag entfallen. Der Zeitakkord bringt auch den verschiedenen Abteilungen der Betriebsführung ganz bedeutende Vorteile, da die Zeitabgabe, die die Grundlage des Zeitakkordes ist, von der Arbeitsverteilung, der Arbeitsunterweisung und dem Terminbüro viel vorteilhafter verwendet werden kann, als dies beim Geldakkord möglich ist, wodurch wieder die gesamte Betriebsorganisation günstig beeinflußt wird.

[1]) Siehe Michel: Wie macht man Zeitstudien? Berlin: V. D. I. Verlag 1927 und Zeitschrift: Der Betrieb, Jg. 1920, H. 5.

Bei Einführung des Zeitakkordes bzw. beim Übergang vom Geld- zum Zeitakkord wird am besten in der Weise vorgegangen, daß man die zur Zeit bestehenden Geldakkorde durch den Geldwert pro Minute oder Stunde dividiert und so die richtigen Zeitansätze erhält.

Der Einwand, der eventuell von mancher Seite gemacht werden könnte, daß beim Zeitakkord leicht Fehler unterlaufen können, was gegenüber dem Geldakkord entschieden als Nachteil zu buchen wäre, ist absolut unbegründet, weil letzterer ja nichts anderes als einen mit einem gewissen Geldwert multiplizierten Zeitakkord darstellt.

Die Wahrscheinlichkeit, daß Irrtümer vorkommen, ist im Gegenteil beim Geldakkord weit größer, weil bei jeder Lohnänderung auch die Akkorde entsprechend umgerechnet werden müssen, was eine Unmenge Arbeit verursacht, wobei dann leicht Fehler unterlaufen können, die sich, wenn sie nicht gleich entdeckt werden, durch die verschiedenen, durch die Lohnänderungen bedingten Akkordumrechnungen durchziehen und so die Quelle neuer Fehler ergeben.

Die auf solche Art unterlaufenen Fehler können mitunter erst nach mühsamem Rückwärtsrechnen gefunden und behoben werden, wobei die Arbeiterschaft in der Richtigstellung solcher falscher Akkorde in der Regel eine Akkorddrückerei vermutet, was jedesmal Anlaß zu Differenzen gibt.

Kommen hingegen beim Zeitakkorde Fehler vor, so können dieselben leichter festgestellt und beseitigt werden, weil die Kontrolle hierüber sowohl für den Arbeiter als auch für die Organe der Vorkalkulation bzw. Betriebsleitung bei Vorgabe der Zeit — statt des Geldwertes — viel einfacher ist.

Die Verrechnung nach dem Zeitakkord-System bietet auch bei Gruppenarbeiten (Gruppenakkorden) keinerlei Schwierigkeiten, sofern man hierbei nach einem bestimmten Schema, wie es die umstehende Gruppen-Zeitakkord-Karte (Abb. 2) zeigt, verfährt. Danach wurde beispielsweise der mit 170 Stunden bewertete Gruppenakkord in 155 Stunden fertiggestellt, was eine Differenz von $170 - 155 = 15$ Stunden ergibt, die auf alle am Akkord beteiligten Arbeiter proportional zur aufgewendeten Zeit aufgeteilt werden müssen, wobei, je nach Art der üblichen Verrechnung, die Zeitdifferenz auf $^1/_{10}$ oder $^1/_4$ Stunde auf- oder abgerundet zu verteilen ist.

Rechnerisch gestaltet sich die Sache wie folgt: Nehmen wir z. B. den Arbeiter Nr. 514 heraus. Derselbe hat 28 Stunden gearbeitet. sein Anteil am Zeitüberschuß von 15 Stunden ist daher:

$$\frac{15}{155} \cdot 28 \simeq 2{,}8 \text{ Stunden.}$$

Die Zeit, die für die Berechnung seines Akkoranteils maßgebend ist, beträgt:

$$28 + 2{,}8 = 30{,}8 \text{ Stunden.}$$

Diesen Betrag, mit seinem Stundenlohn $= S\ 1{,}00$ multipliziert, ergibt:

$$30{,}8 \cdot 1{,}00 = 30{,}80\ S.$$

In gleicher Weise verfährt man bei allen übrigen Gruppenteilnehmern, wobei die errechneten Differenzen so auf- oder abgerundet werden, daß die Summe aller Differenzen dem tatsächlichen Zeitüberschuß entspricht.

Gruppen-Zeitakkord-Karte.

Gruppenakkord: Stunden 170, Minuten. —.

Kontr.-Nr.	Name des Arbeiters	Stundenlohn in S	Ver- brauchs- zeit Stunden	Differenz Stunden	Ges.-Zeit (GZ) Stunden	Betrag in S
514	Weggmann	1,00	28	2,8	30,8	30,80
519	Gretringes	0,90	28	2,7	30,7	27,63
528	Wolf	0,90	22	2,1	24,1	21,69
531	Haering	0,80	25	2,4	27,4	21,92
536	Pfund	0,60	24	2,3	26,3	15,78
674	König (Lehrling)	0,10	28	2,7	30,7	3,07
			155	**15,0**	**170,0**	

S = österr. Schilling.

Abb. 2.

Zum Schluß sei noch darauf hingewiesen, daß bereits in vielen Werken der deutschen und österreichischen Maschinenindustrie nach dem Zeitakkord gearbeitet wird, und daß hierüber nur die allerbesten Berichte vorliegen, so daß mit Recht behauptet werden kann, daß die Vorgabe der Zeit bei Vergebung einer Arbeit im Akkord die einzig richtige Methode darstellt.

Schnittgeschwindigkeit, Vorschub, Spantiefe und deren Wechselbeziehungen zueinander.

Bei allen Maschinen, gleichgültig ob dieselben eine umlaufende oder eine hin- und hergehende Bewegung ausführen, ist die Berechnung der Laufzeit eines Arbeitsstückes

    a) von der Schnittgeschwindigkeit,

    b) vom Vorschub,

    c) von der Span- oder Schnittiefe

abhängig. Darum soll, bevor auf die Berechnung der Laufzeiten näher eingegangen wird, in erster Linie der Begriff der Schnittgeschwindigkeit, dann die Wechselbeziehungen zwischen Schnittgeschwindigkeit, Vorschub und Spantiefe, sowie die Zergliederung der Handarbeiten kurz besprochen werden.

Im nachstehenden seien die allgemein gebräuchlichen Bezeichnungen bzw. ihre Bedeutung für Dreharbeiten festgelegt.

$$V = \text{Schnittgeschwindigkeit m/min,}$$
$$v = \quad\quad\quad \text{„} \quad\quad\quad \text{mm/sek,}$$
$$D = \text{Drehdurchmesser in Meter,}$$
$$d = \quad\quad\quad \text{„} \quad\quad\quad \text{„ mm,}$$

D_a = Äußerer Durchmesser eines Kreisringes in Meter
d_a =   „   „   „   „   „ mm
D_i = Innerer   „   „   „   „ Meter
d_i =   „   „   „   „   „ mm
D_m = Mittlerer   „   „   „   „ Meter
d_m =   „   „   „   „   „ mm
} für Plan- arbeiten,

S = Vorschub mm/min,
s =   „   mm/sek,
n = Drehzahl in der Minute,
L = Drehlänge in Meter,
l =   „   „ mm,
R = Radius in Meter,
r =   „   „ mm,
x = Anzahl der Schnitte,
T = Zeit in Minuten,
t = Zeit in Sekunden.

a) Die Schnittgeschwindigkeit.

Die Schnittgeschwindigkeit gibt den Wert für die Länge des Weges an, den ein spanabhebendes Werkzeug in einer bestimmten Zeiteinheit zurücklegt. Gleitet z. B. ein spanabhebendes Werkzeug (Bohrkopf) an einem Arbeitsstück, Abb. 3, oder ein Arbeitsstück an einem span-

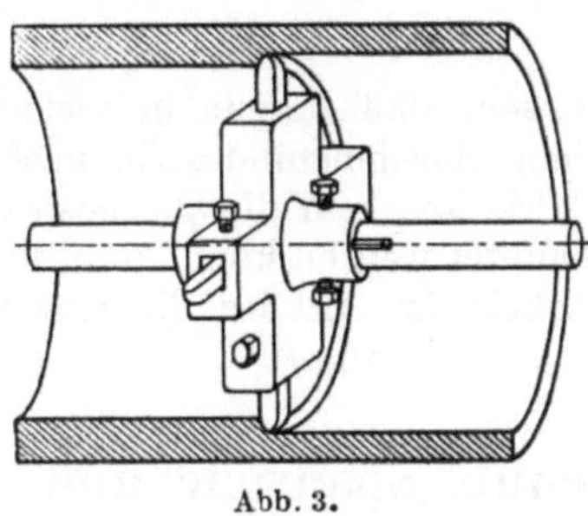

Abb. 3.

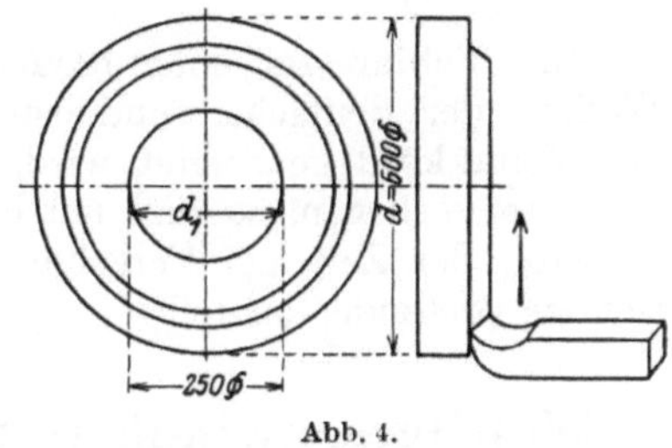

Abb. 4.

abhebenden Werkzeuge (Drehstahl), Abb. 4, vorbei und legt hierbei in einer Minute einen Weg von X m oder in der Sekunde von x mm zurück, so wird der in der Minute zurückgelegte Weg von X m, als X m/min Schnittgeschwindigkeit und der in der Sekunde von x mm zurückgelegte Weg als x mm/sek Schnittgeschwindigkeit bezeichnet.

Beispiel: Ein Bohrkopf (Abb. 3) von 330 mm Durchm., mit 4 Drehstählen versehen, deren Spitzen von Mitte Welle 165 mm entfernt sind, macht in der Minute 14,5 Umdrehungen. Die Schneiden der Drehstähle würden nun nach der Formel:

$$v = \frac{\text{Durchm. in mm} \times \pi \times \text{Umdrehung}}{60} = \frac{d \cdot \pi \cdot n}{60}\ \text{mm/sek}$$

oder

$$V = \text{Durchm. in m} \times \pi \times \text{Umdrehungen} = D \cdot \pi \cdot n\ \text{m/min}$$

eine Schnittgeschwindigkeit von

$$v = \frac{d \cdot \pi \cdot n}{60} = \frac{330 \cdot 3{,}14 \cdot 14{,}5}{60} = 250\ \text{mm/sek}$$

oder

$$V = D \cdot \pi \cdot n = 0{,}33 \cdot 3{,}14 \cdot 14{,}5 = 15\ \text{m/min}$$

aufweisen.

Bei Planarbeiten, z. B. bei Kreisringflächen, Platten oder Stirnseiten von Wellen usw. ist die Umfangs- bzw. Schnittgeschwindigkeit eine veränderliche, d. h. sie wird, unveränderte Tourenzahl des Arbeitsstückes vorausgesetzt, gegen die Mitte des Kreises immer kleiner, bis sie im Mittelpunkt fast den Wert 0 erreicht.

Zur Ermittlung der mittleren Schnittgeschwindigkeit empfiehlt es sich daher, bei allen Planarbeiten den mittleren Durchmesser des Arbeitsstückes zu errechnen und in die Formel für die Berechnung der Schnittgeschwindigkeit einzusetzen.

Beispiel: Bei einer Kreisringfläche (Abb. 4), die 14,5 Umdr./min macht und hierbei an einem Drehstahl, der sich gegen die Mitte des Kreises zu bewegt, vorbeigleitet, beträgt die Schnittgeschwindigkeit des äußeren Durchmessers von 600 mm:

$$v = \frac{d \cdot \pi \cdot n}{60} = \frac{600 \cdot 3{,}14 \cdot 14{,}5}{60} = 455 \text{ mm/sek}$$

oder

$$V = D \cdot \pi \cdot n = 0{,}6 \cdot 3{,}14 \cdot 14{,}5 = 27{,}3 \text{ m/min}$$

und des inneren Durchmessers von 250 mm:

$$v = \frac{d \cdot \pi \cdot n}{60} = \frac{250 \cdot 3{,}14 \cdot 14{,}5}{60} = 190 \text{ mm/sek}$$

oder

$$V = D \cdot \pi \cdot n = 0{,}25 \cdot 3{,}14 \cdot 14{,}5 = 11{,}4 \text{ m/min.}$$

Die mittlere Schnittgeschwindigkeit errechnet sich aus dem mittleren Durchmesser $\times \pi \times$ Umdrehungen pro Minute.

Der mittlere Durchmesser einer Kreisringfläche:

$$D_m = \frac{D_a + D_i}{2} \text{ m} \qquad \text{und} \qquad d_m = \frac{d_a + d_i}{2} \text{ mm,}$$

wobei unter D_a und d_a der äußere Durchmesser und unter D_i und d_i der innere Durchmesser einer Kreisringfläche zu verstehen ist.

Die mittlere Schnittgeschwindigkeit der Kreisringfläche von Abb. 4 beträgt demnach:

$$V = \frac{(D_a + D_i) \cdot \pi \cdot n}{2} = \frac{(0{,}6 + 0{,}25) \cdot 3{,}14 \cdot 14{,}5}{2} = 19{,}3 \text{ m/min}$$

und

$$v = \frac{(d_a + d_i) \cdot \pi \cdot n}{2 \qquad 60} = \frac{(600 + 250) \cdot 3{,}14 \cdot 14{,}5}{2 \qquad 60} = 322 \text{ mm/sek.}$$

Die Größe der Schnittgeschwindigkeit ist in erster Linie von der Härte des Materials, sowie von der Spantiefe und vom Vorschub und nicht zuletzt auch von der Bauart der Maschine abhängig.

Beim Schlichtschnitt richtet sich die Schnittgeschwindigkeit ganz nach der Art des Materials und der Genauigkeit des Arbeitsstückes. So kann z. B. Gußeisen mit einer höheren Geschwindigkeit geschlichtet werden, als dies beim Schruppen zulässig ist.

Ganz anders verhält es sich beim Schlichten von Siemens-Martin-Stahl oder Chrom-Nickel-Stahl. Hier muß die Bearbeitung mit einer niedrigeren, oder zumindest mit derselben Schnittgeschwindigkeit erfolgen wie beim Schruppdrehen, da sonst kein sauberer Schnitt erzielt werden könnte.

Die Tabellen 1a, b, c, d, f geben praktisch erprobte Mittelwerte für Schnittgeschwindigkeiten verschiedener Materialien auf Drehbänken und Bohrwerken an, die jedoch mit den Werten der Formel (S. 24 u. 25):

$$V = \frac{1190}{K_z \cdot \sqrt[4]{q}} \qquad \text{bzw.} \qquad \frac{286}{K_z \cdot \sqrt[4]{q}}$$

nicht übereinstimmen, da hierbei, um die Tabellen übersichtlich zu gestalten, der Spanquerschnitt vernachlässigt wurde. Sie sind daher lediglich nur als Anhaltswerte zu betrachten und gelten mehr oder weniger nur für Überschlagsrechnungen.

Tabelle 1a[1]). Mittelwerte für die Schnittgeschwindigkeit m/min und mm/sek für Langdrehen.

Material	Schnitte	Werkzeugstahl						Schnellschnittstahl					
		weich		mittel		hart		weich		mittel		hart	
		$\frac{m}{min}$	$\frac{mm}{sek}$	$\frac{m}{min}$	$\frac{mm}{sek}$	$\frac{m}{min}$	$\frac{mm}{sek}$	$\frac{m}{min}$	$\frac{mm}{sek}$	$\frac{m}{min}$	$\frac{mm}{sek}$	$\frac{m}{min}$	$\frac{mm}{sek}$
Temper-guß	1	11	183	9	150	7	117	18	300	15	250	12	200
	2	12	200	10	167	8	133	20	333	17	283	14	233
	Schl.	13	217	11	183	9	150	22	367	19	317	16	267
Werk-zeug-stahl	1	6	100	5	83	4	67	9	150	7,5	125	6	100
	2	7	117	6	100	5	83	10	167	9	150	7,5	125
	Schl.	6	100	5	83	4	67	9	150	7,5	125	6	100
Stahlguß	1	9	150	7	117	5	83	15	250	12	200	9	150
	2	10	167	8	133	6	100	16	267	13	217	10	167
	Schl.	11	183	9	150	7	117	18	300	15	250	12	200
Chrom-nickel-stahl	1	7,5	125	6,5	108	6	100	11	183	10	167	9	150
	2	8	133	7,5	125	6,5	108	12	200	11	183	10	167
	Schl.	7,5	125	6,5	108	6	100	11	183	10	167	9	150
Gußeisen	1	12	200	9	150	7	117	18	300	13	217	10	167
	2	13	217	11	183	8	133	20	333	16	267	12	200
	Schl.	15	250	13	217	10	167	23	383	19	317	15	250
Bronze	1	18	300	15	250	13	217	30	500	25	417	20	333
	2	20	333	18	300	16	267	35	583	30	500	25	417
	Schl.	20	333	18	300	16	267	35	583	30	500	25	417
Messing	1	20	333	18	300	16	267	35	583	30	500	25	417
	2	24	400	20	333	18	300	40	667	35	583	30	500
	Schl.	24	400	20	333	18	300	40	667	35	583	30	500
Alumi-nium	1	45	750	40	667	35	583	75	1250	65	1083	60	1000
	2	50	833	45	750	40	667	85	1417	75	1250	70	1167
	Schl.	55	917	50	833	45	750	90	1500	85	1417	80	1333
Festigkeit . . kg		30—40		40—60		60—80		30—40		40—60		60—80	
S.M.St. S.M.SF. 2	1	12	200	9,5	158	7	117	20	333	16	267	12	200
	2	13	217	10,5	175	8	133	22	367	18	300	14	233
	Schl.	10,5	175	8	133	6	100	18	300	14	233	10	167

[1]) Die Werte für die Schnittgeschwindigkeit in mm/sek der Tabellen 1a bis 1e und der Tabelle 3 sind abgerundet.

Es sei hier nochmals betont, daß bei der Berechnung der Laufzeit stets die an der Maschine verfügbare Schnittgeschwindigkeit bzw. die möglichen Umdrehungen, sowie die vorhandenen Vorschubmöglichkeiten unbedingt berücksichtigt werden müssen, da im anderen Falle die Berechnung nicht stimmen kann.

Die Größe des Vorschubes ist, wenn man von der Bauart der Maschine sowie von der Kühlung der Werkzeuge absieht, von der Spantiefe und der Schnittgeschwindigkeit bestimmt.

Tabelle 1 b. Mittelwerte für die Schnittgeschwindigkeit in m/min und mm/sek für Plandrehen.

Material	Schnitte	Werkzeugstahl						Schnellschnittstahl					
		weich		mittel		hart		weich		mittel		hart	
		m/min	mm/sek	m/min	mm/sek	m/min	mm/sek	m/min	mm/sek	m/min	mm/sek	m/min	mm/sek
Temperguß	2	10	167	8	133	6	100	17	283	14	233	11	183
	1	11	183	9	150	7	117	19	317	16	267	13	217
	Schl.	12	200	10	167	8	133	21	350	18	300	15	250
Werkzeugstahl	1	6	100	5	83	4	67	8	133	7	117	6	100
	2	7	117	6	100	5	83	9	150	8	133	7	117
	Schl	6	100	5	83	4	67	8	133	7	117	6	100
Stahlguß	1	7	117	6	100	5	83	14	233	11	183	8	133
	2	8	133	7	117	6	100	15	250	12	200	9	150
	Schl.	9	150	8	133	7	117	17	283	14	233	10	167
Chrom-Nickel-stahl	1	7	117	6	100	5	83	10	167	9	150	8	133
	2	8	133	7	117	6	100	11	183	10	167	9	150
	Schl.	7	117	6	100	5	83	10	167	9	150	8	133
Gußeisen	1	10	167	8	133	6	100	16	267	12	200	8	133
	2	12	200	10	167	8	133	18	300	14	233	10	167
	Schl.	14	233	12	200	10	167	22	367	18	300	14	233
Bronze	1	17	283	14	233	11	183	29	483	24	400	19	317
	2	20	333	17	283	14	233	34	567	29	483	24	400
	Schl.	20	333	17	283	14	233	34	567	29	483	24	400
Messing	1	19	317	17	283	15	250	34	567	29	483	24	400
	2	23	383	19	317	17	283	39	650	34	567	29	483
	Schl.	23	383	19	317	17	283	39	650	34	567	29	483
Aluminium	1	45	750	38	633	35	583	75	1250	65	1083	60	1000
	2	50	833	45	750	40	667	85	1417	75	1250	70	1167
	Schl.	55	917	50	833	45	750	95	1583	85	1417	80	1333
Festigkeit . . kg		30—40		40—60		60—80		30—40		40—60		60—80	
S.M.St.	1	11	183	9	150	7	117	18	300	14	233	10	167
S.M.Fl.	2	12	200	10	167	8	133	20	333	16	267	12	200
	Schl.	11	183	9	150	7	117	16	267	12	200	8	133

Vorstehende Tabellenwerte gelten für Arbeiten auf gewöhnlichen Drehbänken. Bei Benutzung von Schnelldrehbänken können dieselben, reichlich Kühlung und besten Schnelldrehstahl vorausgesetzt, um 50 bis 100 vH erhöht werden.

Tabelle 1c. Mittelwerte für die Schnittgeschwindigkeit in m/min und mm/sek auf Bohrwerk für Ausbohren.

Material	Schnitte	Werkzeugstahl weich		Werkzeugstahl mittel		Werkzeugstahl hart		Schnellschnittstahl weich		Schnellschnittstahl mittel		Schnellschnittstahl hart	
		m/min	mm/sek	m/min	mm/sek	m/min	mm/sek	m/min	mm/sek	m/min	mm/sek	m/min	mm/sek
Temperguß	1	14	233	11	183	8	133	18	300	14	233	10	167
	2	16	267	13	217	10	167	20	333	16	267	12	200
	Schl.	16	267	13	217	10	167	20	333	16	267	12	200
Werkzeugstahl	1	8	133	7	117	6	100	11	183	9	150	7	117
	2	9	150	8	133	7	117	12	200	10	167	8	133
	Schl.	9	150	8	133	7	117	12	200	10	167	8	133
Stahlguß	1	11	183	9	150	7	117	17	283	13	217	9	150
	2	12	200	10	167	8	133	18	300	14	233	10	167
	Schl.	12	200	10	167	8	133	18	300	14	233	10	167
Gußeisen	1	13	217	11	183	9	150	20	333	16	267	14	233
	2	14	233	12	200	10	167	22	367	18	300	16	267
	Schl.	14	233	12	200	10	167	22	367	18	300	16	267
Bronze	1	20	333	18	300	16	267	33	500	28	467	23	383
	2	22	367	20	333	18	300	35	583	30	500	25	417
	Schl.	22	367	20	333	18	300	35	583	30	500	25	417
Messing	1	22	367	20	333	18	300	37	617	32	533	27	450
	2	24	400	22	367	20	333	40	667	35	583	30	500
	Schl.	24	400	22	367	20	333	40	667	35	583	30	500
Aluminium	1	45	750	40	667	35	583	75	1250	65	1083	60	1000
	2	50	833	45	750	40	667	85	1417	75	1250	70	1167
	Schl.	50	833	45	750	40	667	85	1417	75	1250	70	1167
Festigkeit . . kg		30—40		40—60		60—80		30—40		40—60		60—80	
S.M.St. S.M.Fl.	1	14	233	12	200	9	150	20	333	18	300	16	267
	2	15	250	13	217	10	167	24	400	20	333	17	283
	Schl.	15	250	13	217	10	167	24	400	20	333	17	283

Tabelle 1d. Mittelwert für die Schnittgeschwindigkeit in m/min und mm/sek für Ein- und Abstechen.

Material	Werkzeugstahl weich		Werkzeugstahl mittel		Werkzeugstahl hart		Schnelldrehstahl weich		Schnelldrehstahl mittel		Schnelldrehstahl hart	
	m/min	mm/sek	m/min	mm/sek	m/min	mm/sek	m/min	mm/sek	m/min	mm/sek	m/min	mm/sek
Werkzeugstahl . .	5	83	4	67	3	50	7	117	6,5	108	5,5	92
Stahlguß	6,5	108	5,5	92	4,5	75	13	217	10	167	7	117
Temperguß	9	150	7	117	5	83	15,5	258	13	217	10	167
Chrom-Nick.-Stahl	6,5	108	5,5	92	4,5	75	9	150	8	133	7	117
Gußeisen	9	150	7	117	5,5	92	14,5	242	11	183	7	117
Bronze	14	233	13	217	10	167	26	433	22	367	17	283
Messing	17	283	15,5	258	13,5	225	30	500	26	433	22	367
Festigkeit . . kg	30—40		40—60		60—80		30—40		40—60		60—80	
S.M.Fl. S.M.St. . .	10	167	8	133	6	100	16	267	13	217	9	150

Tabelle 1e. Mittelwerte für die Schnittgeschwindigkeit in m/min und mm/sek für Gewindeschneiden.

Material	Werkzengstahl						Schnelldrehstahl					
	weich		mittel		hart		weich		mittel		hart	
	m/min	mm/sek	m/min	mm/sek	m/min	mm/sek	m/min	mm/sek	m/min	mm/sek	m/min	mm/sek
Temperguß	4,5	75	3,5	58	2,5	42	6	100	5	83	3	50
Gußeisen	4,5	75	3,5	58	2,5	42	6	100	5	83	3	50
Stahlguß	4,5	75	3,5	58	2,5	42	5	83	4	67	3	50
Chrom-Nickel-stahl	4	67	3	50	2	33	5	83	4	67	3	50
Werk-zeugstahl	4	67	3	50	2	33	5	83	4	67	3	50
Bronze	8	133	7	117	6	100	10	167	8	133	7	117
Messing	9	150	8	133	7	117	10	167	9	150	8	133
Festigkeit	30—40		40—60		60—80		30—40		40—60		60—80	
S.M.St. S.M.Fl.	5	83	4	67	3	50	6	100	5	83	4	67

Mittelwerte für die Schnittgeschwindigkeit zum Ausreiben mit der Reibahle in m/min und mm/sek siehe Tabelle 43.

Nach Tabelle 2 kann auf einer mittelgroßen Drehbank bei einer Bearbeitungszugabe bzw. Spantiefe von 12 mm der Vorschub mit 0,5 mm pro Umdrehung gewählt werden, während bei einer Spantiefe von 7 mm der Vorschub 0,8 mm beträgt, also wesentlich höher ist.

Beim zweiten Schnitt ist die Schnittiefe bedeutend geringer, weshalb auch die Schnittgeschwindigkeit (siehe Tabelle 1a—c) und der Vorschub (siehe Tabelle 2) entsprechend höher gewählt sind.

Der Vorschub kann ferner auch nach Art des Arbeitsstückes verschieden gewählt werden. Während man z. B. beim Schlichten von Lagerstellen einen kleinen Vorschub wählen wird, kann derselbe beim sog. Breitschlichten, wie es bei Riemenscheiben üblich ist, bis 10 mm pro Umdrehung gewählt werden.

Tabelle 2. Mittelwerte für Vorschübe bei gegebener Spantiefe.

Drehbank	Spitzenhöhe mm	Bei einer Schnittiefe von mm					Breit-schlichten
		15	12	10	7	5	
		beträgt der Vorschub					
A. Auf gewöhnlichen Drehbänken.							
klein	bis 250	—	—	0,25	0,4	0,6	3,0
mittel	„ 500	0,3	0,5	0,6	0,8	1,0	5,0
groß	über 500	0,5	0,75	1,0	1,25	1,5	8,0
B. Auf Schnelldrehbänken.							
klein	bis 250	—	—	0,4	0,7	1,0	4,0
mittel	„ 500	0,4	0,7	0,8	1,0	1,2	6,0
groß	über 500	1,0	1,2	1,5	1,8	2,0	9,0
C. Am Bohrwerk.							
klein	bis 250	—	—	0,2	0,3	0,5	—
mittel	„ 600	0,35	0,5	0,6	0,7	0,8	—
groß	über 600	0,5	0,6	0,8	1,0	1,2	—

Tabelle 3. Umrechnungstabelle für Schnittgeschwindigkeiten von m/min auf mm/sek.

$\frac{m}{min}$	$\frac{mm}{sek}$	$\frac{m}{min}$	$\frac{mm}{sek}$	$\frac{m}{min}$	$\frac{mm}{sek}$
2	33	16	267	34	567
3	50	16,5	275	35	583
3,5	58	17	283	36	600
4	67	17,5	292	37	617
4,5	75	18	300	38	633
5	83	18,5	308	39	650
5,5	92	19	317	40	667
6	100	19,5	325	41	683
6,5	108	20	333	42	700
7	117	20,5	342	43	717
7,5	125	21	350	44	733
8	133	21,5	358	45	750
8,5	142	22	367	46	767
9	150	22,5	375	47	783
9,5	158	23	383	48	800
10	167	23,5	392	49	817
10,5	175	24	400	50	833
11	183	24,5	408	55	917
11,5	192	25	417	60	1000
12	200	26	433	65	1083
12,5	208	27	450	70	1167
13	217	28	467	75	1250
13,5	225	29	483	80	1333
14	233	30	500	85	1417
14,5	242	31	517	90	1500
15	250	32	533	95	1583
15,5	258	33	550	100	1667

Aus vorstehenden Ausführungen geht klar hervor, daß Schnittgeschwindigkeit, Spantiefe und Vorschub voneinander abhängig sind und in steten Wechselbeziehungen zueinander stehen.

b) Die Bestimmung der Schnittgeschwindigkeit und des wirtschaftlich günstigsten Spanquerschnittes.

Taylor-Nicholson und verschiedene andere Forscher, die sich mit der Frage der systematischen Bestimmung der Schnittgeschwindigkeit befaßt haben, geben an, daß die Schnittgeschwindigkeit vom Spanquerschnitt bzw. vom Schnittwiderstand abhängig ist.

Nun wächst, nach den Angaben von Fischer, der an der Schneide des Stahles auftretende Schnittwiderstand sowohl mit der Größe des Spanquerschnittes und der Zerreißfestigkeit des Werkstoffes, als auch mit dem an der Schneide des spanabhebenden Werkzeuges auftretenden Reibungswiderstand.

Die Größe des Reibungswiderstandes hängt einerseits vom Schnittwinkel[1]) des Werkzeuges, andererseits von der Beschaffenheit der Schneide selbst ab und wird durch die Materialkonstante a ausgedrückt.

Demnach gilt für die Ermittlung des Schnittwiderstandes W die Gleichung:

$$W = s \cdot y \cdot K_z \cdot a = q \cdot K \text{ kg}.$$

Da ferner der Spanquerschnitt q mit der Geschwindigkeit v mm/sek abgetrennt wird, so muß auch das Werkzeug den Schnittwiderstand $W = q \cdot K$ mit der Geschwindigkeit v mm/sek nehmen und dabei an der Schneide eine Arbeit

$$A = W \cdot v = q \cdot K \cdot v \text{ kg mm/sek}$$

leisten.

q = Spanquerschnitt in mm² $= y \cdot s$,
s = Vorschub in mm,
y = Schnittiefe in mm,
K_z = Materialfestigkeit kg/mm²,
a = Materialkonstante
  für sprödes Material $= 4$ bis 6,
  für zähes Material $= 2{,}5$ bis $3{,}2$,
v = Schnittgeschwindigkeit mm/sek.

Da nach den vorstehenden Angaben die Schnittgeschwindigkeit vom Schnittwiderstand und dieser wieder vom Spanquerschnitt und der Materialfestigkeit abhängig ist, so muß logischerweise auch zwischen den Größen Schnittgeschwindigkeit V, Materialfestigkeit K_z und Spanquerschnitt q eine Gesetzmäßigkeit bestehen.

Um die Gesetzmäßigkeit zwischen den Größen V, K_z und q festzustellen habe ich langjährige praktische Versuche durchgeführt, die sowohl die Angaben verschiedener Forscher, als auch meine Annahme betreffs der Gesetzmäßigkeit, bestätigen.

----

[1]) Siehe Anhang.

Ich habe um einmal die Gesetzmäßigkeit zwischen zwei Größen, und zwar der Schnittgeschwindigkeit und der Materialfestigkeit festzustellen, die Versuche konstant mit dem gleichen Spanquerschnitt $q = 2$ mm² durchgeführt.

Den Spanquerschnitt $q = 2$ mm² habe ich gewählt, weil mir für meine Versuche kein Laboratorium zur Verfügung stand, ich vielmehr gezwungen war, dieselben kostenlos, d. h. an den zu bearbeitenden Werkstücken selbst durchzuführen und weil in der Praxis, mit Ausnahme der Schwerindustrie, in der Regel mit einer Schnittiefe $y = 4$ bis 5 mm und einem Vorschub $s = 0{,}4$ bis 0,5 mm, folglich mit einem Spanquerschnitt von ~ 2 mm² gearbeitet wird.

Die Aufzeichnungen über die bei einem Spanquerschnitt $q = 2$ mm² erzielten günstigsten Schnittgeschwindigkeiten ergaben nun das überraschende Resultat, daß bei Trockenbearbeitung von zähem Material, wie Schm.E., S.M.St., Mess., Alum. usw., die günstigste Schnittgeschwindigkeit im Mittel stets den reziproken Wert von K_z mal $1000 = \dfrac{1000}{K_z}$ ergab und daß bei Naßbearbeitung (Wasser- oder reichlicher Ölkühlung) die Schnittgeschwindigkeit um ~ 16 vH erhöht werden konnte. Durch diese Versuche[1] erschien die Gesetzmäßigkeit zwischen den Größen V und K_z festgestellt.

Die weiteren mit verschiedenen Spanquerschnitten durchgeführten Versuche ergaben ferner, daß die Schnittgeschwindigkeit stets in einem bestimmten Verhältnis zum Spanquerschnitt eingestellt werden muß und zwar, wie die praktischen Versuche ergaben, (unter Zugrundelegung von $q = 2$ mm²) im Verhältnis der $\sqrt[4]{2} : \sqrt[4]{q}$, wodurch auch die Annahme, daß zwischen den drei Größen V, K_z und q eine Gesetzmäßigkeit besteht, erwiesen erscheint.

Bezeichnet man die nach der Formel $V = \dfrac{1000}{K_z}$ bei $q = 2$ mm² ermittelte Schnittgeschwindigkeit mit V_1 und die gesuchte Schnittgeschwindigkeit bei beliebigem Spanquerschnitt mit V_2, so gilt für die Bestimmung von V_2 die Gleichung:

$$V_1 : V_2 = \sqrt[4]{q} : \sqrt[4]{2}$$

daher

$$V_2 = \frac{V_1 \cdot \sqrt[4]{2}}{\sqrt[4]{q}} \text{ m/min,}$$

da ferner der Wert für V_1 bei $q = 2$ mm² für zähes Material gleich ist dem Wert aus $\dfrac{1000}{K_z}$ und V_2 im Verhältnis der $\sqrt[4]{2} : \sqrt[4]{q}$ geändert werden muß, so folgt daraus die Gleichung:

a) für zähes Material ohne Kühlmittel

$$V = \frac{1000 \cdot \sqrt[4]{2}}{K_z \cdot \sqrt[4]{q}} = \frac{1190}{K_z \cdot \sqrt[4]{q}} \text{ m/min.}$$

---

[1] Wobei die Stähle nach jedesmaligem Schleifen auf richtige Schnittwinkel kontrolliert wurden.

b) für zähes Material mit Kühlmittel

$$V = \frac{1000 \cdot \sqrt[4]{2} \cdot 1{,}16}{K_z \cdot \sqrt[4]{q}} = \sim \frac{1380}{K_z \cdot \sqrt[4]{q}} \quad \text{m/min.}$$

Für sprödes Material, wie Gußeisen, harte Bronze usw., haben die praktischen Versuche bei $q = 2$ mm² für die Schnittgeschwindigkeit folgende Werte ergeben:

$$V = \frac{240}{K_z} \quad \text{m/min.}$$

Bei der Bearbeitung von sprödem Material zeigten die praktischen Versuche ferner, daß die Schnittgeschwindigkeit ebenso wie bei zähem Material im Verhältnis der $\sqrt[4]{2} : \sqrt[4]{q}$ geändert werden muß.

Daraus folgt für sprödes Material die Formel:

$$V = \frac{240 \cdot \sqrt[4]{2}}{K_z \cdot \sqrt[4]{q}} = \sim \frac{286}{K_z \cdot \sqrt[4]{q}} \quad \text{m/min.}$$

Beim Gewindeschneiden entfällt die Bezugnahme auf den Spanquerschnitt, die Formel lautet daher:

a) für zähes Material:

$$V = \frac{1000}{K_z \cdot 4} = \frac{250}{K_z} \quad \text{m/min.}$$

b) für sprödes Material:

$$V = \frac{240}{K_z \cdot 4} = \frac{60}{K_z} \quad \text{m/min.}$$

Die einfache Bezugnahme auf K_z und q sowie die Ausschaltung jeglicher Art von Unbekannten ermöglichte es, für die Bestimmung von V eine einfache Formel zu konstruieren, deren Produkte praktisch erprobte Mittelwerte ergeben, die in der Praxis zuversichtlich eingehalten und unter günstigen Verhältnissen noch überschritten werden können.

Spanquerschnitt. Für die Größe des Spanquerschnittes gilt allgemein:

$$q = y \cdot s \ \text{mm}^2.$$

Für die Berechnung des Schnittwiderstandes:

$$W = q \cdot K_z \cdot a \cdot v \ \text{kg mm/sek},$$

daher für

$$q = \frac{W}{K_z \cdot a \cdot v} \ \text{mm}^2.$$

Mit der Bildung von Formeln für die Bestimmung der Werte V und q ist jedoch dem Betriebsmann wenig gedient, da die Berechnung nach Formeln für denselben viel zu umständlich und zeitraubend ist.

Diesem Umstand hilft die unter Zugrundelegung vorstehender Formeln konstruierte lg. Rechentafel I ab. Sie ermöglicht eine rasche Ermittlung der Schnittgeschwindigkeit, sowie des günstigsten Spanquerschnittes und der Maschinenbelastung.

c) Erklärung der lg. Tafel I[1]).

1. Für die Ermittlung der günstigsten Schnittgeschwindigkeit V m/min bzw. v mm/sek bei gegebenem Spanquerschnitt q, sowie für die Ermittlung der Schnittleistung N_e in PS.

a) Bringe den Wert K_z (Naß- oder Trockenbearbeitung) mit dem Wert q zum Schnitt, ziehe von diesem Schnittpunkt die Senkrechte bis zur Skala „Schnittgeschwindigkeit m/min bzw. mm/sek" und lese daselbst den Wert V m/min bzw. v mm/sek ab.

b) Verfolge vom Schnittpunkt der Werte K_z mit q die geneigte Gerade zur Skala PS I bzw. PS II (N oder T) und lese daselbst die Schnittleistung in PS bei Naß- oder Trockenbearbeitung ab.

2. Für die Ermittlung des günstigsten Spanquerschnittes q bei gegebener Schnittgeschwindigkeit V m/min bzw. v mm/sek sowie für die Ermittlung der Schnittleistung N_e in PS.

a) Bringe den Wert K_z (Naß- oder Trockenbearbeitung) mit dem Wert V m/min oder v mm/sek zum Schnitt und lese auf der geneigten Geraden den Wert q ab.

b) Verfolge vom Schnittpunkt der Werte K_z mit V bzw. v die geneigte Gerade zur Skala PS I bzw. PS II (N oder T) und lese daselbst die Schnittleistung in PS bei Naß- oder Trockenbearbeitung ab.

1. Beispiel: Eine Welle aus S.M.St. $K_z = 70$ kg mm^2 mit einem Durchmesser $d = 90$ mm soll auf einen Durchmesser $d_1 = 81$ mm unter Benützung von Wasserkühlung roh vorgedreht werden.

Für das Vordrehen können wir in diesem Falle einen Vorschub $s = 1$ mm wählen; somit beträgt der Spanquerschnitt

$$q = y \cdot s^2) = \frac{d - d_1}{2} \cdot s = \frac{90 - 81}{2} \cdot 1 = \frac{9}{2} = 4{,}5 \text{ mm}^2.$$

a) Welche Schnittgeschwindigkeit kann, um ein einwandfreies Arbeiten zu gewährleisten, gewählt werden?

b) Wie groß ist die Schnittleistung in PS?

Lösung: Zu a). Bringe den Wert $K_z = 70$ kg mm^2 (Skala für Naßbearbeitung) mit dem Wert $q = 4{,}5$ mm^2 zum Schnitt, ziehe von da die Senkrechte bis zur Skala Schnittgeschwindigkeit, und lese daselbst $V = 13{,}4$ m/min bzw. $v = \sim 223$ mm/sek ab.

Zu b). Verfolge vom Schnittpunkt der Werte $K_z = 70$ und $q = 4{,}5$ die geneigte Gerade bis Skala PS II/N und lese daselbst $N_e = 2{,}9$ PS ab.

2. Beispiel: Angenommen, die an der Maschine verfügbare Schnittgeschwindigkeit für die Bearbeitung der Welle aus dem 1. Beispiel betrage $V = 13$ m/min. Wie groß kann in diesem Fall

a) der Spanquerschnitt q bzw. der Vorschub s gewählt werden, nachdem die Schnittiefe y durch die Materialstärke bestimmt ist?

b) Wie groß ist die Schnittleistung in PS?

---

[1]) Siehe Anhang.　　　²) $s =$ Vorschub/Umdrehung, $y =$ Schnittiefe.

Lösung: Zu a). Bringe den Wert $K_z = 70$ kg/mm² (Skala für Naßbearbeitung) mit dem Wert $V = 13$ m/min zum Schnitt und lese im Schnittpunkt auf der geneigten Geraden $q = \sim 5,2$ mm² ab.

$$q = y \cdot s,$$

folglich

$$s = \frac{q}{y} = \frac{5,2}{4,5} = \sim 1,2 \text{ mm.}$$

Zu b). Verfolge vom Schnittpunkt der Werte $K_z = 70$ und $V = 13$ die Gerade bis Skala PS II / N und lese daselbst für $N_e = \sim 3,25$ PS ab.

So große Vorteile im allgemeinen alle Arten (logarithmische oder graphische) Tafeln für das Büro bieten, so wenig sind sie für den Betrieb selbst geeignet. Sie sind leicht der Verschmutzung ausgesetzt, werden durch das ofte Zusammenfalten brüchig, daher unleserlich und geben recht oft Anlaß zu unliebsamen Fehlerquellen.

Für den Betrieb ist unstreitig nur der Rechenschieber am Platz. Derselbe muß jedoch, wenn er den neuzeitigen Anforderungen eines modernen Betriebes entsprechen soll, so durchgebildet sein, daß alle für den Werkstattfachmann lästigen, in vielen Fällen komplizierten, daher zeitraubenden Formeln, die aber zur Bestimmung der für den Betrieb unerläßlichen Werte notwendig sind, entfallen können und es dennoch ermöglichen, die Berechnung nicht nur rein mechanisch, sondern auch rasch und sicher auszuführen.

Derselbe muß ferner dem Werkstattbeamten die Möglichkeit bieten jeden auf die Laufzeit bezughabenden Streitfall sofort an Ort und Stelle zu schlichten und um allen Anforderungen zu genügen, muß derselbe auch als Normalrechenstab verwendbar sein.

Ich habe daher für die Bestimmung der Werte V, n, q, PS sowie verschiedenen anderen für den Betriebsmann unerläßlichen Werte einen Betriebs- und Kalkulationsrechenstab konstruiert, der es ermöglicht, die Werte ohne Kenntnis irgendwelcher mathematischer Formeln, also rein mechanisch zu bestimmen.

Bei der Konstruktion desselben ließ ich mich von dem Gedanken leiten, daß es möglich sein muß, durch geeignete Versetzung der Skalen zueinander gewisse Rechenoperationen auszuschalten und dadurch die Berechnung wesentlich einfacher zu gestalten, was mir auch schließlich so weit gelang, daß ich beispielsweise die Berechnung von V für Naßbearbeitung, die sonst nach der Formel: $V = \dfrac{1000 \cdot \sqrt[4]{2} \cdot 1,16}{K_z \cdot \sqrt[4]{q}}$ ausgeführt werden muß, mit einer einzigen Einstellung auf die Materialfestigkeit K_z durchführen konnte.

Den Gebrauch des Rechenstabes bzw. seine Handhabung werde ich am Schlusse meines Buches an Hand einiger praktischer Beispiele näher erläutern und zeigen, in welch einfacher Weise alle auf die Bearbeitung eines Werkstückes bezughabenden Werte mit demselben gefunden werden können.

Handarbeiten (Handarbeitszeiten).

Bei Berechnung der Zeitdauer eines Arbeitsstückes müssen auch die Zeiten für die Handarbeiten, die zur Bearbeitung eines Arbeitsstückes notwendig sind, einkalkuliert werden.

Die Arbeiten bestehen aus:

1. Einrichten der Maschine, d. h. die Maschine für die Aufnahme des Arbeitsstückes bis zum Aufspannen vorbereiten. Dazu gehört: Planscheibe oder Amerikaner auf- oder abspannen, Bankspitzen einsetzen, Klauen wechseln, Räder aufstecken, Lünetten aufspannen, bei Kopfbänken den Support verstellen und bei Bohrwerken die Bohrspindel bzw. den Tisch einstellen usw. (Siehe Tabelle 4.)

Als Einrichtzeit ist ferner zu rechnen: die Zeit für das Abstempeln der Zeitkarte (Arbeitsbeginn), die Arbeit vom Meister in Empfang nehmen, Zeichnungen ausfassen, Zeichnung lesen, Werkzeuge, Vorrichtungen und Behelfe ausfassen, das erste Stück bearbeiten und zur Kontrolle geben, ferner nach Fertigstellung der Arbeit die Vorrichtungen, Werkzeuge, Behelfe und Zeichnungen wieder abliefern, die Maschine reinigen und die Zeitkarte (Arbeitsende) abstempeln.

2. Das Arbeitsstück aufspannen, ausrichten bzw. zentrieren und abspannen. Die Aufspannzeiten sind bei größeren Arbeitsstücken, zu deren Aufspannung ein Flaschenzug oder Kran erforderlich ist, in erster Linie von den jeweiligen Betriebsverhältnissen bzw. Transportgelegenheiten abhängig. Schon bei Benützung verschiedenartiger Hebezeuge wird sich ein wesentlicher Zeitunterschied bemerkbar machen. Steht z. B. für eine Maschinengruppe eine Laufkatze mit Flaschenzug zur Verfügung, während andere Maschinen mit einem an der Maschine montierten schwenkbaren Kran arbeiten können, so müssen die Aufspannzeiten im ersten Falle, da es öfter vorkommen wird, daß ein Maschinenarbeiter auf den Flaschenzug, der eben von einem anderen Arbeiter benutzt wird, warten muß, höher bewertet werden als im zweiten Falle, wo der Flaschenzug zur alleinigen Verfügung des Arbeiters steht. Noch viel größer aber ist der Zeitunterschied zwischen den vorerwähnten Hebezeugen und einem größeren Laufkran, der in der ganzen Halle nicht nur die Arbeitsmaschinen, sondern auch die anderen Transporte und Montagearbeiten zu besorgen hat und der Maschinenarbeiter dann oft gezwungen ist lange Zeit auf den Kran warten zu müssen.

In zweiter Linie hängt die Aufspannzeit von der Art der Aufspannung, z. B. genaue Materialverteilung oder Benützung einer Aufspannvorrichtung einerseits, oder Aufspannung nach Anriß andererseits, dann von der Form des Arbeitsstückes ab.

Aus vorerwähnten Gründen allein ist es schon klar, daß für viele Arbeiten, ohne Kenntnis der Betriebsverhältnisse, allgemeingültige Aufspanntabellen nicht aufgestellt werden können.

Tabelle 4. Durchschnittswerte für Hand- und Griffzeiten an Spitzen-, Kopf- und Karuselldrehbänken.

Drehbank	Spitzenhöhe Planscheibendurchmesser	Zeit für Ein- oder Ausschalten in Min.	Meßwerkzeuge	am Umfang bis	am Umfang bis	am Umfang über	in der Bohrung bis	in der Bohrung bis	in der Bohrung über	Einspannen Drehstahl Min.	Einspannen Gew.-Stahl Min.	Setzstock[1] aufspannen und einstellen Min.	Backen auswechseln Planscheibe Min.	Backen auswechseln Amerikaner Min.	Maschine herrichten in min.
				Durchmesser in mm											
klein	bis 250 mm	0,1		100	300	300	50	100	100						
			1	1,0	1,5	2,0	1,0	1,5	2,0	1,0	1,5	5,0	6,0	3,0	10,0
			2	0,5	1,0	1,5	0,5	1,0	1,5						
mittel	bis 500 mm	0,25		300	600	600	100	250	250						
			1	1,5	2,5	3,5	2,0	2,5	3,0	1,5	2,0	6,5	8,0	4,0	15,0
			2	1,0	2,0	3,0	1,5	2,0	2,5						
groß	über 500 mm	0,35		400	750	750	200	350	350						
			1	2,5	3,5	4,5	2,5	3,5	4,5	2,0	2,5	8,0	10,0	5,0	20
			2	2,0	3,0	4,0	2,0	3,0	3,5						
Karussell	Planscheibendurchmesser bis 1500 mm	0,40		500	1000	1000	150	300	300						
			1	3,0	4,0	—	2,5	3,5	4,5	?,5			16,0		
			2	2,5	3,5	4,5	2,0	3,0	4,0						
Kopfbank	bis 3000 mm	0,45		500	1500	1500	200	400	400						(1) 30
			1	4,0	—	—	4,0	5,0	6,0	3,0			25,0		
			2	5,0	8,0	10,0	3,5	4,5	5,5						(2) 45
Kopfbank	über 3000 mm	0,50		1500	4000	4000	300	600	600						(1) 45
			1	—	—	—	5,0	6,0	7,0	3,0			30,0		
			2	10,0	15,0	20,0	4,5	5,5	6,5						(2) 60

1 = Messen mit Kaliber-Stichmaß oder Lehre auf genaues Maß bis 0,05 mm Toleranz.
2 = Messen mit Greifzirkel-, Lochzirkel-, Stangenzirkel-Schieblehre mit einer Toleranz über 0,05 mm.
*) Einschließlich der Zeit für Maschine an- und abstellen.
(1) = ein Support verstellen; (2) = zwei Supporte verstellen.
[1] Für die Verwendung eines feststehenden Setzstockes gibt Ing. Hegner im Betrieb, Jahrg. 4, Heft 10, die Formel an: $\frac{L}{D} > 15$.

Zeittabelle für das Aufspannen von Gehäusen auf der Drehbank.

Type DM		10-12	21-23	31-32	41-43	51-53	61-62	71-72	81-82	91-92	101-103	111-113	121-123
I.	min	13	16	20	20	25	28	35	35	35	45	45	—
II.	min	10	10	10	10	15	15	15	15	15	15	15	—
	kg	10	19,3	25	33	45	55	97	120	160	350	400	—
Type G		$^1/_8$-$^1/_4$	$^1/_2$-$^3/_4$	10 G	3	4	4,5	5	6	7	8	9	10
I.	min	12	12	20	20	20	28	25	28	30	35	35	40
II.	min	10	10	10	10	10	15	15	15	15	15	15	15
	kg	7	9	25	28	32	55	40	60	75	130	150	250
Type G		11	12	13	14	15	16	—	—	—	—	—	--
I.	min	40	45	45	45	45	50	—	—	—	—	—	—
II.	min	15	15	15	15	15	15	—	—	—	—	—	—
	kg	285	380	460	540	570	810	—	—	—	—	—	—

I. = Aufspannen; II. = Bank herrichten.
Für Umspannen = 20 vH.

Abb. 5.

Grundsätzlich zu verwerfen ist, Werte für Aufspannung und Transport von anderen Werken als Unterlage bei der Berechnung der Laufzeit zu verwenden und sei gleich im vorhinein darauf hingewiesen, daß die in diesem Buche angeführten Aufspanntabellen nur als Muster dienen sollen.

Bei Aufstellung von Aufspanntabellen empfiehlt es sich daher, die vorkommenden laufenden Arbeiten entweder nach Größe, z. B. Durchmesser und Länge, oder nach Typen und nach Gewicht tabellarisch aufzunehmen und die gestoppten Zeiten hierfür, unter Berücksichtigung der Betriebsverhältnisse, einzutragen. (Siehe Tabelle 8 für Wellen und Tabelle, Abb. 5, für Dreh- und Gleichstromgehäuse nach Type und Gewicht.)

Für einfachere Stücke, zu deren Aufspannung kein Kran erforderlich ist, z. B. bei Büchsen, Ringen usw. ist die Aufstellung von Tabellen für Aufspannzeiten wesentlich einfacher, es können hierfür die Tabellen 9 und 11a bis b benützt werden.

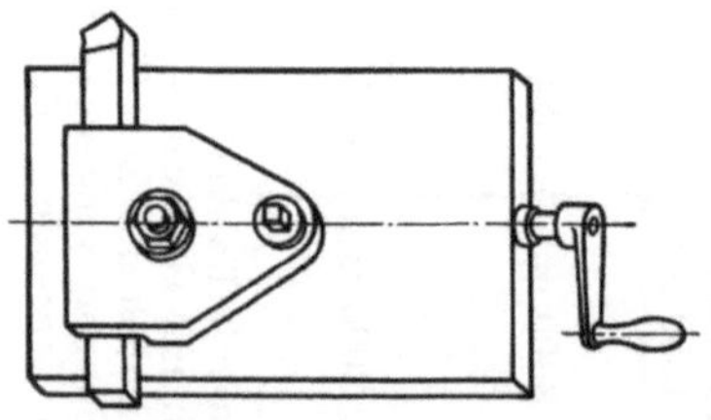

Abb. 6. Spannplatte (1 Schraube).

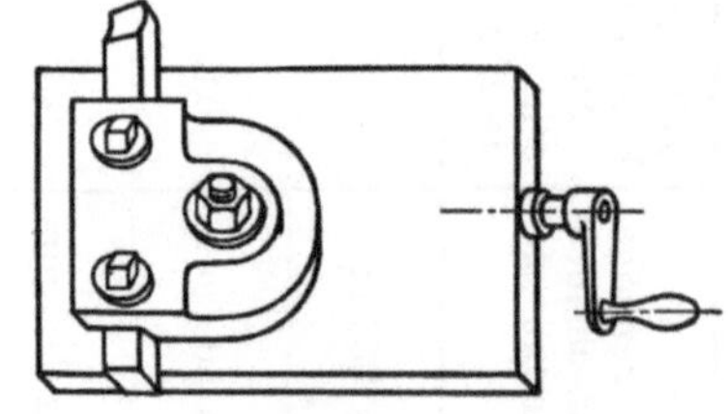

Abb. 7. Spannplatte (2 Schrauben).

3. Werkzeuge (Drehstähle) einspannen. Die Zeit für das Einspannen der Drehstähle ist von der Größe und Konstruktion der Maschine abhängig. Bei kleineren und mittleren Drehbänken wird

gewöhnlich der Drehstahl nur mittels der Spannschraube bzw. Spann-
pratze (Abb. 6) befestigt, während bei größeren Bänken und Kopfbänken zuerst die Spannplatte (Abb. 7) und durch diese mit 2 bis
3 Schrauben der Drehstahl befestigt wird.

Über Einspannzeiten siehe Tabelle 4.

4. Werkzeuge schleifen. In einem modern geleiteten Betriebe
soll das Schleifen der Werkzeuge stets nur von einer Stelle (der Werkzeugausgabe) und nach praktischen Versuchen in einem bestimmten
Schnitt- und Anstellwinkel[1]) erfolgen.

Hierdurch entfallen beim Maschinenarbeiter nicht nur die unnötig
vergeudeten Zeiten für das Hin- und Herlaufen zur Schleifscheibe,
sondern es werden auch die teuren Schnelldrehstähle, die besonders
von jungen unerfahrenen Maschinenarbeitern durch das oft ganz sinn-
lose Schleifen vorzeitig verdorben werden, geschont und die Maschine
durch die richtige Einhaltung des Schnittwinkels in der günstigsten
und wirtschaftlichsten Art ausgenützt.

Auch die vom Kalkulationsbeamten errechneten Laufzeiten werden
bei richtiger Ausnützung der Maschine und bei richtig geschliffenen
Werkzeugen in den meisten Fällen eingehalten werden können, während falschgeschliffene Werkzeuge und dadurch unwirtschaftlich ar-
beitende Maschinen fortgesetzt Anlaß zu Akkordreklamationen geben.

Die Zeiten für das Schleifen von Werkzeugen lassen sich für die
verschiedenen Arten von Stählen (Fassonmesser, Gewinde- und Drehstähle usw.) durch Zeitstudien ermitteln.

In Betrieben, wo der Maschinenarbeiter seine Werkzeuge selbst
schleift, ist die hierfür aufgewendete Zeit noch von den Betriebsverhältnissen, d. h. von der Zeit, die für die Länge des Weges von der
Arbeitsmaschine bis zur Schleifscheibe und zurück gebraucht wird,
abhängig.

Da die Zeiten für das Schleifen von Werkzeugen von den Betriebsverhältnissen abhängig sind, so wurden in der Tabelle 4 keine
Zeiten für das Schleifen der Werkzeuge angeführt.

5. Maschinen zum Messen abstellen. Alle auf der Drehbank
oder am Bohrwerk hergestellten Arbeitsstücke bedingen je nach dem
Grade ihrer Genauigkeit ein oftmaliges Spananstellen und Messen und
damit auch ein öfteres Abstellen der Maschine, da das Messen nur
bei Stillstand der Maschine erfolgen soll.

Eine Ausnahme hiervon bilden die Revolverbänke, Automaten
und Halbautomaten, da bei diesen Maschinengattungen die Werkzeuge
mittels Anschlägen arbeiten, wodurch sich das oftmalige Messen und
Abstellen der Maschine erübrigt.

Während kleine Maschinen beim Abstellen sofort stehenbleiben
bzw. mit der Hand angehalten werden können, brauchen mittlere
Maschinen bis zum Stillstand schon eine längere Zeit als die ersteren;
große Maschinen hingegen, z. B. Kopf- oder Karussellbänke, können
in den meisten Fällen nicht abgebremst werden und beanspruchen
naturgemäß die längste Zeit bis zum völligen Stillstand.

---

[1]) Siehe Anhang.

Über Zeiten für Abstellen der Maschine siehe Tabelle 4.

6. **Späneanstellen und Messen.** Soweit das Messen mittels Kaliber, Rachenlehre oder Stichmaß erfolgt, beansprucht es (den gleichen Genauigkeitsgrad vorausgesetzt) eine kürzere Zeit als das Messen mittels Zirkel oder Schieblehre.

Beim Messen mittels Stangenzirkel ist bei großem Durchmesser und großer Breite die hierfür verwendete Zeit auch entsprechend größer.

Über Zeiten für Späneanstellen und Messen siehe Tabelle 4.

Zeitverluste.

Außer den im vorigen Kapitel angeführten Zeiten für Handarbeiten muß ferner auf die gerechnete oder mittels Stoppuhr bestimmte Bearbeitungszeit ein, den Betriebsverhältnissen angepaßter, Zuschlag für Zeitverluste gemacht werden. Die Höhe desselben kann jedoch nur durch systematische Beobachtung, bzw. durch Zeitstudien ermittelt werden. In einem modern, d. h. rationell geleiteten Betrieb darf der Zuschlag für Zeitverluste nicht mehr als 5 bis 7 vH betragen.

Als Zeitverlust ist anzusehen:
a) die diversen Betriebsstörungen (Riemenreparatur usw.),
b) Besprechungen mit dem Meister bzw. Vorgesetzten,
c) Besprechungen mit der Lohnverrechnung,
d) Besprechungen mit der Kontrolle,
e) Maschine schmieren,
f) Werkzeuge ein- bzw. ausräumen,
g) Maschine von Späne reinigen,
h) Essen (wenn hierfür keine Pause vorgesehen ist),
i) tägliche Bedürfnisse.

Ermüdungszuschlag.

Bei schweren Stücken mit kurzer Bearbeitungszeit, bei denen der Arbeiter infolge des öfteren Hochhebens, bzw. Ein- und Ausspannens des Arbeitsstückes sehr angestrengt ist, ferner bei kleineren Stücken mit kurzer Laufzeit und vielen Griffen, die den Arbeiter bald ermüden, dann für alle Schlosser- und Montagearbeiten, bzw. Handarbeiten ist mit einem Ermüdungszuschlag zu rechnen.

Der Ermüdungszuschlag ist nach Form und Größe des zu bearbeitenden Werkstückes und der Bearbeitungsdauer desselben, sowie unter Berücksichtigung des Umstandes, ob dem Arbeiter ein Hilfsarbeiter beigestellt wird, von Fall zu Fall zu bestimmen; derselbe variiert annähernd zwischen 2 bis 5 vH.

Herstellungspläne.

a) Zweckmäßigkeit und Ausarbeitung.

Um eine richtige, sachgemäße Kalkulation durchführen zu können, ist es unbedingt notwendig, die Bearbeitung eines Werkstückes nach Arbeitsgängen zu zerlegen und diese wieder, in ihre einzelnen Elemente zergliedert, zu berechnen.

Eine nach diesen Gesichtspunkten ausgeführte Kalkulation wird in den meisten Fällen mit der tatsächlichen Arbeitszeit übereinstimmen, während diese in Bausch und Bogen durchgeführt, in den seltensten Fällen stimmen wird.

Bevor wir nun auf die eigentliche Berechnung der Laufzeiten näher eingehen, sollen im nachstehenden die Herstellungspläne, sowie die Zerlegung der Arbeitsgänge in Einzelelemente an Hand des nachstehenden Herstellungsplanes, Abb. 9, besprochen werden.

Als Beispiel sei ein Zahnrad (Abb. 8) gewählt, das während der mechanischen Bearbeitung einer Feuerbehandlung (Einsetzen und Härten) unterzogen werden muß.

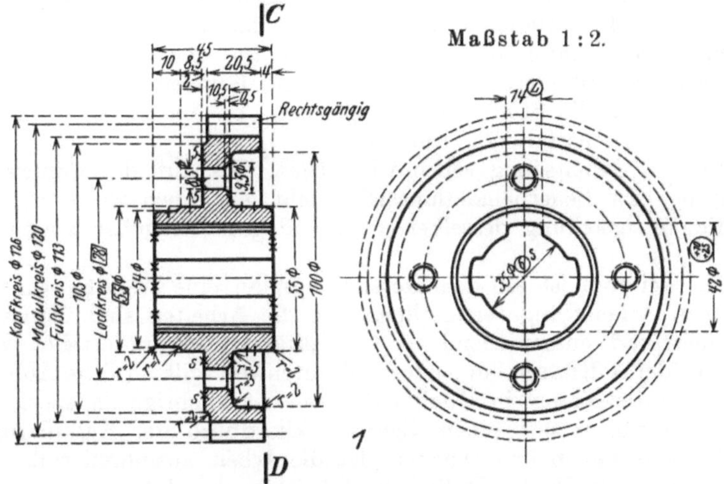

Abb. 8. Zahnrad (rechtsgängig).

Modulkreis ∅ 120	Zähnezahl = 30
Kopfkreis ∅ 126	Normalmodul = 3
Fußkreis ∅ 113	Stirnmodul = 4
Steigungsw. = 41° 24 $^1/_2$′	P. Nr. 1 rechtsgängig P. Nr. 2 linksgängig

Von den Herstellungsplänen sind zweckmäßig 1 Original und 3 Durchschläge anzufertigen. 1 Stück und zwar ohne Angabe von Zeit und Klasse, wird auf der Rückseite der Werkstattzeichnung aufgeklebt und an die Werkstatt-Zeichnungsausgabe gesandt. Der Arbeiter muß bei der Bearbeitung des Werkstückes streng angehalten werden, genau nach dem von der V.K.[1]) ausgearbeiten Plan zu

---

[1]) V.K. = Vorkalkulation.

arbeiten. Bei den übrigen 3 Herstellungsplänen wird Zeit und Klasse eingetragen und je 1 Stück an die Nachkalkulation und an das Betriebsbüro gesandt; das Original verbleibt in der V.K.

Der nebenstehende, in der V.K. ausgearbeitete Herstellungsplan zeigt uns eine genaue Unterteilung der Bearbeitung des Zahnrades, Abb. 8, in 15 Arbeitsgänge und gleichzeitig (siehe Rubr. Zeit) die detaillierte Auswertung bzw. Vorkalkulation der Bearbeitungszeiten der einzelnen Arbeitsgänge und zwar getrennt nach Maschinen- und Griffzeiten, sowie Einrichtzeiten. Hierbei gelten die Werte in der Rubrik „M" für die Maschinen- und Griffzeiten, während die Werte der Rubrik „E" die Zeit angeben, die für das Einrichten der Maschine bei einer Serie von 100 Stück, pro 1 Stück gilt.

Die Trennung der Einrichtzeit von der Bearbeitungszeit bezweckt daß bei Anfertigung einer größeren oder kleineren Stückzahl als 100, der pro Stück entfallende Zeitwert für das Einrichten leicht bestimmt werden kann, ohne daß es nötig ist, den Akkord bzw. die Zeit neu zu kalkulieren. Maschinen- und Griffzeiten bleiben ohne Rücksicht auf die Stückzahl die gleichen, es ändert sich nur die auf das Stück entfallende Einrichtzeit.

Beim 1. Arbeitsgang sehen wir ferner, daß auf die weitere Bearbeitung bzw. Feuerbehandlung Rücksicht genommen wurde und daß für die Fertigstellung desselben genügend große Zugaben vorgesehen sind.

Des weiteren ist auf dem Herstellungsplan eine Klassifizierung der einzelnen Arbeitsgänge ersichtlich, d. h. die Arbeiten sind, ihrem Genauigkeitsgrad entsprechend, in 4 Qualitätsklassen unterteilt, wobei für jede der 4 Klassen ein anderer Minutenwert gilt. (Siehe Abb. 10.)

Die Unterteilung in Qualitätsklassen ist wichtig, da speziell in großen Betrieben mit einem Zentral-Akkordbüro der Kalkulator in den meisten Fällen den Arbeiter, der die Arbeit ausführen soll, nicht kennt und deshalb an Stelle des Arbeiters, die Arbeit nach ihrem Genauigkeitsgrad klassifizieren muß. Dem Kalkulationsbeamten muß es schließlich gleichgültig sein, welcher Arbeiter die Arbeit ausführt, für ihn ist bei der Bewertung der Zeit nur die Qualität der Arbeit maßgebend. Die Verteilung der genauen Arbeit an qualifizierte Arbeiter ist Sache der Betriebsleitung, bzw. der Meister.

Durch die Klassifizierung der Arbeit soll nun dem besser qualifizierten Arbeiter die Möglichkeit geboten werden, gegenüber dem angelernten Arbeiter bzw. Hilfsarbeiter, einen höheren Verdienst zu erzielen, da für jede der 4 Qualitätsklassen verschiedene Minutensätze (siehe Abb. 10) gelten, die, mit der vorkalkulierten Zeit multipliziert, den Geldwert für die betreffende Arbeit ergeben.

Es wäre auch in hohem Maße ungerecht, eine genaue Kaliberarbeit oder eine Arbeit, die ein gewisses Maß von Intelligenz und Selbstverantwortlichkeit des Arbeiters voraussetzt, mit dem gleichen Minutenwerte zu vergüten wie eine gewöhnliche Arbeit, die weder Intelligenz noch besondere Fähigkeiten erfordert und von jedem angelernten Hilfsarbeiter ausgeführt werden kann.

Herstellungsplan.

| Type: A D P.   Gegenstand: Zahnrad Abb. 8. | | | | Zeichnungs-Nr. |
| Material: E 3 gepreßt.   Vermerk: | | | | 16842/1 |

Op. Nr.	Arbeitsbezeichnung	Zeit		Klasse	Vermerk
		E.	M.		
1.	Formdrehen	4′	38′ 50″	I	
a)	vorbohren auf 33 mm ⌀				Pittler F R A.
	Nabe und Radkranz auf 4 mm Abstand anflächen				
	Rad außen auf 126,3 mm ⌀ überdrehen				
	an Nabe und Fassoneindrehung nur Schlag abnehmen				
	Bohrung auf 34,7 mm ⌀ ausdrehen und reiben				Kaliber
b)	Nabe auf 45 mm Länge anflächen .				
	außen 10 mm lang auf 54 mm ⌀ und Zentrieransatz 8,5 mm lang auf 55,3 mm ⌀ ansetzen				
	Auflagefläche auf 23,5 mm Breite und Rad auf 20,5 mm Breite bis 105 mm ⌀ anflächen				
	Ansatz für Rad in Ecke freidrehen zum Schleifen				
2.	Keilprofil ziehen		7′ 50″	III	3 Ziehdorne
3.	Keilprofil abgraten		3′	III	
4.	Rad schleifen	30″	3′ 22″	II	
	auf 126 mm ⌀				
5.	Zähne fräsen	1′	195′ 22″	I	Pfauter — Frm.
	rechtsgängig				
6.	Zähne abrunden	30″	14′ 30″	III	
7.	Zähne abgraten		13′ 18″	III	
8.	Einsetzen		Lohn	III	
9.	Einsatz abdrehen	30″	13′	II	Spitzenbank
a)	Nabe auf 55 mm ⌀ fertig drehen und an Fasson 1 mm abdrehen . . .				
	äußere Kante auf 100 mm ⌀ samt Ausrundung fertig drehen				
b)	Auflagefläche auf 22,6 mm Breite anflächen				
10.	Härten		Lohn	III	
11.	Fertig drehen	40″	31′	I	Spitzenbank
	Fassoneindrehung 12 mm tief mit Hohlkehlen r = 3 und 5 fertig drehen				
12.	Innen schleifen	30″	17′	I	mit Vorricht.
	Bohrung auf 35 mm ⌀ (G)				Kaliber
13.	Außen schleifen	15″	5′ 15″	II	
	Zentrieransatz auf 55 mm ⌀ . . .				Rachenlehre
	und Auflagefläche reinschleifen auf 22,5 mm Breite				
14.	Aufpressen		2′	II	
	des bereits gebohrten Zahnrades Z. Nr. 18264 F/2				
15.	Bohren	30″	3′	III	die Bohrlehre v.
	4 Nietlöcher auf 8,5 mm ⌀ bohren .				Zahnrad Z. Nr.
	und auf 9,5 mm ⌀ senken . . .				16843 F/2 verwenden.

Bemerkung: Änderungen dürfen nur von der Betriebsleitung im Einvernehmen mit der Vorkalkulation gemacht werden.

Abb. 9.

Zur Umrechnung des Zeitakkordes in Geldwert empfiehlt es sich, für jede der 4 Klassen eine Tabelle (Abb. 10) mit ausgerechneten Minuten und Sekundenwerten anzulegen, die bei neuen Vereinbarungen einfach ersetzt werden können, wodurch auch das lästige und

Zeitlohn-Tabelle.

Preise in Schilling und Groschen.

Sekunden	Klasse								Minuten	Klasse							
	I		II		III		IV			I		II		III		IV	
	S	g	S	g	S	g	S	g		S	g	S	g	S	g	S	g
5		0,2		0,19		0,15		0,14	1		2,5		2,3		1,9		1,7
10		0,4		0,38		0,30		0,28	2		5,0		4,6		3,8		3,3
55		2,25		2,10		1,65		1,53	55	1	37,5	1	26,5	1	04,5		91,6
60		2,50		2,30		1,90		1,67	60	1	50,00	1	38,00	1	15,00	1	00

Abb. 10.

zeitraubende Umrechnen sämtlicher Akkorde nach dem neuen Tarif entfällt, da ja der Geldwert für die in der Akkord-Kartothek eingetragenen Minuten und Sekunden einfach aus den Tabellen entnommen und auf die Akkordkarten übertragen werden kann. Außerdem wird die Akkord-Kartothek geschont, da in derselben nur die von der V.K. errechneten Zeiten, die bei allen Lohnschwankungen stets dieselben bleiben, eingetragen werden.

b) Die Zergliederung der Arbeitsgänge in Einzelelemente.

Die Unterteilung eines Arbeitsganges (Operation) in Teilarbeiten soll stets so weitgehend wie möglich durchgeführt werden, denn bekanntlich stimmt die errechnete Arbeitszeit mit der tatsächlichen Arbeitszeit um so genauer überein, je weiter die Unterteilung des Arbeitsganges in Teilarbeiten durchgeführt wird, wobei für jede der Teilarbeiten die Teilarbeitszeiten getrennt zu berechnen sind. Bezeichnen wir die Teilarbeitszeiten mit T_1, T_2, T_3 usw., so ergibt die Summe der Teilarbeitszeiten die Gesamtzeit T.

Wir erhalten somit die Formel:

$$T = T_1 + T_2 + T_3 \text{ usw.}$$

c) Unterweisungskarten.

Die Abb. 11 mit dem ausgearbeiteten Beispiel für den ersten Arbeitsgang der Abb. 8 zeigt eine solche Unterteilung der Bearbeitung in Teilarbeiten und die Auswertung derselben in Minuten und Sekunden.

Die Ausrechnung der Bearbeitungszeiten ist für die Vorkalkulation ungemein wichtig. Die Formulare müssen daher, nach Zeichnungsnummern registriert, in der V.K. gut aufbewahrt werden, da sie bei evtl. Reklamationen als Beleg bzw. Kontrolle über die Berechnung dienen. Es ist selbstverständlich, daß die Ausrechnung nach Abb. 11

für alle im Arbeitsplan angeführten Arbeitsgänge ausgeführt werden muß, wobei das Original mit dem Arbeitsplan an das Betriebs- bzw.

Datum: 27. 1. 1922. Typ.: A. D. 617. Z. Nr. 16842/1. $\boxed{\text{Op. 1}}$

Gegenstand: Zahnrad.

Abt.: W/S. M.-Nr. 316. M.-Art: Pittler-Revoler. V = 18 m/min					Material: E III		Werkzeuge: 13	
Bearbeitung	Schnitt-länge mm	Umdreh. per Minute	Vorschub per Umdreh.	Schnitte	Kalkul. Zeiten			
					Min.	Sek.		
Einspannen						30		
Anbohren						15		
Revolver umschalten						5		
Vorbohren 33 ⌀	72	122	0,12	1	4	50		
Bohrer zurückkurbeln — Revolver umschalten						10		
Nabe und gleichzeitig Radkranz anflächen	19	40	0,2	2	4	45		
Revolver umschalten						5		
Rad außen überdrehen	30	40	0,2	2	7	30		
Revolver umschalten						5		
Aussparung drehen mit Fassonstahl	16	40	0,2	2	4	—		
2 mal Revolver umschalten						10		
Bohrung ausdrehen	53	165	0,5	3	1	50		
3 mal zurückkurbeln						10		
Revolver 1 mal umschalten						5		
Bohrung reiben	ca. 80	46	2	1		50		
Reibahle zurückkurbeln — Revolver umschalten						10		
Umspannen						35		
Nabe auf 45 mm Länge und gleichzeitig Ansatz am Radkranz ansetzen	11	50	0,2	2	2	10		
Revolver umschalten						5		
Seitl. Anlagefläche drehen	25	70	0,2	2	3	30		
Revolver umschalten						5		
Radnabe auf 54 mm ⌀ ansetzen	10	104	0,2	1		30		
Revolver umschalten						5		
Radnabe Zentrieransatz drehen	8,5	104	0,2	2		50		
Revolver umschalten						5		
Ansatz zum Schleifen freidrehen						15		
Revolver umschalten						5		
Abspannen und messen						45		
Summe . . .					34	30		
Die Einrichtzeit ergibt bei Anfertigung von 100 Stück pro 1 Stück					4	—		
Die Schleifzeit „ „ „ „ 15 „ „ 1 „					2	35		
. . .								
. . .								
Zuschlag 5 vH auf 34 Min. 30 Sek. . . .					1	45		
Klasse I Gesamt-Summe . . .					42	10		

Unterschrift: *Czonka.*

Abb. 11. Unterweisungskarte.

Arbeitsverteilungsbüro als Unterweisungskarte für den Meister geht, während die Kopie in der V.K. verbleibt.

Das Betriebs- bzw. Arbeitsverteilungsbüro leitet das Unterweisungsblatt (Abb. 11) an den betreffenden Abteilungsmeister, der die Arbeit auszuführen hat, und dieser unterweist an Hand des Unterweisungsblattes den Arbeiter oder Einsteller über die Arbeitsfolge, Schnittgeschwindigkeiten bzw. Umdrehungen, Vorschübe und Anzahl der Späne die zu nehmen sind.

Auf diese Weise wird ein innigeres Zusammenarbeiten zwischen Vorkalkulationsbüro und Werkstatt erzielt und hierdurch die auf die Produktion schädlich einwirkenden Akkordreklamationen auf ein Mindestmaß beschränkt.

Reklamiert nun ein Arbeiter den Akkord bzw. die Arbeitszeit als falsch, so muß der Meister, bevor er die Reklamation anerkennt und an die V.K. weiterleitet, sich überzeugen, ob der Arbeiter die vorgeschriebenen Umdrehungen und Vorschübe einhält bzw. auf seiner Maschine einhalten kann und ob es möglich ist, das Material mit der vorgeschriebenen Anzahl Späne zu zerspanen.

Können die vorgeschriebenen Daten nicht eingehalten werden, so versieht der Meister das Unterweisungsblatt mit einem entsprechenden Vermerk und sendet es an die V.K. zur Richtigstellung zurück.

Die Einführung dieser einfachen Maßnahmen bringt, wenn sie richtig durchgeführt wird, nicht zu unterschätzende Vorteile mit sich. Der Arbeiter, der bisher jedem Akkord ein gewisses Mißtrauen entgegenbrachte, wird bald erkennen, daß die Akkorde gerecht ermittelt sind, er wird zu seinem Vorgesetzten Vertrauen fassen, und die unliebsamen, für den Betrieb so schädlichen Reibereien zwischen Arbeiter und Meister werden fast ganz verschwinden, hiedurch wird ein ersprießliches Zusammenarbeiten zwischen Büro und Werkstatt und dadurch eine gesteigerte Produktion erzielt werden.

Die Erfahrung hat gezeigt, daß selbst die verbissensten „Akkord-Reklamanten", die „aus Prinzip" jeden Akkord reklamieren (auch wenn derselbe zu hoch bemessen erscheint), an Hand richtiger Zeitauswertungen recht bald eines Besseren belehrt werden können und daß diese gewöhnlich schon nach einigen vergeblichen Versuchen den Akkord künstlich hoch zu schrauben, von der Nutzlosigkeit ihrer Bemühungen überzeugt, nur mehr solche Akkorde reklamieren, die wirklich reklamationsberechtigt erscheinen.

Um jederzeit die erzielten Akkordverdienste ausweisen zu können, was besonders bei Akkordstreitigkeiten wichtig ist, empfiehlt es sich eine Akkordverdienst-Übersichtskartothek (Abb. 12) anzulegen, in die am Wochenschluß, d. h. nach der Abrechnung im Lohnbüro, alle Verdienste eingetragen werden.

Hierbei müssen alle bis zu einer bestimmten Grenze ausgewiesene Über- oder Unterverdienste der V.K. gemeldet werden. Diese untersucht den Fall und trägt den Grund in die Spalte „Bemerkungen" ein, um bei evtl. späteren Reklamationen auf den Umstand, weshalb die Über- oder Unterschreitungen stattgefunden haben, hinweisen zu können.

A. V. Ü. Akkordverdienstübersicht	Blatt 1	A. R. Werkstätte	Flexible Welle

Kalkulierte Zeit pro Stück								2 Maschinen	
Post	am	Std.	Min.	Sek.	Kl.	S	g	S	g
1	17./IV. 22	Einr. Zeit	7	51 9	I	—	20		

Akkord-Änderungen

Gegenstand	Überwurfmutter

Bemerkung

Objekt		
T. 3055	E. 394	1
Z. Nr.	H. P. Nr.	Operat.

Drehen (Revolverbank)

Material	Eisen blank 13 mm ∅

Post	Datum	Auftrag Nr.	Arbeiter	L. Nr.	Kon-troll-Nr.	An-zahl	Gebrauchte Zeit in Sa. Std.	Gebrauchte Zeit in Sa. Min.	pro Stück Std.	pro Stück Min.	pro Stück Sek.	Ausgezahlt. Betrag S	Ausgezahlt. Betrag g	Verdienst pro Stunde S	Verdienst pro Stunde g	Bemerkung
1	2	3	4		5	6	7	8	9	10	11	12		13		14
1	26./V.	C — 2155	Jedlicka	6393	426	593	79	—		8	—	118	60	1	50	
2	28./VII.	C — 2393	Jedlicka	8980	426	420	57	32		8	13	84	00	1	45	
3	8./IX.	C — 2347	Pokorny	831	226	500	67	21		8	48	100	00	1	45	

Abb. 12.

Nehmen wir beispielsweise den Fall an daß ein Arbeiter einen wiederholt ausgeführten Akkord als zu niedrig bewertet reklamiert, so kann ihm an Hand der Akkordverdienst-Übersichtskarte nachgewiesen werden, daß diese Arbeit bereits wiederholt ausgeführt und hierbei Überverdienste erzielt wurden.

Eine richtig geführte Akkordverdienst-Statistik ist so wichtig, daß kein Unternehmen die hierdurch verursachten Kosten und Mehrarbeit scheuen sollte, da sie sowohl bei Akkordstreitigkeiten, als auch bei Verhandlungen mit der Arbeiterschaft, einerseits als Beleg, andererseits als Grundlage dient.

Maschinenkarten.

In Anbetracht der wesentlichen Einflüsse der Löhne einerseits und einer gerechten Akkordbestimmung andererseits ist es unbedingt erforderlich, daß die berechneten Arbeitszeiten der auszuführenden Maschine angepaßt sind.

Die beste Laufzeitberechnung ist, selbst unter Berücksichtigung aller für die Bestimmung ausschlaggebenden Faktoren, nicht nur zwecklos, sondern gibt auch zu fortwährenden Streitigkeiten mit der Arbeiterschaft Anlaß, wenn der Kalkulator es unterläßt, den Berechnungen die Betriebsverhältnisse und die Leistungsfähigkeiten der Maschine zugrunde zu legen. Deshalb dürfen weder Schnittgeschwindigkeit noch Vorschub willkürlich angenommen, sondern müssen stets der Leistung der Maschine angepaßt gewählt werden.

Ferner ist der Brauch vieler Kalkulanten den Berechnungen eine mittlere Schnittgeschwindigkeit zugrunde zu legen, entschieden zu verwerfen. Die Laufzeit muß unbedingt der Schnittgeschwindigkeit bzw. den minutlichen Umdrehungen der Maschine oder Maschinengruppe, sowie dem tatsächlich verfügbaren Vorschub entsprechend berechnet werden.

Da die reinen Maschinenarbeitszeiten (Lauf- oder Schnittzeiten) von der Leistungsfähigkeit bzw. dem Bau der Maschine abhängig sind, so kann es auch für den Kalkulationsbeamten nicht gleichgültig sein ob ein Werkstück beispielsweise auf einer Drehbank mit einer drei- oder fünfstufigen Antriebsscheibe bearbeitet wird und ob der Abstufungsfaktor groß oder klein ist, ferner, ob der Vorschub mittels der Leitspindel oder einer separaten Zugspindel erfolgt. Im ersten Falle sind nicht nur die Umdrehungen der Maschine stark abgestuft, sondern auch der Vorschub begrenzt, während im zweiten Falle sowohl die Umdrehungen als auch die Vorschübe in weiteren Grenzen, dem Material angepaßt, gewählt werden können. Noch krasser tritt der Unterschied bei Maschinen mit Einscheibenantrieb und Vorschubräderkasten zutage. Diese Gegensätze finden wir bei fast sämtlichen Werkzeugmaschinen vor.

Es ist daher in erster Linie notwendig, von sämtlichen im Werk befindlichen Werkzeugmaschinen die Vorschübe und Umdrehungen aufzunehmen, in Maschinenkarten (siehe Abb. 13—16) festzulegen, so-

1	2	3	4	5	6	7	8	9	10	11	12	13	14	15	16

Ausgearbeitet vom Ausschuß für Maschinenarbeit
Nachdruck verboten. Copyright 1926 by AWF,
Ausschuß für wirtschaftliche Fertigung, Berlin.

AWF-Maschinenkarte für Drehbank

Bezeichnung der Maschine	Masch. Inv.-Nr.	Standort
Fabrikat	Type	

Abmessungen der Maschine und **des Zubehörs**

Spitzenhöhe	mm	Planscheibe ∅ spannt bis ∅	Gehört zur Gruppe
Spitzenweite	mm	-Backenfutt. ∅ spannt bis ∅	Unkostenklasse
Größter Dreh ∅ über dem Bett	mm		Gütegrad
Größter Dreh ∅ über dem Support	mm		Anschaffungsjahr
Größter Dreh ∅ in der Kröpfung	mm	Brille fest bis ∅ Stück	Kraftbedarf
Länge der Kröpfung v. d. Plansch.	mm	Brille mitgeh. bis ∅ Stück	Angaben über Höchstleistungen
Spindelbohrung	mm	Pumpe l/min	
Spitzenkonus		Wechselräder	
Größter Stahlquerschnitt mm ×	mm		
Spindelmitte bis Oberfl. Support	mm		
Leitspindelsteigung	mm		
Antrieb-Stufen-Scheibe ∅ breit	mm		

Sondereinrichtungen	Besonders geeignet für	Bemerkungen
		Ausstellung der Karte Tag Name

Abb. 13 (Vorderseite).

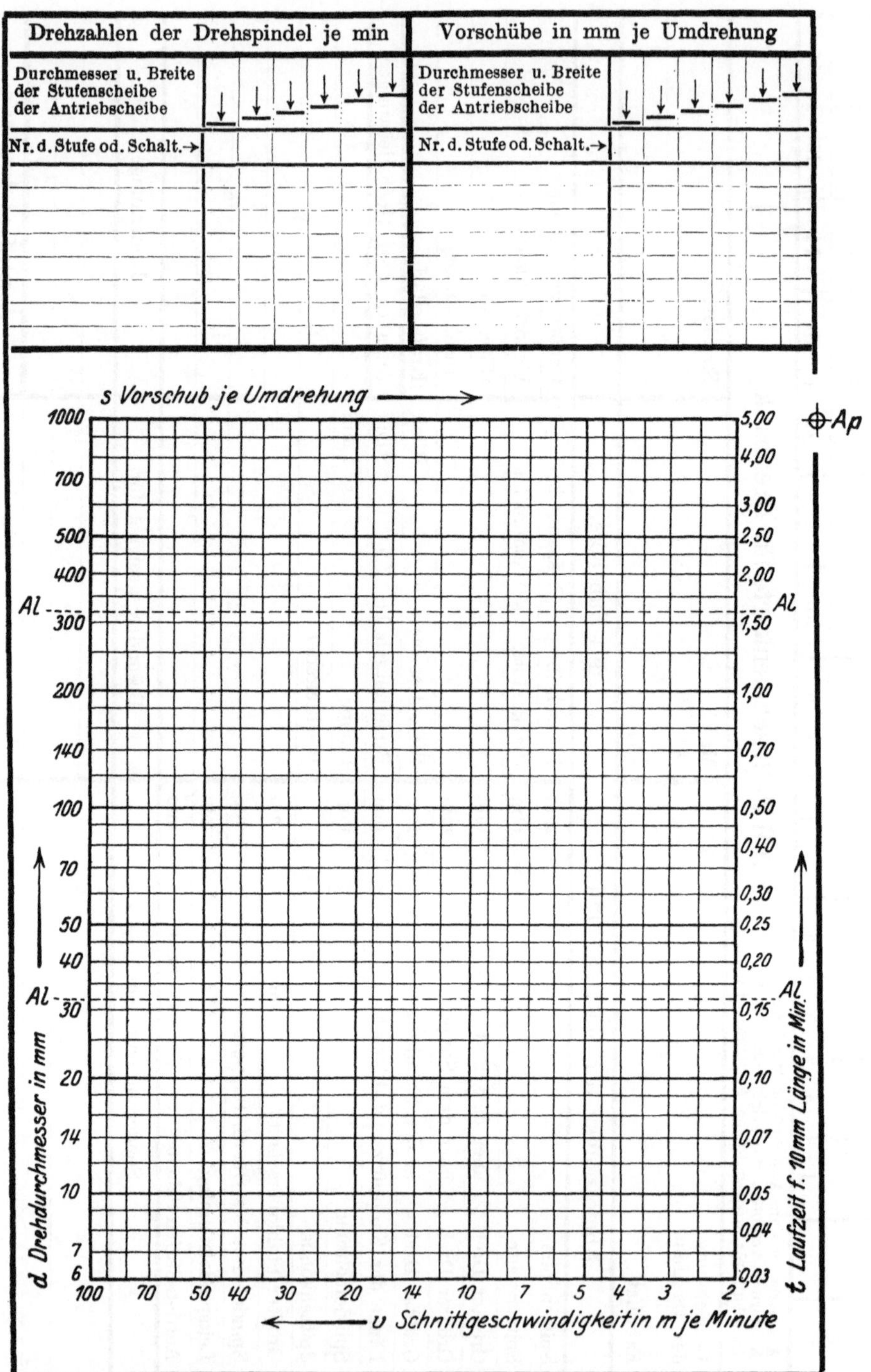

Abb. 14 (Rückseite).

dann die Maschinen in Gruppen zu unterteilen und zwar so, daß Maschinen gleicher Bauart und Leistung in eine Gruppe kommen.

Die gerechnete Akkord- bzw. Bearbeitungszeit gilt dann stets für eine bestimmte Gruppe von Maschinen.

Auf diese Weise werden:

1. die Arbeiten im Kalkulationsbüro vereinfacht,

2. ist der Meister bzw. Arbeitsverteiler nicht an eine bestimmte Maschine gebunden, es bleibt ihm vielmehr ein ziemlich großer Spielraum für seine Dispositionen.

Die in Abb. 13 und 14 veranschaulichte Maschinenkarte für Drehbänke stammt vom Ausschuß für wirtschaftliche Fertigung (AWF) Berlin, der in Erkenntnis der besonderen Vorteile die eine systematisch angelegte Maschinen-Kartothek bietet, noch eine Reihe anderer Maschinenkarten, entsprechend der verschiedenen Arten von Werkzeugmaschinen, nebst einer ausführlichen Anleitung herausgegeben[1]) hat.

Die Vorteile, die diese Maschinenkarten bieten, wurden in verschiedenen Zeitschriften[2]) eingehend erörtert; es erübrigt sich daher, im Rahmen dieses Buches darauf näher einzugehen,

Die Abb. 15 und 16 zeigen die vom Verfasser verbesserten Maschinenkarten, die folgende beachtenswerte Vorteile aufweisen:

1. Die Ablesung der Schnittzeiten erfolgt nicht für ein Einheitsmaß (10 mm), sondern für jede beliebige Drehlänge bzw. Hobelbreite und zwar in dem gleichen einfachen Linienzug wie bei den AWF-Maschinenkarten.

2. Die Skalen für s. l. u. V. sind so angeordnet, daß sich die Geraden für diese Werte decken, daher keine Doppellinien entstehen, wodurch die lg. Tafel klar und übersichtlich wird.

3. Die Anlegung einer Maschinenkartothek ist wesentlich vereinfacht und erleichtert dadurch, daß keinerlei Berechnungen anzustellen, noch Auftrags- oder Vorschublinien zu konstruieren sind, nachdem alle erforderlichen Einteilungen und Raster in der Maschinenkarte vorgedruckt erscheinen.

Man hat daher bei der Anlegung einer nach diesen Gesichtspunkten durchgebildeten Maschinenkarte lediglich die an der Maschine vorhandenen Drehzahlen/min und Vorschübe/Umdr. aufzunehmen, in der Maschinenkarte einzutragen, die zugehörigen Geraden auszuziehen (am besten farbig) und die Maschinenkarte ist „gebrauchsfertig".

Die Maschinenkarte Abb. 15 für Maschinen mit kreisender Bewegung gibt, wie aus dem eingezeichneten Beispiel ersichtlich, an, daß auf einer Drehbank, deren Drehzahlen/min $n = 8$; 14; 28; 66; 144; 225

---

[1]) Beuth-Verlag, Berlin.

[2]) Betrieb 1921/22, H. 15, Eifler: Maschinenkarten.

Maschinenbau-Betrieb 1921/22, H. 12, Kronenberg: Qualitätsnachweis für Werkzeugmaschinen.

Maschinenbau-Betrieb 1922/23, H. 17, Chambeau: Zuschrift zu obigem Aufsatz.

Maschinenbau 1922/23, H. 14 u. 18, Hegener: Maschinenkarten.

„   1926 H. 17, Wrba u. AWF: Maschinenkarten.

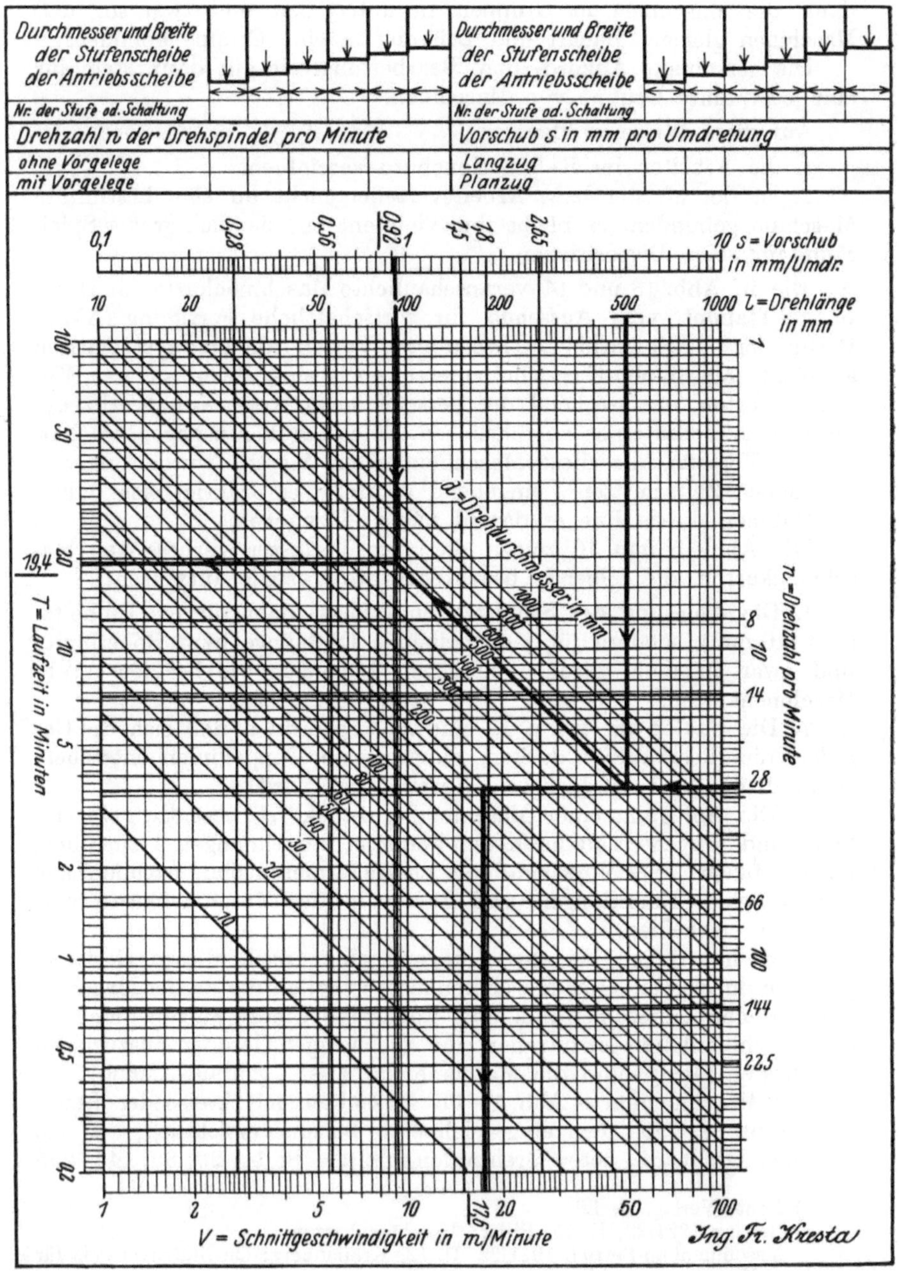

Abb. 15.

betragen und die 6 Vorschübe, $s = 0{,}28$; $0{,}56$; $0{,}92$; $1{,}5$; $1{,}8$; $2{,}65$ mm aufweist, die Bearbeitung eines Werkstückes von $d = 200\,\text{mm}$; $l = 500\,\text{mm}$;

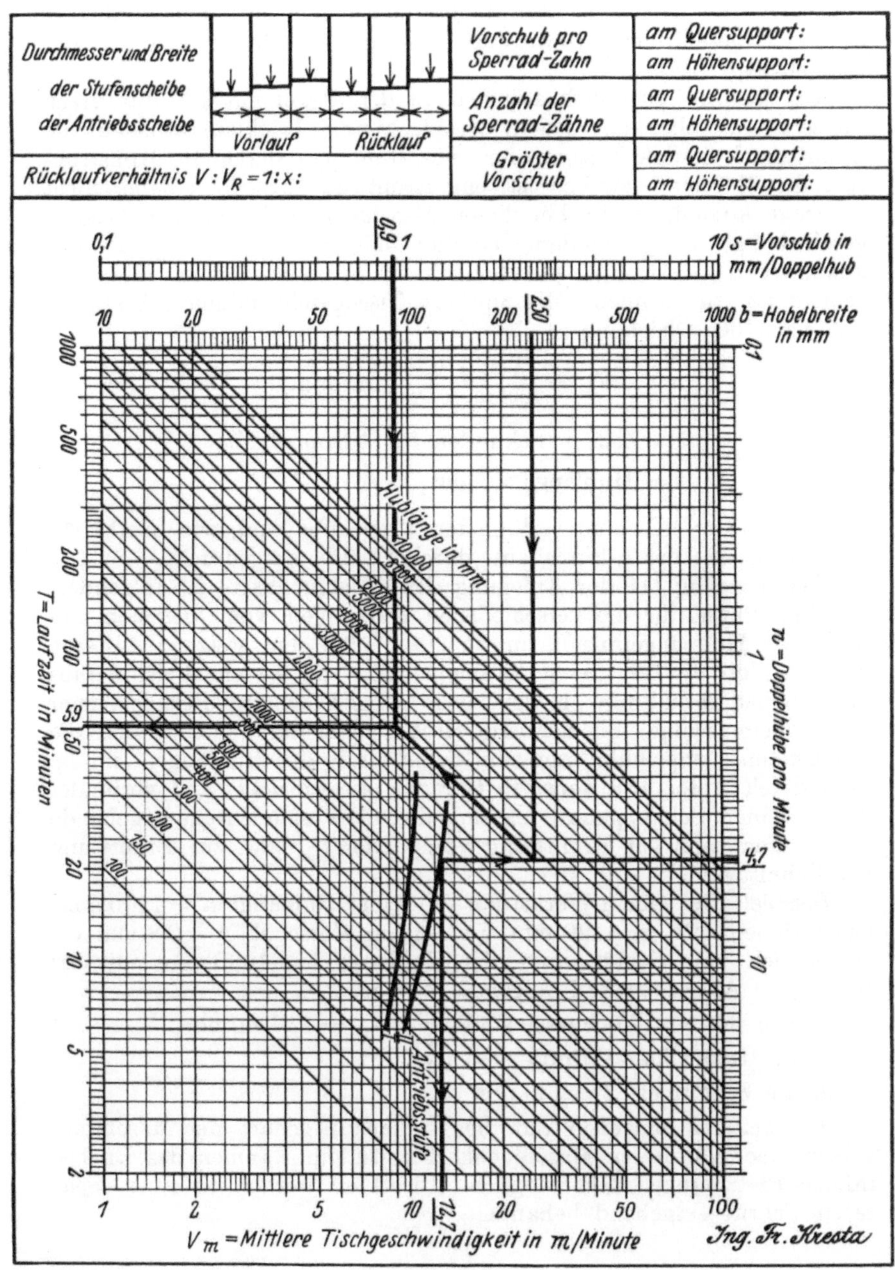

Abb. 16.

$s = 0{,}92$ mm; bei $n = 23$; für 1 Schnitt $T = 19{,}14$ min beträgt und mit einer Schnittgeschwindigkeit $V = \sim 17$ m/min bearbeitet wird.

Die Maschinenkarte Abb. 16 für Maschinen mit hin- und hergehender (geradliniger) Bewegung entspricht im allgemeinen der Maschinenkarte Abb. 15.

Da jedoch Langhobelmaschinen in der Regel mit 1,5- bis 2 fach (in seltenen Fällen mit 3 fach) beschleunigtem Rücklauf arbeiten, die Schnittgeschwindigkeit somit für jede Hublänge durch die Konstruktion der Maschine gegeben ist, eine Ermittlung derselben daher nicht in Frage kommt, so ist bei diesen Maschinen nicht mit der Arbeitsgeschwindigkeit V_a, sondern lediglich mit der **mittleren Tischgeschwindigkeit** V_m, die für die Doppelhubzahl/min ausschlaggebend ist, zu rechnen. Die mittlere Tischgeschwindigkeit bestimmt sich nach der Gleichung

$$V_m = \frac{2\,h\,60}{1000\,t} = \frac{0{,}12\,h}{t}\ \text{m/min}.$$

$t =$ Zeit in Sekunden für 1 Doppelhub.

$h =$ Hublänge in mm.

Die an der Maschine verfügbaren Vorschübe sind, wie in Abb. 16 ersichtlich, von der s-Skala aus, durch Gerade ausgedrückt.

Der Vorgang bei der Anlegung der Maschinenkarte ist folgender:

Man nimmt für die verschiedenen Hublängen, vom kleinsten einstellbaren Hub angefangen, um je 200 bis 300 mm steigend, bis zum größten Hub die Zeit für je 10 Doppelhübe auf, errechnet sich daraus die Doppelhubzahl/min, bringt (siehe eingezeichnetes Beispiel einer Langhobelmaschine mit 2 Antriebsstufen) von der Skala n aus, die errechneten Doppelhübe/min zum Schnitt mit den Hublängen (im lg. Feld durch unter 45° geneigte Geraden ausgedrückt) und verbindet die einzelnen Schnittpunkte miteinander. Die sich daraus ergebende Kurve dient nun zur Ermittlung von n oder V_m bzw. zur Ermittlung der Schnittzeit T.

Beispiel: Bei einem Werkstück mit einer Hublänge $h = 1400$ mm; einer Hobelbreite $b = 120$ mm und einem Vorschub $s = 0{,}9$ mm ergeben sich vom Schnittpunkt der Hublänge $h = 1400$ mm mit der Kurve für Antriebsstufe I folgende Werte:

1. Die mittlere Tischgeschwindigkeit $V_m = 12{,}7$ m/min,

2. die Doppelhubzahl/min $n = 4{,}7$,

3. die Schnittzeit $T \backsimeq 59$ Min.

Ein weiteres Eingehen auf die je nach Eigenart der Maschinen verschieden gestalteten Maschinenkarten ist im Rahmen des Buches infolge Platzmangel nicht möglich. Dieselben werden in einer separaten Schrift eingehend behandelt.

II. Maschinen mit umlaufender Bewegung.

1. Drehbänke.

Allgemeines.

Fortschreitend mit der Entwicklung des Maschinenbaues wurden immer höhere Anforderungen in bezug auf die wirtschaftliche Be-

Abb. 17. Schnelldrehbank Mod. Hm (Gebr. Böhringer A. G. Göppingen).

Abb. 18. Automat AE 40 (Gebr. Böhringer A. G. Göppingen).

arbeitung der Werkstücke gestellt. Um die Gestehungskosten auf ein Mindesmaß herabzudrücken, machte sich im Maschinenbau bald das

Bestreben geltend, gewisse Maschinenteile, wie Schrauben, Bolzen, Zapfen usw. in größeren Mengen (Massenfabrikation) herzustellen. Ferner nahmen die zu bearbeitenden Maschinenteile im Laufe der

Abb. 19. Vertikal-Dreh- und Bohrwerk EK 3 (Deutsche-Nileswerke A.G. Berlin).

Zeit solche Formen und Abmessungen an, daß deren Bearbeitung auf gewöhnlichen Spitzen- und Kopfdrehbänken nicht mehr oder nur unwirtschaftlich vorgenommen werden konnte.

Auf Grund vorstehender Punkte mußten die Werkzeugmaschinen und im besonderen die Drehbänke den Werkstücken entsprechend umgebaut werden, wobei auch auf die Arbeitsweise (Serien- oder Massenfabrikation) besonders Rücksicht genommen werden mußte.

So entwickelten sich nach und nach im Laufe der Jahre aus den einfachen Spitzendrehbänken unsere heutigen modernen Leitspindel- und Schnelldrehbänke (Abb. 17), ausgerüstet mit unmittelbar im Spindelstock eingebautem Reguliermotor, der eine große Zahl eng abgestufter Drehzahlen aufweist und es dadurch ermöglicht, die wirtschaftlich günstigste Schnittgeschwindigkeit für alle Durchmesser und Bearbeitungsarten zu wählen, ferner die verschiedenen Arten Revolver-, halb- und ganzautomatischen Drehbänke. (Abb. 18.)

Um auch große und schwere Stücke wirtschaftlich bearbeiten zu können, mußten die Plan- und Kopfdrehbänke gleichfalls eine entsprechende Umgestaltung erfahren, und zwar in der Weise, daß man die Planscheibe horizontal anordnete, wodurch ein leichteres Aufspannen der Werkstücke ermöglicht wurde. Aus dieser Anordnung entstanden die heutigen modernen Karussell-Drehbänke, die, mit 2 bis 4 Supporten und Revolverköpfen ausgestattet, es ermöglichen, die Werkstücke in der denkbar einfachsten und wirtschaftlichsten Art zu bearbeiten. (Abb. 19.)

Ausgehend von der Tatsache, daß auch auf Horizontalbohrwerken im gewissen Sinne Dreharbeiten ausgeführt werden, können wir dieselben gleichfalls als eine Art Drehbank ansprechen, jedoch mit dem Unterschied, daß bei diesen das Werkzeug (Drehstahl) die drehende Bewegung ausführt, während das Werkstück still steht.

Wir können daher die Drehbänke der Hauptsache nach in folgende Gruppen unterteilen:

1. Spitzendrehbänke.
2. Kopf- oder Plandrehbänke.
3. Revolverdrehbänke.
4. Karusselldrehbänke.
5. Horizontalbohrwerke.

Die Laufzeit-Berechnung.

Die für die Berechnung der Laufzeit in Betracht kommenden Formeln sind in der Tabelle 6 zusammengefaßt und sollen hier kurz erläutert werden.

1. Schnittgeschwindigkeit. Die Ermittlung der Schnittgeschwindigkeit erfolgt nach der Formel:

a) für zähes Material (ohne Kühlung):

$$V = \frac{1000 \cdot \sqrt[4]{2}}{K_z \cdot \sqrt[4]{q}} = \frac{1190}{K_z \cdot \sqrt[4]{q}} \ \text{m/min},$$

$$v = \frac{1000 \cdot \sqrt[4]{2} \cdot 60}{K_z \cdot \sqrt[4]{q}} = \frac{1190 \cdot 60}{K_z \cdot \sqrt[4]{q}} \ \text{mm/sek},$$

b) für zähes Material (mit Kühlung):

$$V = \frac{1000 \cdot \sqrt[4]{2} \cdot 1{,}16}{K_z \cdot \sqrt[4]{q}} = \frac{1190 \cdot 1{,}16}{K_z \cdot \sqrt[4]{q}} = \sim \frac{1380}{K_z \cdot \sqrt[4]{q}} \ \text{m·min},$$

$$v = \frac{1000 \cdot \sqrt[4]{2} \cdot 1{,}16 \cdot 60}{K_z \cdot \sqrt[4]{q}} = \sim \frac{1380 \cdot 60}{K_z \cdot \sqrt[4]{q}} \ \text{mm/sek}.$$

c) für sprödes Material:

$$V = \frac{240 \cdot \sqrt[4]{2}}{K_z \cdot \sqrt[4]{q}} = \frac{\sim 286}{K_z \cdot \sqrt[4]{q}} \ \text{m/min},$$

$$v = \frac{240 \cdot \sqrt[4]{2} \cdot 60}{K_z \cdot \sqrt[4]{q}} = \frac{\sim 286 \cdot 60}{K_z \cdot \sqrt[4]{q}} \ \text{mm/sek}.$$

d) für Gewindeschneiden:

zu a)
$$V = \frac{1000}{K_z \cdot 4} = \frac{250}{K_z} \ \text{m/min},$$

$$v = \frac{1000 \cdot 60}{K_z \cdot 4} = \frac{15\,000}{K_z} \ \text{mm/sek},$$

zu b)
$$V = \frac{240}{K_z \cdot 4} = \frac{60}{K_z} \ \text{m/min},$$

$$v = \frac{240 \cdot 60}{K_z \cdot 4} = \frac{3600}{K_z} \ \text{mm/sek}.$$

2. Minutliche Umdrehungen. Sind Schnittgeschwindigkeit und Durchmesser des Arbeitsstückes bekannt, so findet man die minutlichen Umdrehungen nach der Formel:

$$n = \frac{\text{Schnittgeschw. in m/min}}{\text{Durchm. in m} \times 3{,}14} = \frac{V}{D \cdot \pi}$$

oder

$$n = \frac{\text{Schnittgeschw. in mm/sek} \cdot 60}{\text{Durchm. in mm} \times 3{,}14} = \frac{v \cdot 60}{d \cdot \pi}.$$

3. Mittlere Durchmesser. Für den mittleren Durchmesser einer Kreisringfläche lautet die Formel:

$$D_m = \frac{\text{äuß. Durchm. in m} + \text{inn. Durchm. in m}}{2} = \frac{D_a + D_i}{2} \ \text{m}$$

oder

$$d_m = \frac{\text{äuß. Durchm. in mm} + \text{inn. Durchm. in mm}}{2} = \frac{d_a + d_i}{2} \ \text{mm}$$

wobei D_a und d_a als äußere und D_i und d_i als innere Durchmesser gelten.

Bei Stirnseiten, Platten, Scheiben usw. ist der mittlere Durchmesser gleich dem Radius und zwar gilt:

$$\text{für Maße in m} \quad = R$$
$$\text{,, \quad ,, \quad ,, \ mm} = r.$$

4. Breite der Kreisringfläche. Die Breite der Kreisringfläche gilt als Drehlänge und wird ermittelt aus:

$$L = \frac{\text{äuß. Durchm. in m} - \text{inn. Durchm. in m}}{2} = \frac{D_a - D_i}{2}\,\text{m}$$

oder:

$$l = \frac{\text{äuß. Durchm. in mm} - \text{inn. Durchm. in mm}}{2} = \frac{d_a - d_i}{2}\,\text{mm}.$$

Tabelle 5.

Radien drehen an Wellen

Radius mm	2	5	10	15	20	30	40	50	60	70	80	90	100
Wellen Ø mm	Zeit in Minuten												
20	1,6	2,5											
40	2,0	2,8	5,8										
60	2,8	3,8	7,0	9,2	11,3								
80	3,2	4,7	7,3	10,4	14,7	16,5							
100	3,5	4,9	7,7	11,3	15,1	18,7	21,0	25,5	29,5				
120	4,0	5,2	8,3	12,2	16,6	20,2	24,0	28,5	32,5	34	38		
140	4,5	6,2	9,0	13,4	18,0	22,6	27	31,5	35,5	38	42		
160	5,2	7,0	9,8	14,5	19,6	25,0	30	34,5	39	42	46	50	
180	5,6	7,9	10,5	15,5	21,2	27,5	33	37	42	46	50	55.	60
200	6,0	8,9	11,4	16,5	22,5	29,5	36	40	45	50	54	60	65
225	6,5	9,8	12,0	18,5	24,3	32,0	39	43	48	54	58	65	70
250		10,7	12,8	19,3	26,1	35,0	42,5	46	51	58	62	70	75
275		11,7	13,7	20,5	28,0	38,0	45	49	54	62	66	75	80
300		12,6	14,5	22,7	29,6	40,7	48	52	57	66	70	80	85
325		13,5	15,3	23,2	31,5	45,0	51	55	60	70	74	85	90
350		14,4	16,2	24,5	33,0	46,7	54	57	63	74	78	90	95
375		15,3	17,1	25,4	34,5	49,0	57	60	66	78	82	95	100
400		16,2	18,5	26,2	36,0	51,8	60	63	69	82	86	100	105
425		17,0	19,5	27,0	38,2	54,0	63	66	72	86	90	105	110
450			20,4	28,2	39,3	57,0	66	69	75	90	94	110	115
475			21,0	29,4	41,2	60,0	69	72	78	94	98	115	120
500			22,3	30,7	43,6	63,0	72	75	81	98	102	120	125
550			24,1	33,0	47,5	68,7	78	81	87	106	110	130	135
600			26,0	35,2	51,0	70,2	84	87	93	114	118	140	145
650			27,6	37,4	54,5	73,0	90	93	99	122	126	150	155
700			29,8	39,7	58,0	75,8	96	99	105	130	134	160	165
750			31,0	42,0	61,5	77,6	102	105	111	138	142	170	175
800			32,6	44,4	65,0	80,0	108	111	117	146	150	180	185
850			34,0	46,7	68,5	83,0	114	117	123	154	158	190	195
900			35,8	49,0	73,0	85,8	120	123	129	162	166	200	205
950			37,7	51,4	77,0	88,2	126	129	135	170	174	210	215
1000			38,0	54,0	80,0	92,0	132	135	138	178	182	220	225

Tabelle 6. Zusammenstellung der Formeln für die Dreherei.

Benennung			Abkürzung	Gleichung
Schnittgeschwindigkeit	für zähes Material	mit Kühlmittel	$V =$	$\dfrac{1190 \cdot 1{,}16}{K_z \cdot \sqrt[4]{q}}$ m/min
			$v =$	$\dfrac{1190 \cdot 1{,}16 \cdot 60}{K_z \cdot \sqrt[4]{q}}$ mm/sek
		ohne Kühlmittel	$V =$	$\dfrac{1190}{K_z \cdot \sqrt[4]{q}}$ m/min
			$v =$	$\dfrac{1190 \cdot 60}{K_z \cdot \sqrt[4]{q}}$ mm/sek
	für sprödes Material		$V =$	$\dfrac{286}{K_z \cdot \sqrt[4]{q}}$ m/min
			$v =$	$\dfrac{286 \cdot 60}{K_z \cdot \sqrt[4]{q}}$ m/sek
	für Gewindeschneiden	zähes Material	$V =$	$\dfrac{250}{K_z}$ m/min
			$v =$	$\dfrac{250 \cdot 60}{K_z}$ mm/sek
		sprödes Material	$V =$	$\dfrac{60}{K_z}$ m/min
			$v =$	$\dfrac{60 \cdot 60}{K_z}$ mm/sek
Umdrehungen/min			$n =$	$\dfrac{v \cdot 60}{d \cdot \pi}$
Zeit in Minuten bei x Schnitten	für Langdreh. u. Gew.-Schneid.		$T =$	$\dfrac{d \cdot \pi \cdot l \cdot x}{60 \cdot v \cdot s}$
	für Plandrehen	Kreisringfläche		$\dfrac{(d_a + d_i) \cdot l \cdot x}{2 \cdot v \cdot 60 \cdot s}$ für l gilt die Breite der Kreisringfläche
		Stirnseite		$\dfrac{r^2 \cdot \pi \cdot x}{60 \cdot v \cdot s}$
	bei bekanntem n			$\dfrac{l \cdot x}{n \cdot s}$
Der mittlere Durchmesser einer Kreisringfläche			$d_m =$	$\dfrac{d_a + d_i}{2}$ mm
Die Breite einer Kreisringfläche			$l =$	$\dfrac{d_a - d_i}{2}$ mm

Die Laufzeiten.

Bei der Berechnung der Laufzeit eines Arbeitsstückes empfiehlt es sich um die vielen Dezimalstellen, die sich bei der Berechnung mit Maße in m ergeben, zu vermeiden, stets alle Maße in mm und die Schnittgeschwindigkeit in mm/sek einzusetzen.

Die Umrechnungswerte von m/min in mm/sek sind aus der Tabelle 3 zu entnehmen.

Die Formel für die Berechnung der Laufzeit T in Minuten bei einer Schnittgeschwindigkeit v in mm/sek, einer Drehlänge l in mm, einem Vorschub s in mm pro Umdrehung, für x Schnitte lautet nun:

1. Für Langdrehen.

$$T = \frac{\text{Durchm. in mm} \times 3{,}14 \times \text{Länge in mm} \times \text{Anzahl der Schnitte}}{60 \times \text{Schnittgeschw. in mm/sek} \times \text{Vorschub/Umdrehg. in mm}}$$

$$= \frac{d \cdot \pi \cdot l \cdot x}{60 \cdot v \cdot s} \ \text{min}.$$

2. Für Plandrehen.

a) einer Kreisringfläche:

$$T = \frac{\text{mittlerer Durchm. in mm} \times \text{Länge in mm} \times 3{,}14 \times \text{Anzahl der Schnitte}}{60 \times \text{Schnittgeschw. in mm/sek} \times \text{Vorschub/Umdrehg. in mm}}$$

$$= \frac{(d_a + d_i) \cdot l \cdot \pi \cdot x}{2 \cdot 60 \cdot v \cdot s} \ \text{min},$$

wobei für die Länge l die Breite der Kreisringfläche einzusetzen ist. Die Gleichung lautet daher:

$$T = \frac{(d_a + d_i)}{2} \cdot \frac{(d_a - d_i)}{2} \cdot \frac{\pi \cdot x}{60 \cdot v \cdot s} = \frac{(d_a^2 - d_i^2) \cdot \pi \cdot x}{4 \cdot 60 \cdot v \cdot s} \ \text{min}.$$

b) einer Stirnseite:

$$T = \frac{\text{mittl. Durchm. in mm} \times 3{,}14 \times \text{Länge in mm} \times \text{Anzahl der Schnitte}}{60 \times \text{Schnittgeschw. in mm/sek} \times \text{Vorschub pro Umdrehg. in mm}}$$

$$= \frac{d_m \cdot \pi \cdot l \cdot x}{60 \cdot v \cdot s} \ \text{min}$$

allgemein ist:

$$d_m = \frac{d_a + d_i}{2} \ \text{mm}.$$

Da jedoch bei einer Stirnfläche $d_i = 0$, so ist

$$d_m = \frac{d}{2} = r \ \text{mm}.$$

Die Länge l ist gleichfalls r.

Wir erhalten somit die abgekürzte Gleichung:

$$T = \frac{\text{Radius in mm}^2 \times 3{,}14 \times \text{Anzahl der Schnitte}}{60 \times \text{Schnittgeschw. in mm/sek} \times \text{Vorschub pro Umdrehg. in mm}}$$

$$= \frac{r^2 \cdot \pi \cdot x}{60 \cdot v \cdot s} \ \text{min}.$$

Tabelle 7. Tabelle zur Ermittlung von Umfangsgeschwindigkeiten.

V m/min	2	4	6	8	10	12	15	18	21	24	27	30	35	40	45	50	V m/min
v mm/sek	33	67	100	133	167	200	250	300	350	400	450	500	583	667	750	833	v mm/sek
Durch-messer mm							Umlaufzahlen in der Minute										Durch-messer mm
2	318	637	955	1274	1592	1910	2388	2866	3343	3821	4298	4776	5572	6368	7164	7960	2
3	212	424	636	848	1060	1272	1590	1908	2226	2544	2862	3180	3710	4240	4770	5300	3
4	159	318	478	637	796	955	1194	1433	1677	1911	2149	2388	2786	3184	3582	3980	4
5	127	256	382	510	636	764	956	1148	1338	1530	1720	1912	2230	2548	2870	3180	5
6	106	212	318	425	531	636	797	956	1113	1272	1432	1593	1856	2124	2390	2650	6
7	91	182	273	364	455	546	683	819	956	1092	1230	1365	1593	1820	2050	2275	7
8	80	160	239	318	400	478	597	716	836	955	1075	1194	1393	1592	1791	1990	8
9	71	141	212	283	354	425	530	636	743	850	955	1060	1240	1415	1590	1770	9
10	63,5	128	191	255	318	382	478	574	669	765	860	956	1115	1274	1435	1590	10
11	58	116	174	231	289	347	434	520	608	695	781	868	1013	1157	1300	1445	11
12	53,1	106	159	212	265	318	398	478	556	636	716	796	928	1060	1195	1325	12
13	49	98	147	196	245	294	367	442	514	588	662	735	857	980	1100	1225	13
14	45,5	91	135,5	182	228	273	341	410	478	546	615	682	796	910	1025	1136	14
15	42,6	85	127	169	212	254	318	381	444	508	572	635	740	846	952	1058	15
16	40	80	119	159	199	239	298	358	418	478	538	597	696	796	896	995	16
18	35,5	70,5	106	142	177	212	265	318	372	425	478	530	620	708	795	885	18
20	32	64	95,5	128	159	191	239	287	335	383	430	478	558	637	716	795	20
22	29	58	87	116	145	174	217	260	304	348	390	434	506	579	650	723	22
24	27	53	80	106	133	159	199	239	277	318	358	398	464	530	598	663	24
26	24,5	49	73,5	98	123	147	184	221	257	294	331	368	428	490	550	613	26
28	23	45,5	68	91	114	137	171	205	239	273	307	341	398	455	512	568	28
30	21,5	42,5	63,5	84,5	106	127	158	191	222	254	286	318	370	423	476	529	30
32	20	40	60	80	100	119	149	179	209	239	269	298	348	398	448	498	32

34	18,7	37,5	56,2	75	93,7	112	140	169	197	225	253	281	328	375	422	468	34
36	17,7	35,5	53,1	70,8	88,5	106	133	159	186	214	239	265	310	354	398	442	36
38	16,8	33,5	50,3	67	83,5	100	126	151	176	201	226	251	293	335	377	419	38
40	15,9	31,8	47,8	63,7	79,6	95,5	119	143	167	191	215	239	278	318	358	398	40
45	14,2	28,3	42,5	56,6	70,8	85	106	127	149	170	191	214	248	283	318	354	45
50	12,7	25,5	38,2	51	63,7	76,4	95,5	115	134	153	172	191	223	255	287	318	50
55	11,6	23,1	34,7	46,3	58	69,4	86,8	104	122	139	156	174	203	231	260	289	55
60	10,6	21,2	31,8	42,5	53	63,6	79,6	95,5	111	127	143	159	186	212	239	265	60
65	9,8	19,6	29,4	39,4	49	58,8	73,5	88,2	103	118	132	147	171	196	220	245	65
70	9,1	18,2	27,3	36,4	45,5	54,6	68,2	81,8	95,5	109	123	136	159	182	205	227	70
75	8,5	17	25,5	34	42,5	50,9	63,7	76,4	89,1	102	115	127	148	170	191	212	75
80	7,95	15,9	23,9	31,8	39,8	47,7	59,7	71,6	83,5	95,5	107	119	139	159	179	199	80
90	7,08	14,2	21,2	28,3	35,4	42,5	53,1	63,7	74,3	85	95,6	106	124	142	159	177	90
100	6,37	12,7	19	25,5	31,8	38,2	47,8	57,4	66,9	76,4	86	95,6	111	127	143	159	100
110	5,79	11,6	17,4	23,3	28,9	34,7	43,4	52,1	60,8	69,4	78,2	86,8	101	116	130	145	110
115	5,54	11,1	16,6	22,2	27,7	33,4	41,5	49,7	58,2	66,5	74,8	83,1	97	111	125	138	115
120	5,31	10,6	15,9	21,2	26,5	31,8	39,8	47,8	55,4	63,7	71,6	79,6	92,8	106	120	133	120
125	5,1	10,2	15,3	20,4	25,5	30,6	38,2	45,8	53,5	61,2	68,8	76,4	89,2	102	115	127	125
130	4,9	9,8	14,7	19,6	24,5	29,4	36,7	44,2	51,4	58,8	66,2	73,5	85,7	98	110	123	130
140	4,55	9,1	13,7	18,2	22,8	27,3	34,2	41	47,8	54,6	61,4	68,2	79,6	91	102	114	140
150	4,26	8,5	12,7	16,9	21,2	25,4	31,8	38,1	44,4	50,8	57,2	63,5	74	84,6	95,2	106	150
160	4	8	12	16	20	24	29,8	35,8	41,8	47,8	53,8	59,7	69,6	79,6	89,6	99,5	160
175	3,64	7,28	10,9	14,55	18,2	21,8	27,3	32,8	38,2	43,6	49,2	54,6	63,6	72,8	82,8	91	175
200	3,2	6,4	9,5	12,8	15,9	19,1	23,9	28,7	33,5	38,3	43	47,8	55,8	63,7	71,6	79,5	200
225	2,83	5,66	8,5	11,3	14,2	17	21,2	25,5	29,7	34	38,2	42,5	49,5	56,6	63,7	70,8	225
250	2,54	5,1	7,64	10,2	12,7	15,3	19,2	23	26,8	30,6	34,4	38,2	44,6	51	57,4	63,6	250
275	2,32	4,63	6,95	9,26	11,6	13,9	17,4	20,8	24,3	27,8	31,3	34,7	40,5	46,3	52,1	57,9	275
300	2,15	4,25	6,35	8,5	10,6	12,7	15,8	19,1	22,2	25,4	28,6	31,8	37	42,3	47,6	52,9	300
350	1,82	3,64	5,5	7,3	9,1	10,9	13,7	16,4	19,1	21,8	24,6	27,3	31,8	36,4	40,9	45,5	350
400	1,6	3,18	4,8	6,4	8	9,6	11,9	14,3	16,7	19,1	21,5	23,9	27,8	31,8	35,8	39,8	400
450	1,42	2,83	4,25	5,66	7,1	8,5	10,9	12,7	14,9	17	19,1	21,4	24,8	28,3	31,8	35,5	450
500	1,27	2,55	3,82	5,1	6,37	7,64	9,6	11,5	13,4	15,3	17,2	19,1	22,3	25,5	28,7	31,8	500

3. Bei bekannten Umdrehungen.

Sind die Umdrehungen eines Arbeitsstückes bekannt, so erfolgt die Berechnung nach der Formel:

$$T = \frac{\text{Länge in mm} \times \text{Anzahl der Schnitte}}{\text{Umdrehg. pro Min.} \times \text{Vorschub pro Umdrehg. in mm}} = \frac{l \cdot x}{n \cdot s} \text{ min.}$$

Die nach vorstehenden Formeln errechneten Laufzeiten gelten für Arbeiten auf einer Maschine.

Bei Bedienung von 2 Maschinen sind 60 vH

„   „   „ 3   „   „ 43 „

„   „   „ 4   „   „ 35 „

der für eine Maschine errechneten Laufzeit für jede Maschine zu rechnen. Der Arbeiter, der beispielsweise auf 3 Maschinen arbeitet. bekommt somit nicht 100 vH der Laufzeit, sondern $43 \cdot 3 = 129$ vH in Anrechnung, so daß er in der Lage ist, ca. 30 vH mehr zu verdienen als ein Arbeiter, der nur auf einer Maschine arbeitet.

Nachfolgend soll nun an Hand einiger Beispiele die Berechnung der Bearbeitungszeiten gezeigt werden, wobei jedoch, um jedem Mißverständnis vorzubeugen, von vornherein darauf aufmerksam gemacht sei, daß die Beispiele für maschinelle Bearbeitung ohne Berücksichtigung der Zeitverluste und ohne Ermüdungszuschläge errechnet wurden und daher auf die errechneten Zeiten die den jeweiligen Betriebsverhältnissen entsprechenden Zuschläge zu machen sind.

Einige Beispiele für Dreherei.

1. Eine Welle nach Abb. 20 — Übermaß: 5 mm im Durchmesser und 10 mm in der Länge — mit je einem Schrupp- und Schlichtschnitt drehen und saubermachen.

Material: S.M.St. 60 bis 80 kg Festigkeit.

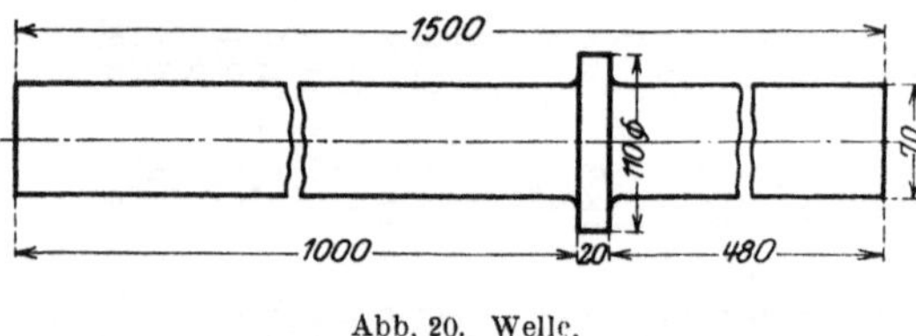

Abb. 20. Welle.

Die Schnittgeschwindigkeit v beträgt nach Tabelle 1a für Schnelldrehstahl $v = 200$ mm/sek.

Der Vorschub beträgt nach Tabelle 2/A (Drehbank bis 250 mm Spitzenhöhe) $s = 0,6$ mm.

Berechnung:

Bank herrichten (Tabelle 4, Drehbank: mittelgroß) . . . . 15 min

Welle einspannen (Tabelle 8) . . . . 12 „

Zentrieren der Welle . . . . 5 „

2 Stirnseiten Plandrehen $T = \dfrac{r^2 \cdot \pi \cdot x}{60 \cdot v \cdot s} = \dfrac{38^2 \cdot 3,14 \cdot 2}{60 \cdot 200 \cdot 0,6} \cdot 2$ . . . . 2,5 „

Für Setzstock $l = 100$ mm andrehen . . . . 10 „

Übertrag 44,5 min

Übertrag 44,5 min

Setzstock aufspannen und einstellen lt. Tabelle 4 . . . . 6,5 „

Bund im Durchmesser vordrehen und schlichten

$$T = \frac{d \cdot \pi \cdot l \cdot x}{60 \cdot v \cdot s} = \frac{110 \cdot 3,14 \cdot 25}{60 \cdot 200 \cdot 0,6} \cdot 2 \quad \ldots \ldots \sim \quad 2,5 \text{ „}$$

Beide Seiten vordrehen und schlichten $T = \dfrac{70 \cdot 3,14 \cdot 1480}{60 \cdot 200 \cdot 0,6} \cdot 2 \quad \ldots \ldots 90$ „

Setzstock umstellen lt. Tabelle 4 = 50 vH der Zeit für Setzstock aufspannen . . . . 3,25 „

Bund seitlich drehen, à 2 Schnitte für Schruppen und je 1 Schnitt

für Schlichten, mittlerer Durchmesser $d_m = \dfrac{70 + 110}{2} = 90$ mm;

$$l = \frac{d_a - d_i}{2} = \frac{110 - 70}{2} = 20 \text{ mm};$$

$$T = \frac{d \cdot \pi \cdot l \cdot x}{60 \cdot v \cdot s} = \frac{90 \cdot 3,14 \cdot 20 \cdot 6}{60 \cdot 200 \cdot 0,6} \quad \ldots \ldots \sim \quad 5 \quad \text{„}$$

2 mal Ecken einstechen . . . . 5 „

Welle feilen und saubermachen . . . . 25 „

Welle ca. 5 mal umspannen (Tabelle 8) . . . . 17,5 „

ca. 5 mal Stahl einspannen, nach Tabelle 4 à 1,5 min . . . . 7,5 „

ca. 10 mal Maschine abstellen, Schnitte anstellen und messen, nach
Tabelle 4, à 1,0 min . . . . 10 „

4 Stähle schleifen à 3 min . . . . 12 „

Summa 228,75 min

Wird die Welle geschliffen, so entfällt die Zeit für das Feilen und Saubermachen.

Tabelle 8. Einspannen und Ausrichten von Wellen auf der Drehbank-
Zeiten in min.

Durchm. in mm	Länge in mm												
	400	600	800	1000	1200	1400	1600	1800	2000	2200	2400	2600	
20 bis 40	5	7	8	9	10	10	11	11	13	14	15	17	ohne Kran
41 „ 60	5	7	8	9	10	10	11	12	14	15	22	22	
61 „ 80	6	7	9	10	10	18	19	20	21	22	24	25	
81 „ 100	7	8	10	18	19	20	21	22	24	26	28	30	
101 „ 120	9	10	16	20	21	22	23	24	26	29	32	33	mit Kran
121 „ 140	10	16	18	22	23	24	25	27	29	32	35	36	
141 „ 160	16	18	20	24	25	26	28	30	32	35	38	40	
161 „ 180	18	20	23	26	28	29	31	33	36	39	42	44	
181 „ 200	21	23	26	29	30	31	34	37	40	43	46	48	

Für Umspannen gilt:

ohne Kran 30 vH
mit „ 50 vH

der Tabellenwerte.

2. Eine Riemenscheibe (Abb. 21) drehen; alle Flächen mit je 1 Schrupp- und Schlichtschnitt bearbeiten, die Bohrung mit 6 Schnitten. Für das Schichten des äußeren Durchmessers soll das Breitschlichten angewendet werden.

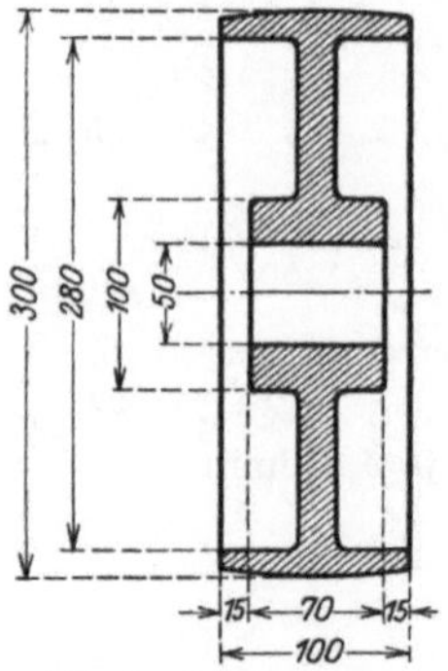

Die Schnittgeschwindigkeit v für Schruppen ist nach Tabelle 1a für Gußeisen

$$\text{beim Schruppen } v = 217 \text{ mm/sek}$$
$$\text{,, Schlichten } v = 317 \quad \text{,,}$$

Der Vorschub s für Schruppen ist nach Tabelle 2/A für mittelgroße Drehbank, bei einer Spantiefe von 5 mm $s = 1$ mm.

Der Vorschub für das Breitschlichten $s = 5$ mm.

Der Vorschub für Bohrung ausdrehen $s = 0,5$ mm.

Abb. 21. Riemenscheibe.

Berechnung:

Bank herrichten (Tabelle 4) . . . . 15 min

Einspannen (Tabelle 9) . . . . 16 ,,

Äußeren Durchmesser schruppen $T = \dfrac{d \cdot \pi \cdot l \cdot x}{60 \cdot v \cdot s} = \dfrac{300 \cdot 3,14 \cdot 110}{60 \cdot 217 \cdot 1}$ . . . 8 ,,

Inneren Durchmesser schruppen $T = \dfrac{d \cdot \pi \cdot l \cdot x}{60 \cdot v \cdot s} = \dfrac{285 \cdot 3,14 \cdot 103}{60 \cdot 217 \cdot 1}$ . . . 7 ,,

Kranz beide Seiten auf 100 mm Breite drehen, der mittlere Durchmesser $d_m = \dfrac{d_a + d_i}{2} = \dfrac{300 + 285}{2} = 293$ mm,

$$l = \frac{d_a - d_i}{2} = \frac{300 - 285}{2} = 7,5 \text{ mm.}$$

$$T = \frac{d_m \cdot \pi \cdot l \cdot x}{60 \cdot v \cdot s} = \frac{293 \cdot 3,14 \cdot 7,5}{60 \cdot 217 \cdot 1} \cdot 4 \quad \ldots \ldots \ldots \quad 2 \text{ ,,}$$

Nabendurchmesser schruppen $T = \dfrac{d \cdot \pi \cdot l \cdot x}{60 \cdot v \cdot s} = \dfrac{100 \cdot 3,14 \cdot 70}{60 \cdot 217 \cdot 1}$ . . . . . 2 ,,

Nabe auf beiden Seiten auf 70 mm Breite drehen, der mittlere Durchmesser $d_m = \dfrac{d_a + d_i}{2} = \dfrac{100 + 50}{2} = 75$ mm,

$$l = \frac{d_a - d_i}{2} = \frac{100 - 50}{2} = 25 \text{ mm,}$$

$$T = \frac{d_m \cdot \pi \cdot l \cdot x}{60 \cdot v \cdot s} = \frac{75 \cdot 3,14 \cdot 25}{60 \cdot 217 \cdot 1} \cdot 4 \quad \ldots \ldots \ldots \ldots \quad 2 \text{ ,,}$$

Bohrung drehen $T = \dfrac{d \cdot \pi \cdot l \cdot x}{60 \cdot v \cdot s} = \dfrac{50 \cdot 3,14 \cdot 75}{60 \cdot 217 \cdot 0,5} \cdot 6$ . . . . 11 ,,

Äußeren Durchmesser breitschlichten $T = \dfrac{300 \cdot 3,14 \cdot 100}{60 \cdot 317 \cdot 5}$ . . . . 1 ,,

Bohrung nachschaben . . . . 5 ,,

1 mal umspannen (Tabelle 9) 50 vH . . . . 8 ,,

ca. 5 mal Stahl einspannen (Tabelle 4) à 1,5 min . . . . 7,5 ,,

ca. 10 mal Maschine abstellen, Schnitte anstellen und messen, (Tabelle 4) à 1,5 min . . . . $\sim$ 15 ,,

5 Stähle schleifen à 3 min . . . . 15 ,,

Summa 114,5 min

Tabelle 9. Zeittabelle für das Aufspannen von Büchsen, Riemenscheiben und Lagerschalen auf der Drehbank.

Durch-messer in mm	$\frac{1}{1}$ = 1 teilig	$\frac{2}{2}$ = 2 teilig	Länge in mm													
			50	75	100	125	150	175	200	225	250	275	300	325	350	375
50 bis 100	$^1/_1$		7	7	7	8	8	8	8	8	8	8	8	8	8	8
50 „ 100		$^2/_2$	10	10	10	12	12	12	12	15	15	15	15	18	18	18
105 „ 140	$^1/_1$		8	8	8	9	9	9	9	9	9	9	9	10	10	10
105 „ 140		$^2/_2$	13	13	13	15	15	15	15	17	17	17	17	20	20	20
145 „ 180	$^1/_1$		9	9	9	11	11	11	11	13	13	13	13	15	15	15
145 „ 180		$^2/_2$	15	15	15	17	17	17	17	19	19	19	19	21	22	22
185 „ 225	$^1/_1$		11	11	11	13	13	13	13	15	15	15	15	17	17	17
185 „ 225		$^2/_2$	20	20	20	22	22	22	22	24	24	24	24	26	26	26
230 „ 300	$^1/_1$		16	16	16	18	18	18	18	20	20	20	20	22	22	22
230 „ 300		$^2/_2$	25	25	25	27	27	27	27	29	29	29	29	30	30	30

Von obigen Werten ist für Umspannen einzusetzen:

bei   Einzelanfertigung 50 vH
bei Mehrfach   „   40   „

Für Aufspannen im Amerikaner (Dreibackenfutter) sind 40 vH der Tabellenwerte einzusetzen.

Bei Verwendung von Spezial-Einspannvorrichtungen muß die Zeit für das
Aufspannen von Fall zu Fall bestimmt werden, da diese von der Konstruktion
bzw. Verwendbarkeit der Aufspannvorrichtung abhängt. Die vorstehenden Werte
gelten somit nur für das Aufspannen auf der Planscheibe.

3. Eine Kurbelwelle (Abb. 22) fertigdrehen bis zum Schleifen, mit 0,75 mm
Schleifzugabe. Material: Ch.N.St. 85 bis 95 kg Festigkeit.

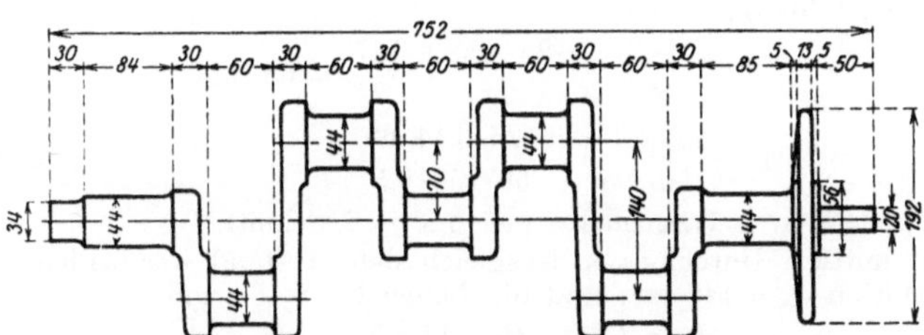

Abb. 22. Kurbelwelle (Österr. Daimler-Motorenwerke A.-G. Wiener Neustadt).

Nach Tabelle 1a und b ist die Schnittgeschwindigkeit für den 1. Schnitt
bei Ch N.St.

für Langdrehen $v = 167$ mm/sek
„ Plandrehen $v = 150$ „

Der Vorschub beträgt nach Tabelle 2/A für eine mittelgroße Drehbank, bei
einer Materialzugabe bis 7 mm, $s = 0,8$ mm. Dieser Vorschub ist jedoch für
die Bearbeitung der Kurbelwelle nicht zulässig, da dieselbe infolge ihrer Form
bei der Bearbeitung zu stark federt. Der Vorschub kann erfahrungsgemäß im
günstigsten Fall nur mit $s = 0,5$ mm gewählt werden.

Für den 2. Schnitt beträgt die Schnittgeschwindigkeit:

für Langdrehen $v = 183$ mm/sek
„ Plandrehen $v = 150$ „

Der Vorschub ist wie beim 1. Schnitt für Lang- und Plandrehen mit
$s = 0,5$ mm zu wählen.

Berechnung:

1. Bank einrichten (lt. Tabelle 4) . . . . 15 min
2. Kurbelwelle ein- und ausspannen . . . . 10 „
3. Zentrieren und richten . . . . 15 „
4. Flanschzapfen und Zapfenlager auf 45 mm Durchmesser, zwecks Aufnahme in Büchsen zum Drehen des Mittellagers, mit 2 Schnitten vordrehen

$$[T = \frac{d \cdot \pi \cdot l \cdot x}{60 \cdot v \cdot s} = \frac{45 \cdot 3{,}14 \cdot 165}{60 \cdot 167 \cdot 0{,}5} \cdot 2 \quad \dots \dots \quad 9{,}5 \text{ „}$$

5. Die Welle zum Drehen des Mittellagers aufspannen . . . . . . 15 „
6. Das Mittellager auf 45 mm Durchmesser vordrehen

$$T = \frac{d \cdot \pi \cdot l \cdot x}{60 \cdot v \cdot s} = \frac{45 \cdot 3{,}14 \cdot 60}{60 \cdot 167 \cdot 0{,}5} \cdot 2 = \frac{90 \cdot 3{,}14 \cdot 2}{167} \quad \dots \sim 3{,}5 \text{ „}$$

7. Das Flanschlager auf 45 mm Durchmesser vordrehen

$$T = \frac{d \cdot \pi \cdot l \cdot x}{60 \cdot v \cdot s} = \frac{45 \cdot 3{,}14 \cdot 60}{60 \cdot 167 \cdot 0{,}5} \cdot 2 = \frac{90 \cdot 3{,}14 \cdot 2}{167} \quad \dots \sim 3{,}5 \text{ „}$$

8. 3 Bunde auf 60 mm Durchmesser vordrehen

$$T = \frac{d \cdot \pi \cdot l \cdot x}{60 \cdot v \cdot s} = \frac{60 \cdot 3{,}14 \cdot 15}{60 \cdot 167 \cdot 0{,}5} \cdot 2 = \frac{3{,}14 \cdot 30 \cdot 2}{167} \quad \dots \sim 1{,}0 \text{ „}$$

9. Den Flansch auf 195 mm Durchmesser vordrehen

$$T = \frac{d \cdot \pi \cdot l \cdot x}{60 \cdot v \cdot s} = \frac{195 \cdot 3{,}14 \cdot 15}{60 \cdot 167 \cdot 0{,}5} \cdot 2 = \frac{195 \cdot 3{,}14}{2 \cdot 167 \cdot 0{,}5} \quad \cdot \sim 4{,}0 \text{ „}$$

10. Den Flansch auf beiden Seiten mit je 2 Schnitte hochziehen.
   Der mittlere Durchmesser

$$d_m = \frac{d_a + d_i}{2} = \frac{195 + 58}{2} = \frac{253}{2} \sim 126 \text{ mm,}$$

und die Drehlänge

$$l = \frac{d_a - d_i}{2} = \frac{195 - 58}{2} = \frac{137}{2} \sim 68 \text{ mm,}$$

$$T = \frac{d_m \cdot \pi \cdot l \cdot x}{60 \cdot v \cdot s} = \frac{126 \cdot 3{,}14 \cdot 68}{60 \cdot 150 \cdot 0{,}5} \cdot 4 \quad \dots \dots \dots \sim 24{,}0 \text{ „}$$

11. Die 2 mittleren Blätter hochziehen mit je 1 Schnitt.
   Der mittlere Durchmesser ist gleich dem Abstand der beiden Lagermitten $d_m = 140$ mm und die Länge $l = \sim 60$ mm,

$$T = \frac{d_m \cdot \pi \cdot l \cdot x}{60 \cdot v \cdot s} = \frac{140 \cdot 3{,}14 \cdot 60}{60 \cdot 150 \cdot 0{,}5} \cdot 2 = \frac{28 \cdot 3{,}14}{15 \cdot 0{,}5} \quad \dots \sim 11{,}7 \text{ „}$$

12. Die 4 Hublager auf der Spezialbank mit Fassonstahl bis auf Schleifmaß, desgleichen die Blätter (je 2 Seiten auf einmal) bis zum Lagerbund mit je 1 Schnitt drehen.
   Welle 4mal ein- und umspannen . . . . 20 „
   4mal je 2 Blätter mit Fassonstahl drehen.
   Der mittlere Durchmesser

$$d_m = \frac{340 + 56}{2} = \frac{396}{2} = 198 \text{ mm,}$$

und die Drehlänge

$$l = \frac{340 - 56}{2} = \frac{284}{2} = 142 \text{ mm,}$$

$$T = \frac{d_m \cdot \pi \cdot l \cdot x}{60 \cdot v \cdot s} = \frac{198 \cdot 3{,}14 \cdot 142}{60 \cdot 150 \cdot 0{,}5} \cdot 4 = \frac{11 \cdot 3{,}14 \cdot 142}{5 \cdot 25 \cdot 0{,}5} = \sim 78{,}5 \text{ „}$$

Übertrag 210,7 min

Übertrag 210,7 min

13. 4 Hublager, die ganze Breite mit Fassonstahl in einem Schnitt auf $d = 44{,}3$ mm drehen.

Die Schnittgeschwindigkeit $v = 110$ mm/sek.
Der Vorschub $s = 0{,}1$ mm.
Der mittlere Durchmesser

$$d_m = \frac{d_a + d_i}{2} = \frac{56 + 44}{2} = \frac{100}{2} = 50 \text{ mm.}$$

Die Tourenzahl

$$n = \frac{v \cdot 60}{d_m \cdot \pi} = \frac{110 \cdot 60}{50 \cdot 3{,}14} = 42.$$

Die Drehlänge

$$l = \frac{d_a - d_i}{2} = \frac{56 - 44}{2} = \frac{12}{2} = 6 \text{ mm,}$$

bei bekannter Umdrehungszahl n ist

$$T = \frac{l \cdot x}{n \cdot s} = \frac{6 \cdot 4}{42 \cdot 0{,}1} \ \ldots \ldots \ldots \ldots \ldots \sim \quad 6{,}0 \text{ „}$$

14. Für das Freischneiden des Stahles kann 0,5 min pro Lagerstelle gerechnet werden, daher für 4 Lagerstellen $0{,}5 \cdot 4$ . . . . 2,0 „

15. Das Mittel-, Flansch- und Zapfenlager auf Schleifmaß $d = 44{,}3$ mm mit je 1 Schnitt drehen.

$$T = \frac{d \cdot \pi \cdot l \cdot x}{60 \cdot v \cdot s} = \frac{44 \cdot 3{,}14 \cdot 229}{60 \cdot 183 \cdot 0{,}5} \ \ldots \ldots \ldots \quad 6{,}0 \text{ „}$$

16. Den Flanschzapfen von $d = 45$ mm auf $d = 20$ mm mit 3 Schnitte drehen.

Der mittlere Durchmesser des rohen Flanschzapfens

$$d_m = \frac{45 + 20}{2} = \frac{65}{2} = 33 \text{ mm,}$$

$$T = \frac{d_m \cdot \pi \cdot l \cdot x}{60 \cdot v \cdot s} = \frac{33 \cdot 3{,}14 \cdot 50}{60 \cdot 183 \cdot 0{,}5} \cdot 2 \ \ldots \ldots \ldots \quad 2{,}0 \text{ „}$$

17. ca. 15 mal die Stähle wechseln bzw. umspannen (lt. Tabelle 4) à 1,5 min . . . . 22,5 „

18. ca. 20 mal die Maschine abstellen, Schnitte anstellen und messen . 20,0 „

19. 15 mal Stähle schleifen à 3 min . . . . 45,0 „

Summa 314,2 min

Anmerkung: Die Zeiten für das Ein- und Umspannen sowie Anstellen und Messen im vorstehenden Beispiel 3 sind Stoppzeiten.

4. 50 Stück Wechselrädergehäuse (Abb. 23) aus Aluminium, mit kombiniertem Satzwerkzeug am Bohrwerk ausbohren und Flanschen seitlich drehen.

Nach Tabelle 1c ist für Aluminium bei Verwendung von Schnelldrehstahl $V = 75$ und 85 m/min oder $v = 1250$ und 1417 mm/sek.

Der Vorschub beträgt nach Tabelle 2C für mittelgroßes Bohrwerk, $s = 0{,}8$ mm.

Die Zeit für das Einrichten der Maschine wurde mit ca. 3 Stunden festgelegt.

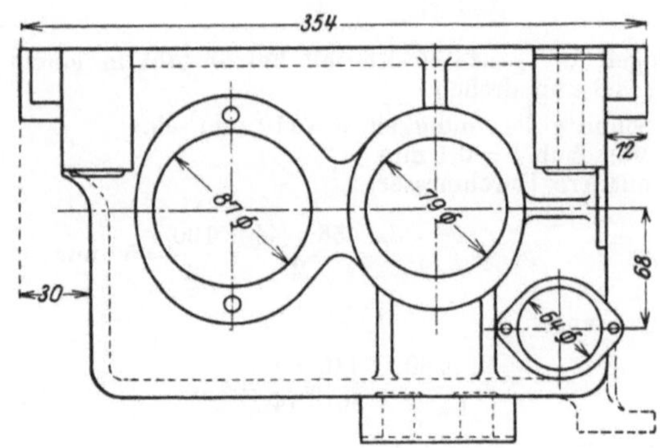

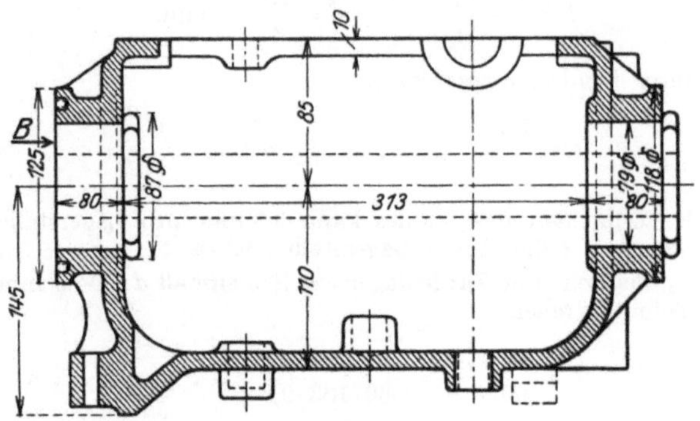

Abb. 23. Wechselrädergehäuse (Österr. Daimler-Motorenwerke A.G. Wiener-Neustadt).

Berechnung:

Die Serie zu 50 Stück, ergibt für das Einrichten pro Stück $\frac{180}{50}$ . . 3,6 min

Auf- und Abspannen im Bohrkasten (genaue Materialverteilung) . . 30,0 „

 a) je 1 Bohrung 87 und 79 mm Durchm. zu gleicher Zeit mit je zwei Schnitten bearbeiten.

1. Schnitt $T = \dfrac{d \cdot \pi \cdot l \cdot x}{60 \cdot v \cdot s} = \dfrac{87 \cdot 3,14 \cdot 85}{60 \cdot 1250 \cdot 0,8}$ . . . . 0,4 „

2. Schnitt $T = \dfrac{d \cdot \pi \cdot l \cdot x}{60 \cdot v \cdot s} = \dfrac{87 \cdot 3,14 \cdot 85}{60 \cdot 1417 \cdot 0,8}$ . . . . 0,35 „

Reiben $T = \dfrac{d \cdot \pi \cdot l \cdot x}{60 \cdot v \cdot s} = \dfrac{87 \cdot 3,14 \cdot 85}{60 \cdot 1417 \cdot 1,2}$ . . . . 0,25 „

 4 Flanschen seitlich mit Satzfräsern (2 Flanschen zu gleicher Zeit) drehen:

$$T = \frac{d \cdot \pi \cdot l \cdot x}{60 \cdot v \cdot s} + 50 \text{ vH für das Freischneiden des Fräsers} =$$

$$\frac{128 \cdot 3,14 \cdot 3 \cdot 2}{60 \cdot 1250 \cdot 0,2} \cdot 1,5 \text{ . . . . 0,24 „}$$

4 mal Werkzeug wechseln à 3 min . . . . 12,0 „

 b) je 1 Bohrung, Durchm. 79 mm (beide Bohrungen zu gleicher Zeit) bearbeiten. Da die Differenz in der 2. Bohrung gegenüber der 1. sehr gering ist, so können dieselben Werte wie oben eingesetzt werden . 13,24 „

Übertrag 60,08 min

Übertrag: 60,08 min

c) je 1 Bohrung, Durchm. 64 mm (beide Bohrungen zu gleicher Zeit) bearbeiten.

1. Schnitt $\ T=\dfrac{d\cdot\pi\cdot l\cdot x}{60\cdot v\cdot s}=\dfrac{64\cdot 3,14\cdot 40}{60\cdot 1250\cdot 0,8}\ \cdot\ \cdot\ \cdot\ \cdot\ \cdot\ \cdot\ \cdot\ \cdot\ \cdot\ \cdot\ \cdot\ \cdot\ $ 0,13 „

2. Schnitt $\ T=\dfrac{d\cdot\pi\cdot l\cdot x}{60\cdot v\cdot s}=\dfrac{64\cdot 3,14\cdot 40}{60\cdot 1417\cdot 0,8}\ \cdot\ \cdot\ \cdot\ \cdot\ \cdot\ \cdot\ \cdot\ \cdot\ \cdot\ \cdot\ \cdot\ \cdot\ $ 0,12 „

Reiben $\quad T=\dfrac{d\cdot\pi\cdot l\cdot x}{60\cdot v\cdot s}=\dfrac{64\cdot 3,14\cdot 40}{60\cdot 1417\cdot 1,2}\ \cdot\ \cdot\ \cdot\ \cdot\ \cdot\ \cdot\ \cdot\ \cdot\ \cdot\ \cdot\ \cdot\ $ 0,08 „

Flanschen seitlich drehen:

$$T=\frac{d\cdot\pi\cdot l\cdot x}{60\cdot v\cdot s}+50\ \text{vH für das Freischneiden des Fräsers}=$$

$$\frac{95\cdot 3,14\cdot 3\cdot 2}{60\cdot 1250\cdot 0,2}\cdot 1,5\ \cdot\ \cdot\ \cdot\ \cdot\ \cdot\ \cdot\ \cdot\ \cdot\ \cdot\ \cdot\ \cdot\quad 1,8\quad\text{„}$$

Summa 62,21 min

Aus diesem Beispiel ist zu ersehen, daß der in der Praxis übliche prozentuale Zuschlag von 15 bis 50 vH für Handarbeiten ungerecht und gänzlich zu verwerfen ist. In obigem Beispiel beträgt die reine Laufzeit nur 4,65 min, während die Zeit für Bankherrichten, Aufspannen und Werkzeugwechseln usw. 57,56 min beträgt. Das sind rund 1237 vH der reinen Laufzeit.

Tabelle 10. Laufzeit t in sek für 10 mm Drehlänge bei einer Schnittgeschw. $V=10$ m/min bzw. $v=167$ mm/sek.

Vorschub pro Umdrehung mm	Ø	Durchm. des Arbeitsstückes in mm										Wenn $\dfrac{V}{\;}$ $\dfrac{m}{min}$	$\dfrac{v}{\;}$ $\dfrac{mm}{sek}$	dann multipl. Tab.-Wert mit
		10	20	25	30	35	40	45	50	55	60			
0,25		7,6	15,2	19	22.7	26,5	30,3	34	38	41,5	45,5	4	67	2,5
0,5		3,8	7,6	9,5	11,4	13,3	15,2	17	19	20,8	22,8	5	83	2
0,75		2,5	5,1	6,3	7,6	8,8	10,1	11,3	12,6	13,8	15,1	6	100	1,66
1		1,9	3,8	4,7	5,7	6,6	7,6	8,4	9,5	10,4	11,4	7	117	1,43
	Ø	65	70	75	80	85	90	95	100	105	110	8	133	1,25
0,25		49	53	56,5	60,5	64	68	71,5	76	79,5	83	9	150	1,11
0,5		24,6	26,5	28,3	30,3	32	34	35,8	38	39,7	41,5	11	183	0,91
0,75		16,4	17,6	18,8	20,3	21,4	22,6	23,8	25,4	26,5	27,6	12	200	0,83
1		12,3	13,3	14,2	15,1	16	16,8	17,9	19	19,8	20,8	13	217	0,77
	Ø	115	120	125	130	135	140	145	150	155	160	14	233	0,71
0,25		86,8	91	94,5	98	102	106	109,5	113,15	117,5	121	15	250	0,66
0,5		43,4	45,5	47,3	49	51	53	54,8	56,5	58,7	60,5	16	267	0,62
0,75		29	30,3	31,5	32,8	34	35,3	36,6	37,8	39,2	40,3	18	300	0,55
1		21,7	22,7	23,6	24,6	25,5	26,5	27,4	28,3	29,3	30,3	20	333	0,50
	Ø	180	190	210	250	320	370	450	500	650	700	22,5	375	0,44
0,25		135,8	143,5	158,5	188,5	242	280	340	377	490	525	25	417	0,4
0,5		68	71,8	79,3	94,3	121	140	170	188,3	245	264	27,5	458	0,36
0,75		45,3	47,8	52,9	62,8	80,5	93,2	113,15	125,3	163,4	176	30	500	0,33
1		34	35,9	39,6	47,2	60,4	69,9	85	94,2	123	132	35	583	0,28
												40	667	0,25

Im allgemeinen gilt für die Berechnung der Laufzeit t in sek die Gleichung:

$$t = \frac{d \cdot \pi \cdot l}{v \cdot s}$$

und für die Werte der Tabelle 10 bei $l = 10$ mm und $v = 167$ mm/sek:

$$t = \frac{d \cdot \pi \cdot 10}{167 \cdot s},$$

folglich unter Berücksichtigung der Tabellenwerte:

$$t = \frac{\text{Tabellenwert} \times \text{Länge}}{10} \times \text{Konstante,}$$

oder für die Laufzeit T in min:

$$T = \frac{\text{Tabellenwert} \times \text{Länge} \times \text{Konstante}}{10 \cdot 60} = \frac{T_w \cdot l}{600} \cdot K_s \ \text{min}.$$

$$K_s = \text{Konstante,}$$
$$T_w = \text{Tabellenwert.}$$

Beispiel für die Berechnung der Laufzeit bei Benutzung der Tabelle 10. Eine glatte Welle 1500 mm lang, 75 mm Durchm. mit einem Schnitt überdrehen. Material S.M.Fl.

Nach Tabelle 1a ist die Schnittgeschwindigkeit $v = 267$ mm/sek oder $V = 16$ m/min.

Der Vorschub ist mit $s = 0{,}75$ mm pro Umdrehung angenommen.

Nach Tabelle 10 ist für $V = 16$ m/min die Konstante $K_s = 0{,}62$.

$$T = \frac{T_w \cdot l}{600} \cdot K_s = \frac{18{,}8 \cdot 1500}{600} \cdot 0{,}62 = \sim 29{,}3 \ \text{min}.$$

Bei Bearbeitung von Stirn- und Kreisringflächen gilt bei der Berechnung der Laufzeit (siehe Tabelle 6) für den Durchmesser: der mittlere Durchmesser und für die Länge: die Breite der Fläche.

Beispiel: Bei einer gußeisernen Planscheibe 1200 mm äußeren Durchmesser, 100 mm Bohrung soll die Stirnseite mit einem Schnitt überdreht werden.

Für mittelhartes Gußeisen ist lt. Tabelle 1a die Schnittgeschw. $V = 16$ m/min bzw. $v = 267$ mm/sek.

Der Vorschub sei mit $s = 0{,}5$ mm/Umdr. angenommen.

$$d_m = \frac{d_a + d_i}{2} = \frac{1200 + 100}{2} = \frac{1300}{2} = 650 \ \text{mm,}$$

$$l = \frac{d_a - d_i}{2} = \frac{1200 - 100}{2} = \frac{1100}{2} = 550 \ \text{mm}.$$

Nach Tabelle 10 ist für $v = 267$ mm/sek die Konstante $K_s = 0{,}62$ und der Tabellenwert bei einem Durchm. von 650 mm und einem Vorschub $s = 0{,}5$ mm, $T_w = 245$; daher

$$T = \frac{245 \cdot 550}{600} \cdot 0{,}62 \sim 139 \ \text{min}.$$

Tabelle 11. Zeittabelle in min für das Aufspannen von Ringen auf der Drehbank.

a) Bei Verwendung von Planscheiben:

Durchm. mm	Breite in mm													
	10	15	20	25	30	35	40	45	50	55	60	65	70	75
75 bis 100	5	5	5	5	5	5	5	6	6	6	6	6	6	6
105 „ 150	6	6	6	6	6	6	6	7	7	7	7	7	7	7
155 „ 200	7	7	7	7	7	7	7	8	8	8	8	8	8	8
205 „ 250	8	8	8	8	8	8	8	9	9	9	9	9	9	9
255 „ 300	9	9	9	9	9	9	9	10	10	10	10	10	10	10
305 „ 350	10	10	10	10	10	10	10	11	11	11	11	11	11	11
355 „ 400	12	12	12	12	12	12	12	13	13	13	13	13	13	13
405 „ 500	14	14	14	14	14	14	14	15	15	15	15	15	15	15
600		16	16	16	16	16	16	17	17	17	17	17	17	17
700			18	18	18	18	18	19	19	19	19	19	19	19
800				20	20	20	20	21	21	21	21	21	21	21
900					22	22	22	23	23	23	23	23	23	23
1000						25	25	27	27	27	27	27	27	27

Von obigen Werten ist für das Umspannen einzusetzen:

bei Einzelanfertigung . . . 50 vH
bei Mehrfachanfertigung . . 40 vH

b) Bei Verwendung von Dreibackenfutter (Amerikaner):

Durchm. mm	Breite in mm													
	10	15	20	25	30	35	40	45	50	55	60	65	70	75
75 bis 100	2	2	2	2	2	2	2	2,5	2,5	2,5	2,5	2,5	2,5	2,5
105 „ 150	2,5	2,5	2,5	2,5	2,5	2,5	2,5	3	3	3	3	3	3	3
155 „ 200	3	3	3	3	3	3	3	3,5	3,5	3,5	3,5	3,5	3,5	3,5
205 „ 250	3	3	3	3	3	3	3	3,5	3,5	3,5	3,5	3,5	3,5	3,5
255 „ 300	3,5	3,5	3,5	3,5	3,5	3,5	3,5	4	4	4	4	4	4	4
305 „ 350	3,5	3,5	3,5	3,5	3,5	3,5	3,5	4	4	4	4	4	4	4
355 „ 400	4	4	4	4	4	4	4	4,5	4,5	4,5	4,5	4,5	4,5	4,5
405 „ 500	4	4	4	4	4	4	4	4,5	4,5	4,5	4,5	4,5	4,5	4,5

Das Gewindeschneiden.

Die Berechnung der Laufzeit für Gewindeschneiden erfolgt in derselben Weise wie beim Langdrehen nach der Formel:

$$T = \frac{d \cdot \pi \cdot l \cdot x}{60 \cdot v \cdot s} \text{ min.}$$

Hierbei bedeutet:

s die Gewindesteigung in mm und x die Anzahl Schnitte.

Die Anzahl der Schnitte errechnet sich nach der Formel:

$$x = \frac{\text{Gewindetiefe}}{\text{Spantiefe} / \text{Schnitt}}$$

Die so erhaltene Zahl ist eine rein theoretische und würde die gefundene Schnittzahl nicht ausreichen, um das Gewinde einwandfrei fertig zu schneiden. Die praktische Erfahrung hat gezeigt, daß bei Spitzgewinden ein Zuschlag von 50 vH und bei Flachgewinden von 75 vH den tatsächlichen Verhältnissen entspricht. (Siehe Tabellen 12

66 Maschinen mit umlaufender Bewegung.

und 13.) Für die Berechnung der Schnittzahl gilt demnach:

$$x = \frac{\text{Gewindetiefe}}{\text{Schnittiefe}} + 50 \text{ vH} \ (\text{bzw.} + 75 \text{ vH}).$$

Für den Rücklauf des Supports wählt man praktisch ca. 75 vH und für das Zurückkurbeln des Supports von Hand im Mittel ca. 30 vH der für das Schneiden errechneten Zeit.

Bei der Zeitberechnung müssen auch die Zeitverluste für Spananstellen, Messen und Abstellen der Maschine, sowie das Schlichten, Einpassen und Saubermachen des Gewindes berücksichtigt werden.

Die in den Tabellen 12 und 13 angeführten Werte für Handgriffzeiten stellen Erfahrungswerte dar, die mit Sicherheit benützt werden können.

Es sei ferner darauf aufmerksam gemacht, daß die in den Tabellen 12 und 13 angeführten Werte der Rubrik VIII bis X bzw. VII bis IX für sämtliche Materialien gelten. Da der Berechnung eine Schnittgeschwindigkeit von 2 m/min oder $v = 33,3$ mm/sek zugrunde gelegt wurde, so müssen die Werte der Rubrik VIII bis X bzw. VII bis IX jeweils mit der Konstanten für die betreffende Schnittgeschwindigkeit multipliziert werden. Über die entsprechende bzw. für das jeweilige Material passende Schnittgeschwindigkeit siehe Tabelle 1 e.

Zum leichteren Verständnis der Tabellen 12 und 13 sind auf Seite 69 und 70 zwei Beispiele unter Zugrundelegung der Tabellenwerte durchgeführt.

Tabelle 12.

Zeittabelle in min für das Schneiden von Whitworthgewinden bei 100 mm Länge und 2 m/min bzw. 33,3 mm/sek Schnittgeschwindigkeit.

Gewinde-Durchm. in Zoll	Gänge per Zoll	Steigung mm	Gewindetiefe mm	Spantiefe per Schnitt mm	Schnitte für Vor-Schneiden	Schnitte für Fertig-	Zeit für das Schneiden von 100 mm Länge	Zeit für die Rückläufe	Zusammen min	Wenn V m/min	v mm/sek	dann multipliziere die Werte der Rubrik X mit	Schnitte-anstellen u.-messen Einzel-	Gesamt-	Wechselräder einstellen	Gewinde sauber mach. u. einpass.	Stähle schleifen
$^8/_8$	16	1,59	1,0	0,1	10	5	15,0	11,25	25,5	2,5	42	0,85	0,3	4,5	5	20 vH der Zeit für das Schneiden	10 vH der Zeit für das Schneiden
$^7/_{16}$	14	1,81	1,16	0,1	11	5	15,5	11,65	27,15	3	50	0,66	0,3	5,0	5		
$^1/_2$	12	2,12	1,35	0,12	11	5	15,0	11,25	26,25	3,5	58	0,57	0,3	5,0	5		
$^5/_8$	11	2,31	1,48	0,15	10	5	16,3	12,25	28,55	4	67	0,496	0,3	4,5	5		
$^3/_4$	10	2,54	1,63	0,16	10	5	17,5	13,1	30,6	4,5	75	0,444	0,35	5,0	5		
$^7/_8$	9	2,82	1,80	0,18	10	5	18,7	14,0	32,7	5	83	0,398	0,35	5,0	5		
1	8	3,17	2,03	0,18	11	5	20,0	15,0	35,0	5,5	92	0,36	0,35	5,5	5		
$1^1/_8$	7	3,63	2,32	0,20	12	6	22,5	16,85	39,35	6	100	0,334	0,35	6,5	5		
$1^1/_4$	7	3,63	2,32	0,20	12	6	25,0	18,75	43,75	7	117	0,288	0,35	6,5	5		
$1^3/_8$	6	4,23	2,71	0,22	12	6	23,7	17,75	41,45	8	133	0,254	0,4	7,0	5		
$1^1/_2$	6	4,23	2,71	0,22	12	6	25,0	18,75	43,75	9	150	0,22	0,4	7,0	5		
$1^5/_8$	5	5,08	3,26	0,23	14	7	26,7	20,0	46,7	10	167	0,20	0,4	8,5	5		
$1^3/_4$	5	5,08	3,26	0,23	14	7	28,8	21,7	50,5				0,4	8,5	5		
$1^7/_8$	$4^1/_2$	5,65	3,62	0,25	14	7	27,5	20,6	48,1				0,4	8,5	5		
2	$4^1/_2$	5,65	3,62	0,25	14	7	30,0	22,5	52,5				0,4	8,5	5		
$2^1/_4$	4	6,35	4,06	0,27	15	7	31,2	23,4	54,6				0,5	11,0	5		
$2^1/_2$	4	6,35	4,06	0,27	15	7	35,0	26,2	61,2				0,5	11,0	5		
$2^3/_4$	$3^1/_2$	7,25	4,65	0,30	16	8	36,2	27,2	63,4				0,5	12,0	5		
2	$3^1/_2$	7,25	4,65	0,30	16	8	39,5	29,5	69,0				0,5	12,0	5		
I.	II.	III.	IV.	V.	VI.	VII.	VIII.	IX.	X.	XI.		XII.	XIII.	XIV.	XV.	XVI.	XVII.

Erklärung: Die Werte der Tabelle 12, Rubrik VIII sind nach der Gleichung:

$$T = \frac{d \cdot \pi \cdot l \cdot x}{60 \cdot v \cdot s} = \frac{d \cdot 3,14 \cdot 100 \cdot x}{60 \cdot 33,3 \cdot s} = \frac{0,1577 \cdot d \cdot x}{s} \ \text{min}$$

errechnet.

Die Zeit für die Rückläufe, siehe Rubrik IX, beträgt 75 vH der Werte der Rubrik VIII.

In Rubrik X sind die Werte der Rubrik VIII und IX zusammengefaßt.

Bei Wahl einer höheren, als der den Tabellenwerten zugrunde gelegten Schnittgeschwindigkeit sind die Werte der Rubrik X mit dem zur Rubrik XI zugehörigen Wert der Rubrik XII zu multiplizieren.

Für die Länge des Gewindes wurde die Einheit $l = 100$ mm gewählt, infolgedessen müssen die Werte der Rubrik X noch mit dem Wert aus

$$\frac{\text{Länge des Gew.}}{100} + \text{An- und Auslauf}$$

multipliziert werden.

Tabelle 13. Zeittabelle in min für das Schneiden von Flachgewinden bei 100 mm Länge und 2 m/min bzw. 33,3 m/sek Schnittgeschwingkeit.

Anzahl der Gänge per Zoll	Steigung mm	Gewindetiefe mm	Spantiefe pro Schnitt mm	Schnitte für Vor-Schneiden	Schnitte für Fertig-Schneiden	Zeit für das Schneiden von 100 mm Länge	Zeit für die Rückläufe	Zusammen min	Wenn V m/min	Wenn v mm/sek	dann multipliziere mit	Schnitte anstellen und messen — Einzel	Gesamt	Wechselräder einstellen	Gewinde sauber mach. u. einpass. (15 vH der Zeit für das Schneiden)	Stäbe schleifen (10 vH der Zeit für das Schneiden)
I.	II.	III.	IV.	V.	VI.	VII.	VIII.	IX.	X.		XI.	XII.	XIII.	XIV.	XV.	XVI.
10,0	2,54	1,27	0,12	11	8	1,18	0,9	2,08	2,5	42	0,85	0,50	10,0	5		
9,5	2,68	1,34	0,12	11	8	1,12	0,83	1,95	3,0	50	0,66	0,50	10,0	5		
9,0	2,83	1,42	0,13	11	8	1,05	0,79	1,84	3,5	58	0,57	0,55	10,5	5		
8,5	3,0	1,5	0,14	11	8	0,99	0,745	1,735	4,0	67	0,496	0,55	10,5	5		
8,0	3,18	1,59	0,15	11	8	0,94	0,7	1,64	4,5	75	0,444	0,55	10,5	5		
7,5	3,39	1,69	0,16	11	8	0,88	0,66	1,54	5,0	83	0,398	0,60	11,5	5		
7,0	3,64	1,82	0,17	11	8	0,82	0,614	1,434	5,5	92	0,36	0,60	11,5	5		
6,5	3,92	1,96	0,18	11	8	0,76	0,57	1,33	6,0	100	0,334	0,60	11,5	5	15 vH der Zeit für das Schneiden	10 vH der Zeit für das Schneiden
6,0	4,23	2,11	0,19	11	8	0,705	0,527	1,232	7,0	117	0,288	0,65	12,5	5		
5,5	4,62	2,31	0,20	12	9	0,715	0,536	1,251	8,0	133	0,254	0,65	13,5	5		
5,0	5,08	2,54	0,21	12	9	0,65	0,487	1,137	9,0	150	0,22	0,65	13,5	5		
4,5	5,65	2,82	0,22	13	10	0,64	0,48	1,12	10,0	167	0,20	0,7	16,0	5		
4,0	6,35	3,17	0,22	15	11	0,643	0,482	1,125				0,7	18,0	5		
3,5	7,25	3,62	0,23	16	12	0,605	0,453	1,058				0,7	19,5	5		
3,0	8,45	4,22	0,23	18	14	0,595	0,447	1,042				0,75	24,0	5		
2,5	10,3	5,12	0,25	20	15	0,542	0,406	0,948				0,75	26,0	5		
2,0	12,7	6,35	0,25	25	19	0,544	0,407	0,951				0,75	33,0	5		

5*

Für die Berechnung der Laufzeit T unter Berücksichtigung der Tabellenwerte gilt:

$$T = R\,\mathrm{X} \cdot K_s \text{ der } R\,\mathrm{XII} \cdot \frac{l}{100} + R\,\mathrm{XIV} + R\,\mathrm{XV} + R\,\mathrm{XVI} + R\,\mathrm{XVII} \text{ min,}$$

R = Werte der Rubrik, K_s = Konstante, l = Gewindelänge.

Erfolgt das Zurückkurbeln des Supports von Hand, dann sind statt der Werte der Rubrik X die Werte der Rubrik VIII + 30 vH zu nehmen.

Die Tabelle 13 ist analog der Tabelle 12 zu verwerten. Für die Berechnung der Laufzeit unter Berücksichtigung der Tabellenwerte gilt:

$$T = R\,\mathrm{IX} \cdot K_s \text{ der } R\,\mathrm{XI} \cdot d \cdot \frac{l}{100} + R\,\mathrm{XIII} + R\,\mathrm{XIV} + R\,\mathrm{XV} + R\,\mathrm{XVI} \text{ min.}$$

Erfolgt das Zurückkurbeln des Supportes von Hand, dann sind statt der Werte Rubr. IX die Werte Rubr. VII + 30 vH zu nehmen.

Beispiele für die Zeitberechnung beim Schneiden von Spitz- und Flachgewinden.

a) Nach der Formel:

$$T = \frac{d \cdot \pi \cdot l \cdot x}{60 \cdot v \cdot s} \text{ min.}$$

Für Schnitte anstellen und messen, Gewinde saubermachen und einpassen, Stähle schleifen und Wechselräder einstellen sind die Werte der Tabellen 12 und 13 zu verwenden.

1. Beispiel für Spitzgewinde. Auf einer Welle aus S.M.Fl. von 40 mm Durchm. soll auf eine Länge von 150 mm ein Spitzgewinde von 11 Gang per Zoll nach Whitworth geschnitten werden.

Bei 11 Gang per Zoll beträgt die Steigung $s = \dfrac{25{,}4}{11} = 2{,}309$ mm.

Die Gewindetiefe $y = 1{,}48$ m.
Lt. Tabelle 1e ist die Schnittgeschw. für S.M.Fl. (weich) $v = 100$ mm/sek.
Die Spantiefe sei mit 0,15 mm pro Schnitt angenommen.
Für das Vorschneiden ist die Schnittzahl:

$$x_1 = \frac{\text{Gewindetiefe}}{\text{Spantiefe}} = \frac{1{,}48}{0{,}15} = 10.$$

Für das Fertigschneiden ist die Schnittzahl $x_2 = 50$ vH von x_1 folglich:

$$x_2 = \frac{10 \cdot 50}{100} = 5.$$

Die Gesamt-Schnittzahl $x = x_1 + x_2 = 10 + 5 = 15$.

Berechnung:

Einrichten der Maschine lt. Tabelle 4 . . . . 10,0 min

Für das Schneiden ist $T = \dfrac{d \cdot \pi \cdot l \cdot x}{60 \cdot v \cdot s} = \dfrac{40 \cdot 3{,}14 \cdot 150 \cdot 15}{60 \cdot 100 \cdot 2{,}309} = \dfrac{3{,}14 \cdot 15}{2{,}309} =$ 20,5 „

„ die Rückläufe ist $T = 75$ vH der Zeit für das Schneiden

$= \dfrac{20{,}5 \cdot 75}{100} = $ . . . . $\sim$ 15,0 „

Nach Tabelle 12 beträgt die Zeit:
Für Schnitte anstellen und messen nach Rubr. XIV . . . . 4,5 „
„ Wechselräder aufstecken nach Rub. XV . . . . 5,0 „
„ Gewinde sauber machen und einpassen, nach Rubr. XVI = 20 vH

der Zeit für das Schneiden $= \dfrac{(20{,}5 + 15) \cdot 20}{100} = \dfrac{35{,}5 \cdot 20}{100} = $ . . 7,1 „

„ Stähle schleifen und einspannen, nach Rubr. XVII = 10 vH der

Zeit für das Schneiden $= \dfrac{(20{,}5 + 15) \cdot 10}{100} = \dfrac{35{,}5 \cdot 10}{100} = $ . . . $\sim$ 3,6 „

Summa 65,7 min

2. Beispiel für Flachgewinde. Auf eine Büchse aus Gußeisen von 100 mm Durchm. und 120 mm Länge soll ein Flachgewinde, 9 Gang per Zoll, geschnitten werden.

Bei 9 Gang per Zoll beträgt die Steigung $s = \dfrac{25,4}{9} = 2{,}822$ mm.

Die Gewindetiefe ist $y = \dfrac{\text{Steigung}}{2} = 1{,}4$ mm.

Die Spantiefe sei 0,2 mm.

Lt. Tabelle 1 e ist die Schnittgeschw. für weiches Gußeisen $v = 100$ mm/sek.

Für das Vorschneiden ist die Schnittzahl $x_1 = \dfrac{\text{Gewindetiefe}}{\text{Spantiefe}} = \dfrac{1{,}4}{0.2} = 7$.

Für das Fertigschneiden ist die Schnittzahl $x_2 = 75$ vH von x_1, folglich

$$x_2 = \frac{7 \cdot 75}{100} \sim 5.$$

Die Gesamt-Schnittzahl $x = x_1 + x_2 = 7 + 5 = 12$.

Berechnung:

Einrichten der Maschine lt. Tabelle 4 . . . . 10,0 min

Für das Schneiden ist $T = \dfrac{d \cdot \pi \cdot l \cdot x}{60 \cdot v \cdot s} = \dfrac{100 \cdot 3{,}14 \cdot 120 \cdot 12}{60 \cdot 100 \cdot 2{,}822} = $ . . . . . . 26,7 „

„ die Rückläufe ist $T = 75$ vH der Zeit für das Schneiden

$= \dfrac{26{,}7 \cdot 75}{100} = $ . . . . $\sim$ 20,0 „

Nach Tabelle 13 beträgt die Zeit:

Für Schnitte anstellen und messen nach Rubr. XIII . . . . 10,0 „

„ Wechselräder einstellen nach Rubr. XIV . . . . 5,0 „

„ Gewinde sauber machen und einpassen nach Rubr. XV = 15 vH

der Zeit für das Schneiden $= \dfrac{(26{,}7 + 20) \cdot 15}{100} = $ . . . . $\sim$ 7,0 „

„ Stähle schleifen und einspannen nach Rubr. XVI = 10 vH der

Zeit für das Schneiden $= \dfrac{(26{,}7 + 20) \cdot 10}{100} = $ . . . . 4,7 „

Summa 83,4 min

b) **Ohne Benutzung der Formel, nach den Tabellen 12 und 13.**

1. Beispiel für Spitzgewinde nach Tabelle 12. Es soll ein $1\tfrac{1}{2}''$-Gewinde, 180 mm lang, Material S.M.St. (weich) geschnitten werden.

Für weiches Material ist die Schnittgeschwindigkeit nach Tabelle 1 e $v = 100$ mm/sek.

Berechnung:

Einrichten der Maschine lt. Tabelle 4 . . . . 10,0 min

Lt. Tabelle 12 beträgt die Zeit:

Für das Schneiden von $1\tfrac{1}{2}''$-Gew. nach Rubr. X

$$T = 43{,}75 \cdot K_s \cdot \frac{\text{Gew.-Länge}}{100} \text{ min.}$$

$v = 100$ mm/sek ist nach Rubr. XII $K_s = 0{,}334$; folglich:

$$T = \frac{43{,}75 \cdot 0{,}334 \cdot 180}{100} \quad \text{. . . . .} \sim 26{,}5 \text{ „}$$

„ Schnitte anstellen und messen nach Rubr. XIV . . . . 7,0 „

„ Wechselräder einstellen nach Rubr. XV . . . . 5,0 „

„ Gewinde sauber machen und einpassen nach Rubr. XVI = 20 vH

der Zeit für das Schneiden $= \dfrac{26{,}5 \cdot 20}{100}$ . . . . 5,3 „

„ Stähle schleifen und einspannen nach Rubr. XVII = 10 vH der

Zeit für das Schneiden $= \dfrac{26{,}5 \cdot 10}{100} = $ . . . . $\sim$ 2,7 „

Summa 56,5 min

2. Beispiel für Flachgewinde nach Tabelle 13. Ein Gewinde, 6 Gang pro Zoll, 175 mm lang, 45 mm Durchm. schneiden. Mat. Ch.N.St. 65 kg Festigk. Für mittelstarkes Material beträgt die Schnittgeschw. lt. Tabelle 1c $v = 67$ mm/sek.

Berechnung:

Einrichten der Maschine lt. Tabelle 4 . . . . 10,0 min
    Lt. Tabelle 13 beträgt die Zeit:
Für ein Gewinde von 6 Gang nach Rubr. IX $T = 1{,}232 \cdot$ Konstante für

$$v = 67 \ (\text{Rubr. XI}) \cdot d \cdot \frac{l}{100} = \frac{1{,}232 \cdot 0{,}496 \cdot 45 \cdot 175}{100} = \ \ldots \ldots \ \sim \quad 48{,}0 \ \text{\textquotedbl}$$

  „ Schnitte anstellen und messen nach Rubr. XIII . . . . 12,5 „
  „ Wechselräder einstellen nach Rubr. XIV . . . . 5,0 „
  „ Gewinde sauber machen und einpassen nach Rubr. XV = 15 vH

$$\text{der Zeit für das Schneiden} = \frac{48 \cdot 15}{100} = \ \ldots \ldots \ldots \ \sim \quad 7{,}0 \ \text{\textquotedbl}$$

  „ Stähle schleifen und einspannen nach Rubr. XVI = 10 vH der

$$\text{Zeit für das Schneiden} = \frac{48 \cdot 10}{100} = \ \ldots \ldots \ldots \ \sim \quad 5{,}0 \ \text{\textquotedbl}$$

Summa   87,5 min

In den beiden vorstehend angeführten Beispielen ist angenommen, daß der Rücklauf des Supportes maschinell erfolgt. Geschieht das Zurückkurbeln von Hand, dann ist aus Tabelle 12 statt dem Werte der Rubr. X der Wert der Rubr. VIII + 30 vH, und aus Tabelle 13 statt dem Wert der Rubr. IX der Wert der Rubr. VII + 30 vH zu nehmen.

Die Laufzeit für das Schneiden würde dann im 1. Beispiel:

$$T = \frac{(25 + 30 \ \text{vH}) \cdot 0{,}334 \cdot 180}{100} = \frac{25 \cdot 1{,}3 \cdot 0{,}334 \cdot 180}{100} = 19{,}5 \ \text{statt} \ 26{,}5 \ \text{min},$$

im 2. Beispiel:

$$T = \frac{(0{,}705 + 30 \ \text{vH}) \cdot 0{,}496 \cdot 45 \cdot 175}{100} = \frac{0{,}705 \cdot 1{,}3 \cdot 0{,}496 \cdot 45 \cdot 175}{100} = 36 \ \text{statt} \ 48 \ \text{min}$$

betragen. Selbstverständlich ändern sich auch die Werte für Gewinde sauber machen und einpassen, sowie für Stähle schleifen, entsprechend der Zeit für das Schneiden.

2. Revolverbänke und Automaten.

Diese Maschinengattung eignet sich infolge ihrer Bauart, der großen Zahl von oft recht teuren Werkzeugen und der erforderlichen langen Einrichtezeit in erster Linie nur für Massen- oder Serienfabrikation.

Die Berechnung der Laufzeit auf Revolverbänken und Automaten erfordert eine genaue Kenntnis der Arbeitsmethoden und Werkzeugeinstellungen, sowie der Dauer der Einrichtezeit. Sie ist schwieriger als die Berechnung der Laufzeit auf gewöhnlichen Drehbänken, erfolgt jedoch sonst in derselben Weise wie diese, nach den Formeln der Tabelle 5.

Zu beachten ist ferner, daß bei jenen Maschinen, die sowohl mit Revolverkopf als auch mit Quersupport ausgerüstet sind, bei Berechnung der Laufzeit jene Operationen, die mit einer zweiten Operation parallel ausgeführt werden können, nicht in die Laufzeit einbezogen werden dürfen.

Abb. 24. Revolverbank (Pittler A.-G., Leipzig-Wahren).

Tabelle 14. Durchschnittswerte für Griff- und Einrichtzeiten
an Original Pittler-Revolver F.R.A.

	Minuten
Bank oberflächlich richten und abschmieren	8,5
„ Schutzblech anschrauben	2,0
Maschine einrücken	0,075
„ ausrücken	0,015
Supportbewegung einrücken (Langzug)	0,05
„ ausrücken „	0,05
„ einrücken (Planzug)	0,09
„ ausrücken „	0,09
Vorschub ändern durch Hebel	0,03
Schnittgeschwindigkeit ändern durch Riemen umlegen	0,02
„ „ „ Hebel „	0,03
Knebel lösen, Revolverschlitten zurückführen, einmal Schalten und an das Werkstück heranführen	0,08
Dreibackenfutter aufschrauben	1,35
„ abschrauben	1,15
Dreibacken abschrauben und reinigen	2,4
„ aufschrauben	3,0
Messen mit Rachenlehre oder Kaliber	0,08
Reibahle in Revolverkopf stecken	0,07
Werkzeug herbeischaffen zum Einrichten (je nach Art und Umfang der Arbeit)	10,75—14,5
1 Stahlhalter mit Stahl in Revolverkopf einsetzen und Einstellen zum Schruppen (je nach dem Genauigkeitsgrad)	1—3
1 Stahlhalter mit Stahl in Revolverkopf einsetzen und Einstellen zum Schlichten (je nach dem Genauigkeitsgrad)	3—8
1 Anschlag einstellen (je nach dem Genauigkeitsgrad)	0,25—1
1 Stahl zum Kanten abrunden, einsetzen und einstellen	ca. 0,8
1 Halter für Reibahle am Revolverkopf einspannen, eingestellte Bank nachprüfen	2,0
(je nach Art und Umfang der Arbeit)	4—5

Einstellzeiten

Griff- und Einrichtzeiten.

Für das Einrichten von Revolverbänken und Automaten kann bei Futter- und Stangenarbeiten bis zur kalibermäßigen Erzeugung, je nach Genauigkeitsgrad und Kompliziertheit des Arbeitsstückes, 30 bis 45 min pro Anschlag bzw. Werkzeug eingesetzt werden. Die hierfür aufgewendete Zeit ist durch die Stückzahl zu teilen und der Wert pro Stück bei der Laufzeit hinzuzurechnen.

Die Tabellen 14 bis 16 enthalten detaillierte Durchschnittswerte für Griff- und Einrichtzeiten.

Tabelle 15. Durchschnittswerte in Minuten für Griff und Einrichten an „Heinemann“-Revolverbank.

	Minuten
Bank richten und abschmieren	ca. 8,5
Maschine einrücken	„ 0,08
„ ausrücken	„ 0,1
Supportbewegung einrücken (Langzug)	„ 0,07
„ ausrücken „	„ 0,07
„ einrücken (Planzug)	„ 0,08
„ ausrücken „	„ 0,08
Vorschub ändern durch Hebel	„ 0,1
Schnittgeschwindigkeit ändern	„ 0,07
„ Riemen umlegen	„ 0,08
„ ändern mittels Hebel	„ 0,05
Dreibackenfutter aufschrauben	„ 1,35
„ abschrauben	„ 1,15
„ abnehmen und reinigen	„ 3,0
Werkstück in Dreibackenfutter einspannen und ausrichten	„ 1,5
Reibahle in Revolverkopf stecken	„ 0,1
Bohrmesser in Revolverkopf stecken	„ 0,1
Gewindeschneidkopf in Revolverkopf stecken	„ 0,35
Schneidbacken in Gewindeschneidkopf einstecken	„ 2,35
„ „ „ auswechseln	„ 1,85
„ „ „ auf $\varnothing$ stellen	„ 2,0
Messen mit Rachenlehre oder Kaliber	„ 0,1
Auswechseln der Spannpatrone oder Backen	„ 4,0
1 Stahlhalter mit Stahl in Revolverkopf einsetzen und einstellen zum Schruppen	„ 2,35
1 Stahlhalter mit Stahl in Revolverkopf einsetzen und einstellen zum Schlichten	„ 5,0
1 Anschlag einstellen	„ 1,0
1 Stahl zum Kanten abrunden, einsetzen und einstellen	„ 0,8
1 Halter für Reibahle oder Bohrmesser am Revolverkopf einspannen	„ 2,0
Werkzeug herbeischaffen zum Einrichten (je nach Art und Umfang der Arbeit)	ca. 10—15
Eingestellte Bank nachprüfen	ca. 5,0
Stahl schleifen	„ 3,0

Einstellzeiten (umfassen die Positionen „1 Stahlhalter …“ bis „Eingestellte Bank nachprüfen“).

Tabelle 16. Durchnittswerte der Griffzeiten an Original-Pittler-Revolverdrehbänken.

Art der Arbeit	Bezeichnung der Griffe	Griffzeiten in Minuten an Modell						
		BRA	CRA	DRA	ERA	FRA	GRA	HRA
Stangenarbeit	Keilspannfutter aufspannen, Material durch Material-vorschub vorschieben und Keilspannfutter fest-spannen (Materialvorschub autom.)	0,04	0,05	0,07	0,08	0,08	0,1	0,1
	Revolverkopf schalten, Längsgang einrücken und Geschwindigkeit wechseln	0,08	0,10	0,12	0,15	0,15	0,15	0,15
	Revolverkopfverriegelung auslösen und Planzug ein-rücken	0,03	0,03	0,03	0,05	0,05	0,05	0,05
	Planzug ausrücken, Revolverkopf schalten	0,02	0,02	0,02	0,03	0,03	0,03	0,03
	Revolverschlitten zurückschieben und Kopf schalten	0,05	0,05	0,06	0,07	0,07	0,07	0,07
	Riemen umlegen oder Geschwindigkeit wechseln . .	0,1	0,1	0,12	0,15	0,15	0,18	0,18
Dreibacken-futter-Arbeit	Dreibackenfutter mit Spezialbacken aufspannen, Werk-stück wechseln, Futter zuspannen	—	0,3	0,3	0,4	0,4	0,5	0,5
	Griffzeiten am Revolverschlitten wie bei Stangen-arbeit	—	—	—	—	—	—	—
Planscheiben-Arbeit	Universalplanscheibe mit Spezialbacken aufspannen, Werkstück wechseln, Futter zuspannen	—	0,8—0,12	0,8—0,12	1,0—1,5	1,0—1,5	1,8	1,8
	Griffzeiten am Revolverschlitten wie bei Stangen-arbeit	—	—	—	—	—	—	—
Mit Leitapparat	Leitapparat in Arbeitsstellung bringen, Strähler ein-stellen, Leitapparat zurückbringen und Span neu anstellen	0,3	0,3	0,4	0,5	0,5	0,5	0,5
Kopier-Arbeiten	Revolverkopfverriegelung auslösen, Schlitten bis zum Kopierlineal schieben und Längsgang einrücken .	0,06	0,06	0,07	0,08	0,08	0,08	0,08

Zeiten für Stähleschleifen.

Die in der Tabelle 17 angegebenen Werte für Stähleschleifen sind so zu verstehen, daß, wenn nur ein Werkzeug nach der in der Tabelle angeführten Stückzahl geschliffen werden muß, die Zeit für das Schleifen sämtlicher Werkzeuge zu rechnen ist, da gewöhnlich, auch wenn nur ein Werkzeug geschliffen wurde, mehrere Anschläge nachgestellt werden müssen und dann eine geraume Zeit vergeht, bis das Stück wieder kalibermäßig hergestellt werden kann.

Die Feststellung der Zeit für das Schleifen der Werkzeuge und Nachstellen der Anschläge sowie die einigermaßen richtige Schätzung, wie viele Werkzeuge bzw. nach wieviel Stücken die Werkzeuge geschliffen werden müssen, ist sehr schwierig und hängt nicht nur vom Material und der Güte der Werkzeuge, sondern auch von der Geschicklichkeit des Arbeiters ab.

Praktische Versuche und Beobachtungen haben ergeben, daß die in der Tabelle 17 angeführten Werte mit Sicherheit verwendet werden können.

Tabelle 17. Zeittabelle für Stähleschleifen (Revolverbänke und Automaten).

Bei Futterarbeiten				Stangenarbeiten			
Material	Benennung	Schleifen nach Stück	Zeit pro Werkzeug in min	Material	Benennung	Schleifen nach Stück	Zeit pro Werkzeug in min
hart	St.G. und Ch.N St. über 90 kg Festigkeit	10	3	hart, blank od. schwarz	Ch.N.St.-S.M.St. über 90 kg Festigkeit Wz. St.	15	3
mittelhart	Einsatzmaterial- S.M.Fl.-S.M.St. 60 bis 90 kg Festigkeit. Temperguß G.E.	15	3	mittelhart, blank oder schwarz	Einsatzmaterial- S.M.St.-S.M.Fl. 60 bis 90 kg Festigkeit	30	3
	Bronze	30	3		Bronze	50	3
weich	S M.Fl -S.M.St. 30 bis 60 kg Festigkeit	30	3	weich, blank	S.M.Fl. und S.M.St. 30 bis 60 kg Festigkeit	50	3
	Br.G. und Rübelbronze	50	3				
	Messing-G.	60	3		Messing	100	3
	Aluminium	150	3				

Beispiele für Revolverbänke.

1. Beispiel: Bearbeitung von 50 Stück Automobil-Vorderradnaben gepreßt und vorgebohrt, Mat. S.M. 5, Festigkeit 60—65 kg auf der Original-Pittler-
Revolver-Drehbank, Mod. FRA.

I. Aufspannunng.

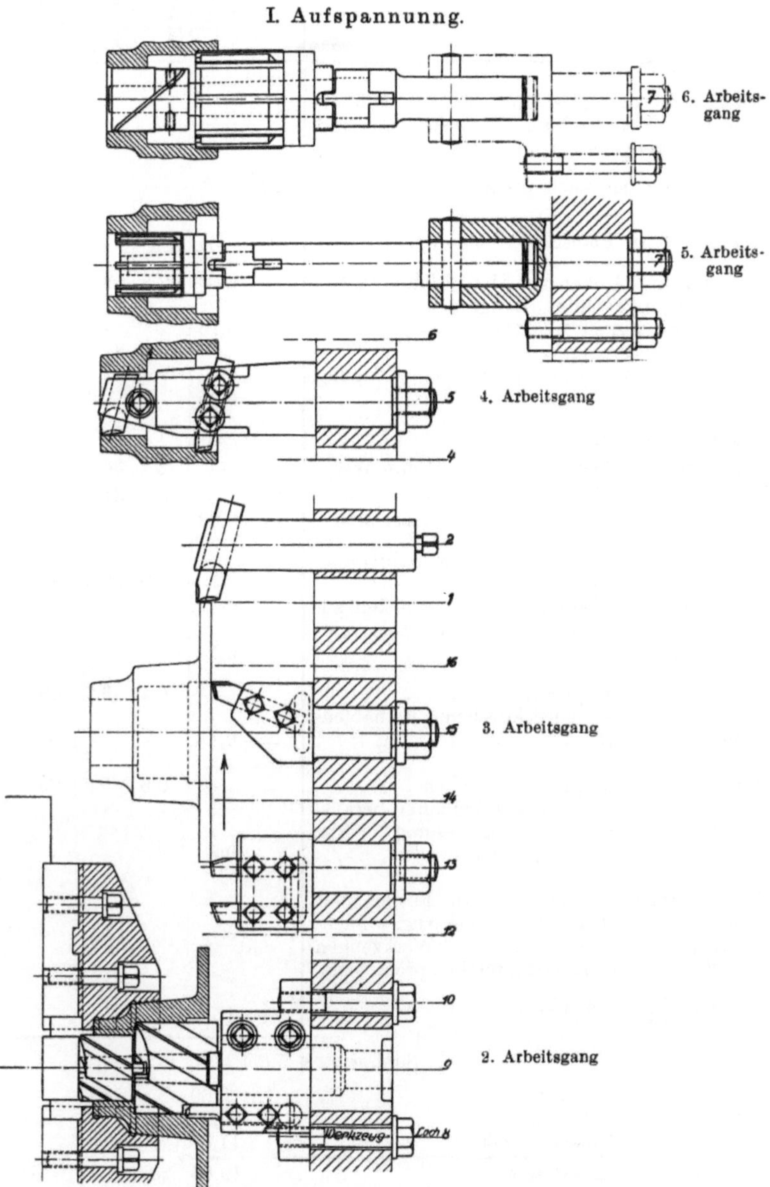

Abb. 25. Einstellplan (Pittler A.-G., Leipzig-Wahren).

Herstellungsplan — I. Aufspannung.

Arbeitsgang	Art der Arbeit	Einrichtzeit in Minuten	Griffzeit in Minuten	Maschinenzeit in Minuten	Schnittgeschwindigkeit in m/min	Umdrehungen der Drehspindel	Vorschub pro Umdrehung
1	Einrichten der Maschine bis zur kalibermäßigen Herstellung. Erforderlich sind 7 Werkzeuge à 30 min, also in Sa. 7·30 = 210 min, das macht pro Arbeitsstück $\frac{210}{50}$ =	4,2	—	—	—	—	—
2	Werkstück in Planscheibe spannen	—	1,5	—	—	—	—
2a	Bohrung mit Senker auf 51 u. 73 mm aufb. .	—	—	2,5	18,3	80	0,57
	Revolverkopf schalten, Längsgang einrücken, Geschwindigkeit wechseln	—	0,15	—	—	—	—
	Flansch überdrehen	—	—	0,9	34	54	0,251
	Revolverkopfverriegelung auslösen, Planzug einrücken	—	0,05	—	—	—	—
3	Flansch plandrehen:						
	a) mit 2 Stählen schruppen 31 mm Weg .	—	—	2,4	34	54	0,304
	b) mit 1 Stahl schlichten 63 „ „	—	—	3,9	34	54	0,304
	Revolverkopf schalten, Planzug ausrücken .	—	0,03	—	—	—	—
4	Bohrungen 52 u. 80 mm $\varnothing$ mit Bohrstange fertig bohren	—	—	1,1	30,5	121	0,251
	Revolverkopf schalten, Revolverschlitten zurückdrehen, Reibahlenhalter in Hülse einführen	—	0,1	—	—	—	—
5	Bohrung 52 mm $\varnothing$ aufreiben	—	—	0,4	6,2	38	v. Hand
	Revolverschlitten zurückdrehen, Reibahlenhalter wechseln	—	0,1	—	—	—	—
6	Bohrung auf 80 mm $\varnothing$ aufreiben	—	—	0,6	5,8	25	v. Hand
	Maschine ausrücken, Reibahlenhalter herausnehmen, Kopf in Anfangsstellung, Nabe herausnehmen (ausspannen)	—	0,3	—	—	—	—
7	Nach Tabelle 17 müssen bei Futterarbeit nach 15 Stück die Werkzeuge nachgeschliffen werden, was bei 7 Werkzeugen 7·3 = 21 min ausmacht, folglich pro Arbeitsstück $\frac{21}{15}$ = 1,4 min	1,4	—	—	—	—	—
	Summe:	5,6	2,23	11,8			

Gesamte Einrichtzeit 5,60

  „ Griffzeit 2,23

  „ Maschinenzeit 11,80

Gesamte Arbeitszeit . . . . 19,63 min.

+ 10 vH Aufschlag für Verlustzeit . . . . . 1,963 „

Verrechnungszeit für die I. Aufspannung . . 21,593 min. = 21,6 min/Stück.

II. Aufspannung.

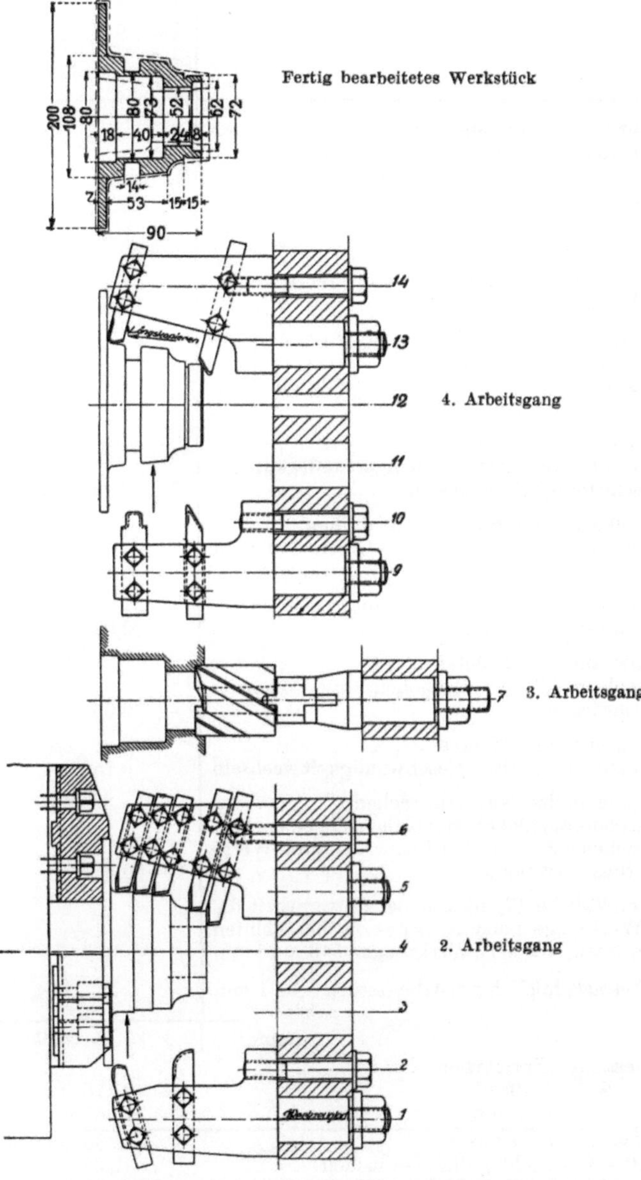

Abb. 26. Einstellplan (Pittler A.-G., Leipzig-Wahren).

Herstellungsplan — II. Aufspannung.

Arbeitsgang	Art der Arbeit	Einrichtzeit in Minuten	Griffzeit in Minuten	Maschinenzeit in Minuten	Schnittgeschwindigkeit in m/min	Umdrehungen der Drehspindel	Vorschub pro Umdrehung
1	Einrichten der Maschine bis zur kalibermäßigen Herstellung. Erforderlich sind 5 Satz Werkzeuge à 30 min, daher in Sa. $5 \cdot 30 = 150$ min, das macht per Arbeitsstück $\frac{150}{50} = 3$ min	3,	—	—	—	—	—
2	Werkstück in das Dreibackenfutter spannen, Maschine einrücken	—	0,3	—	—	—	—
2a	Nabe außen überdrehen, Stirnseite plandrehen	—	—	3,5	28	80	0,131
	Geschwindigkeit wechseln, Schlitten festziehen, Planzug einrücken	—	0,1	—	—	—	—
2b	Flansch plandrehen	—	—	2,75	34	54	0,304
	Planzug ausschalten, Riemen umlegen, Geschwindigkeit wechseln	—	0,12	—	—	—	—
2c	Hohlkehle von Hand fertig drehen	—	—	2,3	8	25	v. Hand
	Revolverkopf schalten, Geschwindigkeit wechseln	—	0,1	—	—	—	—
3	Aussparung mit Senker 62 mm $\varnothing$ bohren, .	—	—	1,75	15	18	v. Hand
	Revolverkopf schalten	—	0,03	—	—	—	—
4	Nabe außen schlichten	—	—	1,75	41	121	0,251
	Revolverschlitten festziehen und Planzug einrücken	—	0,05	—	—	—	—
4a	Flansch planschlichten	—	—	2,9	27	80	0,198
	Planzug ausschalten, Geschwindigkeit wechseln	—	0,15	—	—	—	—
4b	14 mm breite Nute einstechen	—	—	3,7	18	54	0,07
	Maschine ausrücken, Revolverschlitten zurückziehen, Revolverkopf schalten und Werkstück ausspannen	—	0,3	—	—	—	—
5	Nach Tabelle 17 müssen bei Futterarbeit die Werkzeuge nach 15 Stück nachgeschliffen werden, was bei 5 Werkzeugen $5 \cdot 3 = 15$ min beträgt; folglich pro Arbeitsstück $\frac{15}{15} = 1$ min	1					
	Summe:	4	1,15	18,65			

Gesamte Einrichtzeit 4
   „   Griffzeit 1,15
   „   Maschinenzeit 18,65

Gesamte Arbeitszeit . . . . 23,80 min/Stück
10 vH Aufschlag für Verlustzeit 2,38

Verrechnungszeit für die II. Aufspannung . . . 26,18 „   „
Gesamt-Verrechnungszeit für die I. und II. Aufspannung . . . 21,60
                                    26,18

                                    47,78 min/Stück.

Tabelle 18. Zeittabelle in Minuten für Stangenmaterial einführen und einspannen.

a) Gasrohre.

Dimension	Zeit in Minuten pro lfd. Meter
$\frac{1}{4}''-\frac{1}{2}''$	0,65
$\frac{5}{8}''-1''$	0,8
$1\frac{1}{4}''-2''$	1,0

b) Dünnwandige Stahlrohre		c) Volles Material	
Dimension in mm	Zeit in Minuten pro lfd. Meter	Dimension in mm	Zeit in Minuten pro lfd. Meter
0—20	0,5	0—15	0,65
21—40	0,65	16—25	1,0
41—60	1,0	26—35	1,35
61—80	1,35	36—50	1,7
über 80	1,7	51—65	2,0
		66—80	2,65

Für das Ausspannen der Enden gelten 50 vH der Tabellenwerte.

2. Beispiel: 100 Stößelführungen aus S.M.St. nach Abb. 27 auf Pittler-Revolverbank drehen.

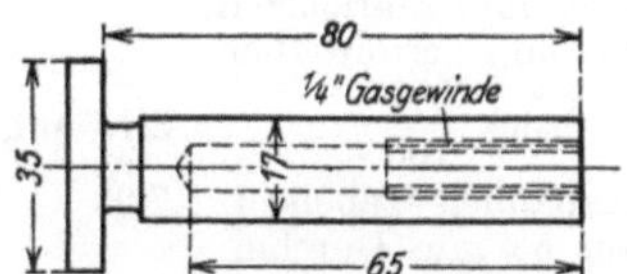

Abb. 27. Stößelführung.

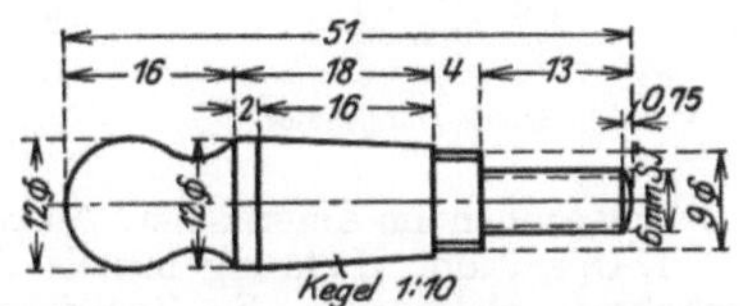

Abb. 28. Hahnkegel.

Einrichten der Maschine bis zur kalibermäßigen Herstellung[2]:

Erforderlich sind 6 Werkzeuge à 30 min, also im ganzen $6 \cdot 30 = 180$ min, das macht auf 1 Arbeitsstück $\frac{180}{100} = 1,8 = \sim$ ...... 2,0 min

Laufzeit:

$T =$ einschl. 6 mal Revolverkopf umschalten und Materialvorschub .... 5,0[1] „

Werkzeuge schleifen bei Stangenarbeit:

Nach Tabelle 17 müssen nach 50 Stück die Werkzeuge nachgeschliffen werden, was bei 6 Werkzeugen $6 \cdot 3 = 18$ min ausmacht, folglich pro Arbeitsstück $T = \frac{18}{50} =$ .... 0,36 „

	Summa	7,36 min

[1] Sind Stoppzeiten.
[2] Einrichtzeiten nach Angaben Seite 72.

3. Beispiel: 100 Hahnkegel aus S.M.St. nach Abb. 28 auf Pittler-Revolverbank drehen.

Einrichten der Maschine bis zur kalibermäßigen Herstellung[2]):
Erforderlich sind 7 Werkzeuge à 30 min, also im ganzen

$7 \cdot 30 = 210$ min, oder pro Arbeitsstück $\dfrac{210}{100} =$ . . . . . . $\sim$ 2   min

Laufzeit:
$T =$ einschl. 7 mal Revolverkopf umschalten und Materialvorschub . . . .   5[1])   „

Werkzeuge schleifen bei Stangenarbeit:
Nach Tabelle 17 müssen nach 50 Stück die Werkzeuge nachgeschliffen werden, was bei 7 Werkzeugen $7 \cdot 3 = 21$ min aus-

macht, folglich pro Arbeitsstück $T = \dfrac{21}{50} =$ 0,4   „

Summa   7,4 min

Beispiele für Automaten.

1. Beispiel. 50 Paar Scheibenkupplungen (Abb. 29 a und b) aus Gußeisen am Automaten bearbeiten.

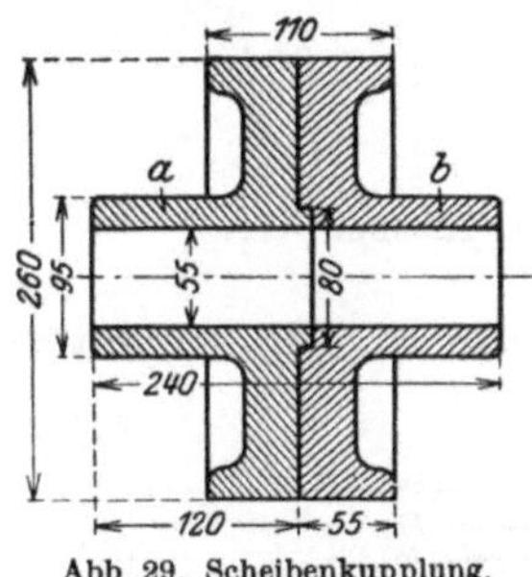

Abb. 29. Scheibenkupplung.

Die Schnittgeschwindigkeit v ist nach Tabelle 1a für mittelhartes Gußeisen 217 mm/sek.

Der Vorschub beträgt bei Automaten, da mehrere Werkzeuge zugleich im Eingriffe stehen, $s = 0,3$ mm.

Berechnung:

a) Einrichten der Maschine bis zur kalibermäßigen Herstellung[2]) für Flanschseite (Abb. 29 a und b).

Zur Bearbeitung der Flanschseite sind 9 Werkzeuge à 35 min Einrichtzeit, d. i. $35 \cdot 9 = 315$ min erforderlich.

Dies ergibt pro Stück $\dfrac{315}{100} =$ . . .   3,15 min

Einspannen im Amerikaner, Ausrichten und Abspannen (Tabelle 9)   7,00   „

1. Operation. Bohrung mittels Bohrstange auf 53 mm Durchm. vorbohren, gleichzeitig die Zentrierung auf 79 mm Durchm., den äußeren Durchm. auf 262 mm und Stirnseite vordrehen.

Da die Bohrung die längste Laufzeit beansprucht, so wird nur diese berechnet:

$$T = \frac{d \cdot \pi \cdot l \cdot x}{60 \cdot v \cdot s} = \frac{50 \cdot 3,14 \cdot 120}{60 \cdot 217 \cdot 0,3} = \ \ldots \ldots \sim \quad 5,0 \quad „$$

2. Operation. Bohrung auf 54,8 mm Durchm., gleichzeitig die Zentrierung auf 80 mm Durchm., den äußeren Durchm. auf 260 mm fertigdrehen und Stirnseite schlichten.

Bearbeitungszeit wie 1. Operation: $T =$ . . . . $\sim$ 5,0   „

3. Operation. Bohrung mit einer 80 mm langen Reibahle bei 2 mm Vorschub und 100 mm/sek Schnittgeschwindigkeit auf 55 mm Durchm. kalibrieren:

$$T = \frac{d \cdot \pi \cdot l \cdot x}{60 \cdot v \cdot s} = \frac{55 \cdot 3,14 \cdot (120 + 80)}{60 \cdot 100 \cdot 2} \cdot 1 = \frac{55 \cdot 3,14 \cdot 200}{60 \cdot 100 \cdot 2} = \ \ldots \sim \quad 3,0 \quad „$$

3mal Revolverkopf umschalten à 10 sek = 30 sek = ... 0,5   „
1mal messen 0,5   „

Übertrag 24,15 min

---

[1]) Sind Stoppzeiten.
[2]) Einrichtzeiten nach Angaben Seite 72.

Werkzeuge schleifen bei Futterarbeit: Übertrag   24,15 min
Nach Tabelle 17 müssen nach 15 Stücken die Werkzeuge nachgeschliffen werden, was bei 9 Werkzeugen $9 \cdot 3 = 27$ min ausmacht. Daher pro Arbeitsstück: $T = \dfrac{27}{15} = $ 1,8   „

b) Einrichten der Maschine für Nabenseite[1]) (Abb. a und b).
Zur Bearbeitung der Nabenseite sind 4 Werkzeuge à 30 min Ein-
richtzeit, d. i. $30 \cdot 4 = 120$ min erforderlich. Das ergibt pro
Stück $\dfrac{120}{100} = $ 1,2   „

Das Einspannen im Amerikaner und Ausspannen beträgt 40 vH
der Zeit für erstes Aufspannen $= $ . . . . $\sim$ 3,0   „
4. Operation. Mit dem Durchm. der Nabe auf 95 mm und der
Nabenlänge auf 120 mm wird gleichzeitig (mit Fassonstahl) die Ausdrehung am Flansch auf 240 mm inneren Durchm., 20 mm Flanschstärke und 55 mm Flanschbreite bearbeitet. Hierbei ist nur das Drehen
der Nabe als längste Operation zu rechnen:
$$T = \frac{d \cdot \pi \cdot l \cdot x}{60 \cdot v \cdot s} = \frac{95 \cdot 3,14 \cdot 100 \cdot 1}{60 \cdot 217 \cdot 0,3} = \text{ . . . . } \sim \quad 7,5 \quad „$$
Rückgang des Revolverkopfes und Messen 0,3   „
Werkzeuge schleifen:
Nach Tabelle 17 müssen nach 15 Stück die Werkzeuge nachgeschliffen werden, was bei 4 Werkzeugen $4 \cdot 3 = 12$ min ausmacht.

Daher pro Arbeitsstück: $T = \dfrac{12}{15} = $ 0,8   „

                                 Summa $\sim$ 39,0   min

Abb. 29b: Für die Zentrierung ist die Maschine neu einzustellen[1]),
die übrigen Werkzeuge können bestehen bleiben.
Für die Neueinstellung der beiden Werkzeuge, à 35 min, sind 70 min

erforderlich, d. i. pro Stück $\dfrac{70}{50} = $ . . . . $\sim$ 1,5   min

Für alle übrigen Arbeiten gelten die Werte aus der Berechnung
für Abb. 29a, d. i. 39,0   „

                                Summa   40,5   min

Die gesamte Arbeitszeit beträgt demnach
für Abb. 29a 39,0   min
für Abb. 29b 40,5   „

                                Summa   79,5   min

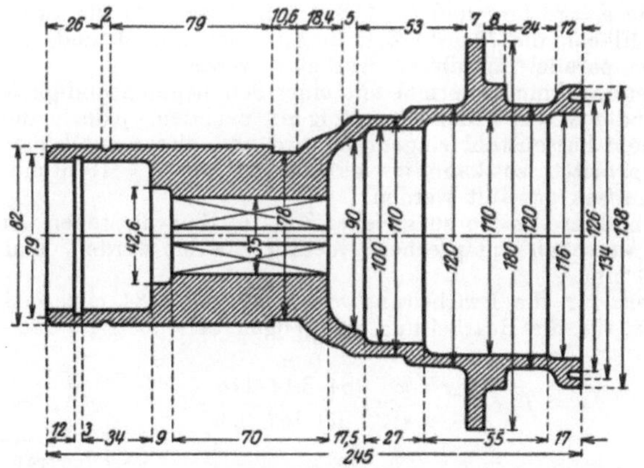

Abb. 30. Radnabe (Österr. Daimler-Motorenwerke A.-G., Wiener Neustadt).

[1]) Einrichtzeiten nach Angaben Seite 72.

2. Beispiel. 200 Stück geschmiedete Radnaben (Abb. 30) am Automaten mit 2 mm Übermaß vordrehen, die Bohrung von 35 mm Durchmesser wird auf genaues Maß fertiggestellt.

Der Flansch ist am Durchmesser und seitlich wegen Aufnahme im Dreibackenfutter zur weiteren Bearbeitung vorgeschruppt, die Bohrung ist auf der langen Seite auf 33 und 60 mm Durchm. und auf der kurzen Seite auf 80 mm Durchm. vorgebohrt und die Stirnseite der Nabe vorgedreht.

Berechnung.

Automaten zum Drehen der langen Seite bis zur kalibermäßigen Herstellung[1]) einrichten.

Für die Bearbeitung der Außendurchmesser mit je 2 Schnitten sind erforderlich:

am Revolverkopf: 2×4 Stähle;

am Quersupport: 1 Drehstahl für seitl. Flanschbearbeitung und 1 Fassonstahl.

Für Innen- und Stirnseitebearbeitung:

2 Bohrstangen à 3 Stähle und 1 Reibahle auf 35 mm Durchm.

Im ganzen 17 Werkzeuge à 30 min Einrichtzeit. Also in Summa

$$30 \cdot 17 = 510 \text{ min, daher pro Stück } \frac{510}{200} = \quad \ldots \ldots \ldots \quad \sim \quad 2{,}5 \quad \text{min}$$

1. Bearbeitung der langen Seite mit 2 Schnitten, und zwar:

a) Am äußeren Umfang auf·

$$d = 84 \text{ mm} \ldots \ldots l = 118 \text{ mm}$$
$$d = 112 \text{ „} \ldots \ldots l = 30 \text{ „}$$
$$d = 122 \text{ „} \ldots \ldots l = 29 \text{ „}$$

sowie den Flansch stirnseitig drehen, die Anschrägung $d = 79 : 84$ an- und die Fasson eindrehen.

b) In der Bohrung auf:

$$d = 65 \text{ mm} \ldots \ldots l = 49 \text{ mm}$$
$$d = 42{,}6 \text{ „} \ldots \ldots l = 9 \text{ „}$$
$$d = 34{,}8 \text{ „} \ldots \ldots l = 70 \text{ „}$$

ausdrehen und die Bohrung auf $d = 35$ mm aufreiben.

Für die Berechnung der Laufzeit bei der Bearbeitung auf vorstehend angeführte Maße kommt nur die Laufzeit für die Bearbeitung der Fläche $d = 84$ mm und $l = 118$ mm in Frage, da die Bearbeitung dieser Fläche die längste Zeit in Anspruch nimmt und alle übrigen Flächen parallel mit dieser bearbeitet werden.

Die Bearbeitung könnte normal mit einer Schnittgeschwindigkeit $V = 15$ m/min oder $v = 250$ mm/sek erfolgen; nachdem jedoch die Fasson mit einem Fassonstahl eingedreht wird und dieser mit seiner ganzen Breite arbeitet, so kann im günstigsten Fall $V = 10$ m/min oder $v = 167$ mm/sek gewählt werden.

Da ferner mehrere Stähle zu gleicher Zeit im Eingriff stehen, so muß auch der Vorschub entsprechend niedrig gewählt werden, und zwar zu $s = 0{,}3$ mm.

Die Laufzeit für die Bearbeitung der Fläche $d = 84$ mm und $l = 118$ mm bzw. für die Bearbeitung der langen Seite beträgt demnach:

$$T = \frac{d \cdot \pi \cdot l \cdot x}{60 \cdot v \cdot s} = \frac{84 \cdot 3{,}14 \cdot 118}{60 \cdot 167 \cdot 0{,}3} \cdot 2 = \quad \ldots \quad \sim \quad 21{,}0 \quad \text{„}$$

Übertrag 23,5 min

---

[1]) Einrichtzeiten nach Angaben Seite 72.

Übertrag   23,5 min

Für das Aufreiben der Bohrung auf $d = 35$ mm kommt eine Schnittgeschwindigkeit $v = 83$ mm in Frage; dies entspricht einer minutl. Umdrehungszahl

$$n = \frac{v \cdot 60}{d \cdot \pi} = \frac{83 \cdot 60}{35 \cdot 3{,}14} = 45 \cdot$$

Die Reibahle hat eine Schneidlänge $l_1 = 80$ mm,
„ Bohrung „ „ Länge $l = 70$ mm,
der Vorschub $s = 2$ mm.
Die Laufzeit für das Aufreiben beträgt daher:

$$T = \frac{l_1 + l}{n \cdot s} = \frac{80 + 70}{35 \cdot 3{,}14} = 1{,}66 = \cdots\cdots\sim \qquad 2 \quad \text{„}$$

Für den Rücklauf und die Schaltung des Supportes kann ca. 30 Sek. gerechnet werden. Nachdem der Rücklauf und die Schaltung 3mal erfolgt, so beträgt hierfür die Zeit $T = \dfrac{30 \cdot 3}{60} = \cdots\ldots\quad 1{,}5$ „

Für das Auf- und Abspannen gelten die Werte der Tabelle 9 . $\quad 4{,}5$ „
Für Werkzeuge schleifen:
Nach Tabelle 17 sollen nach 30 Stücken die Werkzeuge nachgeschliffen werden, und beträgt die Zeit für das Schleifen pro Werkzeug $= 3$ min, folglich für 17 Werkzeuge $= 17 \cdot 3 = 51$ min und pro

Arbeitsstück $T = \dfrac{51}{30} = 1{,}7 \ldots\ldots\ldots\ldots\ldots\ldots\sim \quad 2{,}0$ „

Automaten zum Drehen der kurzen Seite bis zur kalibermäßigen Herstellung einrichten[1]).
Für die Bearbeitung der Außendurchmesser und der Ringnute mit je 2 Schnitten sind erforderlich:
am Revolverkopf 2×4 Stähle,
am Quersupport 1 Fassonstahl und 1 Drehstahl für die seitliche Flanschbearbeitung.
Für Innen- und Stirnseitebearbeitung:
2 Bohrstangen à 3 Werkzeuge.
Im ganzen 16 Werkzeuge à 30 min Einrichtzeit, daher in Summa

$= 16 \cdot 30 = 480$ min und pro Stück $\dfrac{480}{200} = 2{,}4 \ldots\ldots\ldots\sim \quad 2{,}5$ „

2. Die Bearbeitung der kurzen Seite erfolgt mit 2 Schnitten.

a) Am äußeren Umfang auf:
$$d = 140 \text{ mm} \ldots\ldots l = 42 \text{ mm,}$$
am äußeren Flanschdurchmesser
$$d = 142 \text{ mm} \ldots\ldots l = 8 \text{ mm}$$
und Flansch seitlich, ferner die Ausdrehung (mit Fassonstahl) und auf der Stirnseite der Nabe die Ringnute.
b) In der Bohrung (die Maße sind im $\varnothing$ um 2 mm kleiner gehalten als in der Zeichnung angegeben).
$$
\begin{aligned}
d &= 88 \text{ mm} \ldots\ldots l = 17{,}5 \text{ mm}\\
d &= 98 \text{ „} \ldots\ldots l = 27{,}0 \text{ „}\\
d &= 108 \text{ „} \ldots\ldots l = 55{,}0 \text{ „}\\
d &= 113 \text{ „} \ldots\ldots l = 17{,}0 \text{ „}
\end{aligned}
$$
Für die Berechnung der Laufzeit bei der Bearbeitung auf vorstehend angeführte Maße kommt die Laufzeit für die Innenbohrung
$$d = 108 \text{ mm bei } l = 55 \text{ mm}$$
als längste Operation in Frage, alle übrigen Flächen werden mit dieser Fläche zugleich bearbeitet.

Übertrag   36,0 min

---

[1]) Einrichtzeiten nach Angaben Seite 72.

6*

Übertrag   36,0 min

Für die Wahl der Schnittgeschwindigkeit und des Vorschubes gilt das gleiche wie bei der Bearbeitung der langen Seite; folglich

$$V = 10 \text{ m/min} \quad \text{bzw.} \quad v = 167 \text{ mm/sek},$$
$$s = 0,3 \text{ mm}.$$

Die Laufzeit für die Bearbeitung der Fläche $d = 108$ mm, $l = 55$ mm bzw. für die Bearbeitung der kurzen Seite beträgt demnach:

$$T = \frac{d \cdot \pi \cdot l \cdot x}{60 \cdot v \cdot s} = \frac{108 \cdot 3,14 \cdot 55 \cdot 2}{60 \cdot 167 \cdot 0,3} = \quad \ldots \ldots \sim \; 12,5 \quad \text{„}$$

Der Rücklauf und die Umschaltung des Supportes erfolgt 2 mal und beträgt pro Schaltung 30 sek, folglich $\dfrac{30 \cdot 2}{60} = \ldots \ldots \ldots \ldots$ 1,0 „

Für Werkzeuge schleifen:

Nach Tabelle 17 sollen nach 30 Stücken die Werkzeuge geschliffen werden. Die Zeit für das Schleifen beträgt pro Werkzeug 3 min, folglich für 16 Werkzeuge $= 16 \cdot 3 = 48$ min und pro Arbeitsstück:

$$T = \frac{48}{30} = 1,6 \ldots \ldots \ldots \ldots \sim \; 1,5 \quad \text{„}$$

Für Auf- und Abspannen gelten die Werte der Tabelle 9 = . .   4,5 „

Summa   55,5 min

Nach dem Vordrehen wird das Vierkantloch gezogen, hierauf wird auf einem Vierkantdorn der Flansch am Durchmesser und seitlich fertiggedreht, um bei der weiteren Bearbeitung einen absoluten Rundlauf zum Vierkantloch zu gewährleisten.

Bei der weiteren Bearbeitung wird die Nabe am Flansch, der nun genau zum Vierkantloch läuft, gespannt und in derselben Weise wie beim Vordrehen bearbeitet.

Die Berechnung der Laufzeit erfolgt wie beim Vordrehen.

Tabelle 19. Zeittabelle in min für das Abstechen von ⌀-, ⬡-, ⬜-Material auf Revolverbänken.

Dimension	Zeit in Minuten				Dimension	Zeit in Minuten			
	für das Abstechen			für je 10 mm		für das Abstechen			für je 10 mm
	Chr.N. St.	S.M.St.	Meß	Stangenvorschub		Chr.N. St.	S.M.St.	Meß	Stangenvorschub
6	0,075	0,065	0,05	0,05	32	0,21	0,165	0,12	0,075
8	0,08	0,07	0,055	0,05	34	0,225	0,185	0,13	0,075
10	0,085	0,075	0,06	0,05	36	0,24	0,20	0,14	0,075
12	0,09	0,08	0,065	0,05	38	0,26	0,22	0,15	0,075
14	0,095	0,085	0,07	0,05	40	0,29	0,235	0,165	0,075
16	0,10	0,09	0,075	0,05	45	0,35	0,28	0,20	0,01
18	0,11	0,095	0,08	0,05	50	0,43	0,33	0,22	0,01
20	0,12	0,10	0,085	0,05	55	0,5	0,38	0,25	0,01
22	0,13	0,11	0,09	0,05	60	0,55	0,44	0,29	0,01
24	0,145	0,120	0,095	0,05	65	0,60	0,50	0,33	0,01
26	0,160	0,130	0,10	0,05	70	0,70	0,57	0,37	0,125
28	0,175	0,145	0,11	0,05	75	0,80	0,63	0,42	0,125
30	0,190	0,155	0,12	0,05	80	0,90	0,73	0,47	0,125

Anmerkung:

Bei vierkant Material wird über Eck gemessen ⬡ und auf die reine Laufzeit 15 vH zugeschlagen.

Bei sechskant Material wird über Eck gemessen ⬡ und auf die reine Laufzeit 10 vH zugeschlagen.

Für Stangenvorschub über   50 mm sind 50 vH ⎫ der Tabellenwerte
   „   „   „ 100 „   „   33 vH ⎭   zu nehmen.

3. Die Schleifmaschine.

Wie die übrigen Werkzeugmaschinen werden auch die Schleifmaschinen den Bedürfnissen der Praxis entsprechend in verschiedenen Arten ausgeführt und zur Hauptsache in folgende Gruppen eingeteilt.

Abb. 31. Naxos-Union, Frankfurt a. M.

1. Universalschleifmaschinen.
2. Rundschleifmaschinen, diese werden unterteilt in
   a) Rundschleifmaschinen mit hin und her gehender Bewegung (Abb. 31),
   b) Rundschleifmaschinen, die nach dem Schäl- bzw. dem Einstechverfahren arbeiten (Abb. 32).

Abb. 32. Naxos-Union, Frankfurt a. M.

3. Kurbelwellen-Schleifmaschinen.
4. Walzenschleifmaschinen.
5. Innenschleifmaschinen.
6. Flächenschleifmaschinen, je nach Verwendungszweck gebaut.

Das Schäl- oder Einstechverfahren findet immer weitere Anerkennung und zunehmende Verwertung in modernen Betrieben, da durch dieses Verfahren eine garantiert wirtschaftliche Ausnutzung der Schleifmaschine gewährleistet erscheint.

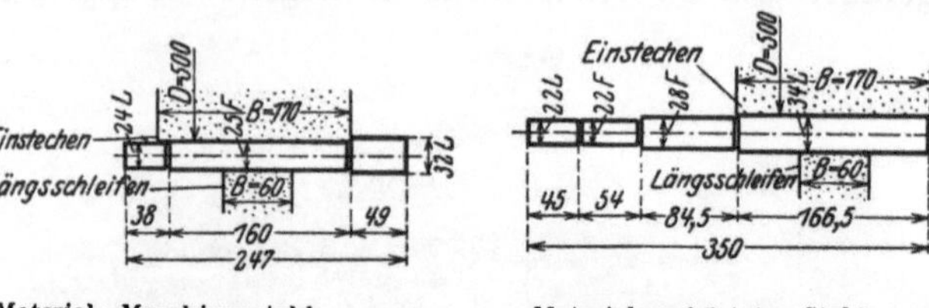

Material: Maschinenstahl
Schleifzugabe: 0,5 mm im Durchmesser
erzielte Genauigkeit: 0,01 mm
Leistung beim Einstechverfahren:
   1 Stück in 6 Minuten
Leistung beim Längsschleifen:
   1 Stück in 10 Minuten

Material: gehärteter Stahl
Schleifzugabe: 0,5 mm im Durchmesser
erzielte Genauigkeit: 0,01 mm
Leistung beim Einstechverfahren:
   1 Stück in 7 Minuten
Leistung beim Längsschleifen:
   1 Stück in 12 Minuten

Abb. 33. Leistungs-Beispiel.

Der Hauptvorteil des Einstechverfahrens liegt:

1. In der starken Verkürzung der Schleifzeit, die dadurch erzielt wird, daß unter sonst gleichen Bedingungen bei einer breiten

Abb. 34. Naxos-Union, Frankfurt a. M.

Schleifscheibe, die nach dem Einstechverfahren arbeitet, eine größere Menge Schleifkörner zum Angriff kommen als bei einer schmalen Schleifscheibe beim Längsvorschub.

2. Durch den gänzlichen Fortfall der toten Zeiten, die durch die jeweilige Umschaltung der Tischbewegung in der Längsrichtung

verursacht werden und die speziell bei kurzen Schaltungen ziemlich hoch sind.

3. In der größeren Genauigkeit.

Nicht unerwähnt darf die neueste Verbesserung an den Rundschleifmaschinen gelassen werden, die ein

„spitzenloses Rundschleifen"

von zylindrischen Teilen mit und ohne Bund oder Ansatz ermöglicht und wie die beiden Leistungsbeispiele (Abb. 35 u. 36) zeigen, bei gleicher Genauigkeit eine enorme Leistungssteigerung gegenüber dem Schleifen zwischen Spitzen bedeutet.

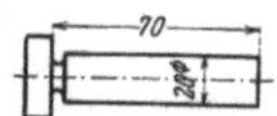

Abb. 35.

Material: Gehärteter Stahl.
Schleifzugabe: 0,25 mm im Durchm.
Erzielte Genauigkeit: 0,005 mm.
Stündliche Leistung: ca. 250 Stück.

Abb. 36.

Material: Gehärteter Stahl.
Schleifzugabe: 0,25 mm im Durchm.
Erzielte Genauigkeit: 0,007 mm.
Stündliche Leistung: ca. 200 Stück.

Abb. 35 u. 36. Leistungsbeispiele (Naxos-Union, Frankfurt a. M.).

Das Rundschleifen gehört zu dem spanabhebenden Bearbeitungsverfahren wie das Drehen und ist die einzig moderne und wirtschaftliche Fabrikationsmethode für Wellen, Bolzen und ähnliche Teile.

Ohne Rundschliff gibt es keine Austauschbarkeit bei konkurrenzfähigen Preisen.

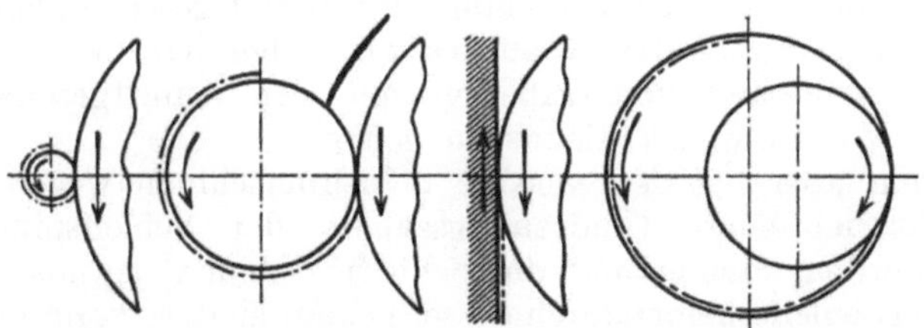

Abb. 37. Berührungsfläche zwischen Schleifscheibe und Schleifstück.

Für die Härte der Schleifscheibe gilt allgemein:
Je breiter die Scheibe und deren Angriffsfläche am Werkstück ist, desto gröber und weicher soll die Scheibe sein.
Je schmäler die Scheibe und deren Angriffsfläche am Werkstück ist, desto feiner und härter soll die Scheibe sein.
Scheiben für Innenschliff sollen eine geringere Härte als solche für Außenschliff haben.
Da ein stumpf gewordenes Korn möglichst bald aus der Scheibe herausfallen soll und ein hartes Material die Schleifkörner früher stumpf macht als ein weiches, so folgt daraus:
Die Härte der Schleifscheibe soll sich umgekehrt verhalten wie die Härte des Materials.

Für weichen Maschinenstahl verwende man daher eine harte, für kohlenstoffreichen Stahl eine weichere und für gehärteten Stahl und Hartguß eine Scheibe von noch geringerem Härtegrad.

Eine Ausnahme von dieser Regel ist nur für sehr weiches Material, z. B. Kupfer und Messing, zulässig. Diese Materialien verlangen besonders weiche Scheiben, da sie sich sonst leicht voll Späne setzen.

Schnittgeschwindigkeit V der Schleifscheibe.

Die Schnittgeschwindigkeit für Schleifscheiben beträgt im allgemeinen bei Maschinenstahl

$$V = 30 \text{ bis } 35 \text{ m/sek}$$

und bei Gußeisen

$$V = 20 \text{ bis } 25 \text{ m/sek.}$$

Zahlreich angestellte Schleifversuche haben zwar gezeigt, daß eine Erhöhung der Schnittgeschwindigkeit von $V = 30$ auf 35 m/sek bei Maschinenstahl auch eine Erhöhung der Maschinenleistung, mithin auch eine Steigerung der spezifischen Leistung der Schleifscheibe mit sich bringt, daß man aber bei normalen Betrieb mit einer Schnittgeschwindigkeit von $V = 30$ m/sek auskommen kann, wobei jedoch kleinere Schnittgeschwindigkeiten nach Möglichkeit vermieden werden sollen.

Bei Gußeisen hingegen ist die Leistung der Maschine, sowie die spezifische Leistung der Schleifscheibe weit günstiger, wenn die Schleifscheibe langsamer läuft, insbesondere dann, wenn man weiche Scheiben verwendet.

Da bei Gußeisen eine Erhöhung der Schnittgeschwindigkeit auch eine Erhöhung des Kraftverbrauches zur Folge hat, so empfiehlt es sich, bei Bearbeitung von Gußeisen mit der Schnittgeschwindigkeit nicht über $V = 25$ m/sek hinaus zu gehen.

Nachdem aber bei den meisten Schleifmaschinen wegen des Einscheiben-Antriebes die Umdrehungszahlen der Schleifspindel nicht reguliert werden können und die Schleifmaschinen jeweils für einen bestimmten Schleifscheibendurchmesser gebaut sind, so kann die Schnittgeschwindigkeit von $V = 30$ bis 35 bzw. 20 bis 25 m/sek nur bei einem bestimmten Schleifscheibendurchmesser erzielt werden. Bei Abnützung der Schleifscheibe sinkt die Schnittgeschwindigkeit und daher auch naturgemäß die Leistung der Maschine im Verhältnis zur Schnittgeschwindigkeit, da mit sinkender Schnittgeschwindigkeit auch die Umfangsgeschwindigkeit des Werkstückes und mit dieser der Längsvorschub entsprechend verringert werden muß.

Die Schleifscheiben sollen nur bis zu jenem Durchmesser verwendet werden, bei dem die Schnittgeschwindigkeit von $V = 30$ bzw. 20 m/sek nicht unterschritten wird.

Umfangsgeschwindigkeit „U“ des Arbeitsstückes.

Die Drehbewegung des Arbeitsstückes hat den Zweck, der Schleifscheibe neues Material zuzuführen. Wird also die Schnittgeschwindigkeit der Schleifscheibe erhöht, so kann auch die Umfangsgeschwindigkeit des Arbeitsstückes erhöht werden, wobei jedoch in erster Linie die Größe des Längsvorschubes und der Durchmesser des Arbeitsstückes mitbestimmend sind.

Da die Umfangsgeschwindigkeit des Werkstückes und der Tischvorschub zwei voneinander abhängige Größen sind, die im umgekehrten Verhältnis zueinander stehen, so muß bei Erhöhung der Umfangsgeschwindigkeit der Tischvorschub entsprechend kleiner gewählt werden oder umgekehrt.

Ebenso muß bei dünnen Arbeitsstücken die Umfangsgeschwindigkeit stets kleiner gewählt werden, weil diese die Schleifscheibe in höherem Maße angreifen als stärkere.

Bei Gußeisen kann die Umfangsgeschwindigkeit des Werkstückes höher gewählt werden als bei Maschinenstahl und zwar speziell dort, wo es sich um größere Längsvorschübe oder um kleinere Durchmesser des Werkstückes handelt.

Da die Abnutzung der Schleifscheibe bei Gußeisen bedeutend kleiner ist als bei Stahl, so sind hier weniger die Kosten der Schleifscheibe als die des Kraftverbrauches maßgebend.

Wird trotz richtiger Wahl des Härtegrades die Schleifscheibe vorzeitig stumpf, so muß die Umfangsgeschwindigkeit des Werkstückes vermindert werden, niemals aber die Schnittgeschwindigkeit der Schleifscheibe. Diese ist vielmehr nach Tunlichkeit in den höchst zulässigen Grenzen zu halten.

Tabelle 20. Über Umfangsgeschwindigkeit des Werkstückes.

a) Für Maschinenstahl

Werkstückdurchmesser in mm		15—30	35—50	55—100	105—145	über 150
Umfangs-geschwindigkeit	m/min	6	8	10	12	14
	mm/sek	100	133	167	206	233

b) für Gußeisen

Werkstückdurchmesser in mm		bis 50	55—100	über 105
Umfangs-geschwindigkeit	m/min	8—10	12	15
	mm/sek	133—167	200	250

Tischvorschub (Längsvorschub).

Der Längsvorschub ist, wie bereits erwähnt, von der Umfangsgeschwindigkeit des Werkstückes abhängig und wird in Bruchteilen der Schleifscheibenbreite, bezogen auf eine Umdrehung des Werkstückes, ausgedrückt.

Je kleiner die Umfangsgeschwindigkeit des Werkstückes ist, um so größer kann der Vorschub pro Umdrehung genommen werden. Denn je langsamer das Werkstück umläuft, um so mehr Schneidkörperchen kommen pro Flächeneinheit des Werkstückes in Eingriff und je mehr Schneidkörperchen in Eingriff kommen, um so geringer wird die Beanspruchung der Schleifscheibe.

Für Maschinenstahl ergibt sich ein Vorschub von $^2/_3$ bis $^3/_4$ und für Gußeisen $^3/_4$ bis $^5/_6$ der Schleifscheibenbreite pro Umdrehung des Werkstückes, je nach Umfangsgeschwindigkeit desselben.

Sowohl für Maschinenstahl als auch für Gußeisen gilt:

Das Schneiden mit großem Vorschub und kleiner Umlaufgeschwindigkeit des Werkstückes ist günstiger als das umgekehrte Verfahren, da hierbei sowohl die stündliche als auch die spezifische Spanleistung größer ist als im umgekehrten Fall.

Tabelle 21. Über Vorschübe.

| Für | Beträgt | | dann ist pro Umdrehung des Werkstückes der Vorschub |
	die Schnittgeschwindigkeit der Schleifscheibe $V = m/sek$	die Umfangsgeschwindigkeit des Werkstückes $U = m/min$	s
Maschinenstahl	30—35	6—8 10 12 15	$^3/_4$ $^2/_3$ $^1/_2$ $^1/_3$ der Schleifscheibenbreite zu nehmen
Gußeisen	20—25	8—10 12 15	$^5/_6$ $^3/_5$ $^3/_4$

Spantiefe.

Die günstigste Schnittiefe ist in erster Linie durch die Körnung der Schleifscheibe bestimmt. Eine Schleifscheibe kann logischerweise nur so tief in das Material eindringen, wie die Schnittkanten des Kornes aus der Bindung herausragen. Überschreitet man dieses Maß, so zerbröckelt die Scheibe oder sie schmiert, wie der Fachausdruck lautet, da das abgewürgte Material die Poren der Scheibe verstopft und sie dadurch glatt und stumpf macht.

Tabelle 22. Die Bestimmung der erforderlichen Setzstöcke beim Rundschleifen.

| Durchmesser des Werkstückes in mm | Länge zwischen den Spitzen in mm | | | | | | | | | | |
| | 150 | 300 | 450 | 600 | 750 | 900 | 1050 | 1200 | 1500 | 1800 | 2100 |
	Zweckmäßige Anzahl von Setzstöcke										
12—19	1	2	3	4	5	7	8				
20—25		1	2	3	4	5	6	7			
26—35		1	2	2	3	4	5	5	7		
36—50		1	1	2	2	3	4	4	5	7	
51—60			1	1	2	2	3	3	4	5	6
61—75			1	1	2	2	2	3	4	5	5
76—100			1	1	1	2	2	2	3	4	5
101—125				1	1	1	2	2	3	3	4
126—150				1	1	1	1	2	2	3	3
151—200					1	1	1	1	2	2	3
201—250						1	1	1	1	2	2
251—300							1	1	1	1	2

Als Regel gilt:

Je größer der Durchmesser der Schleifscheibe, desto größere Spantiefe ist zulässig.

Die Spantiefe ist ferner vom Durchmesser des Werkstückes und der Entfernung der Setzstöcke abhängig, d. h. man muß bei schwächeren Stücken feinere Späne nehmen als bei stärkeren, um den Anpressungsdruck nicht zu groß werden zu lassen.

Für Maschinenstahl sind feine Späne wirtschaftlicher als grobe.

Für Gußeisen hingegen sind dieselben so groß wie möglich zulässig.

Die günstigsten Spantiefen für alle Geschwindigkeiten, Vorschübe und Durchmesser des Werkstückes betragen im Durchmesser:

Tabelle 23.

Material	Maschinenstahl	Gußeißen
a) Beim Langschleifen pro Hubwechsel in mm		
Für Schruppen . . .	0,03—0,04	0,04—0,06
Für Schlichten . . .	0,01	0,01
b) Beim Einstechen pro Werkstückumdrehung in mm		
Für Schruppen . . .	0,03—0,04	0,04—0,06
Für Schlichten . . .	0,01	0,01
c) Beim Innenschleifen pro Hubwechsel in mm		
Für Schruppen . . .	0,005—0,015	0,01—0,03
Für Schlichten . . .	0,005	0,005
d) Bei Flächenschleifmaschinen pro Hubwechsel je nach Konstruktion der Maschine in mm		
Für Schruppen . . .	0,05—0,25	0,1—0,3
Für Schlichten . . .	0,01	0,01

Bei ausgesparten Flächen kann die Spantiefe beim Schruppen von Gußeisen zirka 0,8 bis 1,0 mm pro Hubwechsel betragen.

Für Innenschleifen ist die Spantiefe entsprechend kleiner zu wählen. Besonders bei kleinen Bohrungen kann wegen der Durchbiegung der Schleifspindel die Spantiefe höchstens 0,015 mm genommen werden.

Die Güte des Schliffes steigert sich, je höher die Schleifscheibengeschwindigkeit bzw. je langsamer die Umfangsgeschwindigkeit des Werkstückes ist.

Schleifzugabe.

Die Größe der Schleifzugabe richtet sich ganz nach der Beschaffenheit des Werkstückes und wird bestimmt durch:

a) Die Art der Bearbeitung, ob Außen- oder Innenschliff.

b) Die Länge und den Durchmesser des Werkstückes.

c) Die Art der Vorarbeit, d. h. ob ein Vorschruppen mit grobem oder feinem Vorschub erfolgte.

Tabelle 24. Schleifzugaben in mm auf den $\oslash$ bezogen.

Wellen-$\oslash$	Wellen				Bohrung	Büchsen			
	gehärtet		nicht gehärtet			gehärtet		nicht gehärtet	
	Länge in mm				$\oslash$	Länge in mm			
von — bis	bis 300	über 300	bis 750	über 750	von — bis	bis $2\oslash$	über $2\oslash$	bis $2\oslash$	über $2\oslash$
10—30	0,35	0,55	0,25	0,40	bis 25	0,25	0,35	0,10	0,15
31—60	0,40	0,60	0,30	0,40	26—50	0,30	0,40	0,15	0,20
61—90	0,45	0,65	0,30	0,40	51—75	0,35	0,45	0,15	0,20
über 90	0,50	0,70	0,35	0,40	76—100	0,40	0,50	0,20	0,25
					über 100	0,40	0,50	0,20	0,30

Laufzeitberechnung.

Die Formeln für die Berechnung der Laufzeit lauten:

$$T = \frac{d \cdot \pi \cdot l \cdot x}{60 \cdot u \cdot s}\ \min,$$

wobei $x = $ dem Wert aus $\dfrac{\text{Schleifzugabe mm}}{\text{Schnittiefe mm}}$.

Es bedeutet ferner:

$d = $ Durchmesser mm,

$l = $ Länge mm,

$u = $ Umfangsgeschwindigkeit des Werkstückes mm/sek,

$s = $ Tischvorschub in mm pro Umdrehung des Werkstückes.

Ist die Umdrehungszahl des Werkstückes bekannt, so ist:

$$T = \frac{l \cdot z}{n \cdot s \cdot y}\ \min,$$

hierbei ist:

$z = $ Schleilfzugabe mm,

$n = $ Umdrehungen des Werkstückes pro min,

$y = $ Schnittiefe mm.

Die nach vorstehender Formel errechneten Zeiten ergeben jedoch rein theoretische Werte, die in der Praxis nicht eingehalten werden können. Die letzten Späne erfordern nämlich eine weit größere Sorgfalt und infolgedessen mehr Schnitte als die Rechnung ergibt. Um diesen Mehraufwand an Zeit für die letzten Späne auszudrücken, muß das Produkt obiger Formel mit einer Konstanten K_s multipliziert werden, die sich auf Grund praktischer Versuche und Beobachtungen zu $K_s = 1{,}5$ ergibt.

Die Formel muß demnach lauten:

$$T = \frac{d \cdot \pi \cdot l \cdot x}{60 \cdot u \cdot s} \cdot K_s\ \min, \quad \text{bzw.} \quad T = \frac{l \cdot z}{n \cdot s \cdot y} \cdot K_s\ \min.$$

Die nachstehend angeführten Tabellen 25 und 26 sind unter bestimmten Voraussetzungen aufgestellt und sollen nur als Muster für die Anfertigung von Schleifzeittabellen dienen.

Tabelle 25. Zeittabelle in min für Rundschliff (Wellen-Bolzen usw.)

Durch-messer in mm	Umdreh. bei $U=12$ m/min $u=200$ mm/sek		Länge in mm inkl. An- und Auslauf												
			25	50	75	100	125	150	175	200	225	250	275	300	325	350
20	192	1	0,50	0,50	0,50	0,65	0,65	0,65	0,80	0,80	0,80	0,95	0,95	0,95	1,10	1,10
		2	1,0	1,0	1,20	1,20	1,40	1,40	1,60	1,60	1,80	1,80	2,0	2,0	2,20	2,20
		3	0,12	0,24	0,36	0,48	0,60	0,70	0,85	0,96	1,10	1,20	1,30	1,45	1,55	1,70
		4	1,62	1,74	1,86	2,33	2,65	2,75	3,25	3,36	3,70	3,95	4,25	4,40	4,85	5,00
30	127	1	0,50	0,50	0,50	0,65	0,65	0,65	0,80	0,80	0,80	0,95	0,95	0,95	1,10	1,10
		2	1,0	1,0	1,20	1,20	1,40	1,40	1,60	1,60	1,80	1,80	2,0	2,0	2,20	2,20
		3	0,18	0,36	0,55	0,70	0,90	1,10	1,25	1,45	1,60	1,80	2,00	2,15	2,35	2,50
		4	1,68	1,86	2,25	2,55	2,95	3,15	3,65	3,85	4,20	4,50	4,95	5,10	5,65	5,80
40	96	1	0,55	0,55	0,55	0,70	0,70	0,70	0,85	0,85	0,85	1,0	1,0	1,0	1,0	1,0
		2	1,20	1,20	1,40	1,40	1,65	1,65	1,90	1,90	2,15	2,15	2,40	2,40	2,65	2,65
		3	0,25	0,45	0,70	1,00	1,20	1,45	1,60	1,90	2,15	2,40	2,65	2,90	3,10	3,35
		4	2,00	2,20	2,65	3,10	3,55	3,80	4,35	4,65	5,15	5,55	6,05	6,30	6,75	7,00
50	76,5	1	0,60	0,60	0,60	0,75	0,75	0,75	0,90	0,90	0,90	1,05	1,05	1,05	1,20	1,20
		2	1,20	1,20	1,45	1,45	1,70	1,70	1,95	1,95	2,20	2,20	2,50	2,50	2,80	2,80
		3	0,30	0,60	0,90	1,15	1,45	1,75	2,05	2,30	2,60	2,90	3,20	3,50	3,80	4,05
		4	2,10	2,40	2,95	3,35	3,90	4,20	4,90	5,15	5,70	6,15	6,75	7,05	7,80	8,05
60	63,5	1	0,70	0,70	0,70	0,90	0,90	0,90	1,10	1,10	1,10	1,30	1,30	1,30	1,50	1,50
		2	1,30	1,30	1,55	1,55	1,80	1,80	2,05	2,05	2,30	2,30	2,60	2,60	2,90	2,90
		3	0,35	0,70	1,05	1,40	1,75	2,10	2,45	2,80	3,20	3,50	3,85	4,25	4,60	4,95
		4	2,35	2,70	3,30	3,85	4,45	4,80	5,60	5,95	6,60	7,10	7,75	8,15	9,00	9,35
70	54.5	1	0,75	0,75	0,75	0,95	0,95	0,95	1,15	1,15	1,15	1,35	1,35	1,35	1,55	1,55
		2	1,35	1,45	1,60	1,60	1,85	1,85	2,10	2,10	2,35	2,35	2,65	2,65	2,95	2,95
		3	0,40	0,80	1,20	1,65	2,05	2,45	2,85	3,30	3,70	4,10	4,50	4,90	5,30	5,70
		4	2,50	2,90	3,55	4,20	4,85	5,25	6,10	6,55	7,20	7,80	8,50	8,90	9,80	10,20

1 = Ein- und Ausspannen. | 2 = Schnitte anstellen und messen. | 3 = Laufzeit nach der Formel: $\dfrac{l \cdot 0{,}89}{n}$ | 4 = Gesamtzeit.

Für Einstellen der Anschläge sind 2 bis 3 min einzusetzen. Bei Anfertigung über 5 Stück entfällt die Zeit für Einrichten bzw. Anschlägeeinstellen.

Tabelle 26. Zeittabelle

$$T = \frac{l \cdot z \cdot K_s}{n \cdot y \cdot s} + \text{Aufspann-}, + \text{Einstell-} + \text{Griffzeit},$$

Bohrung in mm	Schleifzugabe z in mm	Umdrehungen pro min η	Spantiefe y in mm	Vorschub S in mm		Länge									
						10	20	30	40	50	60	70	80	90	100
10	0,10	190	0,004	5	I	0,40	0,80	1,20	1,60	2,00	2,40	2,80	3,20	3,60	4,00
					II	0,50	1,00	1,50	2,00	2,50	3,00	3,50	4,00	4,50	5,00
20	0,20	96	0,008	8	I	0,50	1,00	1,50	2,00	2,50	3,00	3,50	4,00	4,50	5,00
					II	0,625	1,25	1,88	2,50	3,13	3,75	4,38	5,00	5,63	6,25
30	0,25	64	0,01	10	I	0,60	1,20	1,80	2,40	3,00	3,60	4,20	4,80	5,40	6,00
					II	0,75	1,50	2,25	3,00	3,75	4,50	5,25	6,00	6,75	7,50
40	0,30	48	0,01	10	I	0,95	1,90	2,86	3,80	4,75	5,70	6,65	7,60	8,55	9,50
					II	1,20	2,38	3,58	4,75	5,95	7,10	8,30	9,50	10,60	11,90
50	0,30	38	0,012	10	I	0,95	1,90	2,85	3,80	4,75	5,70	6,65	7,60	8,55	9,50
					II	1,20	2,38	3,58	4,75	5,95	7,10	8,30	9,50	10,60	11,90
60	0,35	32	0,012	12	I	1,15	2,30	3,45	4,60	5,75	6,90	8,05	9,20	10,35	11,50
					II	1,43	2,88	4,30	5,75	7,20	8,60	10,10	11,50	12,90	14,35
70	0,40	27	0,015	12	I	1,25	2,50	3,75	5,00	6,25	7,50	8,75	10,00	11,25	12,50
					II	1,60	3,12	4,68	6,25	7,80	9,40	10,90	12,50	14,10	15,60
80	0,40	24	0,015	12	I	1,40	2,80	4,20	5,60	7,00	8,40	9,80	11,20	12,60	14,00
					II	1,75	3,50	5,25	7,00	8,75	10,50	12,25	14,00	15,75	17,50
90	0,40	21	0,015	12	I	1,60	3,20	4,80	6,40	8,00	9,60	11,20	12,80	14,40	16,00
					II	2,00	4,00	6,00	8,00	10,00	12,00	14,00	16,00	18,00	20,00
100	0,40	19	0,015	12	I	1,80	3,60	5,40	7,20	9,00	10,80	12,60	14,40	16,20	18,00
					II	2,25	4,50	6,75	9,00	11,05	13,50	15,75	18,00	20,50	22,50

$$\text{I} = \text{Material weich } T = \frac{l \cdot z}{n \cdot y \cdot s} \cdot K_s.$$

Allgemein gültige Tabellen für die Zeitdauer des Schleifens können, da bei den verschiedenen Materialsorten auf deren Umfangsgeschwindigkeit und den hierdurch bedingten Längsvorschub, sowie auf die Schleifzugabe Rücksicht genommen werden muß, nicht aufgestellt werden.

Für die Anfertigung der Tabelle 25 wurden beispielsweise nachstehende Werte[1]) zugrunde gelegt:

Material = Maschinenstahl,

Umfangsgeschwindigkeit U des Werkstückes für alle
    Durchmesser = 12 m/min = 200 mm/sek,

Vorschub $s = \frac{1}{2}$ einer 45 mm breiten Schleifscheibe = 22,5 mm

Schleifzugabe z für alle Durchmesser . . . . = 0,4 „

Schnittiefe y . . . . = 0,03 „

---

[1]) Die Werte sind willkürlich gewählt und für die Praxis nicht immer anwendbar.

in min für Innenschleifen.

$l = $ Schleiflänge $+$ Auslauf; $\quad U = 6$ m/min; $\quad u = 100$ mm/sek.

in mm 110	120	130	140	150	160	170	180	190	200	Auf- und Abspann. für je 20 mm Länge	Zeit für — Aufspannen mit spez. Vorrichtung	Zeit für — Abstellen u. Messen, zylindr. Bohrg.	Zeit für — Abstellen u. Messen, Konus	Schleifscheib. abziehen
5,50	6,00									0,15	Von Fall zu Fall zu bestimmen	Bis 50 mm Länge = 0,75 min, Über 50 mm Länge pro 20 mm Länge + 0,25 min	Bis 50 mm Länge = 1,5 min, Über 50 mm Länge pro 20 mm Länge + 0,25 min	20 vH der Schleifzeit
6,88	7,50													
6,60	7,20	7,80	8,40							0,20				
8,25	9,00	9,25	10,50											
10,45	11,40	12,35	13,30	14,25	15,20									
13,10	14,20	15,40	16,60	17,80	19,20									
10,45	11,40	12,35	13,30	14,25	15,20	16,15	17,10							
13,10	14,20	15,40	16,60	17,80	19,20	20,20	20,15							
12,65	13,80	14,95	16,10	17,25	18,40	19,55	20,70	21,85	23,00	0,25				
15,80	17,20	18,60	20,00	21,50	23,00	24,40	25,80	27,30	28,75					
13,75	15,00	16,25	17,50	18,75	20,00	21,25	22,50	23,75	25,00					
17,20	18,80	20,40	21,80	23,45	25,00	26,50	28,00	29,60	31,20					
15,40	16,80	18,20	19,60	21,00	22,40	23,80	25,20	26,60	28,00	0,30				
19,20	21,00	22,75	24,50	26,25	28,00	29,80	31,50	32,20	35,00					
17,60	19,20	20,80	22,40	24,00	25,60	27,20	28,80	30,40	32,00					
22,00	24,00	26,00	28,00	30,00	32,00	34,00	36,00	38,00	40,00					
19,80	21,60	23,40	25,20	27,00	28,80	30,60	32,40	34,20	36,00					
24,75	27,00	29,20	31,45	33,75	37,25	38,30	40,40	42,70	45,00					

II $=$ Material gehärtet, infolge Verziehen beim Härten $+ 25$ vH

Die Formel für die Berechnung der Laufzeit lautet:

$$T = \frac{l \cdot z \cdot K_s}{n \cdot s \cdot y} = \frac{l \cdot 0{,}4 \cdot 1{,}5}{n \cdot 22{,}5 \cdot 0{,}03} \text{ min.}$$

Die konstant angenommenen Werte

$$\frac{z \cdot K_s}{s \cdot y} = \frac{0{,}4 \cdot 1{,}5}{22{,}5 \cdot 0{,}03}$$

ausgerechnet, ergeben den Faktor 0,89. Setzt man diesen in obige Formel ein, so lautet diese gekürzt:

$$T = \frac{l \cdot 0{,}89}{n} \text{ min.}$$

Beispiele für Schleifarbeiten.

1. Beispiel. Eine Welle $d = 50$ mm; $l = 350$ mm; $z = 0,4$ mm schleifen. Nach Tabelle 25 beträgt die Zeit T:

Für Ein- und Ausspannen . . . . 1,2 min
„ Schnitte anstellen und messen . . . . 2,8 „
„ das Schleifen nach der Gleichung $\dfrac{l \cdot 0,89}{n}$ . . . . 4,0 „
„ Einrichten der Maschine . . . . 3,0 „

Summa 11,0 min

2. Beispiel. Eine Welle, Abb. 20 (siehe unter Drehen S. 56) mit einer 35 mm breiten Schleifscheibe schleifen.

Die Schleifzugabe $z = 0,5$ mm und die Schnittiefe $y = 0,03$ mm.

Die Umfangsgeschwindigkeit beträgt nach Tabelle 20 $U = 10$ m/min bzw. $u = 167$ mm/sek.

Lt. Tabelle 7 betragen die Umdrehungen eines Werkstückes bei $d = 70$ mm und $v = 167$ mm/sek $n = 45,5$.

Der Vorschub sei lt. Tabelle 21 mit $^3|_4$ der Schleifscheibenbreite angenommen, folglich ist $s = 35 \cdot 0,75 = 26,5$ mm.

Die Bearbeitungszeit beträgt:

Für Ein- und Ausspannen . . . . ca. 5,0 min
„ Umspannen ist 50 vH der Zeit für Ein- und Ausspannen zu
rechnen, daher $T = \dfrac{5 \cdot 50}{100}$ . . . . 2,5 „
„ beide Seiten Schnitte anstellen und messen lt. Tabelle 25
à 3 min = 2 · 3 . . . . 6,0 „
„ beide Seiten Schleifen nach der Gleichung:

$$T = \frac{l \cdot z \cdot K_s}{n \cdot s \cdot y} = \left(\frac{1000 \cdot 0,5}{45,5 \cdot 26,5 \cdot 0,03} + \frac{480 \cdot 0,5}{45,5 \cdot 26,5 \cdot 0,03} \right) \cdot 1,5 \quad \ldots \quad 32,25 \text{ „}$$

„ Einrichten der Maschine, lt. Tabelle 25 (2 mal Anschläge einstellen) à 3 min . . . . 6,0 „

Summa 51,75 min

3. Beispiel. Eine Kurbelwelle nach Abb. 22 (siehe unter Drehen, S. 59) bei Anfertigung von 10 Stück schleifen.

a) 1 Mittellager, 2 Kugellager, 1 Flanschzapfen und 1 Endzapfen,
b) 4 Kurbellager.

Nach Tabelle 20 beträgt die Umfangsgeschwindigkeit der Kurbelwelle $U = 8$ m/min bzw. $u = 133$ mm/sek.

Daraus ergeben sich gemäß den verschiedenen Durchmessern bei einer Umfangsgeschwindigkeit $u = 133$ mm/sek nach Tabelle 7 für

$$d_1 = 44 \text{ mm} \ldots \ldots \ldots n = 56,6 \text{ Umdr./min}$$
$$d_2 = 30 \text{ „} \ldots \ldots \ldots n = 84,5 \text{ „}$$
$$d_3 = 30 \text{ „} \ldots \ldots \ldots n = 128,0 \text{ „}$$

Die Materialzugabe beträgt im Durchmesser $z = 0,75$ mm und seitlich an den Lagerstellen $z = 0,3$ mm.

Zur Verwendung gelangt eine Schleifscheibe von 60 mm Breite. Da die Schleifscheibe die Breite der Lagerstellen hat, so findet keine Tischbewegung statt, der Wert s fällt daher weg. Die Zustellung der Schleifscheibe betrage in Anbetracht der großen Genauigkeit, des absoluten Rundlaufens und des breiten Eingriffes der Schleifscheibe, $y = 0,005$ mm pro Umdrehung des Arbeitsstückes.

Die Arbeitszeit beträgt:

Für Maschine einrichten = 30 min, das macht pro Welle: $T = \dfrac{30}{10}$ . . 3,0 min

„ Welle einspannen . . . . 5,0 „

„ „ umspannen = 50 vH der Einspannzeit . . . . 2,5 „

„ Mittellager schleifen, $d = 44$ mm:

$$T = \frac{z}{n \cdot y} \cdot K_s = \frac{0{,}75 \cdot 1{,}5}{56{,}6 \cdot 0{,}005} = 3{,}975 \text{ min} + 100 \text{ vH}$$

als Zuschlag für seitliches Schleifen und Hohlkehle ausschleifen
= 3,975 + 3,975 = 7,95 . . . . $\sim$ 8,0 „

„ Schnitte anstellen und messen . . . . 1,5 „

„ 2 Endlager schleifen $d = 44$ mm und $l = 85$ bzw. 84 mm:

$$T = \frac{z}{n \cdot y} \cdot K_s = \frac{0{,}75}{56{,}6 \cdot 0{,}005} \cdot 1{,}5 \cdot 2 = 8 \text{ min} + 100 \text{ vH}$$

als Zuschlag für seitliches Schleifen und Hohlkehle ausschleifen = 8 + 8 . . . . 16,0 „

Der kleinen Breite wegen erfolgt die Tischbewegung beim
Schleifen der Endlager von Hand und beträgt hierfür der Zu-
schlag 50 vH der Schleifzeit $T = \dfrac{16{,}3 \cdot 50}{100}$ . . . . 8,0 „

„ Schnitte anstellen und messen pro Lagerstelle = 1,5 min, daher
gesamt: 2 · 1,5 . . . . 3,0 „

„ den Flanschzapfen schleifen $d = 20$ mm

$$T = \frac{z}{n \cdot y} \cdot K_s = \frac{0{,}75}{128 \cdot 0{,}005} \cdot 1{,}5 = 1{,}76 + 50 \text{ vH}$$

als Zuschlag für seitliches Schleifen und Hohlkehle ausschleifen
= 1,76 + 0,88 . . . . $\sim$ 2,7 „

„ Schnitte anstellen und messen . . . . 1,5 „

„ den Endzapfen schleifen $d = 30$ mm

$$T = \frac{z}{n \cdot y} \cdot K_s = \frac{0{,}75}{84{,}5 \cdot 0{,}005} \cdot 1{,}5 = 2{,}66 \text{ min} + 50 \text{ vH}$$

als Zuschlag für seitliches Schleifen und Hohlkehle ausschleifen
= 2,66 + 1,33 = 3,99 . . . . $\sim$ 4,0 „

„ Schnitte anstellen und messen . . . . 1,5 „

„ 2 mal Maschine einrichten à 45 min = 2 · 45 = 90 min, das macht
pro Welle $T = \dfrac{90}{10}$ . . . . 9,0 „

„ 2 mal Welle einspannen à 7,5 min = 2 · 7,5 . . . . 15,0 „

„ 4 Hublager schleifen:

$$T = \frac{z}{n \cdot y} \cdot K_s \cdot 4 = \frac{0{,}75}{56{,}6 \cdot 0{,}005} \cdot 1{,}5 \cdot 4 = 15{,}9 \text{ min} + 100 \text{ vH}$$

als Zuschlag für seitliches Schleifen und Hohlkehle ausschleifen
= 15,9 + 15,9 . . . . 31,8 „

„ 4 mal Schnitte anstellen und messen à 1,5 min = 4 · 1,5 . . . . 6,0 „

„ das Abziehen der Schleifscheibe nach je 5 Kurbelwellen erfordert
20 min, das macht pro Kurbelwelle $T = \dfrac{20}{5}$ . . . . 4,0 „

Summe 122,5 min

Anmerkung: Die Zeiten für Ein- und Ausspannen sowie Schnitte anstellen und messen sind Stoppzeiten.

4. Die Bohrmaschine.

Auch die Bohrmaschinen haben im Laufe der Zeit bedeutende Umwandlungen in bezug auf Bauart und Wirkungsweise erfahren müssen.

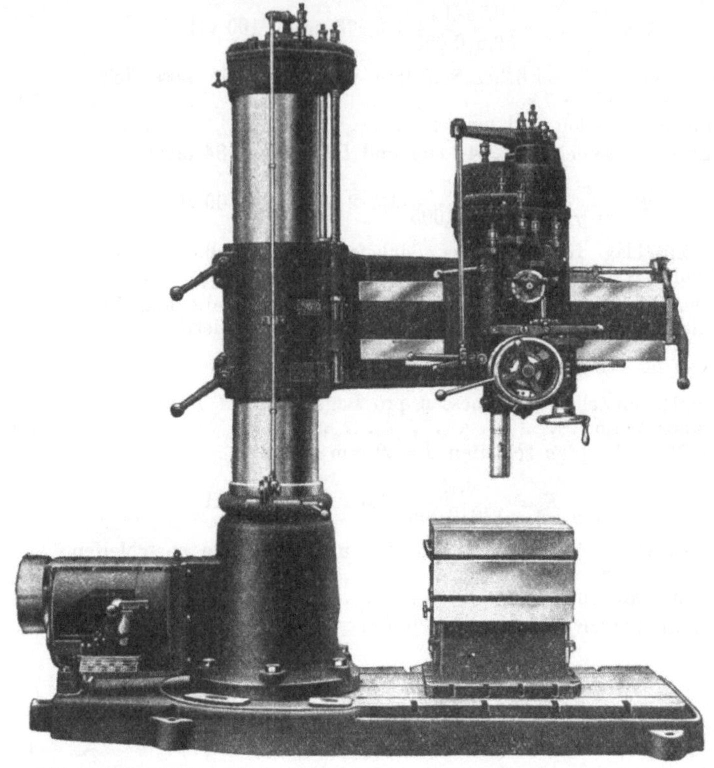

Abb. 38.   Hochleistungs-Radial-Bohrmaschine (Raboma-Maschinenfabrik, Berlin).

So entstanden nach und nach die heutigen modernen Bohrmaschinen, die in folgenden Gruppen unterteilt werden können.

1. Tischbohrmaschinen, ein- und mehrspindelig
2. Ständerbohrmaschinen, ein- und mehrspindelig
3. Radialbohrmaschinen, ein- und mehrspindelig
4. Säulenbohrmaschinen.

Während bei den Tischbohrmaschinen die Bohrspindel starr gelagert ist und das Arbeitsstück bzw. der Tisch sich bewegen muß, ist dies bei den unter Punkt 2 bis 4 angeführten Maschinen umgekehrt; hier wird das Werkstück ausgerichtet und festgespannt und der Bohrerschlitten bzw. Bohrer auf die zu bohrenden Löcher eingestellt, was viel einfacher und wirtschaftlicher ist.

Zum Einspannen des Bohrers in der Spindel der Bohrmaschine werden je nach der Art des Schaftes Konushülsen oder schnellspannende Bohrfutter verwendet. In beiden Fällen muß jedoch die Maschine abgestellt werden.

Diesen Übelstand beseitigt das Schnellwechselfutter Abb. 39, da dieses so gebaut ist, daß die Werkzeuge während dem vollen Gange der Maschine ausgewechselt werden können.

Die praktischen Erfahrungen beim Bohren haben gezeigt, daß man, um Bohrerbrüche zu ver-

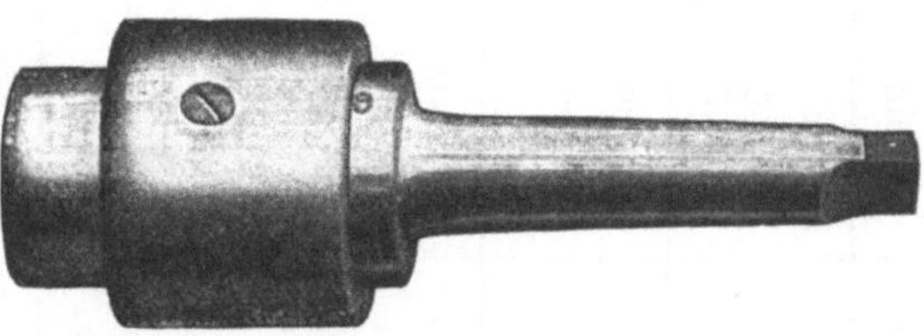

Abb. 39. Schnellwechselfutter (Klingelnberg Söhne, Remscheid).

meiden, die höchst mögliche Schnittgeschwindigkeit anwenden und dementsprechend einen kleineren Vorschub wählen soll, weil dadurch bei gleicher oder gar größerer Bohrleistung die Bruchgefahr herabgemindert wird, denn je stärker der Span, desto größer die Beanspruchung des Bohrers auf Verdrehung.

Die Drehzahl wird nach dem Durchmesser des Bohrers bestimmt.

Laufzeitberechnung.

Es bedeute:

d = Lochdurchmesser in mm = Bohrer $\emptyset$ in mm,
l = Lochtiefe in mm,
$l_1 = l + \dfrac{d}{2}$ = Lochtiefe + Bohreranschnitt in mm,
V = Schnittgeschwindigkeit in m/min,
v = Schnittgeschwindigkeit in mm/sek,
s = Vorschub in mm/Umdr.,
S = Vorschub in mm/min,
Z = Anzahl Löcher,
T = Laufzeit in min.

Daraus errechnet sich die Laufzeit:

$$T = \frac{l \cdot d \cdot \pi}{1000 \cdot V \cdot s} \cdot Z \text{ min}, \quad \text{oder} \quad T = \frac{l \cdot d \cdot \pi}{60 \cdot v \cdot s} \cdot Z \text{ min}.$$

In dieser Gleichung ist aber auf den Anschnitt des Bohrers, der rund $\dfrac{d}{2}$ beträgt, keine Rücksicht genommen. Die eigentliche Bohrlänge ist daher nicht gleich l, sondern $l_1 = l + \dfrac{d}{2}$ mm.

Unter diesen Voraussetzungen ändern sich vorstehende Gleichungen in:

$$T = \frac{Z \cdot \left(l + \dfrac{d}{2}\right) \cdot d \cdot \pi}{1000 \cdot V \cdot s} = \frac{l_1 \cdot d \cdot \pi \cdot Z}{1000 \cdot V \cdot s} = \frac{l_1 \cdot d \cdot \pi \cdot Z}{60 \cdot v \cdot s} \text{ min}$$

oder, wenn die Drehzahl gegeben ist:

$$T = \frac{\left(l + \dfrac{d}{2}\right) \cdot Z}{n \cdot s} = \frac{l_1 \cdot Z}{n \cdot s} \text{ min}.$$

Tabelle 27. Schnittgeschwindigkeits- und Umdrehungstabelle für Spiralbohrer.
Werkzeugstahl.

Ist Material	dann ist	Guß	St.Guß	Schm.E	S.M.St.	Wz.St.	Bronze	Mess.	Alumin.	Kupfer
weich	$V=$	20 m/min	15 m/min	22 m/min	18 m/min	10 m/min	20 m/min	32 m/min	50 m/min	50 m/min
	$n=$	6350	4800	7000	5750	3200	6350	10200	15950	15950
		Bohrer ⌀	Bohrer ⌀	Bohrer ⌀	Bohrer ⌀	Bohrer ⌀	Bohrer ⌀	Bohrer ⌀	Bohrer ⌀	Bohrer ⌀
mittel	$V=$	15 m/min	12 m/min	18 m/min	15 m/min	8 m/min	15 m/min	26 m/min	45 m/min	45 m/min
	$n=$	4800	3850	5750	4800	2550	4800	8250	14350	14350
		Bohrer ⌀	Bohrer ⌀	Bohrer ⌀	Bohrer ⌀	Bohrer ⌀	Bohrer ⌀	Bohrer ⌀	Bohrer ⌀	Bohrer ⌀
hart	$V=$	10 m/min	10 m/min	15 m/min	12 m/min	6 m/min	10 m/min	20 m/min	40 m/min	40 m/min
	$n=$	3200	3200	4800	3850	1900	3200	6350	12750	12750
		Bohrer ⌀	Bohrer ⌀	Bohrer ⌀	Bohrer ⌀	Bohrer ⌀	Bohrer ⌀	Bohrer ⌀	Bohrer ⌀	Bohrer ⌀

Tabelle 28. Schnittgeschwindigkeits- und Umdrehungstabelle für Spiralbohrer.
Schnellschnittstahl.

Ist Material	dann ist	Guß	St. Guß	Schm.E.	S.M.St.	Wz.St.	Bronze	Mess.	Alumin.[1]	Kupfer[1]
weich	$V=$	28 m/min	25 m/min	48 m/min	40 m/min	15 m/min	35 m/min	60 m/min	200 m/min	200 m/min
	$n=$	8950	6000	15300	12700	4800	11100	19100	63600	63600
		Bohrer ⌀	Bohrer ⌀	Bohrer ⌀	Bohrer ⌀	Bohrer ⌀	Bohrer ⌀	Bohrer ⌀	Bohrer ⌀	Bohrer ⌀
mittel	$V=$	22 m/min	18 m/min	40 m/min	32 m/min	12 m/min	28 m/min	50 m/min	100 m/min	100 m/min
	$n=$	7000	5750	12700	10200	3850	8950	15900	31800	31800
		Bohrer ⌀	Bohrer ⌀	Bohrer ⌀	Bohrer ⌀	Bohrer ⌀	Bohrer ⌀	Bohrer ⌀	Bohrer ⌀	Bohrer ⌀
hart	$V=$	15 m/min	12 m/min	32 m/min	25 m/min	10 m/min	20 m/min	40 m/min	50 m/min	50 m/min
	$n=$	4800	3850	10200	8000	3200	6350	12700	15900	15900
		Bohrer ⌀	Bohrer ⌀	Bohrer ⌀	Bohrer ⌀	Bohrer ⌀	Bohrer ⌀	Bohrer ⌀	Bohrer ⌀	Bohrer ⌀

[1] Diese Werte gelten nur für Spezialbohrer für Aluminium und Kupfer.

Tabelle 29. Tabelle über Drehzahl pro min und Vorschub in mm pro Umdrehung bzw. pro min für verschiedene Metalle; für Werkzeugstahl.

Bohrer ∅	Guß			St.Guß			Schm.E.			S M.St.			Werkz.St.			Bronze			Messing			Alumin.			Kupfer		
	n	s	S	n	s	S	n	s	S	n	s	S	n	s	S	n	s	S	n	s	S	n	s	S	n	s	S
2	2400	0,025	60	1930	0,025	48	2880	0,025	75	2400	0,025	60	1275	0,015	19	2400	0,025	60	4130	0,025	103	7170	0,025	180	7170	0,025	180
5	860	0,075	65	770	0,075	58	1150	0,075	86	860	0,075	65	510	0,03	15	860	0,075	65	1650	0,075	124	2870	0,075	215	2870	0,075	315
8	600	0,10	60	480	0,10	48	720	0,10	72	600	0,09	54	320	0,04	13	600	0,10	60	1030	0,10	105	1990	0,10	199	1790	0,10	190
10	480	0,12	58	385	0,11	42	575	0,11	63	480	0,11	53	255	0,05	13	480	0,12	58	825	0,12	100	1435	0,13	187	1435	0,13	187
12	400	0,14	56	320	0,13	41	480	0,13	62	400	0,13	52	210	0,06	13	400	0,14	56	690	0,14	97	1195	0,15	180	1195	0,15	180
15	320	0,17	54	255	0,16	41	385	0,16	61	320	0,16	51	170	0,07	12	320	0,17	55	550	0,18	97	955	0,18	172	955	0,18	172
18	270	0,20	54	215	0,18	39	320	0,19	60	270	0,19	51	140	0,08	12	270	0,21	54	460	0,21	96	800	0,21	168	800	0,21	168
20	240	0,22	53	190	0,20	38	290	0,20	58	240	0,20	48	130	0,09	11	240	0,22	53	415	0,22	91	720	0,22	158	720	0,22	158
22	220	0,24	53	175	0,21	37	260	0,21	55	220	0,21	46	115	0,10	11	220	0,24	53	375	0,24	90	650	0,24	156	650	0,24	156
25	190	0,25	48	155	0,23	36	230	0,23	51	190	0,23	44	100	0,10	10	190	0,25	48	330	0,25	82	575	0,25	144	575	0,25	144
28	170	0,27	46	140	0,24	34	205	0,24	49	170	0,24	41	91	0,11	10	170	0,27	46	295	0,27	80	510	0,27	138	510	0,27	138
30	160	0,28	45	130	0,25	33	190	0,25	48	160	0,25	40	85	0,11	10	160	0,28	45	275	0,28	77	480	0,28	134	480	0,28	134
32	150	0,29	44	120	0,26	32	180	0,26	47	150	0,26	39	80	0,12	10	150	0,29	44	260	0,29	75	450	0,29	130	450	0,29	130
35	135	0,30	40	110	0,27	30	165	0,27	45	135	0,27	36	73	0,12	9	135	0,30	40	235	0,30	70	410	0,30	122	410	0,30	122
38	125	0,31	39	100	0,28	28	150	0,28	42	125	0,28	35	67	0,13	9	125	0,31	39	215	0,31	67	380	0,31	118	380	0,31	118
40	120	0,32	38	96	0,28	27	145	0,28	41	120	0,28	34	64	0,13	8	120	0,32	38	205	0,32	65	360	0,32	115	360	0,32	115
42	115	0,32	37	92	0,29	27	135	0,29	39	115	0,29	33	61	0,14	8	115	0,32	37	195	0,32	62	340	0,32	109	340	0,32	109
45	105	0,33	35	85	0,29	25	130	0,29	38	105	0,29	31	57	0,14	8	105	0,33	35	185	0,33	61	320	0,33	106	320	0,33	106
48	100	0,33	33	80	0,30	24	120	0,30	36	100	0,30	30	53	0,15	8	100	0,33	33	170	0,33	56	300	0,33	99	300	0,33	99
50	96	0,34	33	77	0,30	23	115	0,30	35	96	0,30	29	51	0,15	8	96	0,34	31	165	0,34	56	285	0,34	97	285	0,34	97
55	87	0,34	30	70	0,31	22	105	0,31	33	87	0,31	27	46	0,15	7	87	0,34	30	150	0,34	51	260	0,34	88	260	0,34	88
60	80	0,35	28	64	0,31	20	96	0,31	30	80	0,31	25	42	0,15	6	80	0,35	28	135	0,35	47	240	0,35	84	240	0,35	84
65	74	0,36	27	59	0,32	19	88	0,32	28	74	0,32	24	39	0,15	6	74	0,36	27	125	0,36	45	220	0,36	78	220	0,36	78
70	68	0,36	25	55	0,32	18	82	0,32	26	68	0,32	22	36	0,15	5	68	0,36	25	120	0,36	43	205	0,36	74	205	0,36	74
Ist Material													dann gelten Tabellen-Werte mal:														
weich	1,34	1	1,34	1,25	1	1,25	1,22	1	1,22	1,20	1	1,20	1,25	1	1,25	1,34	1	1,34	1,23	1	1,23	1,11	1	1,11	1,11	1	1,11
hart	0,67	1	0,67	0,83	1	0,83	0,83	1	0,83	0,80	1	0,80	0,75	1	0,75	0,67	1	0,67	0,77	1	0,77	0,89	1	0,89	0,89	1	0,89

Tabelle 30. Tabelle über Drehzahl pro min und Vorschub in mm pro Umdrehung bzw. pro min für verschiedene Metalle; für Schnellschnittstahl.

Bohrer $\varnothing$	Guß			St.Guß			Schm.E.			S.M.St.			Werkz.St.			Bronze			Messing			Alumin.[1]			Kupfer[1]		
	n	s	S	n	s	S	n	s	S	n	s	S	n	s	S	n	s	S	n	s	S	n	s	S	n	s	S
2	3500	0,10	350	2875	0,10	287	6350	0,10	635	5100	0,10	510	1925	0,05	96	4475	0,10	447	7950	0,10	795	15900	0,15	2380	15900	0,15	2380
5	1400	0,12	168	1150	0,15	172	2540	0,15	381	2040	0,15	306	770	0,08	62	1790	0,12	214	3180	0,12	382	6360	0,25	1590	6360	0,25	1590
8	875	0,17	150	720	0,18	130	1885	0,18	286	1275	0,18	230	480	0,10	48	1120	0,17	190	1985	0,17	337	3895	0,30	1170	3895	0,30	1170
10	700	0,21	147	575	0,20	115	1270	0,20	254	1020	0,20	204	385	0,10	38	895	0,21	188	1590	0,20	320	3180	0,35	1110	3180	0,35	1110
12	585	0,24	141	480	0,21	101	1060	0,20	212	850	0,22	187	320	0,11	35	745	0,25	186	1325	0,24	317	2650	0,40	1060	2650	0,40	1060
15	465	0,30	139	385	0,25	96	845	0,25	211	680	0,25	170	255	0,13	33	595	0,31	181	1060	0,29	308	2120	0,42	890	2120	0,42	890
18	390	0,35	137	320	0,29	93	705	0,30	211	565	0,29	164	215	0,15	32	495	0,36	178	885	0,34	300	1770	0,45	795	1770	0,45	795
20	350	0,39	136	290	0,31	90	635	0,32	203	510	0,31	158	195	0,16	31	450	0,39	176	795	0,37	293	1590	0,47	748	1590	0,47	748
22	320	0,42	134	250	0,35	88	575	0,35	201	465	0,32	149	175	0,17	30	405	0,43	174	725	0,40	290	1430	0,50	715	1430	0,50	715
25	280	0,47	132	230	0,37	85	510	0,36	184	410	0,35	143	155	0,18	28	355	0,46	173	635	0,45	285	1270	0,51	650	1270	0,51	650
28	250	0,52	130	205	0,38	78	455	0,38	173	365	0,37	135	140	0,19	27	320	0,53	170	570	0,48	273	1140	0,52	593	1140	0,52	593
30	235	0,55	129	190	0,40	76	420	0,40	168	340	0,39	133	130	0,20	26	300	0,56	168	530	0,51	271	1060	0,53	562	1060	0,53	562
32	220	0,58	128	180	0,40	72	395	0,41	162	320	0,40	128	120	0,20	24	280	0,59	165	495	0,53	262	990	0,54	535	990	0,54	535
35	200	0,63	126	165	0,40	66	360	0,42	151	290	0,42	127	110	0,20	22	255	0,64	162	455	0,57	260	910	0,55	500	910	0,55	500
38	185	0,67	124	150	0,43	64	335	0,44	147	270	0,44	119	100	0,20	20	235	0,68	160	420	0,59	248	820	0,57	468	820	0,57	468
40	175	0,70	122	145	0,44	63	320	0,45	144	255	0,45	115	96	0,21	20	225	0,71	160	395	0,62	245	795	0,58	460	795	0,58	460
42	165	0,73	120	135	0,45	61	300	0,45	135	240	0,46	110	92	0,22	20	215	0,73	157	380	0,63	240	760	0,60	455	760	0,60	455
45	155	0,77	119	130	0,46	59	280	0,46	129	225	0,47	106	85	0,22	19	200	0,77	154	355	0,65	230	710	0,62	440	710	0,62	440
48	145	0,80	116	120	0,48	58	265	0,48	127	215	0,48	103	80	0,22	18	185	0,80	148	330	0,68	225	660	0,63	430	660	0,65	430
50	140	0,83	116	115	0,50	57	255	0,49	125	205	0,50	102	77	0,23	17	175	0,83	145	320	0,70	225	640	0,65	415	640	0,65	415
55	130	0,88	114	105	0,50	52	230	0,50	115	185	0,52	96	70	0,24	17	160	0,88	140	290	0,74	215	580	0,70	405	580	0,70	405
60	125	0,90	112	96	0,50	48	210	0,52	110	170	0,54	92	64	0,25	16	150	0,93	140	265	0,77	204	530	0,75	396	530	0,75	396
65	110	0,96	106	88	0,50	44	195	0,53	103	155	0,56	87	59	0,25	15	140	0,96	134	245	0,81	198	490	0,80	392	490	0,80	392
70	100	1,00	100	82	0,50	41	180	0,55	96	145	0,58	84	55	0,25	14	130	1,00	130	225	0,84	189	450	0,83	373	450	0,83	373
Ist Material	dann gelten Tabellen-Werte mal:																										
weich	1,2	1	1,2	1,39	1	1,39	1,2	1	1,2	1,25	1	1,25	1,27	1	1,27	1,25	1	1,25	1,2	1	1,2	2,0	1	2,0	2,0	1	2,0
hart	0,8	1	0,8	0,67	1	0,67	0,8	1	0,8	0,78	1	0,78	0,68	1	0,68	0,71	1	0,71	0,8	1	0,8	0,5	1	0,5	0,5	1	0,5

[1] Diese Werte gelten nur für Spezialbohrer für Aluminium und Kupfer.

Schnittgeschwindigkeit und Umdrehungen.

Die vorstehenden Tabellen 27 und 28 geben Schnittgeschwindigkeiten und Umdrehungszahlen der Bohrer an, während die Tabellen 29 und 30 die Drehzahlen und Vorschübe pro Umdrehung und pro Minute für Bohrer aus Werkzeug- und Schnellschnittstahl enthalten.

Aus den Tabellen 29 und 30 lassen sich die reinen Laufzeiten sehr einfach errechnen, indem man die Bohrtiefe $l_1 = l + \dfrac{d}{2}$ durch den minutlichen Vorschub S dividiert. Die in den Tabellen angegebenen Drehzahlen und Vorschübe stellen keine Rekordwerte dar, sondern können von jedem guten Schnellstahlbohrer dauernd gehalten werden.

Eingehende Leistungsversuche mit Spiralbohrern haben bewiesen, daß von besonders guten Schnellstahlbohrern erheblich höhere Schnittgeschwindigkeiten und Vorschübe bei normaler Abnützung erreicht werden. So wurde z. B. mit einem Spiralbohrer $\varnothing$ 18 mm Marke May „0" der Firma Rohde & Dörrenberg in Düsseldorf-Oberkassel neben anderen Fabrikaten Dauerversuche angestellt. Dabei wurden Schnittgeschwindigkeit und Vorschub systematisch bis zur Höchstleistung der Maschine $n = 475$ entsprechend $V = 27$ m/min und $s = 0,86$ mm gesteigert und unter diesen Bedingungen 40 Löcher von 76 mm Tiefe in Gußeisen, 30 Löcher von 50 mm Tiefe in Bronze und 20 Löcher in Messingguß von 42 mm Tiefe, ohne daß der Bohrer zum Späneleeren hochgehoben werden mußte, gebohrt, dabei wies der Bohrer keine sichtbare Abnützung auf. Um aber auch die Dauerhaftigkeit des May-Bohrers auf zähem Material zu prüfen, wurden in S.M.-Stahl von 55 bis 60 kg Festigkeit mit $V = 27$

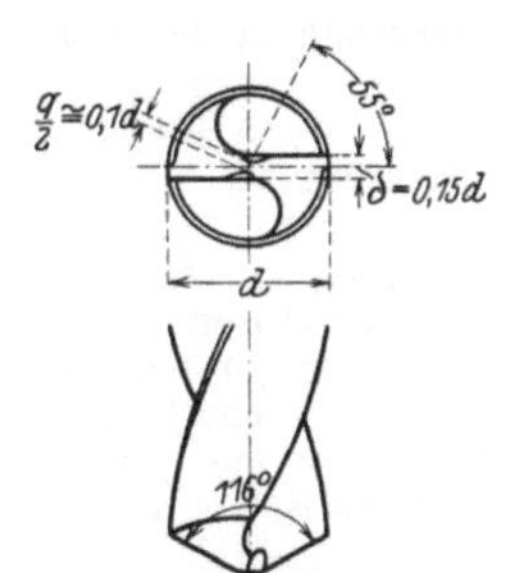

Abb. 40. Spiralbohrer-Anspitzform.

m/min bei $s = 0,3$ mm, 10 Löcher von 18 $\varnothing$ und 40 mm Tiefe ohne Anwendung von Kühlmitteln und ohne Späneleeren gebohrt; dabei zeigte sich, daß ungefähr bei 25 mm Tiefe sowohl die Bohrerspitze als auch die Späne rotglühend wurden, ohne daß das Werkzeug nach dem Versuch verdorben oder abgenützt war.

Eine ganz bedeutende Rolle spielt die Zuspitzungsform der Spiralbohrerseele. Ausgedehnte praktische Versuche haben ergeben, daß die in Abb. 40 gezeigte Ausspitzform, wenn auch nicht den kleinsten Kraftverbrauch, so doch die längste Lebensdauer gewährleistet.

Aufspann- und Griffzeiten.

Die Tabellen 31 und 32 enthalten auf Grund langjähriger Erfahrung gesammelte Aufspann- und Griffzeiten, die zur Berechnung der gesamten Bohrzeit notwendig sind. Siehe Beispiele über Bohrarbeiten.

Tabelle 31. Griffzeiten für Bohrmaschinen.

Bohrer-durchmesser in mm	Zeit in Minuten		Bohrer ausheben			
	Bohrer-wechsel	Nach-körnen d. Löcher	Lochtiefe			
			25	50	75	100
5—10	0,1	0,15	0,2	0,4	0,6	1,0
11—15	0,1	0,3	—	0,3	0,4	0,5
16—20	0,1	0,3	—	0,25	0,35	0,5
21—25	0,1	0,5	—	—	0,25	0,4
26—30	0,1	0,5	—	—	0,25	0,4
31—35	0,1	0,7	—	—	0,15	0,3
36—40	0,1	0,7	—	—	0,15	0,3
41—45	0,1	0,7	—	—	—	0,2
46—50	0,1	0,7	—	—	—	0,15
Zeiten bei Bohrerwechsel mit Schnell-wechselfutter			inkl. Loch ausputzen			

min

Werkzeug (Bohrer, Bohrstange, Schnellwechselfutter und Gewindeschneidevorrichtung usw.) in Bohrspindel-konus stecken . . . .

$\qquad$ bis   20 $\varnothing$ = 0,10
$\qquad$ von 21—40 $\varnothing$ = 0,15
$\qquad$ über   41 $\varnothing$ = 0,20

Werkzeug in der Bohrspindel wechseln . . . .

$\qquad$ bis   20 $\varnothing$ = 0,20
$\qquad$ von 21—40 $\varnothing$ = 0,30
$\qquad$ über   41 $\varnothing$ = 0,35

Werkzeug aus der Bohrspindel herausnehmen . . . .

$\qquad$ bis   20 $\varnothing$ = 0,15
$\qquad$ von 21—40 $\varnothing$ = 0,20
$\qquad$ über   41 $\varnothing$ = 0,25

Werkzeug in Schnellwechselfutter oder Gewindebohrer-Schnellwechsel-futter einsetzen . . . . = 0,05

Werkzeug im Schnellwechselfutter oder Gewindebohrer-Schnellwechsel-futter wechseln . . . . = 0,10

Werkzeug aus dem Schnellwechselfutter oder Gewindebohrer-Schnell-wechselfutter herausnehmen . . . . = 0,05

Fräsmesser in die Bohrstange einsetzen . . . .

$\qquad$ bis   20 $\varnothing$ = 0,15
$\qquad$ von 21—40 $\varnothing$ = 0,20
$\qquad$ über   41 $\varnothing$ = 0,25

Fräsmesser in der Bohrstange wechseln . . . .

$\qquad$ bis   20 $\varnothing$ = 0,25
$\qquad$ von 21—40 $\varnothing$ = 0,35
$\qquad$ über   41 $\varnothing$ = 0,45

Fräsmesser aus der Bohrstange herausnehmen . . . .

$\qquad$ bis   20 $\varnothing$ = 0,10
$\qquad$ von 21—40 $\varnothing$ = 0,15
$\qquad$ über   41 $\varnothing$ = 0,20

Gewindebohrer, Gewindebohrer-Schnellwechselfutter oder Bolzentreiber in Gewindeschneidvorrichtung einsetzen

$\qquad$ bis $3/8''$ = 0,10
$\qquad$ von $7/16''$—$1\,3/8''$ = 0,15
$\qquad$ über $1\,1/2''$ = 0,20

Gewindebohrer, Gewindebohrer-Schnellwechselfutter oder Bolzentreiber aus Gewindeschneidvorrichtung heraus-nehmen . . . .

$\qquad$ bis $3/8''$ = 0,08
$\qquad$ von $7/16''$—$1\,3/8''$ = 0,10
$\qquad$ über $1\,1/2''$ = 0,15

Ausleger beiseite drehen . . . .

$\qquad$ kleine Maschinen = 0,10
$\qquad$ mittlere   „   = 0,15
$\qquad$ große   „   = 0,20

Bohrspindel heben oder senken . . . . = 0,05
Mechanischen Vorschub einschalten . . . . = 0,03
„   „   wechseln . . . . = 0,05
„   „   ausschalten . . . . = 0,03
Geschwindigkeitswechsel . . . . = 0,07

min

Bohrmaschine umsteuern . . . . = 0,05

Sacklöcher vor oder während dem Gewindeschneiden von Spänen reinigen . . . . $\left\{\begin{array}{l}\text{bis}\quad\quad\ 1''=0,15\\ \text{von}\ 1^1/_8-1^1/_2''=0,20\\ 1^5/_8''\ \text{u. größer}=0,30\end{array}\right.$

Löcher vor oder nach dem Gewindeschneiden leicht ansenken . . . . $\left\{\begin{array}{l}\text{bis}\quad\quad {}^5/_8''=0,10\\ \text{von}\ \ {}^3/_4-1^3/_8''=0,15\\ 1^1/_2''\ \text{u. größer}=0,20\end{array}\right.$

Gewindesacklöcher vor Eintreiben der Bolzen von Spänen reinigen . . . . $\left\{\begin{array}{l}\text{bis}\quad\quad\ 1''=0,20\\ \text{von}\ 1^1/_8-1^1/_2''=0,30\\ 1^5/_8''\ \text{u. größer}=0,40\end{array}\right.$

Gewindebolzen vor dem Eintreiben einfetten . . . . $\left\{\begin{array}{l}\text{bis}\quad {}^3/_4''=0,15\\ \text{über}\ {}^3/_4''=0,20\end{array}\right.$

Tabelle 32. Aufspann-Tabelle.

Grund-fläche dm²	Höhe des Stückes								Art des Auf-spannens
	200	400	600	800	1000	1200	1400	1600	
0—4	2 3 4								I II III
4—10	3 4 5	4 5 6							I II III
10—25	4 5 6	6 8 10			ohne Kran				I II III
25—50	6 8 10	11 13 15	12 14 16		mit Kran				I II III
50—100	10 12 15	12 14 17	14 16 19	16 18 21					I II III
100—150	12 14 16	14 16 18	16 18 20	18 20 22	20 23 26	22 25 28	24 27 30	26 29 32	I II III
150—200	14 18 21	16 20 23	18 22 25	20 24 27	22 26 30	24 28 32	26 30 34	28 32 36	I II III
über 200	18 23 28	21 26 31	24 29 34	27 32 37	30 36 42	34 40 46	38 44 50	42 48 56	I II III

Durchschnittszeiten für Aufspannen von Werkstücken auf Bohrmaschinen.

I. Einfaches Aufspannen auf der Fläche ohne genaues Ausrichten.

II. Aufspannen und Ausrichten mit Hilfe eines Spannwinkels.

III. Auf rohe Flächen stellen und nach Riß ausrichten.

Einzelausführung nach Tabelle.
Reihenausführung bis 10 Stück = Tabellenwerte — 20 vH.
Reihenausführung über 10 Stück = Tabellenwerte — 30 vH.

Gußeisen, Bronze und Messing werden ohne Verwendung von Kühlmitteln gebohrt, während bei Schmiedeisen, Stahlguß usw. die Anwendung von Bohröl unerläßlich ist. Je besser die Kühlung, desto höher können Schnittgeschwindigkeiten und Vorschübe gesteigert werden.

Der Stiftenlochbohrer.

Der Stiftenlochbohrer dient dazu, Handarbeit auszuschalten, Maschinenarbeit abzukürzen und dadurch die Gestehungskosten zu verringern.

Der in Abb. 41 dargestellte Stiftenlochbohrer (von Rohde & Dörrenberg) erlaubt es, ein konisches Loch in einem Arbeitsgang zu bohren

Abb. 41.   Stiftenlochbohrer (Rhode & Dörrenberg, Düsseldorf-Oberkassel).

und auszureiben. Schnittgeschwindigkeiten und Vorschübe sind dieselben wie für Spiralbohrer, ebenso werden dieselben Kühlmittel angewendet. Das Bohren des Kernloches für den kleinsten Paß-Stiftendurchmesser nach DIN 1 erfolgt durch den kurzen zylindrischen Bohreransatz, der ein Nachschleifen der Bohrerschneide ohne Veränderung des kleinsten Paß-Stiftendurchmessers gestattet. Der als Reibahle wirkende konische Teil ist an der Schneidfase mit Nuten versehen, die als Spanbrecher wirken und ein Hineinziehen des Werkzeuges in das Arbeitsstück verhindern.

Es bedeute:

d = Nenndurchmesser des Konusstiftes = kl. Bohrer $\oslash$ in mm,

l = Lochtiefe in mm,

l_1 = Länge des zylindrischen Teiles des Stiftenlochbohrers in mm,

l_2 = gesamte Bohrlänge in mm = $l + l_1 + \dfrac{d}{2}$ = Lochtiefe + zylindrischer Teil des Bohrers + Anschnitt,

V = Schnittgeschwindigkeit in m/min,

v = Schnittgeschwindigkeit in mm/sek,

s = Vorschub in mm/Umdr.,

S = Vorschub in mm/min,

Z = Anzahl der Löcher,

T = Laufzeit in min.

Dann rechnet sich die Laufzeit wie folgt:

$$T = \frac{l_2 \cdot d \cdot \pi \cdot Z}{1000 \cdot V \cdot s} = \frac{l_2 \cdot d \cdot \pi \cdot Z}{60 \cdot v \cdot s}\ \text{min}$$

oder, wenn die Drehzahl gegeben:

$$T = \frac{l_2 \cdot Z}{n \cdot s}\ \text{min}$$

und unter Verwendung von Tabelle 34

$$T = \frac{l_2 \cdot Z}{S}\ \text{min}.$$

Das später aufgeführte Beispiel 2 zeigt, daß bei Verwendung eines Stiftenlochbohrers an Stelle von Bohrer und Reibahle eine Zeitersparnis von 5,5 min oder 45,5 vH gemacht wurde.

Nachstehend zur Erläuterung einige Beispiele:

1. Beispiel. Ein Gleichstromgehäuse (Abb. 42).
Material: Stahlguß.

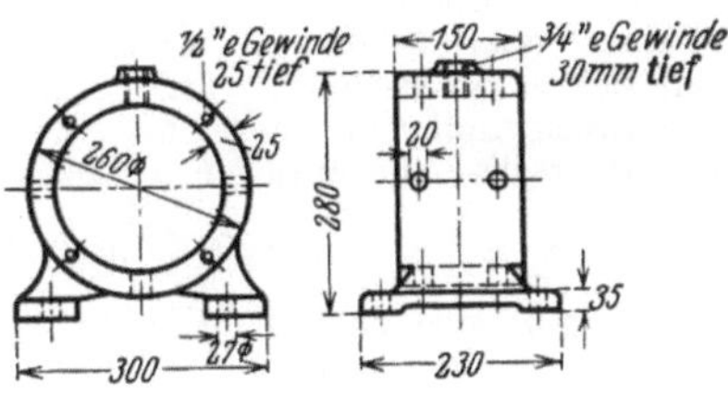

Abb. 42. Gleichstrom-Gehäuse.

a) Bohren der Füße.

4 Löcher von 27 mm $\varnothing$ und 35 mm Tiefe nach Anriß bohren und anflächen.
Werkzeug: Schnellstahl.

Werkzeug ausfassen . . . . 6,00 min
Gehäuse aufspannen und ausrichten nach Tabelle 32, Aufspannart II,
    bei einer Grundfläche 4—10 dm² und einer Höhe von 400 mm . . . . 5,00 „

$$l_1 = 35 + \text{Anschnitt} = 35 + 14 = 49 \text{ mm}.$$

Unter Verwendung von Tabelle 30 ist

$$T = \frac{l_1}{S} \cdot Z = \frac{49}{78} \cdot 4 = \quad \ldots \ldots \ldots \ldots 4{,}50 \text{ „}$$

Schnellwechselfutter in Bohrspindelkonus einstecken		0,15 „
Bohrer in Schnellwechselfutter einsetzen		0,05 „
Bohrstange in Schnellwechselfutter einsetzen		0,05 „
Messer in Bohrstange einsetzen zum Anfräsen . . .		0,15 „
4 mal nachkörnen à 0,5 = ...	nach	4,00 „
4 mal anflächen für Schraubenkopf à 0,5 = ...	Tabelle 31	4,00 „
8 mal Ausleger beiseite drehen à 0,15 = ...		1,20 „
8 mal Bohrspindel heben à 0,05 = ...		0,40 „
8 mal Bohrspindel senken à 0,05 = ...		0,40 „
1 mal Geschwindigkeit wechseln		0,07 „

b) 8 Polbefestigungslöcher.

20 mm $\varnothing$, 25 mm tief nach Anriß bohren und anflächen für Schraubenkopf. Gehäuse auf- und 2 mal umspannen wie unter a)
    nach Tabelle 32 à 5,00 = ... 15,00 min
1 mal Bohrer wechseln . . . . } nach 0,10 „
1 mal Bohrstange wechseln . . . . } Tabelle 31 0,10 „

$$l_1 = 25 + \text{Anschnitt} = 25 + 10 = 35 \text{ mm}.$$

Nach Tabelle 30 ist:

$$T = \frac{l_1}{S} \cdot Z = \frac{35}{90} \cdot 8 = \quad \ldots \ldots \ldots \ldots 3{,}12 \text{ „}$$

4 mal Bohrer wechseln à 0,1 = ...		0,40 „
4 mal Bohrstange wechseln à 0,05 = ...		0,20 „
8 mal Ausleger beiseite drehen à 0,15 = ...		1,20 „
8 mal Bohrspindel heben à 0,05 = ...	nach	0,40 „
8 mal Bohrspindel senken à 0,05 = ...	Tabelle 31	0,40 „
8 mal nachkörnen à 0,3 = ...		2,40 „
4 mal Geschwindigkeit wechseln à 0,07 = ...		0,28 „

Übertrag 49,57 min

Übertrag　49,57 min

**c) 8 Befestigungslöcher für Lagerschilder 9 mm $\varnothing$, 25 mm
Tiefe nach Bohrschablone bohren.**

Gehäuse auf Bohrtisch auflegen, umdrehen und Tisch von Spänen
säubern, nach Tabelle 71, für ca. 20 kg à 1,0 = ... 　2,00 min
1 mal Bohrer wechseln . . . . ⎫ nach Tab. 31　0,10 „
1 mal Geschwindigkeit wechseln . . . . ⎭　　　　　　0,07 „
2 mal Bohrschablone auflegen à 1,00 = ... 　2,00 „

$$l_1 = 25 + \text{Anschnitt} = 25 + 4{,}5 = 29{,}5 \text{ mm,}$$

daraus ergibt sich nach Tabelle 30:

$$T = \frac{l_1}{S} \cdot Z = \frac{29{,}5}{125} \cdot 8 = \quad \dots \dots \dots \dots 1{,}90 \text{ „}$$

8 mal Ausleger beiseite drehen à 0,15 = ... ⎫　　　　　1,20 „
8 mal Bohrspindel heben à 0,05 = ... ⎬ nach　　0,40 „
8 mal Bohrspindel senken à 0,05 = ... ⎭ Tabelle 31　0,40 „

**d) 1 Loch 16 mm $\varnothing$, 30 mm lang für $^3/_4''$ Transportöse nach
Anriß bohren und anfräsen.**

Ein Aufspannen erfolgt nicht.

Gehäuse auf Bohrtisch heben nach Tabelle 71 . . . . 　1,00 min
2 Werkzeuge holen . . . . 　4,00 „
2 mal Bohrer wechseln à 0,10 = ... ⎫　　　　　0,20 „
1 mal Bohrstange einsetzen . . . . ⎪　　　　　0,05 „
1 mal Bohrstange herausnehmen . . . . ⎪　　　　　0,05 „
1 mal Bohrmesser zum Anfräsen einsetzen . . . . . ⎪　　　　　0,15 „
2 mal Bohrspindel heben à 0,05 = ... ⎬ nach　　0,10 „
2 mal Bohrspindel senken à 0,05 = ... ⎪ Tabelle 31　0,10 „
2 mal Ausleger beiseite drehen à 0,15 = ... ⎪　　　　　0,30 „
2 mal Geschwindigkeit wechseln à 0,07 = ... ⎪　　　　　0,14 „
2 mal Vorschub wechseln à 0,05 = ... ⎭　　　　　0,10 „
1 mal Nachkörnen . . . . 　0,30 „

Laufzeit für das Loch bohren

$$l_1 = l + \frac{d}{2} = 30 + \frac{16}{2} = 38 \text{ mm,}$$

mithin nach Tabelle 30:

$$T = \frac{l_1}{S} = \frac{38}{96} = \quad \dots \dots \dots \dots \dots 0{,}40 \text{ „}$$

1 mal Auge mit dem Messer anfräsen . . . . 　0,50 „

Total 65,03 min.
∿ 65 „

2. Beispiel. In zwei Flanschen aus S.M.St. 40 mm stark sollen je zwei
Konusstiftenlöcher von 10 mm $\varnothing$ mit einem Stiftenlochbohrer in einer Operation gebohrt und ausgerieben werden.

Tabelle 33. Schnittgeschwindigkeit und Umdrehungstabelle für Stiftenlochbohrer. Schnellschnittstahl.

Ist Material	dann ist	Guß	St.-Guß	Schm.E.	S.M.St.	Wz.St.	Bronze	Messing	Aluminium	Kupfer
weich	$V=$	28 m/min	25 m/min	48 m/min	40 m/min	15 m/min	35 m/min	60 m/min	60 m/min	60 m/min
	$n=$	$\frac{8950}{\text{Bohrer }\varnothing}$	$\frac{6000}{\text{Bohrer }\varnothing}$	$\frac{15300}{\text{Bohrer }\varnothing}$	$\frac{12700}{\text{Bohrer }\varnothing}$	$\frac{4800}{\text{Bohrer }\varnothing}$	$\frac{11100}{\text{Bohrer }\varnothing}$	$\frac{19100}{\text{Bohrer }\varnothing}$	$\frac{19100}{\text{Bohrer }\varnothing}$	$\frac{19100}{\text{Bohrer }\varnothing}$
mittel	$V=$	22 m/min	18 m/min	40 m/min	32 m/min	12 m/min	28 m/min	50 m/min	50 m/min	50 m/min
	$n=$	$\frac{7000}{\text{Bohrer }\varnothing}$	$\frac{5750}{\text{Bohrer }\varnothing}$	$\frac{12700}{\text{Bohrer }\varnothing}$	$\frac{10200}{\text{Bohrer }\varnothing}$	$\frac{3850}{\text{Bohrer }\varnothing}$	$\frac{8950}{\text{Bohrer }\varnothing}$	$\frac{15900}{\text{Bohrer }\varnothing}$	$\frac{15900}{\text{Bohrer }\varnothing}$	$\frac{15900}{\text{Bohrer }\varnothing}$
hart	$V=$	15 m/min	12 m/min	32 m/min	25 m/min	10 m/min	20 m/min	40 m/min	40 m/min	40 m/min
	$n=$	$\frac{4800}{\text{Bohrer }\varnothing}$	$\frac{3850}{\text{Bohrer }\varnothing}$	$\frac{10200}{\text{Bohrer }\varnothing}$	$\frac{8000}{\text{Bohrer }\varnothing}$	$\frac{3200}{\text{Bohrer }\varnothing}$	$\frac{6350}{\text{Bohrer }\varnothing}$	$\frac{12700}{\text{Bohrer }\varnothing}$	$\frac{12700}{\text{Bohrer }\varnothing}$	$\frac{12700}{\text{Bohrer }\varnothing}$

Tabelle 34. Tabelle über Drehzahl pro min und Vorschub in mm pro

Bohrer	Guß			St.Guß			Schm.Eisen			S.M.St.		
$\varnothing$	n	s	S	n	s	S	n	s	S	n	s	S
1	7000	0,06	420	5570	0,06	345	12700	0,06	762	10200	0,06	612
1,25	5600	0,07	392	4600	0,07	322	10150	0,07	710	8150	0,07	570
1,6	4670	0,08	372	3830	0,08	308	8450	0,08	675	6800	0,08	542
2	3500	0,10	350	2875	0,10	287	6350	0,10	635	5100	0,10	510
2,5	2800	0,11	308	2300	0,12	276	5080	0,12	610	4080	0,12	490
3	2340	0,11	258	1920	0,13	248	4230	0,13	552	3400	0,13	442
4	1750	0,12	210	1435	0,14	202	3180	0,14	445	2550	0,14	372
5	1400	0,12	168	1150	0,15	172	2540	0,15	381	2040	0,15	306
6,5	1080	0,15	162	885	0,17	150	1950	0,17	332	1570	0,17	267
8	875	0,17	150	720	0,18	130	1585	0,18	286	1275	0,18	230
10	700	0,21	147	575	0,20	115	1270	0,20	254	1020	0,20	204
13	540	0,26	140	420	0,25	105	975	0,24	234	785	0,24	188
16	440	0,32	139	360	0,27	97	795	0,28	222	640	0,27	173
20	350	0,39	136	290	0,31	90	635	0,32	203	510	0,31	158
25	280	0,42	134	230	0,37	85	510	0,36	184	410	0,35	143
30	235	0,55	129	190	0,40	76	420	0,40	168	340	0,39	133
40	175	0,70	122	145	0,44	63	320	0,45	144	255	0,45	115
50	140	0,83	116	115	0,50	57	255	0,50	125	205	0,50	102
Ist Material						dann gelten						
weich	1,2	1	1,2	1,39	1	1,39	1,2	1	1,2	1,25	1	1,25
hart	0,8	1	0,8	0,67	1	0,67	0,8	1	0,8	0,78	1	0,78

Werkzeug: Schnellschnittstahl.

Für Aufspannen und Abspannen werden keine Zeiten eingesetzt.

4 Löcher von 10 mm $\varnothing$, 40 mm tief in einer Operation bohren und ausreiben. Die Länge des zylindrischen Teiles des Stiftenlochbohrers sei $l_1 = 20$ mm, daraus erhalten wir die Gesamtbohrlänge

$$l_2 = l + l_1 + \frac{d}{2} = 40 + 20 + 5 = 65 \text{ mm.}$$

Unter Verwendung von Tabelle 34 ist:

$$T = \frac{l_2}{S} \cdot Z = \frac{65}{254} \cdot 4 = \ \ldots \ldots \ldots \quad 1{,}02 \text{ min}$$

Werkzeug ausfassen	3,00 min
Werkzeug wechseln	0,20 „
1 mal Geschwindigkeit wechseln	0,07 „
1 mal Vorschub wechseln	0,05 „
4 mal nachkörnen à 0,15 = ...	0,60 „
4 mal Ausleger beiseite drehen à 0,15 = ...	0,60 „
4 mal Bohrspindel heben à 0,05 = ...	0,20 „
4 mal Bohrspindel senken à 0,05 = ...	0,20 „
1 mal Stiftenlochbohrer herausnehmen	0,10 „

nach Tabelle 31

                              Total   6,04 min.

                                  $\sim$ 6 „

Als Vergleich soll Beispiel 2 noch durchgerechnet werden unter der Vor-

Umdrehung bzw. pro min für Stiftenlochbohrer aus Schnellschnittstahl.

Werkz.St.			Bronze			Messing			Aluminium			Kupfer		
n	s	S	n	s	S	n	s	S	n	s	S	n	s	S
3850	0,03	115	8950	0,06	538	15900	0,055	872	15900	0,055	872	15900	0,055	872
3080	0,035	108	7170	0,07	502	12700	0,065	825	12700	0,065	825	12700	0,065	825
2565	0,04	102	5970	0,08	476	11600	0,07	810	11600	0,07	810	11600	0,07	810
1925	0,05	96	4475	0,10	447	7950	0,10	795	7950	0,10	795	7950	0,10	795
1540	0,06	92	3580	0,11	393	6360	0,11	700	6360	0,11	700	6360	0,11	700
1285	0,07	90	2990	0,12	360	5300	0,12	635	5300	0,12	635	5300	0,12	635
965	0,08	77	2240	0,12	270	3980	0,12	476	3980	0,12	476	3980	0,12	476
770	0,08	62	1790	0,12	214	3180	0,12	382	3180	0,12	382	3180	0,12	382
595	0,09	54	1380	0,15	207	2450	0,15	376	2450	0,15	376	2450	0,15	376
480	0,10	48	1120	0,17	190	1985	0,17	337	1985	0,17	337	1985	0,17	337
385	0,10	38	895	0,21	188	1590	0,20	320	1590	0,20	320	1590	0,20	320
295	0,12	34	690	0,27	186	1225	0,25	305	1225	0,25	305	1225	0,25	305
240	0,14	33	560	0,32	180	995	0,30	298	995	0,30	298	995	0,30	298
195	0,16	31	450	0,39	176	795	0,37	293	795	0,37	293	795	0,37	293
155	0,18	28	355	0,46	173	635	0,45	285	635	0,45	285	635	0,45	285
130	0,20	26	300	0,56	168	530	0,51	271	530	0,51	271	530	0,51	271
96	0,21	20	225	0,71	160	395	0,62	245	395	0,62	245	395	0,62	245
77	0,23	17	175	0,83	145	320	0,70	225	320	0,70	225	320	0,70	225

Tabellenwerte mal:

1,27	1	1,27	1,25	1	1,25	1,2	1	1,2	1,2	1	1,2	1,2	1	1,2
0,68	1	0,68	0,71	1	0,71	0,8	1	0,8	0,8	1	0,8	0,8	1	0,8

aussetzung, daß die Stiftenlöcher mit einem Bohrer auf 10 mm vorgebohrt und nachher mit einer Kegelreibahle aufgerieben werden:

Werkzeug ausfassen . . . . 3,00 min
Werkzeug wechseln . . . . 0,20 „
8 mal Bohrspindel heben à 0,05 = ... ⎫ 0,40 „
8 mal Bohrspindel senken à 0,05 = ... ⎪ 0,40 „
2 mal Geschwindigkeit wechseln à 0,07 = ... ⎬ nach 0,14 „
2 mal Vorschub wechseln à 0,05 = ... ⎪ Tabelle 31 0,10 „
8 mal Ausleger beiseite drehen à 0,15 = ... ⎪ 0,60 „
4 mal nachkörnen à 0,15 = ... ⎭ 0,60 „

Die Laufzeit für das Bohren ist

$$T = \frac{l_1}{S} \cdot Z = \frac{40 + 5}{254} \cdot 4 = \frac{45}{254} \cdot 4 = \quad . . . . . . \quad 0,71 \text{ „}$$

1 mal Werkzeug wechseln (nach Tabelle 31) . . . . 0,20 „
Bestimmung der Reibarbeit unter Verwendung von Tabelle 44:

$$T = \frac{l}{S} \cdot Z = \frac{40}{28} \cdot 4 = \quad . . . . \quad 5,70 \text{ „}$$

Total 12,05 min.
∼ 12 „

Für Bohrerschleifen wurden keine Zeiten eingesetzt, da bei der Bearbeitung von 1—2 Stücken die Werkzeuge nicht geschliffen werden müssen.

Die Zeit für das Schleifen der Bohrer hängt ganz von den Betriebsverhältnissen und den Schleifeinrichtungen ab. In der Regel dürfen die Bohrwerkzeuge vom Arbeiter überhaupt nicht geschliffen werden, sondern sind in der Werkzeugausgabe gegen frisch geschärfte auszutauschen.

Das Gewindeschneiden auf der Bohrmaschine.

Aus der Praxis heraus ergab sich das Bedürfnis, die auf der Bohrmaschine vorgebohrten Gewindekernlöcher, in einer Aufspannung, auch mit Gewinde versehen zu können, da die mit der Bohrmaschine geschnittenen Gewinde 1. unbedingt lotrecht zu den betreffenden Flächen stehen und 2. in einem Bruchteil der Zeit hergestellt werden können, die für das Schneiden der Gewinde von Hand erforderlich ist.

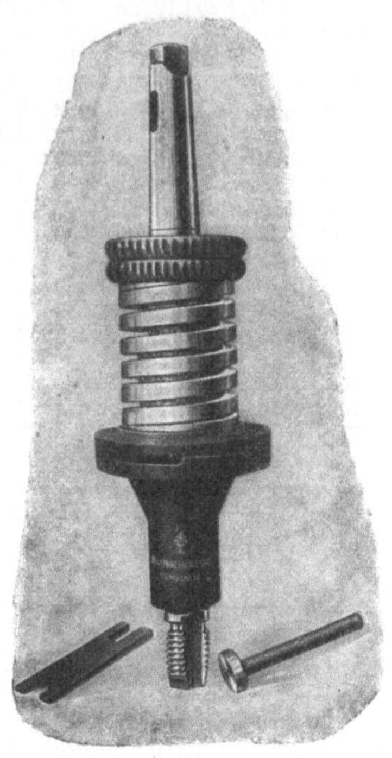

Abb. 43. Gewindeschneidfutter (Klingelnberg Söhne, Remscheid).

Um aber die Bohrmaschine zu diesem Zweck gebrauchen zu können, bedarf es eigens dazu gebauter Verbesserungen und Werkzeuge. Die Maschine muß vor allem mit einer durch einen einzigen Hebelgriff umsteuerbaren Rücklaufvorrichtung ausgestattet sein, um besonders bei Sacklöchern den Gewindebohrer wieder zurück treiben zu können. Die Rücklaufgeschwindigkeit ist in der Regel größer als die Vorlaufgeschwindigkeit und beträgt das 1,5- bis 3fache der letzteren. Bei neuen Maschinen ist das Verhältnis von Vorlauf- und Rücklaufgeschwindigkeit meistens 1:3. Bei Maschinen, die nicht mit eingebautem Rücklauf ausgerüstet sind, muß eine Gewindeschneidvorrichtung angewendet werden, die so konstruiert ist, daß sie selbsttätig die Drehrichtung des Gewindebohrers wechselt und so den Bruch durch Aufsitzen auf dem Grund verhindert.

Um die Bruchsicherheit zu erhöhen, sind Gewindeschneidfutter (Abb. 43) im Handel, die einen Gewindebohrerbruch dadurch verhindern, daß bei Überschreitung eines für jeden Bohrer bestimmten Widerstandes die Nocken der Reibungsflächen übereinander weggleiten. Beim Schneiden von Sacklöchern hat sich gezeigt, daß es, um ein Gewinde bis auf den Grund sauber ausschneiden zu können, notwendig ist, den Gewindebohrer nach dem erstmaligen Aufstehen hinauszudrehen, das Sackloch von den entstandenen Spänen zu reinigen und den Gewindebohrer nochmals bis auf den Grund einzutreiben.

Wie beim Bohren können auch zum Gewindeschneiden die vorgenannten Schnellwechselbohrfutter (Abb. 39) verwendet werden, welche es dem Arbeiter beim vollen Lauf der Maschine gestatten, jedes Werkzeug, also auch die Gewindeschneidfutter, auszuwechseln.

Zum Schneiden von Gewinden auf der Bohrmaschine werden in der Hauptsache sogenannte Maschinengewindebohrer benützt, da nur diese in dem Gewindeschneidfutter (Abb. 43) verwendet werden können, sie haben aber den großen Nachteil, daß sie einerseits bedeutend

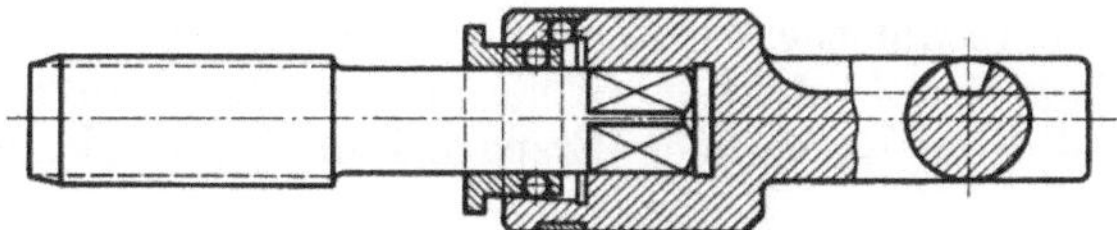

Abb. 44. Gewindebohrerschnellwechselfutter.

teurer sind als gewöhnliche Handgewindebohrer, andererseits das Auswechseln sich sehr umständlich gestaltet. Dieser Übelstand wird durch das in Abb. 44 veranschaulichte Gewindebohrer-Schnellwechselfutter, das an Stelle des Maschinengewindebohrers die Verwendung jedes handelsüblichen Handgewindebohrers ermöglicht, in einwandfreier Weise behoben. Ein weiterer Vorteil der Vorrichtung (Abb. 44) ist der, daß man sowohl für die Schlosserei als auch für die Bohrmaschinen usw. nur eine Art Gewindebohrer benötigt und demzufolge den gesamten Bestand an Gewindebohrern bedeutend kleiner zu halten in der Lage ist.

Durch die Verwendung der Handgewindebohrer auf der Maschine ist aber der Mangel, zum Fertigschneiden der Gewinde zwei bzw. drei im Durchmesser verschieden abgestufter Gewindebohrer zu benötigen, nicht behoben.

Das Bestreben der Gewindebohrer-Spezialfabriken mußte also dahin gerichtet sein, einen Bohrer auf den Markt zu bringen, der es ermöglicht, ein Gewinde mit einem Gewindebohrer fertig schneiden zu können.

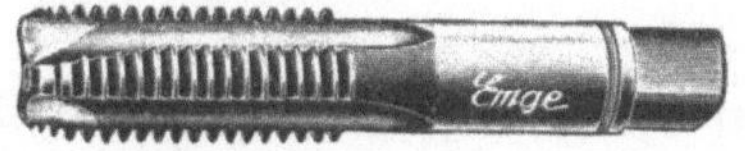

Abb. 45. Sackloch-Gewindebohrer.

Abb. 46. Durchgangsgewindebohrer mit Führung.

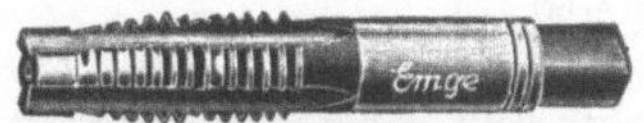

Abb. 47. Durchgangsgewindebohrer mit Führung und Stufenform.

(Moschkau & Gimpel, Nürnberg-Lauf.)

Es ist nun der Firma Moschkau & Gimpel, Lauf a. d. Pegnitz, durch entsprechende Wahl von Werkzeugstahl, Anschnitt und Schliff gelungen, mit ihren „Emge"-Gewindebohrern ein Werkzeug auf den Markt zu bringen, das, wie die vom Verfasser angestellten Versuche einwandfrei bewiesen — mit wenigen später noch angeführten Einschränkungen — imstande ist, ein Gewinde mit einem Gewindebohrer einwandfrei und lehrenhaltig zu schneiden. Die „Emge"-Bohrer werden in drei verschiedenen Ausführungen hergestellt und zwar Abb. 45 ohne

Führung für Sacklöcher, Abb. 46 mit Führung für Durchgangslöcher, Abb. 47 mit Führung und Stufenform für Durchgangslöcher, wobei letztere infolge des wiederkehrenden Anschnittes den Vorteil einer größeren Lebensdauer und eines besonders geringen Kraftaufwandes haben.

Durch diese technische Verbesserung ist eine weitere Verringerung der Gewindebohrerzahl gleicher Größe und damit, trotz des etwas höheren Preises, eine wesentliche Ersparnis in den Werkzeugausgaben möglich.

Die in den Tabellen 39 bis 41 angeführten Schnittzeiten für Gewinde sind nach den in den Tabellen 35 bis 38 angegebenen und erprobten Schnittgeschwindigkeiten bzw. Drehzahlen, bei einem Rücklaufverhältnis von 1:3 errechnet, wobei die Gewindelänge nach DIN 351 bis 353 in Rechnung gesetzt ist. Dabei muß aber berücksichtigt

(Fortsetzung S. 122)

Tabelle 35. Tabelle für Schnittgeschwindigkeiten
beim Gewindeschneiden.

Material	weich		mittel		hart	
	„V" in m/min	„v" in mm/sek	„V" in m/min	„v" in mm/sek	„V" in m/min	„v" in mm/sek
Gußeisen und Bronze .	8,5	142	7,5	125	6,0	100
Temperguß	6,0	100	5,0	83	4,0	67
Stahlguß	5,0	83	4,0	67	3,0	50
Schmiedeeisen	5,0	83	4,0	67	3,0	50
S.M.-Stahl	7,0	117	6,0	100	5,0	83
Werkzeugstahl	4,0	67	3,0	50	2,0	33
Messing, Aluminium, Kupfer	12,0	200	10,0	167	8,0	133

Tabelle 36. Bohrspindel-Drehzahl beim Gewindeschneiden.

Material	Gewinde-Größen in mm																			
	5	6	8	10	12	14	16	18	20	22	24	27	30	33	36	39	42	45	48	52
Gußeisen und Bronze . .	480	400	300	240	200	170	150	135	120	110	100	88	80	72	66	61	57	53	50	46
Temperguß .	320	265	200	160	135	115	100	88	80	72	66	59	53	48	44	41	38	35	33	30
Stahlguß . .	255	210	160	130	105	91	80	71	64	58	53	47	42	39	35	33	30	28	26	25
Schmiede-eisen . . .	255	210	160	130	105	91	80	71	64	58	53	47	42	39	35	33	30	28	26	25
S.M.Stahl . .	380	320	240	190	160	135	120	105	96	87	80	71	64	58	53	49	45	42	40	37
Werkzeug-stahl . . .	190	160	120	95	80	68	60	52	48	43	40	35	32	29	26	24	22	21	20	18
Messing, Aluminium, Kupfer . .	635	530	400	320	265	225	200	175	160	145	130	120	105	96	88	82	76	71	66	61

Tabelle 37. Bohrspindeldrehzahl beim Gewindeschneiden für Whitworth-Gewinde.

Material	Gewindegröße																
	$\frac{1}{4}''\,e$	$\frac{5}{16}''\,e$	$\frac{3}{8}''\,e$	$\frac{7}{16}''\,e$	$\frac{1}{2}''\,e$	$\frac{5}{8}''\,e$	$\frac{3}{4}''\,e$	$\frac{7}{8}''\,e$	$1''\,e$	$1\frac{1}{8}''\,e$	$1\frac{1}{4}''\,e$	$1\frac{3}{8}''\,e$	$1\frac{1}{2}''\,e$	$1\frac{5}{8}''\,e$	$1\frac{3}{4}''\,e$	$1\frac{7}{8}''\,e$	$2''\,e$
Gußeißen und Bronze .	375	300	250	215	185	150	125	105	94	83	75	68	63	58	54	50	47
Temperguß	250	200	165	145	125	100	83	72	62	56	50	45	42	38	36	33	31
Stahlguß	200	160	135	115	100	80	67	57	50	44	40	36	33	31	29	27	25
Schmiedeeisen	200	160	135	115	100	80	67	57	50	44	40	36	33	31	29	27	25
S.M.-Stahl	300	240	200	170	150	120	100	86	75	67	60	55	50	46	43	40	38
Werkzeugstahl	150	120	100	86	75	60	50	43	38	33	30	27	25	23	21	20	19
Messing, Aluminium, Kupfer	500	400	335	285	250	200	165	145	125	110	100	91	83	77	72	67	63

Tabelle 38. Bohrspindel-Drehzahl beim Gewindeschneiden.

Material	Gewindegrößen Whitworth — Röhrengewinde — n. DIN Nr. 259—260													
	$\frac{1}{8}''$	$\frac{1}{4}''$	$\frac{3}{8}''$	$\frac{1}{2}''$	$\frac{5}{8}''$	$\frac{3}{4}''$	$\frac{7}{8}''$	$1''$	$1\frac{1}{8}''$	$1\frac{1}{4}''$	$1\frac{3}{8}''$	$1\frac{1}{2}''$	$1\frac{3}{4}''$	$2''$
Gußeisen und Bronze	245	180	145	115	105	90	79	72	63	57	54	50	44	40
Temperguß	155	120	96	76	69	60	53	48	42	38	36	33	30	27
Stahlguß	130	97	76	61	56	48	42	38	34	30	29	27	24	21
Schmiedeeisen	130	97	76	61	56	48	42	38	34	30	29	27	24	21
S.M.-Stahl	195	145	115	91	83	72	63	58	50	46	43	40	36	32
Werkzeugstahl	98	72	58	45	41	36	31	29	25	23	21	20	18	16
Messing, Aluminium, Kupfer .	310	240	190	150	140	120	105	96	84	76	72	66	60	54

Tabelle 39. Zeittabelle in Minuten für das Schneiden

Gewindelänge in mm		Gewindedurchmesser												
		5	6	8	10	12	14	16	18	20	22	24	27	30
bis 5	I	0,076	0,075	0,088	0,098	0,115								
	II	0,028	0,030	0,036	0,041	0,046								
	III	0,035	0,034	0,032	0,037	0,038								
10	I	0,089	0,088	0,103	0,112	0,129	0,141	0,167	0,166	0,194				
	II	0,045	0,047	0,054	0,059	0,065	0,070	0,080	0,079	0,088				
	III	0,070	0,067	0,063	0,075	0,077	0,078	0,090	0,081	0,090				
15	I	0,104	0,100	0,115	0,125	0,144	0,155	0,184	0,181	0,211	0,239	0,228	0,237	0,287
	II	0,062	0,063	0,072	0,078	0,084	0,090	0,102	0,098	0,111	0,121	0,120	0,136	0,138
	III	0,105	0,101	0,095	0,112	0,115	0,118	0,134	0,121	0,134	0,148	0,134	0,150	0,144
20	I	0,115	0,113	0,128	0,139	0,158	0,170	0,201	0,196	0,228	0,258	0,244	0,302	0,305
	II	0,080	0,080	0,090	0,096	0,103	0,110	0,124	0,118	0,133	0,145	0,142	0,161	0,162
	III	0,140	0,134	0,127	0,149	0,154	0,157	0,179	0,161	0,179	0,198	0,179	0,201	0,192
25	I		0,126	0,142	0,153	0,172	0,185	0,218	0,211	0,244	0,276	0,261	0,320	0,323
	II		0,096	0,108	0,115	0,122	0,129	0,147	0,138	0,155	0,170	0,164	0,187	0,185
	III		0,168	0,159	0,187	0,192	0,196	0,224	0,202	0,224	0,247	0,224	0,252	0,240
30	I			0,155	0,167	0,187	0,199	0,235	0,226	0,261	0,295	0,278	0,339	0,340
	II			0,127	0,133	0,141	0,149	0,169	0,158	0,177	0,194	0,186	0,212	0,209
	III			0,191	0,224	0,231	0,235	0,268	0,292	0,268	0,296	0,268	0,302	0,288
35	I				0,181	0,201	0,214	0,251	0,241	0,278	0,313	0,294	0,358	0,358
	II				0,152	0,160	0,168	0,191	0,177	0,200	0,218	0,209	0,237	0,233
	III				0,262	0,269	0,275	0,314	0,282	0,314	0,345	0,314	0,352	0,336
40	I					0,215	0,228	0,268	0,256	0,294	0,331	0,311	0,377	0,376
	II					0,179	0,188	0,213	0,197	0,222	0,242	0,231	0,262	0,257
	III					0,307	0,314	0,358	0,322	0,358	0,395	0,358	0,402	0,384
45	I						0,243	0,285	0,271	0,311	0,350	0,328	0,395	0,394
	II						0,207	0,236	0,217	0,244	0,266	0,253	0,288	0,280
	III						0,353	0,403	0,363	0,403	0,444	0,403	0,452	0,432
50	I	Bei Sacklöchern ist in der Zeit						0,302	0,286	0,328	0,368	0,351	0,414	0,412
	II	das zweimalige Einschneiden des						0,258	0,236	0,266	0,290	0,275	0,312	0,304
	III	Gewindebohrers eingeschlossen						0,448	0,403	0,448	0,494	0,448	0,502	0,480
60	I								0,316	0,361	0,404	0,384	0,452	0,448
	II								0,276	0,311	0,338	0,319	0,363	0,352
	III								0,483	0,538	0,592	0,538	0,603	0,577
70	I									0,395	0,442	0,418	0,489	0,483
	II									0,355	0,387	0,364	0,413	0,399
	III									0,627	0,691	0,627	0,703	0,672
80	I										0,478	0,452	0,527	0,519
	II										0,435	0,408	0,463	0,447
	III										0,789	0,718	0,803	0,768

I. Für Durchgangslöcher ohne Rücklauf;   II. Für Durchgangslöcher

Die Tabelle ist gerechnet für $V = 7,5$ m/min; einem Rücklaufverhältnis

von S.J.-Gewinden auf der Bohrmaschine.

in mm							Ist der Vorlauf		dann multipliziere Tabellenwerte I mit	Und der Rücklauf V_r das			
										1-fache	1,5-fache	2-fache	3-fache
33	36	39	42	45	48	52	$V = $ m/min	$V = $ mm/sek		dann multipliziere Tabellenwerte II u. III			
										mit	mit	mit	mit
							1,0	17	7,50	11,24	9,38	8,40	7,50
							1,5	25	5,00	5,00	6,25	5,60	5,00
							2,0	33	3,75	5,67	4,70	4,20	3,75
0,355	0,358	0,407	0,410				2,5	42	3,00	4,53	3,75	3,36	3,00
0,177	0,182	0,196	0,197				3,0	50	2,50	3,78	3,13	2,80	2,50
0,211	0,201	0,219	0,209				3,5	58	2,14	3,24	2,68	2,40	2,14
0,315	0,376	0,428	0,429	0,482	0,482	0,544	4,0	67	1,87	2,82	2,34	2,10	1,87
0,203	0,206	0,224	0,223	0,240	0,239	0,260	4,5	75	1,67	2,52	2,09	1,87	1,67
0,264	0,252	0,273	0,261	0,280	0,269	0,291	5,0	83	1,50	2,26	1,88	1,68	1,50
0,394	0,395	0,448	0,448	0,502	0,502	0,504	5,5	92	1,36	2,05	1,70	1,53	1,36
0,229	0,232	0,251	0,249	0,268	0,266	0,289	6,0	100	1,25	1,89	1,56	1,40	1,25
0,317	0,302	0,328	0,314	0,336	0,323	0,349	6,5	108	1,15	1,74	1,44	1,29	1,15
0,414	0,414	0,468	0,468	0,523	0,522	0,588	7,0	117	1,07	1,62	1,34	1,20	1,07
0,255	0,257	0,278	0,275	0,296	0,293	0,318	7,5	125	1,00	1,51	1,25	1,12	1,00
0,370	0,352	0,382	0,366	0,392	0,376	0,408	8,0	133	0,94	1,42	1,18	1,05	0,94
0,434	0,433	0,488	0,488	0,543	0,542	0,608	8,5	141	0,88	1,33	1,10	0,99	0,88
0,281	0,282	0,305	0,301	0,324	0,319	0,347	9,0	150	0,83	1,25	1,04	0,93	0,83
0,423	0,402	0,437	0,418	0,448	0,430	0,467	9,5	158	0,79	1,19	0,99	0,88	0,79
0,454	0,452	0,509	0,508	0,564	0,562	0,630	10,0	167	0,75	1,13	0,94	0,84	0,75
0,307	0,307	0,333	0,327	0,352	0,346	0,376	10,5	175	0,71	1,07	0,89	0,79	0,71
0,475	0,452	0,492	0,470	0,503	0,484	0,524	11,0	183	0,68	1,03	0,85	0,76	0,68
0,473	0,470	0,529	0,528	0,585	0,582	0,652	11,5	192	0,65	0,98	0,81	0,73	0,65
0,333	0,333	0,360	0,353	0,379	0,372	0,405	12,0	200	0,62	0,93	0,78	0,70	0,62
0,528	0,502	0,547	0,523	0,560	0,538	0,582	12,5	208	0,60	0,91	0,75	0,67	0,60
0,513	0,508	0,570	0,566	0,627	0,622	0,696	13,0	217	0,58	0,88	0,72	0,65	0,58
0,386	0,383	0,414	0,404	0,435	0,426	0,463	13,5	225	0,56	0,85	0,70	0,63	0,56
0,633	0,603	0,655	0,628	0,672	0,645	0,698	14,0	233	0,54	0,82	0,68	0,60	0,54
0,553	0,545	0,611	0,605	0,668	0,662	0,740	15,0	250	0,50	0,76	0,63	0,56	0,50
0,438	0,433	0,468	0,457	0,490	0,478	0,520	16,0	267	0,47	0,71	0,59	0,53	0,47
0,739	0,703	0,765	0,732	0,783	0,753	0,815	17,0	283	0,44	0,66	0,55	0,50	0,44
0,592	0,583	0,652	0,644	0,710	0,702	0,783	18,0	300	0,42	0,63	0,53	0,47	0,42
0,490	0,483	0,523	0,508	0,547	0,532	0,578	19,0	318	0,40	0,60	0,50	0,45	0,40
0,845	0,803	0,873	0,836	0,896	0,860	0,932	20,0	333	0,38	0,57	0,48	0,43	0,38

mit Rücklauf; III. Für Sacklöcher.

von 1 : 3 und für 1 Gewindebohrer.

Tabelle 40. Zeittabelle in Minuten für das Schneiden

Gewinde-länge in mm		$^1/_4$	$^5/_{16}$	$^3/_8$	$^7/_{16}$	$^1/_2$	$^5/_8$	$^3/_4$	$^7/_8$	1	$1^1/_8$	$1^1/_4$	$1^3/_8$
bis 10	I	0,073	0,088	0,101	0,107	0,113	0,115	0,182					
	II	0,042	0,049	0,056	0,058	0,061	0,073	0,084					
	III	0,056	0,064	0,067	0,068	0,068	0,077	0,084					
15	I	0,084	0,100	0,113	0,120	0,126	0,130	0,198	0,214	0,251			
	II	0,056	0,065	0,072	0,075	0,078	0,094	0,105	0,117	0,120			
	III	0,084	0,095	0,101	0,102	0,101	0,116	0,127	0,136	0,134			
20	I	0,094	0,107	0,126	0,133	0,138	0,144	0,213	0,231	0,267	0,272	0,329	
	II	0,070	0,081	0,089	0,092	0,096	0,114	0,126	0,140	0,143	0,150	0,170	
	III	0,112	0,127	0,135	0,136	0,135	0,155	0,168	0,182	0,179	0,176	0,196	
25	I		0,123	0,139	0,145	0,151	0,159	0,229	0,247	0,284	0,289	0,347	0,345
	II		0,097	0,107	0,109	0,113	0,131	0,147	0,162	0,165	0,172	0,194	0,201
	III		0,159	0,168	0,170	0,168	0,193	0,212	0,228	0,224	0,220	0,245	0,232
30	I			0,151	0,158	0,163	0,173	0,245	0,264	0,301	0,304	0,366	0,363
	II			0,123	0,126	0,130	0,151	0,168	0,185	0,187	0,194	0,219	0,226
	III			0,202	0,204	0,202	0,232	0,252	0,273	0,269	0,264	0,294	0,278
35	I				0,171	0,176	0,188	0,260	0,280	0,317	0,321	0,384	0,380
	II				0,143	0,147	0,170	0,189	0,207	0,210	0,216	0,243	0,250
	III				0,238	0,236	0,271	0,293	0,319	0,314	0,303	0,343	0,324
40	I					0,188	0,202	0,216	0,297	0,334	0,336	0,403	0,397
	II					0,164	0,189	0,210	0,230	0,232	0,238	0,268	0,275
	III					0,270	0,310	0,336	0,364	0,359	0,352	0,392	0,371
45	I						0,216	0,292	0,313	0,351	0,352	0,421	0,414
	II						0,208	0,230	0,252	0,254	0,260	0,292	0,300
	III						0,348	0,388	0,409	0,403	0,396	0,441	0,417
50	I							0,307	0,329	0,367	0,368	0,439	0,432
	II							0,250	0,275	0,276	0,282	0,316	0,324
	III							0,420	0,455	0,448	0,440	0,489	0,463
60	I							0,340	0,362	0,401	0,401	0,477	0,467
	II							0,293	0,320	0,321	0,326	0,366	0,373
	III							0,504	0,546	0,538	0,528	0,587	0,556
70	I								0,395	0,434	0,434	0,512	0,501
	II								0,365	0,365	0,370	0,413	0,422
	III								0,637	0,627	0,617	0,684	0,648
80	I									0,467	0,467	0,584	0,536
	II									0,410	0,414	0,462	0,471
	III									0,716	0,704	0,782	0,741
100	I										0,529	0,622	0,604
	II										0,502	0,560	0,569
	III										0,891	0,978	0,927

Bei Sacklöchern ist in der Zeit das zweimalige Einschneiden des Gewindebohrers eingeschl.

I. Für Durchgangslöcher ohne Rücklauf;   II. Für Durchgangslöcher

Die Tabelle ist gerechnet für $V = 7,5$ m/min; einem Rücklaufverhältnis

von Whitworthgewinden auf der Bohrmaschine.

in Zoll						Ist der Vorlauf		dann multipliziere Tabellenwerte mit	Und der Rücklauf V_r das			
$1^1/_2$	$1^5/_8$	$1^3/_4$	$1^7/_8$	2					1-fache	1,5-fache	2-fache	3-fache
						$V = \text{m/min}$	$V = \text{mm/sek}$		dann multipliziere Tabellenwerte II u. III			
									mit	mit	mit	mit
						1,0	17	7,50	11,24	9,38	8,40	7,50
						1,5	25	5,00	7,55	6,25	5,60	5,00
						2,0	33	3,75	5,67	4,70	4,20	3,75
0,396	0,374					2,5	42	3,00	4,53	3,75	3,36	3,00
0,210	0,194					3,0	50	2,50	3,78	3,13	2,80	2,50
0,252	0,228					3,5	58	2,14	3,24	2,68	2,40	2,14
0,414	0,391	0,440	0,443	0,489		4,0	61	1,87	2,82	2,34	2,10	1,87
0,235	0,217	0,242	0,246	0,277		4,5	75	1,67	2,52	2,09	1,87	1,67
0,303	0,274	0,294	0,282	0,303		5,0	83	1,50	2,26	1,88	1,68	1,50
0,433	0,408	0,458	0,459	0,508		5,5	92	1,36	2,05	1,70	1,53	1,36
0,260	0,240	0,267	0,270	0,292		6,0	100	1,25	1,89	1,56	1,40	1,25
0,353	0,319	0,344	0,330	0,354		6,5	108	1,15	1,74	1,44	1,29	1,15
0,452	0,425	0,477	0,478	0,527		7,0	117	1,07	1,62	1,34	1,20	1,07
0,284	0,262	0,291	0,293	0,317		7,5	125	1,00	1,51	1,25	1,12	1,00
0,403	0,365	0,393	0,377	0,404		8,0	133	0,94	1,42	1,18	1,05	0,94
0,471	0,442	0,494	0,494	0,545		8,5	141	0,88	1,33	1,10	0,99	0,88
0,310	0,285	0,315	0,317	0,342		9,0	150	0,83	1,25	1,04	0,93	0,83
0,454	0,411	0,442	0,424	0,455		9,5	158	0,79	1,10	0,99	0,88	0,79
0,490	0,459	0,513	0,513	0,564		10,0	167	0,75	1,13	0,94	0,84	0,75
0,334	0,307	0,339	0,340	0,367		10,5	175	0,71	1,07	0,89	0,79	0,71
0,504	0,457	0,491	0,472	0,505		11,0	183	0,68	1,03	0,85	0,76	0,68
0,528	0,493	0,549	0,547	0,602		11,5	192	0,65	0,98	0,81	0,73	0,65
0,384	0,352	0,387	0,388	0,417		12,0	200	0,62	0,93	0,78	0,70	0,62
0,605	0,547	0,589	0,566	0,606		12,5	208	0,60	0,91	0,75	0,67	0,60
0,565	0,527	0,587	0,584	0,640		13,0	217	0,58	0,88	0,72	0,65	0,58
0,434	0,397	0,436	0,435	0,467		13,5	225	0,56	0,85	0,70	0,63	0,56
0,706	0,638	0,687	0,660	0,707		14,0	233	0,54	0,82	0,68	0,60	0,54
0,603	0,561	0,623	0,619	0,675		15,0	250	0,50	0,76	0,63	0,56	0,50
0,484	0,442	0,484	0,482	0,518		16,0	267	0,47	0,71	0,59	0,53	0,47
0,806	0,729	0,785	0,755	0,809		17,0	283	0,44	0,66	0,55	0,50	0,44
0,678	0,628	0,697	0,690	0,752		18,0	300	0,42	0,63	0,53	0,47	0,42
0,583	0,533	0,581	0,576	0,619		19,0	318	0,40	0,60	0,50	0,45	0,40
1,01	0,912	0,982	0,943	1,01		20,0	333	0,38	0,57	0,48	0,43	0,38

mit Rücklauf; III. Für Sacklöcher
von 1 : 3 und für 1 Gewindebohrer.

Tabelle 41. Zeittabelle in Minuten für das Schneiden

Gewinde-Länge		Gewindedurchmesser									
		$\frac{1}{8}''$	$\frac{1}{4}''$	$\frac{3}{8}''$	$\frac{1}{2}''$	$\frac{5}{8}''$	$\frac{3}{4}''$	$\frac{7}{8}''$	$1''$	$1\frac{1}{8}''$	$1\frac{1}{4}''$
10	I	0,189	0,175	0,233							
	II	0,084	0,089	0,110							
	III	0,109	0,111	0,139							
15	I	0,212	0,196	0,285	0,255	0,289					
	II	0,114	0,117	0,145	0,147	0,161					
	III	0,125	0,166	0,206	0,192	0,210					
20	I	0,234	0,217	0,284	0,279	0,315	0,368	0,433	0,391		
	II	0,144	0,144	0,179	0,179	0,196	0,229	0,261	0,241		
	III	0,218	0,222	0,275	0,254	0,280	0,327	0,372	0,321		
25	I		0,238	0,310	0,302	0,342	0,399	0,468	0,422	0,503	0,570
	II		0,172	0,214	0,211	0,231	0,269	0,307	0,281	0,321	0,355
	III		0,277	0,344	0,320	0,350	0,409	0,466	0,402	0,458	0,506
30	I			0,336	0,326	0,368	0,429	0,502	0,452	0,537	0,608
	II			0,248	0,243	0,266	0,310	0,354	0,321	0,367	0,405
	III			0,412	0,384	0,420	0,490	0,558	0,482	0,550	0,607
35	I				0,350	0,394	0,460	0,537	0,462	0,570	0,647
	II				0,275	0,301	0,351	0,400	0,361	0,413	0,457
	III				0,448	0,490	0,573	0,652	0,562	0,642	0,708
40	I					0,420	0,491	0,573	0,512	0,606	0,684
	II					0,336	0,392	0,447	0,402	0,458	0,508
	III					0,560	0,655	0,745	0,642	0,733	0,810
45	I						0,522	0,608	0,542	0,640	0,723
	II						0,433	0,493	0,441	0,504	0,557
	III						0,737	0,838	0,722	0,825	0,910
50	I							0,642	0,572	0,675	0,760
	II							0,540	0,482	0,550	0,608
	III							0,932	0,882	0,917	1,02
60	I								0,632	0,743	0,836
	II								0,562	0,642	0,709
	III								0,962	1,100	1,220
70	I									0,812	0,913
	II									0,734	0,810
	III									1,290	1,420
80	I										0,990
	II										0,912
	III										1,620
100	I										
	II										
	III										

Bei Sacklöchern ist in der Zeit das 2 malig. Einschneid. d. Gewindebohrers eingeschl.

I. Für Durchgangslöcher ohne Rücklauf;   II. für Durchgangslöcher

Die Tabelle ist gerechnet für $V = 7{,}5$ m/min; einem Rücklaufverhältnis

von Whitworth-Rohrgewinde auf der Bohrmaschine.

in Zoll				Ist der Vorlauf		dann multipliziere Tabellenwerte mit	und der Rücklauf V_r das			
$1^3/_8''$	$1^1/_2''$	$1^3/_4''$	$2''$	$V = $ m/min	$V = $ mm/sek		1-fache	1,5-fache	2-fache	3-fache
							dann multipliziere Tabellenwerte II und III			
							mit	mit	mit	mit
				1,00	17	7,50	11,24	9,38	8,40	7,50
				1,50	25	5,00	7,55	6,25	5,60	5,00
				2,00	33	3,75	5,67	4,70	4,20	3,75
0,602				2,50	42	3,00	4,53	3,75	3,36	3,00
0,375				3,00	50	2,50	3,78	3,13	2,80	2,50
0,534				3,50	58	2,14	3,24	2,68	2,40	2,14
0,642	0,710	0,837	0,952	4,00	67	1,87	2,82	2,34	2,10	1,87
0,428	0,462	0,525	0,578	4,50	75	1,67	2,52	2,09	1,87	1,67
0,642	0,692	0,786	0,865	5,00	83	1,50	2,26	1,88	1,68	1,50
0,682	0,753	0,887	1,010	5,50	92	1,36	2,05	1,70	1,63	1,36
0,482	0,520	0,590	0,650	6,00	100	1,25	1,89	1,56	1,40	1,25
0,748	0,807	0,908	1,020	6,50	108	1,15	1,74	1,44	1,29	1,15
0,722	0,797	0,936	1,060	7,00	117	1,07	1,62	1,34	1,20	1,07
0,534	0,577	0,657	0,722	7,50	125	1,00	1,51	1,25	1,12	1,00
0,855	0,923	1,050	1,160	8,00	133	0,94	1,42	1,18	1,05	0,94
0,763	0,839	0,985	1,120	8,50	141	0,88	1,33	1,10	0,99	0,88
0,588	0,634	0,723	0,794	9,00	150	0,83	1,25	1,04	0,93	0,83
0,962	1,040	1,180	1,300	9,50	158	0,79	1,10	0,99	0,88	0,79
0,803	0,883	1,040	1,170	10,00	167	0,75	1,13	0,94	0,84	0,75
0,642	0,693	0,787	0,867	10,50	175	0,71	1,07	0,89	0,79	0,71
1,070	1,160	1,310	1,450	11,00	183	0,68	1,03	0,85	0,76	0,68
0,883	0,973	1,140	1,280	11,50	192	0,65	0,98	0,81	0,73	0,65
0,748	0,808	0,919	1,020	12,00	200	0,62	0,93	0,78	0,70	0,62
1,280	1,390	1,580	1,730	12,50	208	0,60	0,91	0,75	0,67	0,60
0,963	1,060	1,230	1,390	13,00	217	0,58	0,88	0,72	0,65	0,58
0,855	0,923	1,050	1,160	13,50	225	0,56	0,85	0,70	0,63	0,56
1,500	1,620	1,840	2,020	14,00	233	0,54	0,82	0,68	0,60	0,54
1,050	1,150	1,330	1,500	15,00	250	0,50	0,76	0,63	0,56	0,50
0,962	1,040	1,190	1,300	16,00	267	0,47	0,71	0,59	0,53	0,47
1,710	1,850	2,100	2,310	17,00	283	0,44	0,66	0,55	0,50	0,44
1,210	1,320	1,530	1,710	18,00	300	0,42	0,63	0,53	0,47	0,42
1,180	1,270	1,450	1,590	19,00	318	0,40	0,60	0,50	0,45	0,40
2,140	2,310	2,620	2,890	20,00	333	0,38	0,57	0,48	0,43	0,38

mit Rücklauf; III. für Sacklöcher.

von 1:3 und für 1 Gewindebohrer.

werden, daß es bei den Werkstoffen St.G., Schm.Eisen, S.M.St. und Werkz.St. des außerordentlich großen Schnittwiderstandes wegen bis zu $^1/_2''$ bzw. 12 mm $\oslash$ vorteilhafter ist, zwei abgestufte Gewindebohrer zu verwenden, da die Bruchgefahr für die Gewindebohrer, allen Sicherheitsvorrichtungen zum Trotz, sonst zu groß ist. Die entsprechenden Werte der Tabellen 39 bis 41 für Durchgangsgewinde sind daher mit 2 zu multiplizieren. Für Sacklöcher bleiben die Werte gleich, da das zweimalige Einschneiden des Gewindebohrers eingerechnet ist, nur werden an Stelle eines Gewindebohrers zwei abgestufte verwendet.

Da das Rücklaufverhältnis bei modernen Bohrmaschinen fast immer 1:3 beträgt, so ist es vorteilhafter, anstatt den Gewindebohrer durchzutreiben, denselben durch den Rücklauf zu entfernen, wobei auch die Griffzeiten für das Entfernen und Wiedereinsetzen des Gewindebohrers entfallen. Für Einricht-, Griff- und Aufspannzeiten gelten die Werte der Tabellen 31 und 32.

Wie beim Bohren, spielt auch beim Gewindeschneiden das Kühlen bzw. Schmieren des Werkzeuges eine ganz bedeutende Rolle und empfiehlt es sich daher für die einzelnen Metalle die nachstehend aufgeführten Schmiermittel anzuwenden:

Gußeisen:	Trocken oder Talg; Maschinenöl und Petrol.
St.Guß:	Bohröl, Terpentin, Rüböl oder Fischtran.
Schm.E.:	Bohröl oder Maschinenöl.
S.M.St.:	Bohröl oder Maschinenöl.
Werkz.St.:	Bohröl oder Terpentin.
Bronze:	Trocken oder Maschinenöl.
Messing:	Trocken oder Bohröl.
Aluminium:	Petrol oder Mischung von Petrol und Rüböl.
Kupfer:	Bohröl oder Maschinenöl.

Aufgabe der nachstehenden Zeilen ist, zu zeigen, wie die Laufzeit zum Schneiden von Gewinden errechnet werden kann.

Es bedeute:

$d =$ Durchmesser des Gewindebohrers in mm.

$s =$ Steigung des Gewindes in mm = Vorschub/Umdr.

$n =$ Drehzahl des Gewindebohrers/min beim Vorwärtsgang.

$n_r =$ Drehzahl des Gewindebohrers/min beim Rückwärtsgang.

$V =$ Schnittgeschwindigkeit in m/min beim Vorwärtsgang.

$v =$ „   „ mm/sek „   „

$V_r =$ „   „ m/min „   Rückwärtsgang.

$v_r =$ „   „ mm/sek „   „

$l =$ zu schneidende Gewindelänge in mm.

$l_g =$ Gewindelänge des Gewindebohrers in mm.

$l_a =$ Anschnittlänge „   „   „   „

$B =$ Anzahl der nötigen Gewindebohrer.

$Z =$ „   „ zu schneidenden Gewinde.

$T =$ Laufzeit in min.

Laufzeitberechnung für das Schneiden von Gewinden.

1. In Sacklöcher. Als Sacklöcher werden solche Löcher bezeichnet, welche im Material nicht durchgehen, oder bei welchen das Gewinde aus konstruktiven Gründen nicht durchgeschnitten werden kann. Bei der Bestimmung der Laufzeit müssen daher neben der Gewindetiefe l die Vor- und Rücklaufgeschwindigkeit in Rechnung gesetzt werden.

Die Laufzeit T ist daher:

$$T = \frac{l \cdot B \cdot Z}{\frac{1000 \cdot V}{d \cdot \pi} \cdot s} + \frac{l \cdot B \cdot Z}{\frac{1000 \cdot V_r}{d \cdot \pi} \cdot s} = \left(\frac{l}{V} + \frac{l}{V_r}\right) \cdot \frac{d \cdot \pi \cdot B \cdot Z}{1000 \cdot s} \ \text{min}$$

oder

$$T = \frac{l \cdot B \cdot Z}{\frac{60 \cdot v}{d \cdot \pi} \cdot s} + \frac{l \cdot B \cdot Z}{\frac{60 \cdot v_r}{d \cdot \pi} \cdot s} = \left(\frac{l}{v} + \frac{l}{v_r}\right) \cdot \frac{d \cdot \pi \cdot B \cdot Z}{60 \cdot s} \ \text{min}.$$

Tritt an Stelle der Schnittgeschwindigkeit die Drehzahl, so ist:

$$T = \frac{l \cdot B \cdot Z}{n \cdot s} + \frac{l \cdot B \cdot Z}{n_r \cdot s} = \left(\frac{l}{n} + \frac{l}{n_r}\right) \cdot \frac{B \cdot Z}{s} \ \text{min}.$$

Da nun, wie bereits erwähnt, bei Sacklöchern zweimal eingeschnitten werden muß, ist $B = 2$, und die Gleichungen für die Berechnung der Laufzeit lauten daher:

$$T = 2 \cdot \left(\frac{l}{V} + \frac{l}{V_r}\right) \cdot \frac{d \cdot \pi \cdot Z}{1000 \cdot s} = 2 \cdot \left(\frac{l}{v} + \frac{l}{v_r}\right) \frac{d \cdot \pi \cdot Z}{60 \cdot s} = 2 \left(\frac{l}{n} + \frac{l}{n_r}\right) \cdot \frac{Z}{s} \ \text{min}.$$

2. In Durchgangslöcher. Bei Durchgangslöchern ist es ohne weiteres möglich, das Gewinde mit oder ohne Rücklauf zu schneiden. Zur Berechnung der Laufzeit spielen daher neben Gewindelänge l und Steigung s auch die Gewindelänge des Gewindebohrers l_g bzw. Anschnittlänge des Gewindebohrers l_a eine Rolle. Dabei soll l_a des sicheren Ausschneidens wegen mit dem doppelten Wert des wirklichen Gewindebohreranschnittes in Rechnung gesetzt werden.

Die Laufzeit für Durchgangslöcher errechnet sich wie folgt:

a) Ohne Rücklauf.

$$T = \frac{(l + l_g) \cdot B \cdot Z}{\frac{1000 \cdot V}{d \cdot \pi} \cdot s} = \frac{(l + l_g) \cdot d \cdot \pi \cdot B \cdot Z}{1000 \cdot V \cdot s} \ \text{min}$$

oder

$$T = \frac{(l + l_g) \cdot B \cdot Z}{\frac{60 \cdot v}{d \cdot \pi} \cdot s} = \frac{(l + l_g) \cdot d \cdot \pi \cdot B \cdot Z}{60 \cdot v \cdot s} \ \text{min}$$

und wenn die Drehzahl bekannt:

$$T = \frac{l + l_g}{n} \cdot \frac{B \cdot Z}{s} \ \text{min}.$$

b) Mit Rücklauf.

$$T = \frac{(l + l_a)\cdot B\cdot Z}{\dfrac{1000\cdot V}{d\cdot\pi}\cdot s} + \frac{(l + l_a)\cdot B\cdot Z}{\dfrac{1000\cdot V_r}{d\cdot\pi}\cdot s} = \left(\frac{l + l_a}{V} + \frac{l + l_a}{V_r}\right)\cdot\frac{d\cdot\pi\cdot B\cdot Z}{1000\cdot s}\ \text{min}$$

oder

$$T = \frac{(l + l_a)\cdot B\cdot Z}{\dfrac{60\cdot v}{d\cdot\pi}\cdot s} + \frac{(l + l_a)\cdot B\cdot Z}{\dfrac{60\cdot v_r}{d\cdot\pi}\cdot s} = \left(\frac{l + l_a}{v} + \frac{l + l_a}{v_r}\right)\cdot\frac{d\cdot\pi\cdot B\cdot Z}{60\cdot s}\ \text{min.}$$

Tritt an Stelle der Schnittgeschwindigkeit die Drehzahl, so erhalten wir:

$$T = \frac{(l + l_a)\cdot B\cdot Z}{n\cdot s} + \frac{(l + l_a)\cdot B\cdot Z}{n_r\cdot s} = \left(\frac{l + l_a}{n} + \frac{l + l_a}{n_r}\right)\cdot\frac{B\cdot Z}{s}\ \text{min.}$$

Die heutigen Gewindebohrer erlauben es aber im allgemeinen, Gewinde mit einem Gewindebohrer in einem Schnitt fertig zu schneiden, so daß $B = 1$ aus den Gleichungen ausscheidet und wir schreiben können:

a) Ohne Rücklauf.

$$T = \frac{(l + l_g)\cdot d\cdot\pi\cdot Z}{1000\cdot V\cdot s} = \frac{(l + l_g)\cdot d\cdot\pi\cdot Z}{60\cdot v\cdot s} = \frac{l + l_g}{n}\cdot\frac{Z}{s}\ \text{min.}$$

b) Mit Rücklauf.

$$T = \left(\frac{l + l_a}{V} + \frac{l + l_a}{V_r}\right)\cdot\frac{d\cdot\pi\cdot Z}{1000\cdot s} = \left(\frac{l + l_a}{v} + \frac{l + l_a}{v_r}\right)\cdot\frac{d\cdot\pi\cdot Z}{60\cdot s}$$

$$= \left(\frac{l + l_a}{n} + \frac{l + l_a}{n_r}\right)\cdot\frac{Z}{s}\ \text{min.}$$

Ob nun ein Durchgangsgewinde vorteilhafter mit oder ohne Rücklauf geschnitten werden soll, hängt von den beiden Werten $\dfrac{l + l_g}{n}$ und $\dfrac{l + l_a}{n} + \dfrac{l + l_a}{n_r}$ ab.

Ist $\dfrac{l + l_g}{n} < \dfrac{l + l_a}{n} + \dfrac{l + l_a}{n_r}$, dann ist das Gewinde ohne Rücklauf zu schneiden.

Wenn aber $\dfrac{l + l_g}{n} > \dfrac{l + l_a}{n} + \dfrac{l + l_a}{n_r}$, so muß das Gewinde mit Rücklauf geschnitten werden.

Aus den Tabellen 39 bis 41 ist genau ersichtlich, daß alle Durchgang-Gewinde, sofern das Rücklaufverhältnis $1:3$ ist, vorteilhafter mit Rücklauf geschnitten werden.

Einige Beispiele mögen zeigen, wie die Laufzeiten beim Gewindeschneiden berechnet und die Werte der Tabellen 35 bis 41 angewendet werden:

1. Beispiel. In ein Gleichstromgehäuse aus St. Guß Abb. 42 sollen 8 Stück $\frac{1}{2}''$ e (Sacklöcher) und 1 Stück $\frac{3}{4}''$ e (Durchgangsloch) Gewinde geschnitten werden.

Die Schnittgeschwindigkeit für St.Guß sei nach Tabelle 35:

$$V = 4 \text{ m/min} \quad \text{oder} \quad v = 67 \text{ mm/sek,}$$
$$\text{das Rücklaufverhältnis } 1 : 3,$$

daher

$$V_r = 12 \text{ m/min} \quad \text{oder} \quad v_r = 200 \text{ mm/sek.}$$

1 mal Gehäuse aufspannen (nach Tabelle 32)	5,00 min
4 Werkzeuge ausfassen	6,00 „
1 mal Gewindeschneidevorrichtung in Schnellwechselfutter stecken	0,05 „
1 mal Gewindebohrerschnellwechselfutter in Gewindeschneidevorrichtung einsetzen	0,15 „
1 mal Gewindebohrer einsetzen	0,05 „
16 mal Loch von Spänen reinigen . . . . à 0,15 =	2,40 „
16 mal Bohrmaschine umsteuern . . . . . à 0,05 =	0,80 „
8 mal Ausleger beiseite drehen . . . . . à 0,15 =	1,20 „
8 mal Bohrspindel heben . . . . à 0,05 =	0,40 „
8 mal Bohrspindel senken . . . . à 0,05 =	0,40 „
1 mal Geschwindigkeit wechseln	0,07 „
1 mal Gehäuse umspannen nach Tabelle 32	5,00 „

(Tabelle 31)

8 mal $^1/_2''$ e Gewinde in Sacklöcher 25 mm tief schneiden:

$$T = 2 \cdot \left(\frac{l}{V} + \frac{l}{V_r}\right) \cdot \frac{d \cdot \pi \cdot Z}{1000 \cdot s} =$$

$$= 2 \cdot \left(\frac{25}{4} + \frac{25}{12}\right) \cdot \frac{12,7 \cdot \pi \cdot 8}{1000 \cdot 2,12} =$$

$$= 2 \cdot (6,25 + 2,08) \cdot 0,150 = 16,66 \cdot 0,150 = \quad \dots \quad 2,50 \text{ „}$$

1 mal Gewindebohrer herausnehmen	0,05 „
1 mal Gewindebohrerschnellwechselfutter herausnehmen	0,10 „
1 mal Gewindebohrerschnellwechselfutter einsetzen	0,15 „
1 mal Gewindebohrer einsetzen	0,05 „
1 mal Gehäuse umspannen . . . . à 4,00 =	4,00 „

nach Tabelle 31

1 mal $^3/_4''$ e Durchganggewinde 30 mm lang schneiden $l_g = 48$ mm

$$T = \left(\frac{l + l_g}{V}\right) \cdot \frac{d \cdot \pi \cdot Z}{1000 \cdot s} =$$

$$= \frac{30 + 48}{4} \cdot \frac{19,05 \cdot \pi \cdot 1}{1000 \cdot 2,54} =$$

$$= \frac{78}{4} \cdot 0,0235 = \quad \dots \dots \dots \quad 0,46 \text{ „}$$

1 mal Ausleger bei Seite drehen	0,15 „
1 mal Bohrspindel heben	0,05 „
1 mal Bohrspindel senken	0,05 „
1 mal Geschwindigkeit wechseln	0,07 „
1 mal Gewindebohrer herausnehmen	0,05 „
1 mal Gewindebohrerschnellwechselfutter entfernen	0,10 „
1 mal Gewindeschneidvorrichtung entfernen	0,20 „
1 mal Gehäuse abspannen à 2,00 = ...	2,00 „

nach Tabelle 31

$$\text{Total } 31,40 \text{ min}$$
$$\sim 32 \text{ min}$$

Dasselbe Beispiel soll nochmals unter Verwendung der Tabelle 40 gerechnet werden.

1 mal Gehäuse aufspannen nach Tabelle 32 . . . . 5,00 min
4 Werkzeuge ausfassen . . . . 6,00 „
1 mal Gewindeschneidvorrichtung in Schnellwechsel-
　　futter stecken . . . . 0,05 ··
1 mal Gewindebohrerschnellwechselfutter in Gewinde-
　　schneidvorrichtung einsetzen . . . . 0,15 ··
1 mal Gewindebohrer einsetzen . . . . 0,05 ,.
16 mal Loch von Spänen reinigen . . . . à 0,15 = 　nach　 2,40 ··
16 mal Bohrmaschine umsteuern . . . . . à 0,05 = 　Tabelle 31　 0,80 ··
8 mal Ausleger beiseite drehen . . . . à 0,15 = 1,20 ,·
8 mal Bohrspindel heben . . . . à 0,05 = 0,40 ··
8 mal Bohrspindel senken . . . . à 0,05 = 0,40 ,·
1 mal Geschwindigkeit wechseln . . . . 0,07 ,·
1 mal Gehäuse umspannen . . . . à 5,00 = 5,00 ,·
8 Sacklöcher $^1/_2''$ e 25 mm lang schneiden nach Tabelle 40

$$T = 0{,}168 \cdot 8 \cdot 1{,}87 = \ldots \ldots \ldots \ldots \ldots \quad 2{,}52 \ ··$$

1 mal Gewindebohrer herausnehmen . . . . 0,05 ··
1 mal Gewindebohrerschnellwechselfutter heraus-
　nehmen . . . . 　nach　 0,08 ·,
1 mal Gewindebohrerschnellwechselfutter einsetzen . 　Tabelle 31　 0,15 ··
1 mal Gewindebohrer einsetzen . . . . 0,15 ,·
1 mal Gehäuse umspannen nach Tabelle 32 . . . . 4,00 „
1 Durchgangsloch $^3/_4''$ e 30 mm lang schneiden nach Tabelle 40

$$T = 0{,}245 \cdot 1 \cdot 1{,}87 = \ldots \ldots \ldots \ldots \ldots \quad 0{,}46 \ ,·$$

1 mal Ausleger bei Seite drehen . . . . 0,15 „
1 mal Bohrspindel heben . . . . 0,05 ,·
1 mal Bohrspindel senken . . . . 　nach　 0,05 ,·
1 mal Geschwindigkeit wechseln . . . . 　Tabelle 31　 0,07 ,·
1 mal Gewindebohrerschnellwechselfutter entfernen 0,10 ,·
1 mal Gewindeschneidvorrichtung entfernen . . . . 0,20 ··
1 mal Gehäuse abspannen à 2,00 . . . . 2,00 ·,

$$\text{Total } 31{,}50 \text{ min}$$
$$\sim 32 \text{ min}$$

Es besteht also Übereinstimmung zwischen den beiden Rechnungen,
so daß die Laufzeiten nach Tabelle 40 eingesetzt werden können.

　2. Beispiel. Im Anschluß an das Bohren sollen in ein Aluminiumgehäuse
24 Durchgangsgewinde 20 mm $\varnothing$ und 40 mm lang geschnitten werden. Wie
lange braucht es, um diese Arbeit auszuführen?

$$V = 10 \text{ m/min}; \quad V_r = 30 \text{ m/min}; \quad l_a = 10 \text{ mm},$$
$$\text{Rücklaufverhältnisse der Bohrmaschine } 1 : 3.$$

3 Werkzeuge ausfassen . . . . 5,00 min
1 mal Gewindeschneidvorrichtung einsetzen . . . . 0,20 ·,
1 mal Gewindebohrerschnellwechselfutter einsetzen . 　Tabellen 31　 0,15 „
1 mal Gewindebohrer in Gewindebohrerschnell-
　wechselfutter einsetzen . . . . 0,05 ··
Laufzeit nach Tabelle 39

$$T = 0{,}222 \cdot 24 \cdot 0{,}75 = \ldots \ldots \ldots \ldots \ldots \quad 4{,}00 \ ··$$

1 mal Gewindebohrer aus Gewindebohrerschnell-
　wechselfutter entfernen . . . . 0,05 „
1 mal Gewindebohrerschnellwechselfutter aus Ge- 　Tabelle 31
　windeschneidvorrichtung entfernen . . . . . . 0,10 ··
1 mal Gewindeschneidvorrichtung herausnehmen . 0,20 „

$$\text{Total } 9{,}75 \text{ min}$$
$$\sim 10{,}00 \text{ min}$$

Das Einziehen von Schraubenbolzen auf der Bohrmaschine.

Nachdem zum Schneiden von Gewinden die Bohrmaschine verwendet wird, war es naheliegend, das Einziehen von Schraubenbolzen ebenfalls mit dieser Maschine auszuführen. Dazu bedarf es aber sogenannter Bolzentreiber, Abb. 48, die im Gewindeschneidapparat direkt Verwendung finden, um sowohl den Bolzen als auch die Maschine gegen Beschädigung zu schützen.

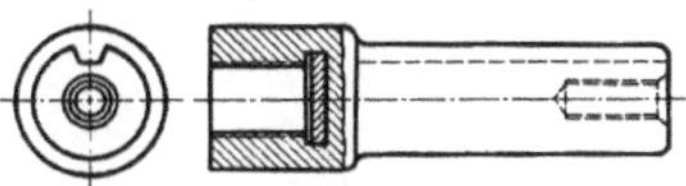

Abb. 48. Bolzentreiber.

Um ein Aufquellen des Materials beim Gewindeschneiden oder ein Abquetschen des Gewindes beim Einziehen des Bolzens zu vermeiden, empfiehlt es sich, die Gewindelöcher vor oder nach dem Gewindeschneiden leicht anzusenken.

Das Einziehen von Gewindebolzen auf der Bohrmaschine geht folgendermaßen vor sich:

1. Gewindelöcher von Spänen reinigen (nur bei Sacklöchern).
2. Ansenken der Gewindelöcher vor dem Bolzeneintreiben.
3. Einsetzen des Bolzentreibers, Abb. 48, in die Gewindeschneidvorrichtung.
4. Eindrehen des Bolzens in den Bolzentreiber.
5. Einfetten des einzutreibenden Bolzenteils mit Maschinenöl oder Mennige.
6. Einziehen des Bolzens bis zum Ratschen der Sicherheitsvorrichtung.
7. Freimachen des oberen Bolzenteils durch Rückwärtslauf.

Für die Berechnung der Laufzeit spielen neben der Geschwindigkeit V, der Gewindesteigung s, der Gewindelänge des Bolzens auch die Gewindelänge des Bolzentreibers und das Rücklaufverhältnis eine Rolle. Praktische Versuche haben ergeben, daß die Einziehgeschwindigkeit für alle Werkstoffe dieselbe ist und mit

$$V = 7,5 \text{ m/min} \quad \text{bzw.} \quad v = 125 \text{ mm/sek}$$

eingesetzt werden kann.

Die Laufzeit für das Einziehen von Schraubenbolzen berechnet sich wie folgt.

Es bedeutet:

d = Bolzendurchmesser in mm.
s = Steigung des Gewindes in mm.
n = Drehzahl des Bolzentreibers/min beim Vorwärtsgang.
n_r =   „   „   „   „   „   Rückwärtsgang.
V = Einziehgeschwindigkeit in m/min.
v =   „   „   mm/sek.
V_r = Rücklaufgeschwindigkeit in m/min.
v_r =   „   „   mm/sek.
l = Gewindelänge des Bolzens in mm.
l_b =   „   „   Bolzentreibers in mm.
Z = Anzahl Bolzen.
T = Einziehzeit in min.

Daraus ergibt sich:

$$T = \frac{(l+l_b)\cdot Z}{\frac{1000\cdot V}{d\cdot\pi}\cdot s} + \frac{l_b\cdot Z}{\frac{1000\cdot V_r}{d\cdot\pi}\cdot s} = \frac{Z\cdot d\cdot\pi}{1000\cdot s}\cdot\left(\frac{l+l_b}{V}+\frac{l_b}{V_r}\right) \text{ min}$$

oder

$$T = \frac{(l+l_b)\cdot Z}{\frac{60\cdot v}{d\cdot\pi}\cdot s} + \frac{l_b\cdot Z}{\frac{60\cdot v_r}{d\cdot\pi}\cdot s} = \frac{Z\cdot d\cdot\pi}{60\cdot s}\cdot\left(\frac{l+l_b}{v}+\frac{l_b}{v_r}\right) \text{ min}$$

und, wenn die Drehzahl bekannt,

$$T = \frac{(l+l_b)\cdot Z}{n\cdot s} + \frac{l_b\cdot Z}{n_r\cdot s} = \frac{Z}{s}\cdot\left(\frac{l+l_b}{n}+\frac{l_b}{n_r}\right) \text{ min}.$$

Tabelle 42 enthält die ausgerechneten Werte für das Einziehen von Gewindebolzen bei $V = 7{,}5$ m/min, $l \simeq 2\,d$, $l_b \sim 1{,}3\,d$ und einem Rücklaufverhältnis $1:3$. Für Griff- und Einrichtzeiten kommen auch hier die Tabellen 31 und 32 zur Anwendung.

Nachstehende Beispiele mögen zur Erläuterung dienen.

Tabelle 42. Tabelle für Bolzen einziehen. Zeit in Minuten für das Einziehen von Schraubenbolzen auf der Bohrmaschine.

Withworth-Gewinde	Gewindedurchmesser	$\frac{1}{4}''$	$\frac{5}{16}''$	$\frac{3}{8}''$	$\frac{7}{16}''$	$\frac{1}{2}''$	$\frac{5}{8}''$	$\frac{3}{4}''$	$\frac{7}{8}''$	$1''$	$1\frac{1}{8}''$	$1\frac{1}{4}''$
	Durchgangslöcher . .	0,60	0,62	0,64	0,67	0,66	0,77	0,87	0,98	1,0	1,1	1,2
	Sacklöcher	0,80	0,82	0,84	0,87	0,86	1,0	1,1	1,2	1,2	1,4	1,5
	Gewindedurchmesser	$1\frac{3}{8}''$	$1\frac{1}{2}''$	$1\frac{5}{8}''$	$1\frac{3}{4}''$	$1\frac{7}{8}''$	$2''$	$2\frac{1}{4}''$	$2\frac{1}{2}''$	$2\frac{3}{4}''$	$3''$	
	Durchgangslöcher .	1,3	1,4	1,3	1,4	1,4	1,5	1,6	1,7	1,9	2,0	
	Sacklöcher	1,6	1,7	1,7	1,8	1,8	1,9	2,0	2,1	2,3	2,4	
Metrisches Gewinde	Gewindedurchmesser	5	6	8	10	12	14	16	18	20	22	24
	Durchgangslöcher . .	0,60	0,60	0,63	0,66	0,71	0,76	0,80	0,85	0,90	1,0	1,0
	Sacklöcher	0,80	0,80	0,83	0,86	0,91	0,96	1,0	1,0	1,1	1,2	1,2
	Gewindedurchmesser	27	30	33	36	39	42	45	48	52	56	
	Durchgangslöcher . .	1,1	1,1	1,2	1,3	1,4	1,4	1,5	1,5	1,6	1,7	
	Sacklöcher	1,4	1,4	1,5	1,6	1,7	1,8	1,9	1,9	2,0	2,1	

Schnittgeschwindigkeit $V = 7{,}5$ m/min   oder $v = 125$ mm/sek.

Gewindetiefe (Eintreibtiefe) $= 2$ mal Bolzendurchmesser.

NB. Rücklaufverhältnis der Maschine $1:3$.

Die Zeiten verstehen sich einschließlich Heben und Senken der Bohrspindel, Ausleger beiseite drehen, Gewinde leicht ansenken, Bolzen in Bolzentreiber einführen, Einfetten des Bolzens vor dem Eintreiben und Umsteuern der Bohrmaschine.

Bei Sacklöchern ist auch das Reinigen der Bolzenlöcher von Spänen vor dem Eintreiben inbegriffen.

Da der Rücklauf fast ohne Einfluß ist, können die Tabellenwerte auch für andere Rücklaufverhältnisse als $1:3$ angewendet werden.

1. Beispiel. In ein Spiralgehäuse sollen im Anschluß an das Gewindeschneiden 2×16 Stück $1\frac{1}{4}''$ Gewindebolzen 60 mm Länge in Durchgangslöcher eingetrieben werden.

$$V = 7{,}5 \text{ m/min} \quad \text{oder} \quad v = 125 \text{ mm/sek,}$$
$$v_r = 22{,}5 \text{ „} \qquad\quad \text{„} \quad v_r = 375 \qquad \text{„}$$
$$l_b = 41 \text{ mm.}$$

Welche Zeit ist notwendig, um diese Arbeit auszuführen?

3 Werkzeuge ausfassen . . . . 5,00 min
2 mal Versenker einsetzen . . . . à 0,05 = 0,10 „
32 mal Loch leicht ansenken . . . . à 0,15 = 4,80 „
32 mal Bohrspindel heben . . . . à 0,05 = 1,60 „
32 mal Bohrspindel senken . . . . à 0,05 = 1,60 „
32 mal Ausleger bei Seite drehen . . . . à 0,20 = 6,40 „
2 mal Versenker herausnehmen . . . . . à 0,05 = 0,10 „
2 mal Gewindeschneidvorrichtung einsetzen à 0,15 = 0,30 „
2 mal Bolzentreiber in Gewindeschneidvorrichtung einsetzen . . . . à 0,15 = 0,30 „
32 mal Bohrspindel heben . . . . à 0,05 = 1,60 „
32 mal Bohrspindel senken . . . . à 0,05 = 1,60 „
32 mal Ausleger beiseite drehen . . . . . à 0,20 = 6,40 „
32 mal Bohrmaschine umsteuern . . . . . à 0,05 = 1,60 „
32 mal Bolzen vor dem Einziehen einfetten à 0,20 = 6,40 „

nach Tabelle 31

Zeit für das Einziehen:

$$T = \left(\frac{l+l_b}{V} + \frac{l_b}{V_r}\right) \cdot \frac{d \cdot \pi \cdot Z}{1000 \cdot s} = \left(\frac{60+41}{7,5} + \frac{41}{22,5}\right) \cdot \frac{31,8 \cdot \pi \cdot 32}{1000 \cdot 3,64} =$$

$$= (13,45 + 1,82) \cdot 0,88 = 15,27 \cdot 0,88 = \dots \dots 13,45 \text{ „}$$

2 mal Bolzentreiber aus Gewindeschneidvorrichtung
herausnehmen . . . . à 0,10 = 0,20 „
2 mal Gewindeschneidvorrichtung herausnehmen . . . . à 0,20 = 0,40 „

nach Tabelle 31

Total 51,85 min
∼ 52 min

Dasselbe Beispiel soll noch unter Verwendung von Tabelle 42 gerechnet werden.

3 Werkzeuge ausfassen . . . . 5,00 min
2 mal Vorsenker einsetzen . . . . à 0,05 = 0,10 „
32 mal Bohrspindel heben . . . . à 0,05 = 1,60 „
32 mal Bohrspindel senken . . . . à 0,05 = 1,60 „
32 mal Ausleger bei Seite drehen . . . . à 0,20 = 6,40 „
2 mal Versenker herausnehmen . . . . . à 0,05 = 0,10 „
2 mal Gewindeschneidvorrichtung einsetzen à 0,15 = 0,30 „
2 mal Bolzentreiber in Gewindeschneidvorrichtung einsetzen . . . . à 0,15 = 0,30 „

nach Tabelle 31

32 mal Bolzen $1^1/_4''$ einziehen à 1,2 nach Tabelle 42 . . . . 38,40 „

2 mal Bolzentreiber aus Gewindeschneidvorrichtung herausnehmen . . . . . . à 0,10 = 0,20 „
2 mal Gewindeschneidvorrichtung herausnehmen . . . . à 0,20 = 0,40 „

nach Tabelle 31

Total 54,40 min
∼ 55,00 min

Der kleine Unterschied rührt daher, weil Tabelle 42 für $l = 2\,d$ gerechnet, sie kann überall da angewendet werden, wo $l \simeq 2\,d$.

2. Beispiel. In das unter Beispiel 2 beim Gewindeschneiden aufgeführte Aluminiumgehäuse sollen 24 Bolzen 20 mm ⊘ 40 mm Gewindelänge eingezogen werden. Wieviel Zeit wird zu dieser Arbeit benötigt?

3 Werkzeuge ausfassen			5,00 min
1 mal Versenker einsetzen			0,05 „
24 mal Bohrspindel heben . . . . à 0,05 =			1,20 „
24 mal Bohrspindel senken . . . . à 0,05 =			1,20 „
24 mal Ausleger beiseite drehen . . . . . à 0,20 =		nach	4,80 „
1 mal Versenker herausnehmen		Tabelle 31	0,05 „
1 mal Gewindeschneidvorrichtung in Schnellwechsel- futter einsetzen			0,15 „
1 mal Bolzentreiber in Gewindeschneidvorrichtung einsetzen			0,15 „
24 mal Bolzen 20 mm ⌀ einziehen à 0,90 (lt. Tabelle 42) = ... 21,60 „			
1 mal Bolzentreiber herausnehmen		nach	0,10 „
1 mal Gewindeschneidvorrichtung aus Schnell- wechselfutter entfernen		Tabelle 31	0,25 „

Total 34,55 min

∼ 35,00 min

In allen denjenigen Fällen, in welchen die Gewinde schon vor
oder nach dem Gewindeschneiden versenkt werden, entfallen die zugehörigen Beträge für Bohrspindel heben, Bohrspindel senken und
Ausleger beiseite drehen.

Reibarbeiten auf der Bohrmaschine.

a) Das Ausreiben zylindrischer Bohrungen.

Selbst unter Verwendung von Bohrlehren ist es nicht möglich,
mit dem Spiralbohrer ein absolut lehrenhaltiges Loch herzustellen.
Es werden daher diejenigen Löcher, die genau kalibrig sein müssen,

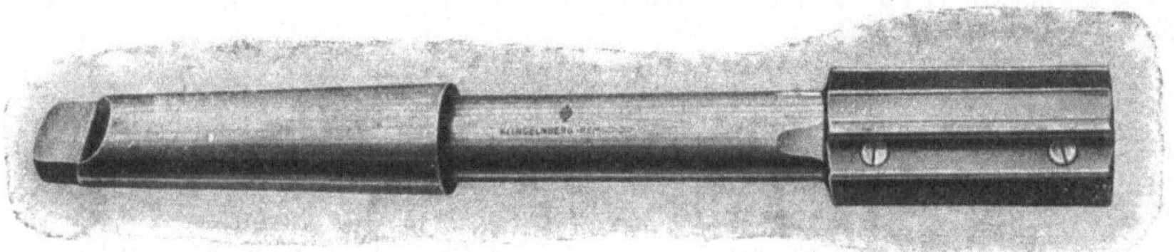

Abb. 49. Maschinenreibahle (Klingelnberg Söhne, Remscheid).

auf ein um 0,3 bis 0,6 mm kleineres Maß vorgebohrt und nachher
mit einer Reibahle aufgerieben. Diese Arbeit hat von Hand oder mit
der Maschine zu erfolgen, und zwar am
besten im Anschluß an das Vorbohren
auf der Bohrmaschine. Zu diesem
Zweck bedient man sich der Maschinenreibahle Abb. 49 nach DIN 209 oder
der Aufsteckreibahle Abb. 50 nach
DIN 219.

Abb. 50. Aufsteckreibahle (Klingelnberg
Söhne, Remscheid).

Die langjährige Erfahrung hat gezeigt, daß Schnittgeschwindigkeiten und Vorschübe bei Reibahlen
aus Werkzeug- und Schnellstahl gleichgehalten werden müssen.

Ferner ergab sich, daß es viel vorteilhafter ist, kleine Schnittgeschwindigkeiten und dafür verhältnismäßig große Vorschübe zu wählen. Dabei muß noch erwähnt werden, daß der Vorschub in der Regel von Hand erfolgen muß, weil die Bohrmaschinen keine mechanischen Vorschübe von der erforderlichen Größe aufweisen.

Über Schnittgeschwindigkeit, Drehzahl und Vorschübe für die verschiedenen Materialien geben die Tabellen 43 und 44 Aufschluß.

Auch beim Ausreiben spielt die Anwendung von Schmier- und Kühlmitteln für die Lebensdauer des Werkzeuges und die Sauberkeit des Loches eine bedeutende Rolle. Es kommen nachstehende, bewährte Schmiermittel zur Anwendung.

Gußeisen:	Trocken oder Maschinenöl.
St. Guß:	Bohröl.
Schm. E.:	Bohröl.
S. M. Stahl:	Bohröl.
Werkzeugstahl:	Bohröl oder Petrol.
Bronze:	Maschinenöl oder Bohröl.
Messing:	Trocken oder Bohröl.
Aluminium:	Wasser, Spiritus oder Petrol.
Kupfer:	Bohröl.

Es bedeuten:

$d =$ Durchmesser der Reibahle in mm,
$s =$ Vorschub in mm/Umdrehung,
$S =$ Vorschub in mm/min,
$n =$ Drehzahl der Reibahle,
$V =$ Schnittgeschwindigkeit in m/min,
$v =$ Schnittgeschwingigkeit in mm/sek,
$l =$ Länge des auszureibenden Loches in mm,
$l_r =$ Schnittlänge der Reibahle in mm,
$Z =$ Anzahl der auszureibenden Löcher,
$T =$ Laufzeit in min.

Für die Laufzeitbestimmung spielen außer dem Vorschub und der Länge des auszureibenden Loches auch die Schnittlänge der Reibahle eine Rolle. Wenn auch die Reibahle nicht ganz durch das Werkstück durchgetrieben wird, so muß doch für das Zurückziehen des Werkzeuges aus dem Loch eine gewisse Zeit aufgewendet werden, so daß bei der Rechnung angenommen werden kann, die Gesamtlänge sei gleich der Summe aus Lochlänge + Reibahlenlänge.

Die Laufzeit ist daher:

$$T = \frac{(l + l_r) \cdot Z}{\dfrac{1000 \cdot V}{d \cdot \pi} \cdot s} = \frac{Z \cdot d \cdot \pi}{1000 \cdot s} \cdot \frac{l + l_r}{V} \ \text{min},$$

oder

$$T = \frac{(l + l_r) \cdot Z}{\dfrac{60 \cdot v}{d \cdot \pi} \cdot s} = \frac{Z \cdot d \cdot \pi}{60 \cdot s} \cdot \frac{l + l_r}{v} \ \text{min}.$$

Ist die Drehzahl gegeben, dann ist:

$$T = \frac{l + l_r}{n \cdot s} \cdot Z \ \text{min.}$$

Bei Benützung von Tabelle 44 vereinfacht sich die Gleichung in

$$T = \frac{(l + l_r) \cdot Z}{S} \ \text{min.}$$

Für die Berechnung der Griffzeiten usw. bediene man sich der unter dem Abschnitt Bohren aufgeführten Tabelle 31.

b) Das Ausreiben konischer Löcher.

Auf der Bohrmaschine sollen auch konische Löcher, spez. Stiftenlöcher, passend für Kegelstifte nach DIN 1, ausgerieben werden, wozu man sich der Kegelreibahlen DIN 9 Abb. 51 bedient.

Abb. 51. Kegelreibahle (Klingelnberg Söhne, Remscheid).

Während die Schnittgeschwindigkeiten gleichbleiben wie beim zylindrischen Ausreiben (Tabelle 43), erfahren die Vorschübe eine wesentliche Verringerung und sind daher Drehzahlen und Vorschübe nach Tabelle 45 anzuwenden. Für die Berechnung von Drehzahl und Vorschub ist der kleinste Reibahlen$\varnothing$ (Nenn$\varnothing$) maßgebend.

Schmier- und Kühlmittel kommen bei Guß, Bronze und Messing nicht zur Anwendung, dagegen benützt man bei den übrigen mit Vorteil etwas Bohröl.

Da für die Berechnung der Laufzeit neben Durchmesser, Drehzahl und Vorschub nur die Länge des Stiftenloches maßgebend ist, erhalten die Gleichungen eine ganz einfache Form.

Es bedeute

$d =$ kleinster oder Nenndurchmesser der Reibahle in mm,
$s =$ Vorschub in mm/Umdrehung,
$S =$ Vorschub in mm/min,
$n =$ Drehzahl der Reibahle,
$V =$ Schnittgeschwindigkeit in m/min,
$v =$ Schnittgeschwindigkeit in mm/sek,
$l =$ Länge des Stiftenloches in mm,
$Z =$ Anzahl der auszureibenden Löcher,
$T =$ Laufzeit in min.

Daraus erhalten wir:

$$T = \frac{l \cdot Z}{\dfrac{1000 \cdot V \cdot s}{d \cdot \pi}} = \frac{d \cdot \pi \cdot l \cdot Z}{1000 \cdot V \cdot s} \ \text{min,}$$

oder

$$T = \frac{l \cdot Z}{\dfrac{60 \cdot v}{d \cdot \pi} \cdot s} = \frac{d \cdot \pi \cdot l \cdot Z}{60 \cdot v \cdot s} \ \text{min,}$$

Tabelle 43. Schnittgeschwindigkeits- und Umdrehungstabelle für Reibahlen.

Ist Material	dann ist	Guß	St.Guß	Schm.E.	S.M.St.	Wz.St.	Bronze	Messing	Alumin. [1]	Kupfer [1]
weich	$V =$	8 m/min	8 m/min	10 m/min	9 m/min	6 m/min	7 m/min	22 m/min	50 m/min	50 m/min
	$n =$	2550	2550	3200	2870	1910	2225	7000	16950	16950
		Reibahl $\oslash$	Reibahl $\oslash$	Reibahl $\oslash$	Reibahl $\oslash$	Reibahl $\oslash$	Reibahl $\oslash$	Reibahl $\oslash$	Reibahl $\oslash$	Reibahl $\oslash$
mittel	$V =$	5 m/min	6 m/min	8 m/min	7 m/min	5 m/min	5 m/min	18 m/min	35 m/min	35 m/min
	$n =$	1595	1910	2550	2225	1595	1595	5730	11130	11130
		Reibahl $\oslash$	Reibahl $\oslash$	Reibahl $\oslash$	Reibahl $\oslash$	Reibahl $\oslash$	Reibahl $\oslash$	Reibahl $\oslash$	Reibahl $\oslash$	Reibahl $\oslash$
hart	$V =$	4 m/min	4 m/min	6 m/min	5 m/min	4 m/min	4 m/min	14 m/min	20 m/min	20 m/min
	$n =$	1275	1275	1910	1595	1275	1275	4460	6470	6470
		Reibahl $\oslash$	Reibahl $\oslash$	Reibahl $\oslash$	Reibahl $\oslash$	Reibahl $\oslash$	Reibahl $\oslash$	Reibahl $\oslash$	Reibahl $\oslash$	Reibahl $\oslash$

[1] Diese Werte gelten nur für Spezial-Reibahlen für Aluminium und Kupfer.

Tabelle 44. Tabelle über Drehzahl pro Minute und Vorschub in mm pro Umdrehung bzw. pro Minute für Reibahlen.

Reibahl $\varnothing$	Guß			St.Guß			Schm.E.			S.M.St.			Werkz.St.			Bronze			Messing			Aluminium[1]			Kupfer[1]		
	n	s	S	n	s	S	n	s	S	n	s	S	n	s	S	n	s	S	n	s	S	n	s	S	n	s	S
5	320	0,5	160	385	0,5	192	510	0,5	255	445	0,5	222	320	0,5	160	320	0,5	160	1145	0,8	895	2230	0,5	1110	2230	0,5	1110
8	200	1,4	280	240	0,7	168	320	0,7	224	280	0,7	196	200	0,6	120	200	1,0	200	720	1,4	1005	1575	0,7	1030	1575	0,7	1030
10	160	1,8	288	191	0,8	152	255	0,8	204	225	0,8	180	160	0,7	112	160	1,3	208	575	1,8	1030	1115	0,8	890	1115	0,8	890
12	135	2,3	310	160	0,9	144	210	0,9	190	185	0,9	166	135	0,8	108	135	1,6	217	480	2,3	1105	930	0,9	840	930	0,9	840
15	105	3,1	327	130	1,1	143	170	1,1	187	150	1,1	165	105	0,9	95	105	2,1	215	380	3,1	1180	740	1,1	815	740	1,1	815
18	89	3,8	338	105	1,3	136	140	1,3	182	125	1,3	163	89	1,0	89	89	2,3	213	320	3,8	1215	620	1,3	805	620	1,3	805
20	80	4,3	344	96	1,4	134	130	1,4	180	110	1,4	162	80	1,1	88	80	2,5	200	290	4,2	1220	560	1,4	785	560	1,4	785
22	73	4,6	343	87	1,5	131	115	1,5	173	100	1,5	152	72	1,2	86	72	2,7	194	260	4,6	1195	505	1,5	760	505	1,5	760
25	64	5,2	332	77	1,7	130	100	1,7	170	89	1,7	150	64	1,3	83	64	3,0	192	230	5,2	1190	445	1,7	755	445	1,7	755
28	57	5,7	325	68	1,9	129	91	1,9	170	79	1,9	150	57	1,4	80	57	3,3	188	205	5,7	1170	400	1,9	750	400	1,9	750
30	53	6,1	323	64	2,0	128	85	2,0	170	74	2,0	148	53	1,4	75	53	3,5	186	190	6,0	1140	370	2,0	740	370	2,0	740
32	50	6,3	320	60	2,1	126	80	2,1	168	69	2,1	145	50	1,5	74	50	3,6	180	180	6,3	1135	350	2,1	735	350	2,1	735
35	46	6,7	308	55	2,3	125	73	2,3	168	63	2,3	145	46	1,6	73	46	3,9	179	165	6,7	1110	320	2,3	730	320	2,3	730
38	42	7,0	293	50	2,4	121	67	2,4	161	58	2,4	140	42	1,7	71	42	4,1	172	150	7,0	1050	295	2,4	710	295	2,4	710
40	40	7,3	292	48	2,5	120	64	2,5	160	55	2,5	139	40	1,7	69	40	4,3	170	145	7,3	1040	280	2,5	700	280	2,5	700
42	38	7,5	285	46	2,6	119	61	2,6	158	53	2,6	138	38	1,8	68	38	4,4	167	135	7,5	1010	265	2,6	690	265	2,6	690
45	35	7,7	270	43	2,8	118	57	2,8	158	49	2,8	137	35	1,9	67	35	4,7	164	125	7,7	960	250	2,8	680	250	2,8	680
48	33	7,9	260	40	2,9	116	53	2,9	158	46	2,9	133	33	2,0	66	33	4,9	162	120	7,9	950	230	2,9	670	230	2,9	670
50	32	8,0	256	38	3,0	114	51	3,0	153	44	3,0	132	32	2,0	64	32	5,0	160	115	8,0	920	220	3,0	660	220	3,0	660
55	29	8,3	248	35	3,2	112	46	3,2	147	40	3,2	128	29	2,1	61	29	5,4	157	105	8,3	870	200	3,2	640	200	3,2	640
60	27	8,6	232	32	3,5	111	42	3,5	147	37	3,5	128	27	2,2	60	27	5,7	154	96	8,6	825	185	3,5	635	185	3,5	635
65	25	8,8	220	30	3,7	110	39	3,7	144	34	3,7	126	25	2,4	60	25	6,0	150	88	8,8	775	170	3,7	630	170	3,7	630
70	23	9,0	207	27	3,9	106	36	3,9	140	32	3,9	124	23	2,5	58	23	6,3	145	82	9,0	740	160	3,9	620	160	3,9	620
Ist Material	dann gelten Tabellenwerte mal:																										
weich	1,4	1	1,4	1,33	1	1,33	1,25	1	1,25	1,29	1	1,29	1,2	1	1,2	1,4	1	1,4	1,22	1	1,22	1,43	1	1,43	1,43	1	1,43
hart	0,8	1	0,8	0,67	1	0,67	0,75	1	0,75	0,72	1	0,72	0,8	1	0,8	0,8	1	0,8	0,78	1	0,78	0,57	1	0,57	0,57	1	0,57

[1]) Diese Werte gelten nur für Spezial-Reibahlen für Aluminium und Kupfer.

Tabelle 45. Tabelle über Drehzahl pro Minute und Vorschub in mm pro Umdrehung bzw. pro Minute für Kegelreibahlen DIN 9.

Reibahl ∅	Guß			St.Guß			Schm.E.			S.M.St.			Werkz.St.			Bronze			Messing			Aluminium			Kupfer		
	n	s	S	n	s	S	n	s	S	n	s	S	n	s	S	n	s	S	n	s	S	n	s	S	n	s	S
1	2550	0,01	26	1910	0,01	19	2550	0,01	26	2225	0,01	22	1595	0,01	16	2550	0,01	26	5730	0,01	57	5730	0,01	57	5730	0,01	57
1,25	2040	0,015	31	1530	0,015	21	2040	0,015	31	1900	0,015	28	1275	0,013	16	2040	0,015	31	4580	0,015	68	4580	0,015	68	4580	0,015	68
1,6	1595	0,02	32	1190	0,02	24	1595	0,02	32	1405	0,02	28	1000	0,015	15	1595	0,02	32	3580	0,02	72	3580	0,02	72	3580	0,02	72
2	1275	0,025	32	955	0,025	24	1275	0,025	32	1125	0,025	28	800	0,016	15	1275	0,025	32	2865	0,025	72	2865	0,025	72	2865	0,025	72
2,5	1040	0,035	36	765	0,035	27	1040	0,035	36	900	0,035	32	640	0,02	13	1040	0,035	36	2290	0,035	80	2290	0,035	80	2290	0,035	80
3	850	0,045	38	635	0,045	28	850	0,045	38	750	0,045	34	530	0,02	11	850	0,045	38	1910	0,045	86	1910	0,045	86	1910	0,045	86
4	640	0,06	38	475	0,06	28	640	0,06	38	565	0,06	34	400	0,025	10	640	0,06	38	1430	0,06	86	1430	0,06	86	1430	0.06	86
5	510	0,07	36	380	0,07	26	510	0,07	36	450	0,07	31	320	0,03	9	510	0,07	36	1145	0,07	80	1145	0,07	80	1145	0,07	80
6,5	390	0,08	31	295	0,08	24	390	0,08	31	345	0,08	28	245	0,035	8	390	0,08	31	880	0,08	70	880	0,08	70	880	0,08	70
8	320	0,09	30	240	0,09	22	320	0,09	30	280	0,09	25	200	0,04	8	320	0,09	30	715	0,09	64	715	0,09	64	715	0,09	64
10	255	0,12	30	190	0,11	21	255	0,11	28	220	0,11	24	160	0,05	8	255	0,12	30	575	0,12	64	575	0,12	64	575	0,12	64
13	195	0,14	28	145	0,13	20	195	0,13	25	175	0,13	23	120	0,06	7	195	0,14	28	440	0,14	62	440	0,14	62	440	0,14	62
16	160	0,17	28	120	0,16	19	160	0,16	25	140	0,16	22	100	0,07	7	160	0,17	28	360	0,17	61	360	0,17	61	360	0,17	61
20	130	0,22	27	95	0,20	19	130	0,20	25	110	0,20	22	80	0,09	7	130	0,22	27	290	0,22	60	290	0,22	60	290	0,22	60
25	105	0,25	27	76	0,23	18	105	0,23	23	90	0,23	21	64	0,10	6	105	0,25	27	230	0,25	58	230	0,25	58	230	0,25	58
30	82	0,28	25	64	0,25	16	82	0,25	20	75	0,25	19	53	0,11	6	82	0,28	25	190	0,28	53	190	0,28	53	190	0,28	53
40	64	0,32	21	48	0,28	13	64	0,28	18	56	0,28	16	40	0,13	5	64	0,32	21	145	0,32	46	145	0,32	46	145	0,32	46
50	51	0,34	17	38	0,30	11	51	0,30	15	44	0,30	13	32	0,15	5	51	0,34	17	115	0,34	39	115	0,34	39	115	0,34	39
Ist Material													dann gelten Tabellenwerte mal:														
weich	1,4	1	1,4	1,33	1	1,33	1,25	1	1,25	1,29	1	1,29	1,2	1	1,2	1,4	1	1,4	1,22	1	1,22	1,43	1	1,43	1,43	1	1,43
hart	0,8	1	0,8	0,67	1	0,67	0,75	1	0,75	0,72	1	0,72	0,8	1	0,8	0,8	1	0,8	0,78	1	0,78	0,57	1	0,57	0,57	1	0,57

und, wenn die Drehzahl bekannt,

$$T = \frac{l \cdot Z}{n \cdot s} \ \text{min} .$$

Wenden wir aber Tabelle 45 an, so ist

$$T = \frac{l \cdot Z}{S} \ \text{min} .$$

Kalkulationsbeispiele.

1. Beispiel. In einem Leitraddeckel aus Gußeisen sollen 8 Löcher 45 mm $\oslash$ und 65 mm Tiefe mit einer Reibahle von 60 mm Länge kalibrig ausgerieben werden.

Welche Zeit benötigt es, um diese Arbeit auszuführen:

1 mal Vorschub wechseln		0,05 min
1 mal Geschwindigkeit wechseln		0,07 „
1 mal Reibahle ausfassen		3,00 „
1 mal Werkzeug wechseln	nach Tabelle 31	0,10 „
8 mal Bohrspindel heben . . . . à 0,05 =		0,40 „
8 mal Bohrspindel senken . . . . . . à 0,05 =		0,40 „
8 mal Ausleger beiseite drehen . . . . . à 0,15 =		1,20 „

Die Laufzeit errechnet sich unter Verwendung von Tabelle 44 mit:

$$T = \frac{l + l_r}{S} \cdot Z = \frac{65 + 60}{270} \cdot 8 = \ \ldots \ldots \ldots \ldots \ 3,70 \ \text{„}$$

Reibahle aus Schnellwechselfutter herausnehmen (Tabelle 31) . . . .   0,05 „
8 mal messen à 0,50 = ...   4,00 „

Total 12,97 min
$\sim$ 13,00 „

2. Beispiel. Im Anschluß an das Bohren sollen in ein gußeisernes Spiralgehäuse und den zugehörigen Deckel 2 Stiftenlöcher von 20 mm $\oslash$ und 80 mm Länge vermittelst der Kegelreibahle aufgerieben werden. Wieviel Zeit nimmt diese Arbeit in Anspruch?

Werkzeug holen		3,00 min
Werkzeug wechseln		0,20 „
2 mal Bohrspindel heben . . . . à 0,05 =		0,10 „
2 mal Bohrspindel senken . . . . . . à 0,05 =		0,10 „
2 mal Ausleger beiseite drehen . . . . . à 0,20 =	nach Tabelle 31	0,40 „
1 mal Geschwindigkeit wechseln		0,07 „
1 mal Vorschub wechseln		0,05 „
1 mal Werkzeug herausnehmen		0,05 „

Laufzeit für das Ausreiben unter Verwendung von Tabelle 45:

$$T = \frac{l \cdot Z}{S} = \frac{80 \cdot 2}{27} = \ \ldots \ldots \ldots \ldots \ 5,95 \ \text{„}$$

Total 9,92 min

Nachstehend noch ein kombiniertes Beispiel von Bohren und Ausreiben.

3. Beispiel. Ein Doppelhebel aus Stahlguß mit 2 Löchern von 40 mm $\oslash$ und 40 mm Tiefe soll gebohrt und ausgerieben werden.

a) Bohren.

Werkzeug ausfassen . . . . 6,00 min
   „   wechseln (siehe Tabelle 31) . . . . 0,10 „
Doppelhebel aufspannen nach Tabelle 32 . . . . 6,00 „

Übertrag 12,20 min

			Übertrag 12,20 min
2 mal Ausleger beiseite drehen	à 0,15 =		0,30 „
2 mal Bohrspindel heben	à 0,05 =		0,10 „
2 mal Bohrspindel senken	à 0,05 =	nach	0,10 „
2 mal nachkörnen	à 0,70 =	Tabelle 31	1,40 „
1 mal Vorschub wechseln			0,05 „
1 mal Geschwindigkeit wechseln			0,07 „

$$l_1 = l + \text{Anschnitt} = 40 + 20 = 60 \text{ mm}.$$

Daraus ergibt sich die Laufzeit

$$T = \frac{l_1}{S} \cdot Z = \frac{60}{65} \cdot 2 = \ldots \ldots \ldots \quad 1,84 \ „$$

b) Ausreiben.

1 mal Vorschub wechseln			0,05 „
1 mal Geschwindigkeit wechseln			0,07 „
1 mal Werkzeug wechseln		nach	0,10 „
2 mal Ausleger beiseite drehen	à 0,15 =	Tabelle 31	0,30 „
2 mal Bohrspindel heben	à 0,05 =		0,10 „
2 mal Bohrspindel senken	à 0,05 =		0,10 „

Die Laufzeit ist, wenn $l_r = 60$ mm,

$$T = \frac{l + l_r}{S} \cdot Z = \frac{40 + 60}{120} \cdot 2 = \ldots \ldots \ldots \quad 1,67 \ „$$

2 mal messen à 0,5 = ... 1,00 „
Doppelhebel abspannen = 50 vH der Zeit für das Aufspannen = . . 3,00 „
Reibahle aus Schnellwechselfutter herausnehmen . . . . 0,05 „

Total 22,50 min

$\sim$ 23,00 „

Alle unter den Abschnitten Bohren, Gewindeschneiden, Bolzentreiben und Ausreiben angeführten Beispiele sind insofern theoretischer Natur, als dabei angenommen wurde, daß die betreffende Maschine sowohl die tabellenmäßige Drehzahl, als auch den entsprechenden Vorschub besitzt. Die in den angeführten Tabellen angegebenen Werte sind dann nur Richtwerte und müssen in der Praxis durch die tatsächlichen Maschinenwerte ersetzt werden.

5. Die Fräsmaschine.

Auf keiner Werkzeugmaschine ist die Art und Möglichkeit der Bearbeitung von Teilen eine so mannigfache wie bei der Fräsmaschine. Wir können daher die Arbeiten nach folgenden Gesichtspunkten unterscheiden:

1. Das Langfräsen glatter oder profilierter Flächen.
2. Das Nuten- oder Schlitzfräsen.
3. Das Rundfräsen von glatten und profilierten Stücken.
4. Das Gewindefräsen mittels walzenförmigen Gewindefräsern oder mittels Scheiben- bzw. Profilfräsern.

5. Das Fräsen von Zahn- und Schneckenrädern nach dem Teil- oder Abwälzverfahren.

Aus der Praxis heraus hat es sich gezeigt daß es unmöglich ist eine Fräsmaschine so zu bauen, daß sie mit Vorteil für alle Arten von Fräsarbeiten verwendet werden kann. Aus diesem Grunde sind

Abb. 52. Universal-Fräsmaschine (Wanderer-Werke, Chemnitz).

die Werkzeugmaschinenbauer dazu übergegangen, die Fräsmaschinen nach ihren besonderen Verwendungszwecken zu erstellen. Wir können in der Hauptsache folgende Arten unterscheiden:

1. **Universalfräsmaschinen,** auf welchen in beschränktem Umfange mehr oder weniger alle Fräsarbeiten ausgeführt werden können.

2. **Senkrecht-Fräsmaschinen** und in besonderem die **Nutenfräsmaschinen,** auf welchen alle Arten Flächen, Schlitze und Nuten gefräst werden.

3. **Tischfräsmaschinen,** auf welchen sowohl senkrecht als wagrecht gleichzeitig Flächen, Nuten, Schlitze usw. bearbeitet werden können.

4. **Rundfräsmaschinen und Gewindefräsmaschinen.** Erstere dienen zum Rundfräsen von glatten und profilierten Rotationskörpern, während letztere zum Fräsen von Gewinden verwendet werden.

5. **Zahn- und Schneckenradfräsmaschinen** zur Herstellung von Zahn- und Schneckenrädern nach dem Teil- oder Abwälzverfahren.

6. **Wagrecht-Bohr- und -Fräsmaschinen.** Diese Art von Maschinen stellen eine Verbindung von Bohr- und Fräsmaschine dar. Es können auf ihnen nicht nur sämtliche Bohrarbeiten, sondern auch die Mehrzahl der möglichen Fräsarbeiten ausgeführt werden.

Schnittgeschwindigkeit, Vorschub und Schnittwiderstand[1]).

Der erhöhte Kraftverbrauch eines mit hoher Schnittgeschwindigkeit arbeitenden Fräsers, sowie dessen höhere Erwärmung und dadurch rascheres Stumpfwerden bedingen der Wirtschaftlichkeit halber, speziell bei Schrupparbeiten, ein Arbeiten mit **niedriger Schnittgeschwindigkeit und großem Vorschub**, wofür auch der hohe Zeitverlust spricht, der sich infolge der höheren Schnittgeschwindigkeit durch das öftere Ein- und Ausspannen des Fräsers zum Schleifen ergibt.

Je höher die Schnittgeschwindigkeit ist, desto größer ist bei gleichbleibendem Vorschub der Kraftbedarf, und desto unwirtschaftlicher arbeitet die Maschine.

Nur für Schlichtarbeiten empfiehlt es sich, da hierbei die Schnitttiefe nur eine geringe ist, eine höhere Schnittgeschwindigkeit bei kleinem Vorschub zu wählen.

Die Schnittgeschwindigkeit[2]) ist für Fräser aus Schnellschnitt- oder Werkzeugstahl die gleiche, es ändert sich nur der Vorschub.

Der Vorzug des Fräsers aus Schnellschnittstahl besteht also nicht in der Zulässigkeit höherer Schnittgeschwindigkeit, da auch der Fräser aus Schnellschnittstahl bei hoher Schnittgeschwindigkeit einer stärkeren Erwärmung ausgesetzt ist und dadurch öfter nachgeschliffen werden muß, sondern in der Zulässigkeit größerer Vorschübe und der längeren Schnitthaltigkeit, die ein selteneres Nachschleifen bedingt.

Reichliche Kühlung der Werkzeuge über die ganze Fräsbreite ist beim Fräsen **unbedingt** erforderlich.

Der Vorschub s pro Umdrehung des Fräsers oder S pro min ist von der Fräsbreite und Frästiefe, sowie von der Stoffzahl des Materials abhängig und wird am besten durch Versuche ermittelt.

Der Vorschub pro Umdrehung des Fräsers ist ferner außer von den vorstehend angeführten Faktoren auch vom Fräserdurchmesser bzw. seiner Zahnteilung abhängig, da bei einem Fräser mit grober Zahnteilung ein kräftigerer Vorschub pro Fräserumdrehung gewählt werden kann als bei einem feingezahnten Fräser.

Die Größe des Vorschubes, die, wie bereits angeführt, vom Spannquerschnitt und vom Werkstoff bzw. vom Schnittdruck abhängig ist, kann auch, unter Berücksichtigung der verschiedenen Faktoren[3]), rechnerisch genau bestimmt werden.

---

[1]) Siehe auch **Reindl**. Schnittgeschwindigkeit und Vorschübe. Zeitschr. f. prakt. Maschinenbau 1910, Heft 2, S. 55.
[2]) Über Schnittgeschwindigkeiten siehe logarithmische Tafel II e.
[3]) Siehe **Hülle**: Die Werkzeugmaschine.

Diese Berechnung ist jedoch für die Praxis zu umständlich. Auch können die Vorschübe in so engen Grenzen, wie sie die Berechnung ergibt, bei den meisten Fräsmaschinen nicht eingeschaltet werden.

Für den praktischen Gebrauch genügen die in den Tabellen 46, 47 und 50 angeführten, unter der Berücksichtigung von Spannquerschnitt und Werkstoff abgestuften Vorschübe vollkommen. Diesen Tabellen sind die nachstehend angeführten Werte, die sich bei den verschiedenen Versuchen als für den praktischen Gebrauch genügend genau erwiesen haben, zugrunde gelegt.

Die Versuche haben ergeben, daß bei Verwendung von Walzenfräsern aus Werkzeugstahl bei einem Durchmesser von 50 mm, einer Fräsbreite von 50 bis 100 mm und einer Spanntiefe von 2 bis 6 mm, der Vorschub s im Mittel mit 0,275 mm angenommen werden kann.

Bei Walzenfräsern aus Schnellschnittstahl ist, unter derselben Annahme wie beim Werkzeugstahl, $s = 0,4$ mm.

Bei Fräsbreiten über 100 bis 200 mm ist s um 20 vH und über 200 bis 300 mm um 35 vH kleiner zu wählen als bei Fräsbreiten von 50 bis 100 mm.

In den Tabellen 46, 47 und 50 sind die praktisch erprobten Mittelwerte für den Vorschub pro Minute angegeben. Desgleichen sind in diesen Tabellen die Schnittgeschwindigkeiten[1] für verschiedene Materialsorten und die Umrechnungsfaktoren für die Umdrehungen der Fräser enthalten.

Da sich der Vorschub pro Umdrehung des Fräsers proportional dem Fräserdurchmesser ändert, während sich die minutlichen Umdrehungen des Fräsers umgekehrt proportional zum Fräserdurchmesser verhalten, so bleibt bei Fräsern verschiedener Durchmesser, eine bestimmte Fräsbreite und Frästiefe sowie gleiches Material und gleiche Schnittgeschwindigkeit vorausgesetzt, der minutliche Vorschub unverändert.

Beispiel. Bei einem Fräser von 50 mm Durchm. sei der Vorschub s mit 0,275 mm bestimmt. Wie groß sind die minutlichen Vorschübe S bei Fräsern von 50 und 100 mm Durchmesser?

Die Vorschübe stehen direkt proportional im Verhältnis der Fräserdurchmesser von $50 : 100 = 1 : 2$, folglich ist bei einem Fräser von 100 mm Durchmesser $s = 0,275 \cdot 2 = 0,55$ mm.

Nach Tabelle 46 ist die minutliche Umdrehungszahl für S.M.St.

$$n = \frac{5000}{\text{Fräserdurchmesser}}, \quad \text{folglich}$$

bei einem Fräser von 50 mm Durchm. $n = \dfrac{5000}{50} = 100$ und

„ „ „ „ 100 „ „ $n = \dfrac{5000}{100} = 50$,

Der minutliche Vorschub $S = n \cdot s$; demnach ist

bei einem Fräser von 50 mm Durchm. $S = 100 \cdot 0,275 = 27,5$ mm,

„ „ „ „ 100 „ „ $S = 50 \cdot 0,55 = 27,5$ „

in beiden Fällen also gleich.

---

[1] Siehe auch logarithmische Tafel II.

Tabelle 46.

Vorschub- und Schnittgeschwindigkeitstabelle für Fräsmaschinen bei Verwendung von Walzenfräsern.

Material	Schnittgeschwindigkeit $V = \text{m/min}$; $v = \text{mm/sek}$ beim												Werkzeugstahl									Schnellschnittstahl								
	Schruppen						Schlichten						Bei einer Fräsbreite von mm — beträgt der Vorschub pro Minute									Bei einer Fräsbreite von mm — beträgt der Vorschub pro Minute								
	weich		mittel		hart		weich		mittel		hart		bei einer Schnittiefe von 2 bis 6 mm			7 bis 15 mm			beim Schlichten			bei einer Schnittiefe von 2 bis 6 mm			7 bis 15 mm			beim Schlichten		
	V	v	V	v	V	v	V	v	V	v	V	v	50 bis 100	105 bis 200	205 bis 300	50 bis 100	105 bis 200	205 bis 300	50 bis 100	105 bis 200	205 bis 300	50 bis 100	105 bis 200	205 bis 300	50 bis 100	105 bis 200	205 bis 300	50 bis 100	105 bis 200	205 bis 300
Gußeisen . . .	11	183	9	150	6–8	100/133	14	233	12	200	10	167	19	16	14	14	13	11	23	20	17	27	22	20	20	18	16	35	29	24
Stahlguß . . .	10	167	9	150	6–8	100/133	13	217	10	167	8	133	17	15	12	12	11	10	22	19	16	24	21	19	19	17	14	32	26	22
Chr. N. St. . .	9	150	8	133	7	117	12	200	11	183	10	167	15	13,5	12	12	10,5	9	19	16,5	14	21,5	19	16,5	16,5	15	13	27	24	21
Schm. E., S.M.St.	16	267	14	233	12	200	20	333	18	300	16	267	23	20	17	17	15	13	30	25	21	35	30	25	26	23	10	45	38	32
Bronze, Messing	25	417	20	333	15	250	35	583	30	500	25	417	36	30	25	25	23	20	46	40	33	53	46	40	40	35	30	70	60	50
Aluminium . .	75	1250	65	1083	—	—	90	1500	85	1417	—	—	150	135	120	120	105	90	190	165	145	215	190	165	165	150	130	280	240	200

Die Umdrehungszahl n des Fräsers ergibt sich durch Division untenstehender Verhältniszahlen durch den Fräserdurchmesser:

Material	Schrupp	Schlicht	Material	Schrupp	Schlicht
Gußeisen	3500	4500	Schm.E., S.M.St.	5 000	6 500
Stahlguß	3200	4000	Bronze, Messing	9 500	12 000
Chr.N.St.	2850	3930	Aluminium	23 800	28 000

Tabelle 47.

Vorschub- und Schnittgeschwindigkeitstabelle für Fräsmaschinen bei Verwendung von Messerköpfen.

Material	Schnittgeschwindigkeit $V=\mathrm{m/min};\ v=\mathrm{mm/sek}$ beim												Schnellschnittstahl bei einer Fräsbreite von mm beträgt der Vorschub pro min								
	Schruppen						Schlichten						bei einer Schnittiefe von						beim Schlichten		
	weich		mittel		hart		weich		mittel		hart		2 bis 6 mm			7 bis 15 mm					
													50 bis 125	130 bis 225	230 bis 300	50 bis 125	130 bis 225	230 bis 300	50 bis 125	130 bis 225	230 bis 300
	V	v	V	v	V	v	V	v	V	v	V	v									
Gußeisen	20	333	15	250	8	133	25	417	20	333	11	183	120	100	80	80	60	50	150	130	110
Stahlguß	18	300	14	233	9	150	20	333	15	250	10	167	100	75	65	65	50	45	125	110	85
Schm.Eisen, S.M.Stahl . .	25	417	20	333	13	217	30	500	25	417	.16	267	150	130	110	110	90	70	160	140	115
Bronze, Messing	40	667	30	500	25	417	50	833	40	667	30	500	160	140	115	115	90	75	200	180	160
Aluminium¹)	80	1333	70	1167	60	1000	110	1833	90	1500	70	1167	200	180	160	160	150	140	250	220	200

¹) Bei Verwendung von Hochleistungsmaschinen und Hochleistungsfräsern können Schnittgeschwindigkeiten beim Schruppen bis 300 m/min, beim Schlichten bis 600 m/min und Vorschübe bis 1000 mm pro min erreicht werden.

Nach dem Handbuch für Fräserei von J u r t h e und M i e t z s c h k e wird die Anzahl der Zähne für hinterdrehte Fräser nach der Formel

$$Z = 8 + \left(\frac{d-20}{7}\right) \qquad \text{oder} \qquad Z = 7 + \left(\frac{d-20}{9}\right)$$

bestimmt.

Ein Fräser von 50 mm Durchm. hat demnach $Z = 8 + \left(\dfrac{50-20}{7}\right) \approx 12$ Zähne.

„ „ „ 100 „ „ „ „ $Z = 8 + \left(\dfrac{100-20}{7}\right) \approx 19$ Zähne.

Der Vorschub pro Zahn ist $\dfrac{s}{Z}$:

bei einem Fräser von 50 mm Durchm. $\dfrac{s}{Z} = \dfrac{0{,}275}{12} = 0{,}023$ mm,

„ „ „ „ 100 „ „ $\dfrac{s}{Z} = \dfrac{0{,}55}{19} = 0{,}029$ „

also bis auf die kleine Differenz von 0,006 mm gleich.

Wie bereits erwähnt, stellen die in den Tabellen 46 und 47 angeführten Werte für den Vorschub pro min nur Mittelwerte dar, die bei Verwendung von Hochleistungs-Walzenfräsern auch bei großer Fräsbreite und Frästiefe weit überschritten werden können.

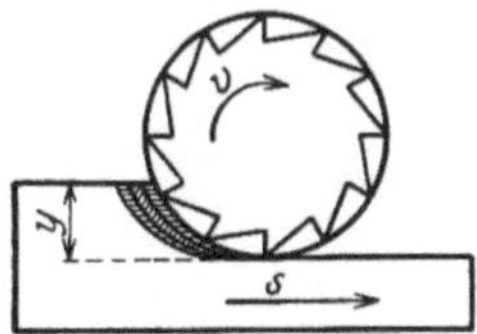
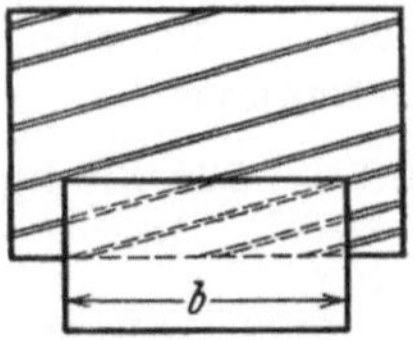
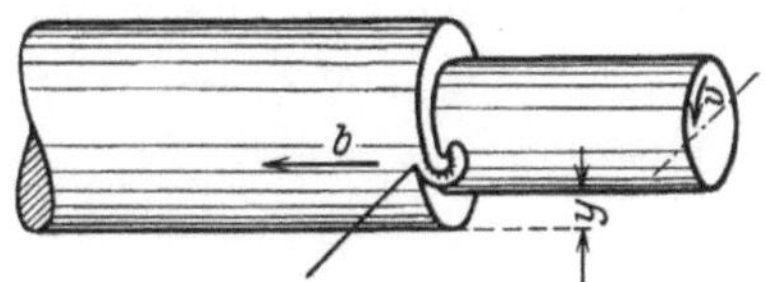

Abb. 53. Spanabtrennung mittels mehrschneidigen Werkzeuges (Fräser).

Abb. 54. Spanabtrennung mittels einschneidigen Werkzeuges (Drehstahl).

Für die Größe des Vorschubes ist aber nicht allein die Bauart der Maschine bzw. ihre zulässige Belastung maßgebend, sondern auch die Art und Befestigung der Fräser, ferner Form und Härte der Werkstücke und deren Aufspannungsmöglichkeit und nicht zuletzt der verlangte Genauigkeitsgrad des Werkstückes.

Nach H ü l l e hat ein mehrschneidiges Werkzeug (Fräser, Abb. 53), um eine bestimmte Stoffmenge zu zerspanen, dieselbe Arbeit zu leisten, wie ein einschneidiges Werkzeug (Abb. 54), und zwar:

$$A = W \cdot v = b \cdot y \cdot K \cdot s = q \cdot K \cdot s \text{ kg mm/sek},$$

dabei bedeutet:

$b =$ Fräsbreite in mm,
$y =$ Frästiefe in mm,
$s =$ Vorschub in mm/sek,
$S =$ Vorschub in m/min,
$q = b \cdot y =$ Spanquerschnitt in mm²,
$W =$ Schnittwiderstand in kg,
$A = W \cdot v =$ Arbeitsleistung in kg mm/sek,

$V =$ Schnittgeschwindigkeit in m/min,
$v =$ Schnittgeschwindigkeit in mm/sek,
$K = K_z \cdot a =$ Stoffzahl des Materials,
$a =$ Konstante für Schmiedeeisen und Stahl $= 2,5$ bis $3,2$,
  „   „   Gußeisen $= 4,0$ „ $6,0$,
$N =$ Leistung in PS.

Für den Schnittdruck bzw. Schnittwiderstand des Fräsers gilt:

$$W = \frac{b \cdot y \cdot K \cdot s}{v} = \frac{q \cdot K \cdot s}{v} \text{ kg}$$

und für die Leistung der Maschine:

$$N = \frac{A}{75 \cdot 1000} = \frac{W \cdot v}{75 \cdot 1000} = \frac{b \cdot y \cdot K \cdot s}{75\,000} = \frac{q \cdot K \cdot s}{75\,000} \text{ PS.}$$

Der praktisch mögliche Vorschub entspricht jedoch meist nicht der Höchstleistung der Maschine, da derselbe, wie die vom Verfasser unternommenen Versuche ergeben haben, — bei sicherer Befestigung von Werkstück und Fräser — von einem bestimmten Schnittdruck abhängig ist, was auch durch das nachstehende Beispiel erwiesen erscheint.

Auf einer Fräsmaschine, die für eine Leistung von $N = 7$ PS gebaut, soll ein Werkstück aus S.M.St. mit $K_z = 70$ kg/mm² von $b = 100$ mm bei einer Schnittiefe $y = 5$ mm und $v = 200$ mm/sek bearbeitet werden. Wie groß müßte der Vorschub S gewählt werden, damit er der Maschinenleistung entspräche?

$$A = N \cdot 75\,000 = 7 \cdot 75\,000 = 525\,000 \text{ kg mm/sek,}$$

daraus

$$W = \frac{A}{v} = \frac{525\,000}{200} = 2625 \text{ kg.}$$

Nun ist aber

$$S = \frac{W \cdot v \cdot 60}{b \cdot y \cdot K} = \frac{W \cdot v \cdot 60}{b \cdot y \cdot K_z \cdot a} \text{ mm/min;}$$

wir erhalten also, wenn $a = 3$ angenommen,

$$S = \frac{W \cdot v \cdot 60}{b \cdot y \cdot K_z \cdot a} = \frac{2625 \cdot 200 \cdot 60}{100 \cdot 5 \cdot 70 \cdot 3} = 253 \text{ mm/min.}$$

Es ist wohl jedem Fachmann klar, daß S.M.St. von $K_z = 70$ kg/mm² von $b = 100$ mm bei $y = 5$ mm mit einem Vorschub $S = 293$ mm/min nicht einwandfrei bearbeitet werden kann.

Bei dem im Automobilbau verwendeten hochwertigen Chrom-Nickelstahl haben sich nachstehende Schnittdrücke als zulässig erwiesen, wobei noch einwandfreie und saubere Flächen erzielt werden können.

Bei leichten Fräsmaschinen mit einfachem Vorgelege.		Bei schweren Fräsmaschinen mit mehrfachem Vorgelege.	
bei Verwendung von Fräsern aus:			
Werkzeugstahl	Schnellstahl	Werkzeugstahl	Schnellstahl
ein Schnittdruck W in kg			
65	90	90—100	125—140

Steigert man die Schnittdrücke, so treten leicht Zittermarken ein oder die zu große Erwärmung bedingt ein Verziehen des Werkstückes, was in beiden Fällen Nacharbeiten verursacht. Ferner hat es sich gezeigt, daß die Erhöhung des Schnittwiderstandes ein zu rasches Stumpfwerden, namentlich der Fräser aus Werkzeugstahl, zur Folge hat.

Es empfiehlt sich daher, bei allen im Werk befindlichen Maschinen den für das Werkstück zulässigen Schnittdruck durch Versuche zu bestimmen. In Ermanglung der hierzu notwendigen Einrichtungen und Behelfe kann man hierbei in der Weise vorgehen, daß man für alle im Werk vorkommenden Fräsarbeiten nach und nach die zulässigen Vorschübe pro min, die noch ein einwandfreies Arbeiten gewährleisten, aufnimmt, tabellarisch ordnet und daraus den Schnittdruck nach der Gleichung

$$W = \frac{b \cdot y \cdot K \cdot s}{v} = \frac{q \cdot K \cdot s}{v} \text{ kg}$$

berechnet.

Aus den so ermittelten Schnittdrücken bestimmt man nun den **mittleren** Schnittdruck und berechnet daraus für die betreffende Fräsbreite und Frästiefe nach der Gleichung

$$S = \frac{W \cdot v \cdot 60}{b \cdot y \cdot K} = \frac{W \cdot v \cdot 60}{q \cdot K} \text{ mm/min}$$

den dem jeweiligen Schnittdruck entsprechenden Vorschub S pro min.

Nun trägt man in einer lg. Tafel (siehe lg. Tafel II für Vorschübe und Schnittgeschwindigkeiten) die Werte — für s mm/sek auf der Ordinate, für die Fräsbreite in mm auf der Abszisse — im lg. Maßstab auf und zieht von diesen Werten, parallel zur Ordinaten- und Abszissenachse, die Geraden. Die Schnittpunkte von b und s geben die für die jeweilige Fräsbreite zugehörige Frästiefe bei einem bestimmten Schnittwiderstand an.

Haben die angestellten Versuche oder Berechnungen beispielsweise ergeben, daß bei einem Schnittwiderstand $W = 60$ kg, einer Fräsbreite $b = 25$ mm und einer Frästiefe $y = 6$ mm, der Vorschub $S = 30$ mm betragen darf, so zieht man von dem Schnittpunkt, der sich durch die Gerade $b = 25$ und $S = 30$ ergibt, eine um 45^0 geneigte Gerade. Hierauf trägt man, von dieser Geraden ausgehend, auf einer zur Ordinatenachse parallel laufenden Geraden die weiteren Werte im gleichen lg. Maßstab nach links und rechts auf und zieht von diesen Punkten die weiteren unter 45^0 geneigten Geraden aus. Diese unter 45^0 geneigten Geraden stellen die Schnitt- bzw. Frästiefen dar.

Bringt man nun die Werte Fräsbreite und Frästiefe zum Schnitt, so ergibt dieser Schnittpunkt den Vorschubwert S in mm/min für alle Materialien gleicher Festigkeit. (In der Tabelle, log. Tafel II, ist die Festigkeit mit $K_z = 60$ k mm² angenommen.)

Um auch die Werte für S bei Materialien verschiedener Festigkeit sofort ablesen zu können, erweitert man vorteilhaft die lg. Tafel IIa durch die lg. Tafel IIb, deren unter 45^0 geneigten Geraden die Werte für die Konstanten K_s (siehe lg. Tafel II Tabelle d für Konstante) bei verschiedenen Materialien angeben. Verfolgt man vom Schnittpunkt der Werte b mit y der lg. Tafel IIa die Gerade bis zum Schnittpunkt mit K_s der lg. Tafel IIb und von da senkrecht zur Abszissenachse, so kann man daselbst den Wert für den zulässigen Vorschub direkt ablesen.

Es sei noch erwähnt, daß bei der Konstruktion der lg. Tafel II die in der Tabelle e angeführten Werte für v mm/sek den Berechnungen zugrunde gelegt wurden. Bei der Änderung der Werte v ändern sich naturgemäß auch die Werte für W und infolgedessen auch für S. Bei Aufstellung einer neuen lg. Tafel muß diesem Umstand Rechnung getragen werden.

Ferner sei darauf hingewiesen, daß die lg. Tafel II in der Hauptsache zur Bestimmung von Annäherungswerten für S gilt, da derart fein abgestufte Werte für S, wie sie die lg. Tafel II angibt, auf keiner Fräsmaschine eingestellt werden können.

Abb. 55. Spiralgezahnter Walzenfräser
(Rohde & Dörrenberg, Düsseldorf-Oberkassel).

Zur Bestimmung der Schnittzeit ist somit stets der an der Maschine verfügbare Vorschub in Rechnung zu stellen.

Aus Vorstehendem ist ersichtlich, daß die Größe des Vorschubes nicht nur von der Härte, Form und Aufspannung des Werkstückes, sondern auch von der Bauart der Maschine und dem Genauigkeitsgrad des Werkstückes abhängig ist und daher eine allgemein gültige Vorschub-Tabelle nicht aufgestellt werden kann.

Abb. 56. Kreuzgezahnter Scheibenfräser
(Rohde & Dörrenberg, Düsseldorf-Oberkassel).

Die verschiedenen durchgeführten Versuche haben ferner ergeben, daß mit spiralgezahnten Fräsern infolge des ziehenden Schnittes, weit größere Vorschübe erzielt werden können als mit axial gezahnten Fräsern.

Der ziehende Schnitt übt jedoch einen Schub bzw. Druck in der Längsachse des Fräsdornes, und zwar in der Spiralrichtung der Fräserzähne aus. Um diesen axialen Druck in der Frässpindel bzw. Fräsdorn aufzuheben, wurden die spiralgezahnten Fräser (Abb. 55) in zwei Teilen mit Links- und Rechtsspirale hergestellt.

Die nach der alten Methode hergestellten dreiseitig gezahnten Scheibenfräser (Abb. 60) haben eine dreiseitige Schnittfläche und arbeiten dementsprechend mit einem großen Reibungswiderstand.

Bei den nach der neuen Methode von der bekannten Firma Rohde & Dörrenberg in Düsseldorf hergestellten sogenannten kreuzverzahnten Scheibenfräsern (Abb. 56) hingegen kommen die seitlichen Zähne mit stumpfem Schnittwinkel nicht zum Schneiden bzw. an den Seitenwänden nicht zum Reiben, es tritt daher eine wesentliche Kraft-

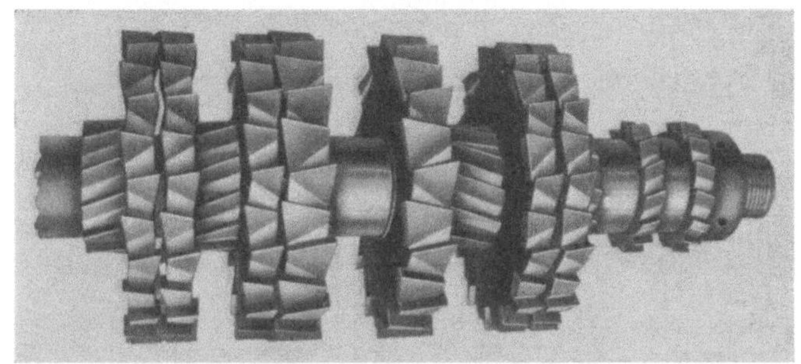

Abb. 57. Kreuzgezahnter-Fräsersatz (Rohde & Dörrenberg, Düsseldorf-Oberkassel).

ersparnis ein, die für die Erhöhung des Vorschubes und somit für die Erzielung einer höheren Leistung beim Fräsen nutzbringend verwendet werden kann.

Eingehende, mit kreuzverzahnten Fräsern durchgeführte Versuche haben gezeigt, daß unter ganz gleichen Verhältnissen die Vorschubgröße das Mehrfache von der bei den Fräsern älterer Bauart zulässigen betragen darf. So wurde beispielsweise mit einem kreuzverzahnten Scheibenfräser von 120 mm Durchm. und 24 mm Breite bei einer Frästiefe von 20 mm

in S.M.St. von $K_z = 60$ kg/mm² ein Vorschub von 200 mm/min,

in Gußeisen „ „ „ 480 „

erzielt.

Der in Abb. 57 dargestellte, aus 13 Einzelfräsern bestehende Fräsersatz arbeitet auf einer normalen Horizontal-Bohr- und -Fräsmaschine absolut ruhig, was durch die Gestaltung der Fräser als kreuzverzahnte Fräser ermöglicht wurde.

Bei der Konstruktion von Fräsern, sowohl dieser, als auch allgemeiner Ausführungsart, ist die Kenntnis der zu bearbeitenden Gegenstände, die Art des verwendeten Materials und der verfügbaren Fräsmaschinen von außerordentlicher Wichtigkeit.

Um günstige Fräsresultate zu erzielen, soll als oberster Grundsatz gelten: Sorge beim Fräsen für starke Fräsmaschinen, stärkste Fräsdorne und solide Aufspannung der Werkstücke. Es sind dies Momente, die in der Werkstattpraxis leider nicht immer genügende Beachtung finden.

Laufzeitberechnung.

Die Laufzeit kann auf zweierlei Art, und zwar

a) nach Schnittgeschwindigkeit und Vorschub pro Umdrehung des Fräsers,

b) nach dem Vorschub pro min berechnet oder aus der lg. Tafel II abgelesen werden.

Zu a) Die Berechnung der Laufzeit erfolgt nach folgenden Formeln:

1. Für Lang- bzw. Flächenfräser

$$T = \frac{(l + \delta) \cdot d_1 \cdot \pi}{60 \cdot v \cdot s} \cdot x \min.$$

2. Für Schlitzefräsen mittels Fräsbohrer

$$T = \frac{l \cdot d_1 \cdot \pi}{60 \cdot v \cdot s} \cdot x \min.$$

und für die Laufzeit:

$$T = \frac{d_1 \cdot d \cdot \pi^2 + \delta}{60 \cdot v \cdot s} \cdot x \min.$$

Hierbei ist:

$l =$ Fräslänge in mm,
$d_1 =$ Durchmesser des Arbeitsstückes in mm,
$d =$ Durchmesser des Fräsers in mm,
$v =$ Schnittgeschwindigkeit in mm/sek,
$s =$ Vorschub pro Umdrehung des Fräsers in mm,
$S =$ Vorschub in m/min,
$x =$ Anzahl der Schnitte,
$\delta =$ Zusatzwert für den Anschnitt bzw. Auslauf des Fräsers,
$y =$ Frästiefe in mm.

Der Zusatzwert δ für den Anschnitt des Fräsers (Tabelle 49) hängt vom Fräserdurchmesser und der Frästiefe ab und wird nach der Formel

$$\delta = \sqrt{\left(\frac{d}{2}\right)^2 - \left(\frac{\delta}{2} - y\right)^2} = \sqrt{d \cdot y - y^2} \; mm$$

bestimmt.

Der Zusatzwert δ für den Auslauf des Stirnfräsers (Messerkopf), (Tabelle 48) ist von der Breite des Arbeitsstückes und vom Fräserdurchmesser abhängig und bestimmt sich uach der Formel

$$\delta = \frac{d - \sqrt{d^2 - b^2}}{2} \; mm$$

wobei:

$b =$ Fräsbreite des Arbeitsstückes in mm.

Zu b) Diese Berechnungsart ist infolge ihrer Einfachheit der Berechnung nach Schnittgeschwindigkeit und Vorschub pro Fräserumdrehung vorzuziehen.

Man hat hierbei nur die Arbeitslänge $l +$ dem Anschnitt- bzw. Auslaufwerte δ durch den minutlichen Vorschub S zu dividieren, um die Laufzeit T in min für einen Schnitt zu erhalten.

Tabelle 48. Tabelle über Zusatzwerte für den Auslauf bei Stirnfräsern und Messerköpfen.

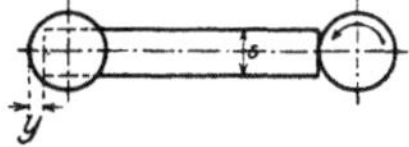

$$\text{Zusatzwert } \delta = \frac{d - \sqrt{d^2 - b^2}}{2}.$$

Fräs-breite	Fräserdurchmesesr in mm												
	50	75	100	125	150	175	200	225	250	275	300	325	350
	Zusatzwerte in mm												
40	10	5,8	4,2	3,5	2,8	2,2	2	—	—	—	—	—	—
60	—	25,8	10	7,5	6,3	5,5	4,6	4	3.5	—	—	—	—
80	—	—	20	14,5	11,5	9,5	8,2	7,5	6,5	6	5,5	—	—
100	—	—	30	25	19,1	15,5	13,2	11,5	10,5	9,5	8,5	8	7
120	—	—	—	44,3	30,1	23,7	20	17	15,5	14	12,5	11,5	10,5
140	—	—	—	—	66,2	34,8	28,5	24,5	21,5	19	17,5	16	15
160	—	—	—	—	—	51,3	40	33,5	29	25,5	23	21	19,5
180	—	—	—	—	—	—	56	44,5	38	33,5	30	27	25
200	—	—	—	—	—	—	100	60,5	50	43	38	34	31
220	—	—	—	—	—	—	—	87	65,5	55	48	42	38,5
240	—	—	—	—	—	—	—	—	90	75	60	52	47,5
260	—	—	—	—	—	—	—	—	—	92	75	65	58
280	—	—	—	—	—	—	—	—	—	—	99	79	70
300	—	—	—	—	—	—	—	—	—	—	150	99	85
320	—	—	—	—	—	—	—	—	—	—	—	132	104
340	—	—	—	—	—	—	—	—	—	—	—	—	133

Tabelle 49. Wert δ für Anschnitt des Fräsers beim 1. Schnitt. Für den 2. Schnitt sind $^1/_3$ der Werte einzusetzen:

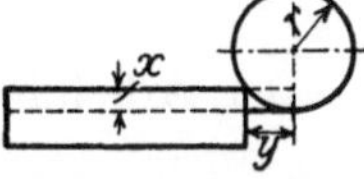

$$\delta = \sqrt{\left(\frac{d}{2}\right)^2 - \left(\frac{d}{2} - y\right)^2} = \sqrt{d \cdot y - y^2}.$$

Fräserdurchmesser.

Fräs-tiefe	40	45	50	55	60	65	70	75	80	85	90	95	100	105	110	115	120
2	8,7	9,3	9,75	10,3	10,8	11,2	11,7	12	12,5	12,9	13,3	13,6	14	14,4	14,7	15	15,4
3	10,5	11,3	11,8	12,5	13	13,6	14,2	14,7	15,2	15,7	16,2	16,6	17	17,5	17,9	18,3	18,7
4	12	12,9	13,6	14,3	15	15,6	16,4	17	17,4	18	18,6	18,9	19,6	20,2	20,6	21,2	21,6
5	13	14	15	15,8	16,6	17,3	18	18,7	19,4	20	20,6	21,2	21,8	22,5	22,9	23,4	24
6	14,3	15,3	16,3	17	18	19	19,6	20,4	21	21,8	22,5	23,2	23,8	24,4	25	25,6	26,2
7	15	16,3	17,3	18,3	19	20,2	21	21,8	22,6	23,4	24	24,8	25,5	26	26,9	27,5	28,2
8	16	17,2	18,3	19,4	20,4	21,4	22,3	23,2	24	24,8	25,6	26,4	27,2	27,9	28,6	29,3	30
9	16,7	18	19,2	20,3	21,4	22,5	23,4	24,4	25,3	26,2	27	27,9	28,6	29,3	30,2	30,9	31,6
10	17,3	18,7	20	21,2	22,3	23,5	24,5	25,5	26,5	27,4	28,3	29,2	30	30,8	31,6	32,4	33,2
11	—	19,3	20,7	22	23,2	24,5	25,4	26,5	27,6	28,5	29,5	30,4	31,3	32,2	33	33,8	34,6
12	—	—	21,3	22,7	24	25,2	26,4	27,5	28,6	29,6	30,6	31,6	32,4	33,3	34,2	35,1	36
13	—	—	—	23,4	24,7	26	27,2	28,4	29,5	30,6	31,6	32,6	33,6	34,5	35,6	36,4	37,3
14	—	—	—	—	25,4	26,7	28	29,2	30,4	31,6	32,7	33,6	34,7	35,7	36,7	37,6	38,5
15	—	—	—	—	—	27,4	28,7	30	31,2	32,4	33,5	34,6	35,7	36,8	37,8	38,5	39,7
16	—	—	—	—	—	—	29.4	30,7	32	33	34,5	35,6	36,7	37,7	38,7	39,8	40,8
17	—	—	—	—	—	—	—	31,4	32,7	34	35,2	36,5	37,6	38,6	39,7	40,8	41,9
18	—	—	—	—	—	—	—	—	33,4	34,7	36	37,2	38,5	39,5	40,7	41,8	42,6
19	—	—	—	—	—	—	—	—	—	35,4	36,7	38	39,2	40,5	41,6	42,6	43,7
20	—	—	—	—	—	—	—	—	—	—	37,4	38,7	40	41,2	42,4	43,5	44,7
21	—	—	—	—	—	—	—	—	—	—	—	39,4	40,7	42	43,2	44,4	45,6

Die Formel für den minutlichen Vorschub S lautet:

$$S = \frac{v \cdot s \cdot 60}{d \cdot \pi} \simeq \frac{v \cdot s \cdot 19}{d} \text{ mm},$$

oder bei bekannten Umdrehungen n:

$$S = s \cdot n \text{ mm},$$

3. Für Rundfräsen

$$T = \frac{l + \delta}{S} \text{ min}.$$

Das Nutenfräsen.

Das Fräsen von Nuten kann nach verschiedenen Verfahren und zwar sowohl mittels Fräsbohrer, als auch mittels Scheibenfräser erfolgen. Hierbei kommt, je nach der Art der verwendeten Werkzeuge, entweder eine Horizontal- oder eine Vertikalfräsmaschine in Anwendung.

(Unter Fräsbohrer ist sowohl der mehrfach gezahnte Schaftfräser Abb. 58 als auch der Zweischneider Abb. 59 a und b verstanden.)

Abb. 58. Schaftfräser (Rohde & Dörrenberg, Düsseldorf-Oberkassel).

Der Arbeitsvorgang beim Fräsen der Nuten ist nun folgender:

a) Mittels Schaftfräser.

In das Werkstück wird vorerst durch senkrechten Vorschub des Schaftfräsers (Abb. 58) ein Loch auf richtige Tiefe eingefräst, hierauf der Tischvorschub eingeschaltet und nun die Nute in einem Schnitt fertiggestellt.

Diesem Verfahren können gewisse Vorteile nicht abgesprochen werden, es mag wohl auch auf den ersten Blick wirtschaftlich recht günstig erscheinen, die Praxis hat jedoch gezeigt, daß demselben recht schwerwiegende Nachteile anhaften, die nicht unbesprochen bleiben dürfen.

In erster Linie hat es sich gezeigt, daß sich die Zähne des Schaftfräsers, soweit sie im Eingriff stehen, am Umfang rasch abnützen, wodurch eine unsaubere und nicht lehrenhaltige Nut entsteht.

Ferner wird der Schaftfräser, durch das Nachschleifen der Zähne am Umfang, in seinem Durchmesser immer kleiner und bedingt, falls man es nicht vorzieht, derart abgenützte Fräser wegzuwerfen, ein oftmaliges seitliches Nachfräsen der Nute, die hierdurch in der Regel nicht nur unsauber, sondern auch ungenau wird und eine längere Arbeitszeit beansprucht als normal veranschlagt wurde.

b) Mittels Zweischneider.

Der Zweischneider (Abb. 59 a und b) arbeitet entgegen dem Schaftfräser nur mit seiner Stirnseite; er erfährt daher in der Richtung senkrecht

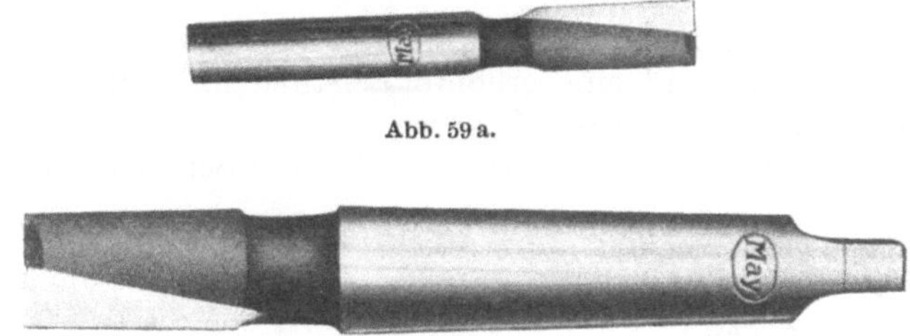

Abb. 59 a.

Abb. 59 b.

Abb. 59 a und 59 b. Zweischneider (Rohde & Dörrenberg, Düsseldorf-Oberkassel).

zum Werkstück bei jedesmaligem Hin- und Rückgang des Tisches nur eine geringe Zustellung und fräst somit die Nute nicht in einem Schnitt, sondern bei oftmaligem Hin- und Rückgang des Tisches fertig.

Der Vorteil dieses Verfahrens liegt nun darin, daß der Schaftfräser, da er nur stirnseitig arbeitet, auch nur stirnseitig nachgeschliffen werden muß und daher seinen Durchmesser durch das Nachschleifen nicht verändert, somit stets eine lehrenhaltige Nut erzeugt und es ermöglicht, gezogene Keile ohne Nacharbeit zu verwenden, was speziell bei Massenfabrikation nicht hoch genug eingeschätzt werden kann. Außerdem hat ein Zweischneider eine weit längere Lebensdauer als ein Schaftfräser, und spricht auch dieser Umstand zugunsten des Zweischneiders.

c) Mittels hinterdrehte Scheibenfräser.

Abb. 60. Scheibenfräser (Rohde & Dörrenberg, Düsseldorf-Oberkassel).

Das Fräsen mittels Scheibenfräser (Abb. 60) ist noch wirtschaftlicher als mittels Zweischneider, da die Nute gleichfalls in einem Schnitt (wie beim Schaftfräser) und in einer weit kürzeren Zeit als mit dem Zweischneider hergestellt werden kann, wobei stets eine lehrenhaltige Nut erzeugt wird.

Es empfiehlt sich daher, alle Nuten, die nicht unbedingt an den Enden ausgerundet sein müssen, mit dem Scheibenfräser herzustellen oder die Nuten vermittelst Scheibenfräser auf die richtige Tiefe vorzufräsen und nur die Enden mit dem Fräsbohrer auszurunden.

Die auf Seite 139 Absatz 5 und 6 angeführte Regel, wonach bei Fräser aus Schnellschnittstahl nicht die Schnittgeschwindigkeit, sondern der Vorschub erhöht werden soll, hat für Fräsbohrer keine Gültigkeit, da bei Erhöhung des Vorschubes, ohne gleichzeitiger Erhöhung der Schnittgeschwindigkeit die Fräsbohrer bei großen Schnittiefen den erhöhten Schnittdruck nicht aushalten und dadurch brechen würden.

Daher muß bei Verwendung von Fräsbohrern aus Schnellschnittstahl, unter Beibehaltung des Vorschubes pro Fräserumdrehung $s = \dfrac{S}{n}$, die Schnittgeschwindigkeit erhöht werden, wodurch auch der minutliche Vorschub S wächst und eine erhöhte Leistung ohne Bruchgefahr für den Fräsbohrer erzielt wird.

Praktische Versuche haben ergeben, daß die Schnittgeschwindigkeit

für Werkzeugstahl mit $V = 20$ m/min bzw. $v = 333$ mm/sek,

für Schnellschnittstahl mit $V = 35$ „   „ $v = 583$ „

gewählt werden kann.

Laufzeitberechnung.

Wie schon vorstehend erwähnt, ist die Berechnung der Laufzeit unter Zugrundelegung des minutlichen Vorschubes S einfacher und der Berechnung nach Schnittgeschwindigkeit und Vorschub pro Fräserumdrehung vorzuziehen.

Die Formeln für die Berechnung der Laufzeit lauten:

a) für Scheibenfräser

$$T = \frac{\text{Länge in mm} + \text{Zusatzwert für Fräseranschnitt}}{\text{minutlicher Vorschub}} = \frac{l + \delta}{S}\ \text{min}.$$

Über Zusatzwerte für Fräseranschnitt siehe Tabelle 49.

b) Für Fräsbohrer und zwar:

1. für Schaftfräser bei Herstellung der Nute in einem Schnitt und zwar:

1 a) Nute nach einer Seite offen,

$$T = \frac{\text{Nutenlänge in mm}}{\text{minutl. Vorschub}} = \frac{l}{S}\ \text{min}.$$

1 b) Nute beidseitig offen,

$$T = \frac{\text{Nutenlänge in mm} + \tfrac{1}{2}\ \text{Fräser} \varnothing\ \text{in mm}}{\text{minutl. Vorschub}} = \frac{l + \dfrac{d}{2}}{S}\ \text{min}.$$

1 c) Nute beidseitig geschlossen,

$$T = \frac{\text{Nutentiefe in mm}}{\text{minutl. Vorschub}} + \frac{\text{Nutenlänge in mm} - \text{Fräser} \varnothing\ \text{in mm}}{\text{minutl. Vorschub}} = \frac{y}{S_1} + \frac{l - d}{S}\ \text{min}.$$

$S_1 = $ Vorschub in mm/min beim Tieffräsen.

$d = $ Fräserdurchmesser in mm.

2. für Zweischneider bei mehrmaligem Hin- und Rückgang des Tisches und zwar:

2 a) Nute nach einer Seite offen,

$$T = \frac{\text{Nutenlänge in mm}}{\text{minutl.-Vorschub}} \cdot \text{Schnittzahl} = \frac{l}{S} \cdot x\ \text{min}.$$

2 b) **Nute beidseitig offen,**

$$T = \frac{\text{Nutenlänge in mm} + \tfrac{1}{2}\,\text{Fräser } \varnothing \text{ in mm}}{\text{minutl. Vorschub}} \cdot \text{Schnittzahl} = \frac{l + \dfrac{d}{2}}{S} \cdot x \text{ min}.$$

2 c) **Nute beidseitig geschlossen,**

$$T = \frac{\text{Nutenlänge in mm} - \text{Fräser } \varnothing \text{ in mm}}{\text{minutl. Vorschub}} \cdot \text{Schittzahl} = \frac{l - d}{S} \cdot x \text{ min}.$$

Für die Schnittzahl gilt:

$$x = \frac{y}{s_1}, \text{ wobei,}$$

$y =$ Nutentiefe in mm,

$s_1 =$ Vorschub in mm bei jedesmaligem Hin- bzw. Rückgang des Tisches.

Die minutlichen Vorschübe und Umdrehungszahlen zur Berechnung der Laufzeiten sind der Tabelle 52 zu entnehmen.

Für das Aufspannen von Wellen kann Tabelle 8 verwendet werden. Für Wellen mit doppelten Nuten ist die Aufspannzeit nur einmal zu rechnen. Für das Umspannen der Welle zum Fräsen der zweiten Nute sind ca. 50 vH der Werte aus Tabelle 8 zu rechnen.

Tabelle 50. Vorschübe und Umdrehungen für das Fräsen von Keilnuten bei Verwendung von Fräsern aus Schnellschnitt- und Werkzeugstahl.

| Nuten | | Fräser $\varnothing$ | $V=15$ mm/min $v=250$ m/sek Umdrehungszahl $n=\dfrac{4800}{\text{Fräser }\varnothing}$ | Vorschub S in mm/min | | | | | |
| | | | | hinterdrehte scheibenförmige Nutenfräser aus | | Schaftfräser Abb. 58 aus | | | |
Breite mm	Tiefe mm			Schnellschnittstahl	Werkzeugstahl	Schnellschnittstahl	$V=35$ m/min $v=583$ mm/sek $n=\dfrac{11\,127}{\text{Fr. }\varnothing}$	Werkzeugstahl	$V=20$ m/min $v=333$ mm/sek $n=\dfrac{6400}{\text{Fr. }\varnothing}$
12	2	65	75	300	220	42	940	24	530
14	3	} 75	64	176	128	37	816	21	455
16	3			150	105	32	705	19	400
18	4	} 100	48	100	70	28	625	16	354
20	4			90	65	25	565	15	320
22	5	} 150	32	70	50	23	512	13	290
24	5			56	40	22	480	12	266
26	6	} 150	32	45	30	20	434	11	245
28	6			40	28	18	405	10	227
30	7	} 200	24	34	24	17	376	10	213
32	7			30	22	16	354	9	200
35	8	} 200	24	26	18	15	322	8	182
40	8			22	16	13	283	7	159

Für Nutenfräsmaschinen mit automatischer Zustellung ist die vorstehende Tabelle nicht gültig; hierfür ist die Charakteristik der Maschine auf Vorschub und Umdrehungen aufzunehmen und eine Tabelle nach Muster 52 anzufertigen.

Tabelle 51. Einrichtezeiten für Fräsmaschinen.

Art der Arbeit	Minuten
Fräsdorn einspannen	3
Fräsdorn ausspannen	3
Fräser auf Dorn aufstecken	1
Fräser auf Dorn wechseln	3
2 teiliger Satz zusammensetzen und einstellen	20
4 teiliger Satz zusammensetzen und einstellen	30
Messerkopfdorn in Messerkopf einsetzen	3
Messerkopfdorn aus Messerkopf entfernen	3
Messerkopf auf Dorn aufstecken	2
Messerkopf in Maschine befestigen	3
Schraubstock aufspannen	4
Schraubstock abspannen	3
Rundsupport aufspannen	15
Rundsupport abspannen	6
Teilapparat aufspannen	10
Teilapparat abspannen	8
Maschine reinigen	6
Wechselräder auf Teilapparat aufstecken	4

Die in der Tabelle 50 angeführten Werte sind Mittelwerte. Bei kräftiger Konstruktion der Maschine und geeignetem Werkzeuge können weit größere Vorschübe und Schnittiefen gewählt werden.

Zu erwähnen wäre noch, daß die Firma A. Kämmerer in Düsseldorf sogenannte „Hanseat - Nutenfräser" erzeugt, die, obzwar als Zweischneider ausgebildet, dennoch die Nute in einem Schnitt fertigstellen.

Die vom Erzeuger angegebenen Leistungen (siehe Tabelle 53) können jedoch nur auf ganz kräftigen und gut gelagerten Maschinen bei hinreichender Kühlung der Werkzeuge erzielt werden. Selbstverständlich ist auch bei dieser Sorte Nutenfräser mit einer raschen Abnützung des Durchmessers zu rechnen.

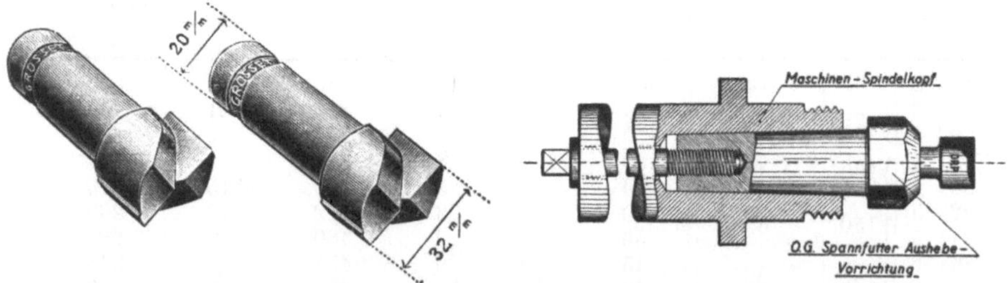

Abb. 61. Nutenfräser.   Abb. 62. O. G. Fräserspannfutter.
(Grosset & Co., Altona-Elbe.)

Auch die Firma Grosset & Co. in Altona-Elbe bringt Fräsbohrer (Zweischneider) auf den Markt, die die Nuten bei kräftiger Konstruktion der Maschine und guter Kühlung des Werkzeuges in einem Schnitt, mit 80 bis 150 mm Vorschub pro Minute fertigstellen.

Tabelle 52. Zeittabelle für Keilnutenfräsen.

Formel für die Laufzeitberechnung: $= \dfrac{\text{Länge}}{10} \times$ der Zeit für 10 mm Fräslänge.

| Wellen-durch-messer | Keil-nuten | Umdrehungen des Fräsers pro min | | | Spantiefe | | | Vorschub pro min | | | Zeit in min für 10 mm Fräslänge bei einer Frästiefe der Rubrik 2 | | |
| | | Ch.N.St. | Bronze Messing GrauG. | S.M.Fl. S.M.St. Temp.G. StahlG. | Ch.N.St. | Bronze Messing GrauG. | S.M.Fl. S.M.St. Temp.G. StahlG. | Ch.N.St. | Bronze Messing GrauG. | S.M.Fl. S.M.St. Temp.G. StahlG. | Ch.N.St. | Bronze Messing GrauG. | S.M.Fl. S.M.St. Temp.G. StahlG. |
	mm												
10 bis 12	5 × 2,25	800	1200	1000	0,6	0,65	0,55	26	80	80	1,53	0,63	0,63
14	6 × 2,5	666	1000	833	0,7	0,65	0,6	26	80	80	1,53	0,63	0,63
16 „ 18	6 × 3	666	1000	833	0,7	0,65	0,6	26	80	80	1,95	0,63	0,75
20 „ 24	7 × 3,5	571	857	714	0,7	0,7	0,6	26	80	80	2,30	0,75	0,75
26 „ 28	8 × 3,5	500	750	625	0,7	0,7	0,6	26	80	80	2,30	0,75	0,75
30 „ 34	10 × 4	400	600	500	0,8	0,8	0,65	46	140	80	1,25	0,43	0,88
36 „ 44	11 × 4,5	362	545	454	0,8	0,85	0,65	46	140	80	1,25	0,43	0,88
46	12 × 4,5	333	500	416	0,8	0,9	0,65	46	140	80	1,52	0,43	0,88
48	12 × 5	333	500	416	0,8	0,9	0,65	46	140	80	1,52	0,43	1,0
50 „ 55	13 × 5	307	461	384	0,8	1,0	0,65	46	140	80	1,52	0,43	1,0
56	15 × 5	266	400	333	0,8	1,2	0,65	46	140	80	1,52	0,36	1,0
58 „ 60	15 × 5,5	266	400	333	0,8	1,2	0,65	46	140	80	1,52	0,36	1,12
62	16 × 4,5	250	373	312	0,8	1,3	0,65	46	140	80	1,25	0,29	0,88
64	16 × 5,5	250	373	312	0,8	1,3	0,65	46	140	80	1,52	0,36	1,12
65	16 × 6	250	373	312	0,8	1,3	0,65	46	140	80	1,74	0,36	1,25
66	17 × 4	235	352	294	0,8	1,5	0,65	46	140	80	1,25	0,22	0,88
70 „ 76	18 × 6	222	333	277	0,8	1,5	0,65	46	140	80	1,74	0,36	1,25
78	20 × 7	200	300	250	0,8	1,5	0,65	46	140	80	1,95	0,36	1,38
80	20 × 8	200	300	250	0,8	1,5	0,65	46	140	80	2,16	0,43	1,63
85	21 × 8,5	190	295	238	0,8	1,5	0,65	46	140	80	2,40	0,43	1,75

Tabelle 53.

Nutenbreite	Spanhöhe	Umdrehungen		Vorschub pro min	
		Spezialstahl	Schnelldrehstahl	Spezialstahl	Schnelldrehstahl
mm	mm			mm	mm
5	1,75 bis 3,5	1000	2550	50 bis 100	125 bis 250
8	2,75 „ 5,5	625	1600	30 „ 60	80 „ 160
10	3,25 „ 6,5	500	1300	25 „ 50	65 „ 130
15	5 „ 10	340	850	17 „ 35	40 „ 85
20	7 „ 14	250	635	12 „ 25	30 „ 65
25	9 „ 18	200	510	10 „ 20	25 „ 50
30	10 „ 20	170	425	8 „ 17	20 „ 40
40	14 „ 28	125	320	6 „ 13	16 „ 32
50	17 „ 34	100	255	5 „ 10	13 „ 26
60	20 „ 40	85	210	4 „ 8	11 „ 22

Beispiele:

1. Eine Keilnute $26 \times 6 \times 150$ mm mit einem Scheibenfräser fräsen.

$$T = \frac{l + \delta}{S} \text{ min}.$$

$\delta =$ bei 6 mm Frästiefe und 150 mm Fräserdurchmesser nach der Formel

$$\delta = \sqrt{d \cdot y - y^2} = \sqrt{150 \cdot 6 - 6^2} = 29{,}4 \text{ mm}.$$

$S = 39$ mm nach Tabelle 50.

$$T = \frac{150 + 29{,}4}{39} = \frac{179{,}4}{39} = 4{,}6 \text{ min}.$$

2. Eine Keilnute $13 \times 5 \times 80$ mm in eine Welle aus Ch.N.St. mit einem Fräsbohrer fräsen.

Nach Tabelle 52 ist

$$T = \frac{\text{Länge der Nute in mm} \times \text{der Zeit für 10 mm Fräslänge}}{10} = \frac{80 \cdot 1{,}52}{10} = \mathbf{12{,}16} \text{ min}.$$

Die Zeiten obiger Beispiele verstehen sich ohne alle Nebenarbeiten wie: Maschine einrichten, Welle ein- und ausspannen, Schnitt anstellen usw.

Das Rundfräsen.

Das Rundfräsen wird speziell bei Fasson- und jenen Stücken angewandt, bei denen mittels eines Fasson- oder Satzfräsers zwei oder mehrere Flächen zu gleicher Zeit bearbeitet werden können und ein Mann mehrere Maschinen zu bedienen imstande ist (z. B. den Außendurchmesser und zwei Seiten am Radkranz bei einem Stirnrade fräsen). Die Formel für die Berechnung der Laufzeit lautet:

$$T = \frac{d_1 \cdot \pi + \delta}{S} \text{ min}.$$

Die Werte für δ siehe Tabelle 49.
Die Werte für S sind der lg. Tafel II zu entnehmen.

Für das Einrichten der Maschine kann in der Regel durchschnittlich ca. 45 min angenommen werden.

Beispiel. Ein gußeisernes Stirnrad mit einem Durchmesser von 300 mm und einer Breite von 35 mm soll mit zwei Schnitten gefräst werden. Die Frästiefe sei

für den ersten Schnitt $y = 3$ mm,
„ „ zweiten „ $y = 1$ „

und die Höhe des Zahnkranzes $= 20$ mm. Welche Zeit beansprucht die Bearbeitung?

Für Maschine einrichten . . . . 45 min
„ das Auf- und Abspannen . . . . 5 „

$$„ \quad \text{den 1. Schnitt: } T = \frac{d_1 \cdot \pi + \delta}{S} = \frac{300 \cdot 3,14 + 35}{38} = 24,79 = \ldots \ldots \sim 25 \ „$$

$$„ \quad „ \text{ 2. Schnitt: } T = \frac{d_1 \cdot \pi + \delta}{S} = \frac{300 \cdot 3,14 + 35}{117} = \ldots \ldots \sim 8 \ „$$

Summa 83 min.

Bei Anfertigung einer größeren Stückzahl ist die Einrichtzeit durch die Stückzahl zu teilen; so beträgt z. B. bei 50 Stück Stirnrädern für obiges Beispiel die Einrichtzeit $\frac{45}{50} = 0,9$ min pro Stück.

Das Fräsen von Spitzgewinden, Flachgewinden und Schnecken.

a) Mit walzenförmigen Gewindefräsern (Gewindelänge und Tiefe in einem Schnitt).

Für die Güte und Lehrenhaltigkeit dieser Gewinde ist die richtige Wahl von Schnittgeschwindigkeit und Vorschub ausschlaggebend. Sie darf daher niemals dem Arbeiter überlassen bleiben, muß vielmehr systematisch, dem Material und zulässigen Schnittwiderstand entsprechend, vom Vorkalkulationsbüro bestimmt werden. Es empfiehlt sich daher, von den im Werk befindlichen Maschinen sowohl die Umdr./min, als auch die Zeit für 1 Umdrehung der Arbeitsspindel aufzunehmen und für jede Maschine, bzw. bei Maschinen gleicher Leistung für jede Maschinengruppe, eine Leistungstafel nach Tabelle 54 anzulegen.

Abb. 63. Walzenförmiger Gewindefräser
(Wanderer-Werke, Chemnitz).

Die Kolonne II enthält die an der Maschine verfügbaren und zu den in Kolonne I angeführten Durchmessern zugehörigen minutl. Vorschübe nach der Gleichung:

$$S = \frac{\sqrt{(d_1 \cdot \pi)^2 + St^2}}{T} \ \text{mm/min}.$$

Der zulässige minutl. Vorschub S wird nun, dem zulässigen Schnittdruck W in Kilogramm entsprechend, für die verschiedenen Materialien nach den Gleichungen:

a) bei Verwendung von walzenförmigen Gewindefräsern,

$$S = \frac{W \cdot 2 \cdot St \cdot v \cdot 60}{St \cdot y \cdot l \cdot K} = \frac{W \cdot 2 \cdot v \cdot 60}{y \cdot l \cdot K} \ \text{mm/min},$$

b) bei Verwendung von Scheibenfräsern,

$$S = \frac{W \cdot G \cdot 2 \cdot v \cdot 60}{St \cdot y \cdot K} \ \text{mm/min}$$

berechnet und in der Kolonne III die dem zulässigen Vorschub annähernd entsprechende Stufenscheibe eingetragen.

Die nebenstehende Kolonne IV enthält die Zeit für eine Umdrehung der Arbeitsspindel.

In der gleichen Weise wird die Schnittgeschwindigkeit für die verschiedenen Fräserdurchmesser auf allen Stufenscheiben ermittelt und in die Kolonnen IIa und IIIa eingetragen. Hierauf bestimmt man die Stufenscheibe, die der, für das Material zulässigen Schnittgeschwindigkeit annähernd entspricht und trägt diese in die Kolonnen IVa ein.

Nun ist es für das Vorkalkulationsbüro ein leichtes, nicht nur die richtige Laufzeit zu bestimmen, sondern auch die richtige Stufenscheibe für den Fräser, sowie für das Werkstück im Arbeitszettel anzugeben.

Noch vorteilhafter ist es, eine auf Pappendeckel aufgeklebte Blaupause dieser Tabelle zu der betreffenden Maschine zu geben. Hierdurch ist der Arbeiter in der Lage, bei Arbeiten, wo keine Vorschrift erfolgte, die richtige Stufenscheibe selbst zu wählen.

Der Verfasser hat bei seinen zahlreich angestellten Versuchen gefunden, daß der Schnittwiderstand beim Fräsen von Spitz- und Flachgewinden mit walzenförmigen Gewindefräsern für je 10 mm Gewindelänge ca. 13 kg betragen darf und daß bei Überschreitung dieses Wertes ein unsauberes und nicht lehrenhaltiges Gewinde entsteht.

Zur Ermittlung des Schnittdruckes W in kg, des Vorschubes S in mm/min und der Zeit T in min für eine Umdrehung des Werkstückes, gelten nachstehende Formeln:

1. Für den Querschnitt.

a) Bei Verwendung von walzenförmigen Gewindefräsern

$$q = \frac{St \cdot y \cdot l}{2 \cdot St} = \frac{y \cdot l}{2} \ \text{mm}^2. \qquad\qquad \text{I)}$$

b) Bei Verwendung von Scheibenfräsern für eine Gewindenut

$$q = \frac{St \cdot y}{G \cdot 2} \ \text{mm}^2. \qquad\qquad \text{II)}$$

2. Für den Vorschub.

a) Bei gegebener Zeit für 1 Umdrehung des Werkstückes

$$S = \frac{\sqrt{(d_1 \cdot \pi)^2 + St^2}}{T} \ \text{mm/min}. \qquad\qquad \text{III)}$$

Der Wert $\sqrt{(d_1 \cdot \pi)^2 + St^2}$ obiger Gleichung gibt die Länge der Gewindespirale für einen Gewindegang, am Umfang des Werkstückes gemessen, an.

$$\xleftarrow{\quad \sqrt{d_1 \cdot \pi^2 + St^2} \quad} \quad \Big| St \qquad \xleftarrow{\qquad d_1 \cdot \pi \qquad}$$

Bei eingängigen Gewinden mit kleiner Steigung kann man für die Länge der Gewindespirale auch kurz schreiben: $l = d_1 \cdot \pi$, da die Differenz, die sich aus den beiden Gleichungen

$$\sqrt{(d_1 \cdot \pi)^2 + St^2} \quad \text{und} \quad d_1 \cdot \pi$$

ergibt, derart gering ist, daß sie der Einfachheit halber ruhig vernachlässigt werden kann. Demnach ist auch:

$$S = \frac{d_1 \cdot \pi}{T} \ \text{mm/min}.$$

Für eingängige Gewinde mit großer Steigung, sowie für mehrgängige Gewinde und Schnecken hingegen muß die Form der Gleichung I) beibehalten werden.

Nachdem mit walzenförmigen Gewindefräsern nur eingängige Gewinde und Schnecken gefräst werden können, so soll in der Folge für eingängige Gewinde die einfachere Form der Gleichung angewendet werden.

b) Unter Berücksichtigung des Schnittwiderstandes und zwar bei Verwendung von walzenförmigen Gewindefräsern:

$$S = \frac{W \cdot 2 \cdot St \cdot v \cdot 60}{St \cdot y \cdot l \cdot K} = \frac{W \cdot 2 \cdot v \cdot 60}{y \cdot l \cdot K} \ \text{mm/min}, \qquad \text{IV)}$$

bei Verwendung von Scheibenfräsern:

$$S = \frac{W \cdot G \cdot 2 \cdot v \cdot 60}{St \cdot y \cdot K} \ \text{mm/min}. \qquad \text{V)}$$

3. Für den Schnittdruck in kg bei gegebener Zeit für 1 Umdr. des Werkstückes.

a) Bei Verwendung von walzenförmigen Gewindefräsern:

$$W_{\Sigma} = \frac{d_1 \cdot \pi \cdot St \cdot y \cdot l \cdot K}{T \cdot 60 \cdot 2 \cdot St \cdot v} = \frac{d_1 \cdot \pi \cdot y \cdot l \cdot K}{T \cdot 60 \cdot 2 \cdot v} = \frac{s \cdot q \cdot K}{v} \ \text{kg}, \qquad \text{VI)}$$

b) bei Verwendung von Scheibenfräsern für eine Gewindenut

$$W_1 = \frac{\sqrt{(d_1 \cdot \pi)^2 + St^2} \cdot St \cdot y \cdot K}{T \cdot 60 \cdot G \cdot 2 \cdot v} = \frac{s \cdot q \cdot K}{v} \ \text{kg}. \qquad \text{VII)}$$

4. Für die Zeit T in min bei 1 Umdr. des Werkstückes.

a) Unter Berücksichtigung des minutl. Vorschubes gilt allgemein:

$$T = \frac{l}{S} \ \text{min}.$$

Beim Fräsen von Rotationskörpern ist die Fräslänge l am Umfang des Werkstückes gemessen:

$$l = d_1 \cdot \pi \text{ mm},$$

und beim Fräsen von Gewinden und Schnecken ist die Länge der Gewindespirale l für einen Gewindegang:

$$l = \sqrt{(d_1 \cdot \pi)^2 + St^2} \text{ mm},$$

folglich gilt beim Fräsen von Gewinden allgemein:

$$T = \frac{\sqrt{(d_1 \cdot \pi)^2 + St^2}}{S} \text{ min}. \qquad \text{VIII)}$$

Bei Verwendung von walzenförmigen Gewindefräsern für eingängige Gewinde kann man der Einfachheit halber, wie bei der Bestimmung des Vorschubes gezeigt wurde, auch schreiben:

$$T = \frac{d_1 \cdot \pi}{S} \text{ min}. \qquad \text{IX)}$$

Zur Bestimmung des Vorschubes S gelten die Gleichungen III—V; setzt man diese in vorstehende Gleichung für T an Stelle von S ein, so gilt für die Berechnung der Zeit T in min:

a) bei Verwendung von walzenförmigen Gewindefräsern für 1 Umdr. des Werkstückes

$$T = \frac{d_1 \cdot \pi}{S} = \frac{d_1 \cdot \pi}{\frac{W \cdot 2 \cdot St \cdot v \cdot 60}{St \cdot y \cdot l \cdot k}} = \frac{d_1 \cdot \pi}{\frac{W \cdot 2 \cdot v \cdot 60}{y \cdot l \cdot K}} = \frac{d_1 \cdot \pi \cdot y \cdot l \cdot K}{W \cdot 2 \cdot v \cdot 60} = \frac{d_1 \cdot \pi \cdot q \cdot k}{W \cdot v \cdot 60} \text{ min}, \qquad \text{X)}$$

b) bei Verwendung von Scheibenfräsern für die ganze Gewindelänge:

$$T = \frac{\sqrt{(d_1 \cdot \pi)^2 + St^2}}{S} \cdot \frac{(l + \delta) \cdot G}{St \cdot G} = \frac{\sqrt{(d_1 \cdot \pi)^2 + St^2} \, (l + \delta) \cdot G}{\frac{W \cdot G \cdot 2 \cdot v \cdot 60 \cdot St \cdot G}{St \cdot y \cdot k}}$$

$$= \frac{\sqrt{(d_1 \cdot \pi)^2 + St^2} \, (l + \delta) \cdot y \cdot K}{W \cdot G \cdot 2 \cdot v \cdot 60} \text{ min}. \qquad \text{XI)}$$

Beim Fräsen von Spitzgewinden mit walzenförmigen Gewindefräsern beträgt der Schnittdruck erfahrungsgemäß ca. 13 kg pro 10 mm Gewindelänge. Somit bei einer Gewindelänge l:

$$W = \frac{W \cdot l}{10} \text{ kg}.$$

Setzt man für $W = 13$ kg ein, so ist

$$W = \frac{13 \cdot l}{10} = 1{,}3 \cdot l \text{ kg},$$

geht man von der Anzahl der Gewindegänge aus, so beträgt der Schnittdruck W für einen Gewindegang:

$$W_1 = \frac{W \cdot St}{10 \cdot 2} \text{ kg}$$

und für die ganze Länge:

$$W_\Sigma = \frac{W \cdot St \cdot l}{10 \cdot 2 \cdot St} = \frac{W \cdot l}{10 \cdot 2}\,\text{kg},$$

demnach bei $W = 13$ kg:

$$W_\Sigma = \frac{W \cdot l}{10 \cdot 2} = \frac{1,3 \cdot l}{2}$$

$W_\Sigma =$ Gesamt-Schnittwiderstand in kg,
$W =$ Schnittwiderstand für 10 mm Gewindelänge in kg,
$W_1 =$ Schnittwiderstand für 1 Gewindegang in kg,
$S =$ Vorschub in mm/min,
$s =$ Vorschub in mm/sek,
$q =$ Querschnitt in mm²,
$T_1 =$ Zeit für 1 Umdr. des Werkstückes in min,
$d_1 =$ Werkstückdurchmesser in mm,
$St =$ Steigung des Gewindes in mm,
$y =$ Gewinde oder Gangtiefe in mm,
$l =$ Gewindelänge in mm,
$G =$ Gängigkeit des Gewindes,
$v =$ Schnittgeschwindigkeit in mm/sek,
$K =$ Stoffzahl $= K_z \cdot a$,
$K_z =$ Materialfestigkeit in kg/mm²,
$a =$ Konstante für Schmiedeisen und Stahl $= 2,5$ bis $3,2$, für Gußeisen $= 4$ bis 6.

Da die Berechnung nach vorgenannten Formeln zu umständlich und zeitraubend ist, so soll nachstehend eine lg. Tafel besprochen und ihre Anwendung an Hand eines Beispiels erläutert werden.

Die lg. Tafel III dient zur Kontrolle, ob der gewählte Vorschub bzw. die Zeit für 1 Umdr. der Arbeitsspindel dem zulässigen Schnittwiderstand entspricht, sowie zur Bestimmung der Zeit, die für 1 Umdr. des Werkstückes bei einem bestimmten Schnittwiderstand zulässig ist. Die lg. Tafel hat am oberen Rande des lg. Feldes eine Skala, die sowohl die Materialfestigkeit in kg/mm², als auch die Schnittgeschwindigkeit „V" in m/min beinhaltet. Auf der Abszissenachse ist die Steigung des Gewindes aufgetragen. Jeder Teilstrich schließt hierbei, bei Verwendung von walzenförmigen Gewindefräsern, den Wert q bei 10 mm Gewindelänge ein und ist nach der Gleichung

$$q = \frac{St \cdot y \cdot l}{2 \cdot St} = \frac{y \cdot l}{2}\,\text{mm}^2 \text{ berechnet.}$$

Beim Fräsen von Gewinden mittels Scheibenfräser wird der Schnittwiderstand pro Gewindegang bestimmt und kann derselbe pro Gewindegang mit ca. 13 kg gewählt werden.

Um die lg. Tafel III gleichzeitig auch für Flach- und Trapezgewinde verwenden zu können, wurde unterhalb der lg. Teilung I eine zweite, entsprechend versetzte, lg. Teilung II für den Querschnitt eines Gewindeganges angeordnet und dadurch ermöglicht, auch den Schnittwiderstand bei Verwendung von Scheibenfräsern zu bestimmen.

Die unter 45^0 geneigten - - - - - - - -Geraden gelten für die Durchmesser des Werkstückes und die ⋯⋯⋯ -Geraden für die Steigung des Gewindes.

Am äußeren linken Ende der Abszissenachse im lg. Wert 5 ist eine unter 45^0 geneigte ⋯⋯⋯ -Gerade eingezeichnet, die die Werte T für 1 Umdr. der Arbeitsspindel enthält.

Ferner wurde der lg. Tafel eine Fluchtlinientafel angegliedert, die es ermöglicht, unter Berücksichtigung des Wertes a den Schnittwiderstand abzulesen (siehe eingezeichnetes Beispiel).

Beispiel. Auf einer Spindel mit einem Durchmesser $d_1 = 60$ mm soll ein Spitzgewinde mit einer Steigung $St = 1,5$ mm gefräst werden. Die Länge des Gewindes $l = 10$ mm. Das Material ist S.M.St.; Festigkeit $K_z = 60$ kg/mm²; die Konstante $a = 3$; die Schnittgeschwindigkeit sei mit $V = 20$ m/min angenommen.

Wie groß kann die Zeit für 1 Umdr. der Arbeitsspindel oder der minutl. Vorschub gewählt werden, wenn der Schnittwiderstand $W = 13,5$ kg für je 10 mm Gewindelänge nicht überschritten werden soll?

Lösung.

Lege mit Hilfe eines Lineals vom Punkt $W = 13,5$ der Fluchtlinie W eine Gerade durch den Wert $a = 3$ der Fluchtlinie a bis zur Ordinate, verfolge von diesem Schnittpunkt die Wagrechte bis zum Schnittpunkt mit der Senkrechten $K_z = 60$, gehe von da unter 45^0 bis zum Schnittpunkt mit der Senkrechten $V = 20$, verfolge die Wagrechte bis zum Schnittpunkt mit der unter 45^0 geneigten, voll ausgezogenen Geraden $d_1 = 60$, bringe von diesem Punkt die Senkrechte zum Schnitt mit der unter 45^0 geneigten ⋯⋯⋯ -Geraden $St = 1,5$ und lese in Verfolgung der Wagrechten auf der unter 45^0 geneigten Zeitlinie für $T = 0,8$ min ab.

Will man jedoch kontrollieren, ob eine gewählte Stufenscheibe bzw. die hierdurch bedingte Zeit für 1 Umdr. dem zulässigen Schnittwiderstand entspricht, so verfahre man in umgekehrter Reihenfolge.

Angenommen: Für obiges Beispiel wäre eine Stufenscheibe gewählt worden, die 1 Umdr. in 2 min ausführt. Ist diese Stufenscheibe dem zulässigen Schnittwiderstand entsprechend gewählt?

Lösung: Verfolge von $St = 1,5$ (Abszissenachse) die unter 45^0 geneigte ⋯⋯⋯ -Gerade bis zum Schnittpunkt mit der wagrechten $T = 2$ min für 1 Umdr. der Arbeitsspindel, von da die Senkrechte bis zum Schnittpunkt mit der unter 45^0 geneigten ————-Geraden für $d_1 = 60$, hierauf die Wagrechte bis zum Schnittpunkt mit $V = 20$, gehe dann unter 45^0 bis zum Schnittpunkt mit der Senkrechten $K_z = 60$, verfolge die Wagrechte nach rechts bis zur Ordinate, lege von diesem Schnittpunkt eine Gerade durch die Fluchtlinie a im Wert $a = 3$ und lese auf der Fluchtlinie W im Schnittpunkt $W = 5,75$ kg ab.

Die Zeit für 1 Umdr. $T = 2$ min erscheint demnach zu hoch angenommen und kann entsprechend herabgesetzt werden.

Nehmen wir an, daß die Zeit für 1 Umdr. auf der nächsten Stufe 1 min beträgt, so finden wir auf der lg. Tafel in Verfolgung von $T = 1$ min für $W \backsimeq 10,5$ kg. Somit wäre der mit dieser Stufenscheibe erreichte Vorschub verwendbar, da er dem zulässigen Schnittwiderstand annähernd entspricht.

b) Mit Scheiben- oder Modul- bzw. Profilfräsern.

Zur Herstellung von Flachgewinden und Schnecken werden Scheibenbzw. Profilfräser verwendet. Die Größe der Schnittgeschwindigkeit kann aus der Tabelle 46 und der Zusatzwert für den Anschnitt des Fräsers aus der Tabelle 49 entnommen werden.

Tabelle 54. Gewindefrästabelle für Fräsmaschinen von Hilbert & Co.

Zeit für 1 Umdr. der Arbeitsspindel in min auf:
Stufe A = 4
„ B = 2,33
„ C = 1,5

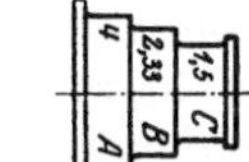

Durchm. des Arbeitsstückes mm	Minutl. Vorschub auf Stufenscheibe			Die Bearbeitung erfolgt bei					Die Zeit in min beträgt bei				
				St.G.	T.G. S.M.St. G.E.	Sch. E.	Br. G.	Mess.	St.G.	T.G. S.M.St. G.E.	Schm. E.	Br. G.	Mess.
	a	b	c	auf Stufenscheibe					St.G.	T.G. S.M.St. G.E.	Schm. E.	Br. G.	Mess.
25	19,6	33,7	52,3	b	c	c	c	c	2,33	1,5	1,5	1,5	1,5
30	23,5	40,4	42,5	b	c	c	c	c	2,33	1,5	1,5	1,5	1,5
35	27,5	47	73	b	c	c	c	c	2,33	1,5	1,5	1,5	1,5
40	31,4	54	83,7	b	c	c	c	c	2,33	1,5	1,5	1,5	1,5
45	35,3	60,6	94	b	c	c	c	c	2,33	1,5	1,5	1,5	1,5
50	39	67,3	104,6	b	b	b	b	c	2,33	2,33	2,33	2,33	1,5
55	43	74	115	a	b	b	b	c	4	2,33	2,33	2,33	1,5
60	47	80,8	125,6	a	b	b	b	b	4	2,33	2,33	2,33	2,33
65	51	87,5	136	a	b	b	b	b	4	2,33	2,33	3,33	2,33
70	55	94,5	146,5	a	b	b	b	b	4	2,33	2,33	2,33	2,33
75	58,8	101	157	a	b	b	b	b	4	2,33	2,33	2,33	2,33
80	62,8	107,8	167	a	a	a	a	b	4	4	4	4	2,33
85	66,7	114,5	177,8	a	a	a	a	b	4	4	4	4	2,33
90	70,6	121	188,4	a	a	a	a	b	4	4	4	4	2,33
95	74,5	128	198,6	—	a	a	a	a	—	4	4	4	4
100	78,5	134,7	209,3	—	a	a	a	a	—	4	4	4	4
I	II			III					IV				

Umdrehungen des Fräsers pro min auf:
Stufe A = 380
„ B = 240
„ C = 170

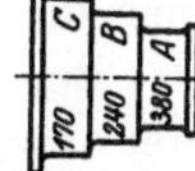

Kolonne Ia	Bei Fräserdurchmesser von											
	Fräserdurchm.	20	25	30	35	40	45	50	55	60	65	70	75
	beträgt die Schnittgeschwindigkeit in m/min											
IIa	Stufe a . . .	23,86	29,83	35,8	41,76	47,73	53,69	59,66	65,63	71,59	77,56	83,52	89,49
	„ b . . .	15,07	18,84	22,6	26,38	30,14	33,91	37,68	41,45	45,21	48,98	52,75	56,51
	„ c . . .	10,68	13,35	16,0	18,68	21,35	24,—	26,69	29,36	32,—	34,70	37,37	40,—
	mm/sek											
IIIa	Stufe a . . .	397	497	597	696	795	895	994	1094	1193	1293	1392	1492
	„ b . . .	251	314	377	440	502	565	628	691	754	816	879	942
	„ c . . .	178	222	267	311	389	400	445	489	534	578	623	667

IVa	bei	auf Stufe											
	Die Schnittgeschwindigkeit kann gewählt werden												
	Stahlguß . .	b	c	c	c	c	c	—	—	—	—	—	—
	T.G., S.M.St., G.E., Schm.E.	b	b	b	c	c	c	c	—	—	—	—	—
	Bronzeguß .	a	b	b	c	c	c	c	c	—	—	—	—
	Messing . .	a	a	b	b	b	c	c	c	c	—	—	—

11*

Diese Arbeitsmethode eignet sich besonders für Serien- oder Massenfabrikation und stellt sich, unter der Annahme, daß ein Arbeiter mehrere Maschinen bedient, wesentlich billiger als die Herstellung auf der Drehbank.

Bei der Einzelfabrikation ist das Fräsen von Flachgewinden oder Schnecken nur dann wirtschaftlich, wenn für die betreffende Teilung bereits ein Fräser vorhanden ist.

Die Berechnung der Laufzeit ist für Flachgewinde und Schnecke gleich und erfolgt nach der Formel:

$$T = \frac{d_1 \cdot \pi \cdot (l + \delta)}{S \cdot t} \ \text{min}. \qquad\qquad \text{XII)}$$

Hierbei ist:

$d_1 =$ äußerer Durchmesser des Arbeitsstückes in mm,
$d =$ Fräserdurchmesser in mm,
$l =$ Gewindelänge in mm,
$\delta =$ Anschnittswert (aus Tabelle 49),
$t =$ bei Flachgewinden gleich der Steigung,
     bei Schnecken gleich der Teilung $=$ (Modul $\cdot \pi$),
$S =$ Vorschub in mm pro min,
$G =$ Gängigkeit des Gewindes.

Auch bei zwei- bzw. drei- oder mehrgängigen Flachgewinden oder Schnecken ist nicht die Steigung, die bei eingängigen gleich der Teilung, bei zweigängigen gleich der doppelten und bei dreigängigen gleich der dreifachen Steigung ist, in die Formel einzusetzen, sondern nur die Teilung.

Bei Einsetzung der Werte bei einem mehrgängigen Gewinde für die Gängigkeit und Steigung müßte die Formel lauten:

$$T = \frac{d_1 \cdot \pi \, (l + \delta) \cdot G}{S \cdot St} \ \text{min}, \qquad\qquad \text{XIII)}$$

$G =$ Gängigkeit (zwei- oder mehrgängig),

$St =$ Steigung (Modul $\cdot \pi \cdot$ Gängigkeit).

Da aber der Wert (XIII) $\dfrac{(l + \delta) \cdot G}{St}$

gleich ist dem Werte (XII) $\dfrac{(l + \delta)}{t}$,

so kann der Einfachheit halber auch bei mehrgängigen Gewinden nach der Formel XII) gerechnet werden.

Beispiel zur Berechnung der Laufzeit nach der Formel XII) und XIII) für einen Schnitt, bei einer dreigängigen Schnecke aus S.M.St., $d_1 = 150$ mm, $l = 200$ mm, Modul $= 16$.

Für die Bearbeitung sei ein Fräser aus Werkzeugstahl mit einem Durchmesser $d = 160$ mm angenommen.

Die Schnittgeschwindigkeit des Fräsers soll hierbei $V = 16$ m/min bzw. $v = 267$ mm/sek betragen.

Die Umdrehungszahl des Fräsers beträgt demnach nach der Gleichung:

$$n = \frac{v \cdot 60}{d \cdot \pi} = \frac{167 \cdot 60}{160 \cdot 3,14} = \curvearrowright 34 \ \text{Umdr./min.}$$

$$t = \text{Mod} \cdot \pi = 16 \cdot 3,14 = \mathbf{50,25} \ \text{mm},$$

$$St = \text{Mod} \cdot \pi \cdot G = 16 \cdot 3,14 \cdot 3 = \mathbf{150,75} \ \text{mm}.$$

Die Gangtiefe beträgt lt. Tabelle 56 für Mod. 16 = 34,67 mm und soll mit 3 Schnitten ausgefräst werden, wobei für den ersten Schnitt eine Frästiefe $y = 16$ mm gilt.

Der Anschnittswert δ beträgt bei einem Fräserdurchmesser $d = 160$ mm und einer Frästiefe $y = 16$ mm nach der Gleichung:

$$\delta = \sqrt{d \cdot y - y^2} = \sqrt{160 \cdot 16 - 16^2} = \sqrt{2304} = \mathbf{48} \ \text{mm}.$$

Setzt man vorstehende Werte in Formel XII) ein, so erhalten wir als Bearbeitungszeit für den 1. Schnitt

$$T = \frac{d_1 \cdot \pi \cdot (l + \delta)}{S \cdot t} = \frac{150 \cdot 3,14 \cdot (200 + 48)}{6 \cdot 50,25} = \frac{150 \cdot 3,14 \cdot 248}{6 \cdot 50,25} = \curvearrowright 387,4 \ \text{min}$$

und nach der Formel XIII)

$$T = \frac{d_1 \cdot \pi \cdot (l + \delta) \cdot G}{S \cdot St} = \frac{150 \cdot 3,14 \cdot (200 + 48) \cdot 3}{6 \cdot 150,75} = \frac{150 \cdot 3,14 \cdot 248 \cdot 3}{6 \cdot 150,75} = \curvearrowright 387,4 \ \text{min},$$

also in beiden Fällen gleiche Resultate.

Tabelle 55. Vorschübe pro min beim Fräsen von Schnecken- und Flachgewinden aus S.M.St., 60 bis 70 kg Festigkeit. Fräser aus Schnellschnittstahl.

Modul	Zahntiefe	Anzahl der Schnitte	Frästiefe und Vorschub/min						Schnitte anstellen und messen pro Gang	Auf- und Abspannen	Einrichten der Maschine
			1. Schnitt		2. Schnitt		3. Schnitt				
			Frästiefe mm	Vorschub mm	Frästiefe mm	Vorschub mm	Frästiefe mm	Vorschub mm			
1	2,17	1	2,17	260	—	—	—	—	1,5	3	
2	4,33	1	4,33	130	—	—	—	—	1,5	3	
3	6,55	1	6,55	90	—	—	—	—	1,5	3	
4	8,67	1	8,67	50	—	—	—	—	1,5	3	
5	10,83	1	10,83	35	—	—	—	—	1,5	3	
6	13	1	13	25	—	—	—	—	1,5	3	
7	15,17	2	12	25	3,17	80	—	—	3	5	
8	17,32	2	12	20	5,32	50	—	—	3	5	
9	19,5	2	14	15	5,5	42	—	—	3	5	
10	21,67	2	14	14	7,67	28	—	—	3	5	45 min
11	23,88	2	14	13	9,88	18	—	—	3	5	
12	26	2	15	11	11	14	—	—	3	5	
13	28,17	3	15	10	11	13	2,17	35	5	8	
14	30,33	3	15	10	11	13	4,33	31	5	8	
15	32,5	3	15	9	13	10	4,5	28	5	8	
16	34,67	3	16	9	13	10	5,67	20	5	8	
17	36,83	3	17	7	13	9	6,83	17	6	8	
18	39	3	18	7	13	9	8	14	6	8	
19	41,17	3	19	6	14	7	8,17	13	6	8	
20	43,33	3	20	6	14	7	9,33	10	6	8	

Tabelle 56. Vorschübe pro min beim Fräsen von Schnecken- und Flachgewinden aus S.M.St., 60 bis 70 kg Festigkeit. Fräser aus Werkzeugstahl.

Modul	Zahn-tiefe	Anzahl der Schnitte	Frästiefe und Vorschub/min						Schnitte anstellen und messen pro Gang	Auf- und Ab-spannen	Einrichten der Maschine
			1. Schnitt		2. Schnitt		3. Schnitt				
			Fräs-tiefe mm	Vor-schub mm	Fräs-tiefe mm	Vor-schub mm	Fräs-tiefe mm	Vor-schub mm			
1	2,17	1	2,17	185	—	—	—	—	1,5	3	
2	4,33	1	4,33	95	—	—	—	—	1,5	3	
3	6,55	1	6,55	65	—	—	—	—	1,5	3	
4	8,67	1	8,67	35	—	—	—	—	1,5	3	
5	10,83	1	10,83	25	—	—	—	—	1,5	3	
6	13	1	13	18	—	—	—	—	1,5	3	
7	15,17	2	12	18	3,17	60	—	—	3	5	45 min
8	17,32	2	12	15	5,32	35	—	—	3	5	
9	19,5	2	14	11	5,5	30	—	—	3	5	
10	21,67	2	14	10	7,67	20	—	—	3	5	
11	23,88	2	14	9	9,88	15	—	—	3	5	
12	26	2	15	8	11	10	—	—	3	5	
13	28,17	3	15	7	11	9	2,17	25	5	8	
14	30,33	3	15	7	11	9	4,33	22	5	8	
15	32,5	3	15	6	13	7	4,5	20	5	8	
16	34,67	3	16	6	13	7	5,67	15	5	8	
17	36,83	3	17	5	13	6	6,83	12	6	8	
18	39	3	18	5	13	6	8	10	6	8	
19	41,17	3	19	4	14	5	8,17	9	6	8	
20	43,33	3	20	4	14	5	9,33	7	6	8	

Beispiel. Auf einer Spindel aus S.M.St., $Kz = 60$ kg/mm², deren Durchmesser $d_1 = 45$ mm beträgt, soll auf eine Länge $l = 150$ mm ein Gewinde von 6 Gang per Zoll gefräst werden.

Welche Bearbeitungszeit ist hierzu erforderlich, wenn für die Bearbeitung ein Fräser aus Schnellschnittstahl mit einem Durchmesser $d = 70$ mm verwendet wird.

6 Gang pro Zoll entspricht einer Steigung:

$$St = \frac{25,4}{6} = 4,233 \text{ mm}$$

und einer Fräs- oder Schnittiefe:

$$y = \frac{St}{2} = \frac{4,233}{2} = 2,1165 \text{ mm}.$$

Bei einer Frästiefe von 2,1165 mm beträgt der Vorschub nach Tabelle 55 für Fräser aus Schnellschnittstahl:

$$S = 260 \text{ mm}.$$

Der Anschnittswert δ beträgt bei einem Fräserdurchmesser $d = 70$ mm und einer Frästiefe $y = \sim 2$ mm nach Tabelle 49:

$$\delta = 11,7 \text{ mm}$$

und die Laufzeit:

$$T = \frac{d_1 \cdot \pi \cdot (l + \delta)}{S \cdot St} = \frac{45 \cdot 3,14 \cdot (150 + 11,7)}{260 \cdot 4,233} = \frac{45 \cdot 3,14 \cdot 161,7}{260 \cdot 4,233} \;.\quad 20 \quad \text{min}$$

für Maschine einrichten . . . . ⎫   45   „
 „ Schnitte anstellen und messen . . . . ⎬ nach Tabelle 55   1,5   „
 „ Auf- und Abspannen . . . . ⎭   3   „

Summa 69,5 min

Bei Anfertigung von x gleichen Stücken ist die Einrichtzeit durch die Stückzahl zu dividieren.

Das Zahnradfräsen.

Das Fräsen von Zahn- bzw. Stirnrädern kann auf zweierlei Art:

a) nach dem Teilverfahren,

b) nach dem Abwälzverfahren

ausgeführt werden. Beide Arten der Bearbeitung sind voneinander grundverschieden.

a) Nach dem Teilverfahren.

Bei diesem Arbeitsverfahren steht das zu fräsende Rad während des Fräsens still, der Profil- oder Modulfräser schiebt sich um einen bestimmten Vorschub pro Umdrehung des Fräsers vor, fräst hierbei die Zahnlücke aus und geht hierauf automatisch in seine Anfangsstellung zurück. Das Rad dreht sich nun gleichfalls automatisch um eine Teilung weiter, worauf die nächste Zahnlücke ausgefräst wird usw.

Die Berechnung der Laufzeit erfolgt genau wie beim Fräsen von Flächen nach der Formel:

$$T = \frac{\text{Länge in mm}}{\text{Vorschub/min}} \text{ min}.$$

Zu der Länge = Zahnbreite muß noch der Zusatzwert δ für den Anschnitt des Fräsers aus der Tabelle 49 oder nach der Formel

$$\delta = \sqrt{dy - y^2}$$

hinzugerechnet werden.

Die Formel für die Laufzeitberechnung eines Zahnrades lautet:

$$T = \left[\left(\frac{\text{Zahnbreite} + \text{Zusatzwert}}{\text{Vorschub/min}} \right) + \left(\frac{\text{Zahnbreite} + \text{Zusatzwert}}{10} \right) \right.$$

$$\left. \times \left(\frac{\text{Zeit für Rücklauf und Schaltung}}{60} \right) \right] \times \text{Zähnezahl} \times \text{Schnitte} =$$

$$= \left[\left(\frac{Z\,b + \delta}{S} \right) + \left(\frac{Z\,b + \delta}{10} \cdot \frac{R\,S}{60} \right) \right] \cdot Z \cdot x \text{ min}.$$

Die Zeit für Rücklauf und Schaltung ($R\,S$) beträgt je 10 mm Fräslänge = 5 sek (siehe Tabelle 57), daher pro Zahn:

$$T_1 = \frac{Z\,b + \delta}{10} \cdot \frac{R\,S}{60} = \frac{Z\,b + \delta}{10} \cdot \frac{5}{60} = \frac{Z\,b + \delta}{120} \text{ min},$$

und für Z Zähne: $T = \dfrac{Z\,b + \delta}{120} Z$ min,

folglich die gesamte Laufzeit bei x Schnitten:

$$T = \left(\frac{Z\,b + \delta}{S} \right) + \left(\frac{Z\,b + \delta}{120} \right) \cdot Z \cdot x = (Z\,b + \delta) \cdot \left(\frac{1}{S} + \frac{1}{120} \right) \cdot Z \cdot x \text{ min}.$$

Die Anzahl der Schnitte richtet sich nach der Härte des Materials und nach der Genauigkeit des Rades.

Für Modul 1 bis 5 genügt in der Regel ein Schnitt, nur wenn auf geräuschlosen Gang und hohe Tourenzahl Rücksicht genommen werden muß, ist ein zweiter Schnitt zu nehmen, bzw. müssen die Zähne auf der Stirnradhobelmaschine fertig gehobelt werden.

Tabelle 57. Für Vorschübe beim Fräsen von Zahnrädern

Fräser aus Wz.St.　　　in S.M.St. und St.G.

Modul	Fräser-durch-messer	Zahn-tiefe mm	1. Schnitt			2. Schnitt		
			Frästiefe mm	Zusatzwert mm	Vorschub mm/min	Frästiefe mm	Zusatzwert mm	Vorschub mm/min
1	40	2,17	2,17	9	80		—	—
1,25	40	2,71	2,71	10	80		—	—
1,5	45	3,25	3,25	11,5	80		—	—
1,75	50	3,97	3,97	13,5	80		—	—
2	55	4,33	4,33	14,5	74		—	—
2,25	55	4,87	4,87	16	67		—	—
2,5	60	5,42	5,42	17	59		—	—
2,75	60	5,96	5,96	18	54		—	—
3	65	6,5	6,5	19	45		—	—
3,25	65	7,04	7,04	20	42		—	—
3,5	70	7,58	7,58	21,5	38		—	—
3,75	70	8,13	8,13	22,5	34		—	—
4	75	8,67	8,67	23,5	34		—	—
4,25	75	9,21	9,21	24,5	32		—	—
4,5	80	9,75	9,75	26	29		—	—
4,75	80	10,29	10,29	26,5	27		—	—
5	85	10,83	10,83	28,5	25		—	—
5,5	85	11,9	11,9	29,6	23		—	—
6	90	13	13	31,6	21		—	—
7	95	15,2	13	32,6	21	2,2	17	21
8	100	17,32	13	33,6	20	4,32	20	20
9	105	19,5	13	34,5	20	6,5	25	20
10	120	21,67	13	37,3	19	8,67	31	19
11	130	23,88	13	38,8	19	10,88	36	19
12	135	26	13	40	18,5	13	40	18,5
13	145	28,17	13	41,6	18,5	13	41,6	18,5
14	145	30,33	13	41,8	18,5	13	41,6	18,5
15	155	32,5	13	43	18,5	13	43	18,5
16	160	34,67	13	43,5	18,5	13	43,5	18,5
17	170	36,83	13	45,2	18	13	45,2	18
18	175	39	13	45,8	18	13	45,8	18
19	180	41,17	14	48,4	16,5	14	48,4	16,5
20	185	43,33	16	51,4	16,5	14	48,5	16,5

Für den 2. resp. Schlichtschnitt 0,5 mm (Spalte zwischen 1. und 2. Schnitt für Module 1 bis 6).

Die Größe des Vorschubes S ist aus der Tabelle 57 zu entnehmen. Bei größeren Profilen, bei denen, um das Profil des Modulfräsers zu schonen, ein Zahnformvorfräser benutzt wird, ist, wenn derselbe mit dem Fertigfräser parallel arbeitet, der in der Tabelle 57 angegebene minutliche Vorschub um ca. 20 vH niedriger zu wählen.

Für Rücklauf und Schaltung sind die Zeiten an der Maschine abzunehmen, da diese nicht bei allen Maschinen gleich sind und von der Konstruktion der Maschine abhängen.

Für die minutlichen Umdrehungszahlen des Fräsers bei Verwendung von Schnellschnitt- oder Werkzeugstahl gilt bei Bearbeitung von:

nach dem automatischen Teilverfahren

bis 65 kg Festigkeit. $V = 12$ m/min

3. Schnitt Frästiefe mm	Zusatzwert mm	Vorschub mm/min	Rücklauf und Umschaltzeit pro Schnitt (maschinell / von Hand)	Einrichten der Maschine mm	Für jedes weitere Einstellen auf Frästiefe
—	—	—	maschinell / von Hand		
—	—	—			
—	—	—			
—	—	—			
—	—	—			
—	—	—			
—	—	—			
—	—	—		35	3 min
—	—	—	pro 10 mm Fräslänge 5 sek		
—	—	—		inkl. erstmaliges Einstellen auf Frästiefe	
—	—	—			
—	—	—			
—	—	—	30 bis 40 vH der Schnittzeit		
—	—	—			
—	—	—			
—	—	—			
—	—	—			
—	—	—			
—	—	—			
—	—	—			
—	—	—			4 min
—	—	—			
—	—	—			
2,17	17	18,5			
4,33	25	18,5		50	
6,5	30,8	18,5			
8,67	31,7	18,5			
10,83	41,2	18			
13	45,8	18			
13,17	45,8	16,5			
13,33	48	16,5			

	Bronze	Ch.N.St., S.M.St. über 60 kg	G.E.
Schnittgeschwindigkeit in m/min für Werkzeug- u. Schnellstahl	20	9	15
Konstante	1,665	0,75	1,25

Der Vorschub für obige Materialien ist: Tabellenwert × Konstante

Bei Verwendung von Fräser aus Schnellschnittstahl gilt für den Vorschub: Tabellenwert × 1,3

Ch.N.St. und S.M.St. über 65 kg Festigkeit $\qquad n = \dfrac{2850}{\text{Fräserdurchm.}}$

G.E. . . . . $\qquad n = \dfrac{4800}{\text{Fräserdurchm.}}$

St.G. und S.M.St. bis 60 kg Festigkeit . . $\qquad n = \dfrac{3840}{\text{Fräserdurchm.}}$

Bronze . . . . $\qquad n = \dfrac{6400}{\text{Fräserdurchm.}}$

Tabelle 58.   **Zeittabelle in min für das Auf- und Abspannen von Zahnrädern.**

Durch-messer bis	Zahnradbreite								
	30	40	50	60	70	80	90	160	
100	3	3	3	—	—	—	—	—	ohne Kran
200	4	4	4	5	—	—	—	—	
300	5	5	5	6	6	—	—	—	
400	6	6	6	7	7	7	10	—	
500	7	7	7	8	10	10	11	11	mit Kran
600	—	8	10	10	11	11	12	12	
700	—	10	11	11	12	12	14	14	
800	—	11	12	12	14	14	16	16	
900	—	12	14	14	16	16	18	18	
1000	—	—	16	16	18	18	20	20	
1100	—	—	18	18	20	20	22	22	
1200	—	—	20	20	22	22	24	24	
1300	—	—	22	22	24	24	26	26	
1400	—	—	24	24	26	26	28	28	
1500	—	—	26	26	28	28	30	30	

Für das Aufspannen auf Maschinen mit Horizontaltisch sind 70 vH des Tabellenwertes einzusetzen.

Beispiele für die Berechnung der Bearbeitungszeit nach Tabelle 57.

1. Beispiel: Ein Stirnrad aus Gußeisen, Mod. 12, 100 mm breit, 45 Zähne, mit 2 Schnitten fräsen.   Fräser aus Werkzeugstahl.

Laut Tabelle 57 ist bei Mod. 12 die Zahntiefe . . $= 26$ mm und beträgt

die Schnitt- oder Frästiefe pro Schnitt . . . . $y = 13$ mm,

der Zusatzwert pro Schnitt . . . . $\delta = 40$ mm,

der Vorschub pro min . . . . $S = 18{,}5 \cdot 1{,}25 = 23$ mm.

Die Laufzeit:

$$T = \left(\frac{Z\,b + \delta}{S}\right) + \left(\frac{Z\,b + \delta}{120}\right) \cdot Z \cdot x = \left(\frac{100 + 40}{23}\right) + \left(\frac{100 + 40}{120}\right) \cdot 45 \cdot 2 \quad \sim \; = 646 \text{ min}$$

Die Zeit für Maschine einrichten beträgt lt. Tabelle 57 . . . . . .   35 „

Die Zeit für Auf- und Abspannen lt. Tabelle 58 . . . .   12 „

Summa   693 min.

2. Beispiel: Ein Stirnrad aus Chrom-Nickelstahl, $K_z = 75$ kg.   Mod. 4, 30 mm breit, 30 Zähne, mit 2 Schnitten fräsen.   Fräser aus Schnellschnittstahl.

Lt. Tabelle 57 ist bei Mod. 4 die Zahntiefe $= 8{,}67$ mm und beträgt
die Schnitt- oder Frästiefe: für den 1. Schnitt $y = $ . . . . 8,17 mm

         „   „   2.   „ $y = $ . . . . 0,50 „

der Zusatzwert: „   „   1.   „ $\delta = $ . . . . 23,5 „

         „   „   2.   „ $\delta = $ 0   „

der Vorschub pro Schnitt. $S = 34 \cdot 0{,}75 + 30$ vH $= $ . . . . $\sim$ 33,0 „

Die Laufzeit beträgt für den 1. Schnitt:

$$T = \left(\frac{Zb+\delta}{S}\right) + \left(\frac{Zb+\delta}{120}\right) = \left(\frac{30+23{,}5}{33}\right) + \left(\frac{30+23{,}5}{120}\right)\cdot 30 = \ \ .\ .\ \sim\ 62{,}0\ \ \text{min}$$

für den 2. Schnitt:

$$T = \left(\frac{Zb+\delta}{S}\right) + \left(\frac{Zb+\delta}{120}\right) = \left(\frac{30+0}{33}\right) + \left(\frac{30+0}{120}\right)\cdot 30\ .\ .\ .\ .\ .\ .\ \sim\ 35{,}0\ \ \text{\textquotedblright}$$

die Zeit für Maschine einrichten lt. Tabelle 57 . . . . 35,0 „

die Zeit für Auf- und Abspannen lt. Tabell 58 . . . . 4,0 „

Summa 136,0 min

b) Nach dem Abwälzverfahren.

Der Vorgang beim Fräsen von Stirnrädern nach dem Abwälzverfahren ist folgender:

Die Drehung des Stirnrades erfolgt zwangläufig, der Teilung des schneckenförmigen Zahnradfräsers entsprechend, wobei sich die Teilung

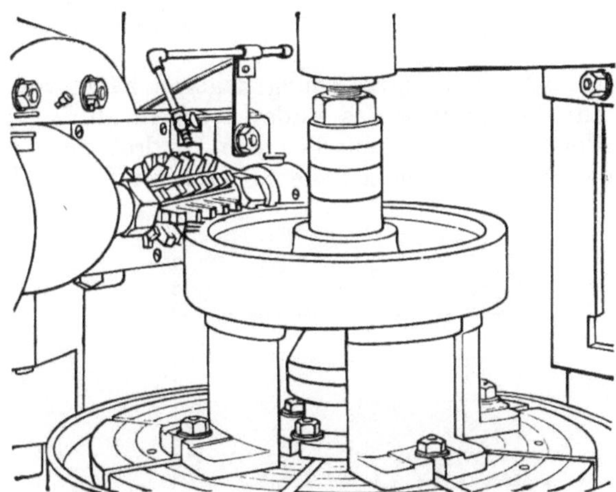

Abb. 64. Stirnrad-Fräsen nach dem Abwälzverfahren.

des Fräsers auf den Durchmesser des Stirnrades abwälzt und die Zahnlücken ausfräst. Gleichzeitig erfolgt der Vorschub des Fräsers in axialer Richtung. Derselbe wird in mm pro Radumdrehung ausgedrückt.

Der Vorschub ist außer von der Härte und Zähigkeit des Materials, vom Spanquerschnitt bzw. von der Zähnezahl des Rades abhängig; d. h., da bei einem Rade mit geringer Zähnezahl weniger Fräsergänge im Eingriff stehen (Abb. 65) als bei einem Rade gleichen Moduls mit größerer Zähnezahl (Abb. 66), so ist auch im ersten Falle, da der Spanquerschnitt kleiner ist, der Vorschub größer zu wählen als bei einem Rade mit größerer Zähnezahl.

Je größer die Zähnezahl eines Rades ist, desto kleiner muß der Vorschub s[1] genommen werden, da mit der Zunahme der Zähnezahl

---

[1] s = Vorschub/Fräser-Umdr.

immer mehr Fräsergänge in Eingriff kommen, wodurch auch der Spanquerschnitt größer wird. Sobald der Fräser mit seiner ganzen Länge arbeitet (Abb. 67), bleibt der Vorschub konstant, da auch der Spanquerschnitt bei gleichem Modul nicht mehr wächst.

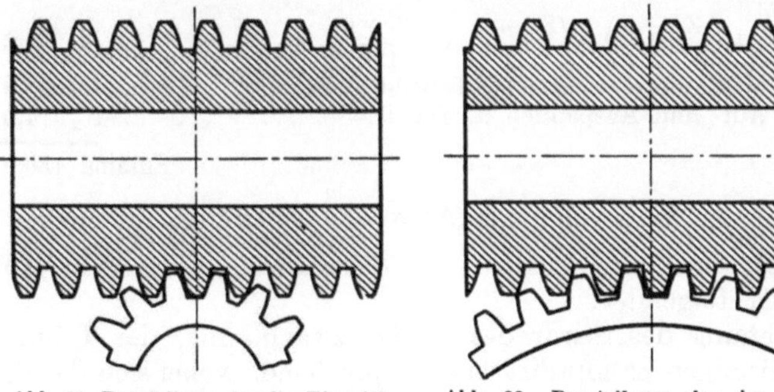

Abb. 65. Darstellung der im Eingriff stehenden Fräsergänge beim Fräsen eines Zahnrades mit 15 Zähnen.

Abb. 66. Darstellung der im Eingriff stehenden Fräsergänge beim Fräsen eines Zahnrades mit 45 Zähnen.

Der Vorschub S pro Radumdrehung dagegen hängt von der Länge des Weges, auf den Umfang des Rades bezogen, ab.

Da der Vorschub s kontinuierlich den Umdrehungen des Fräsers erfolgt und der Fräser bei einem Rade mit größerer Zähnezahl, während

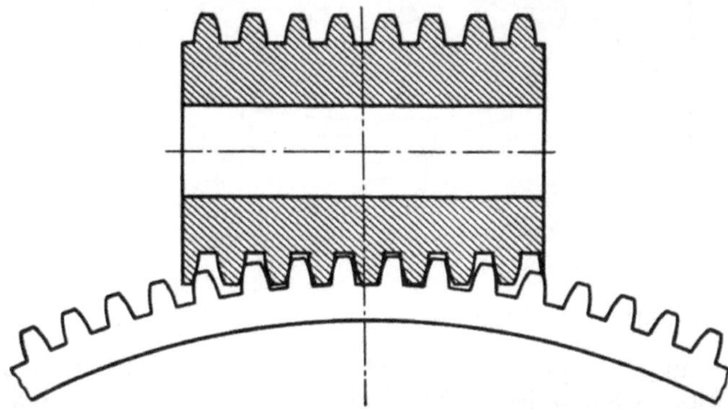

Abb. 67. Darstellung der im Eingriff stehenden Fräsergänge beim Fräsen eines Zahnrades mit 135 Zähnen.

einer Umdrehung des Rades, mehr Umdrehungen macht als bei einem Rade mit kleinerer Zähnezahl, so muß auch bei einem Rade mit größerer Zähnezahl der Vorschub S pro Radumdrehung größer sein als im umgekehrten Falle.

Demnach ist der Vorschub $S = s \cdot n$ mm.

Da ferner der radiale Vorschub gleich ist der Teilung bzw. Steigung des Fräsers, d. h. da sich bei einer Umdrehung des Fräsers das Rad um den Betrag der Steigung des Fräsers dreht, so folgt daraus, daß die Umdrehungen des Fräsers pro Radumdrehung gleich sind der Zähnezahl des Rades.

Tabelle 59. Über Zusatzwerte und Umdrehungen bei schneckenförmigen Zahnradfräsern.

Modul:

0,75	1	2	3	4	5	6	7	8	9	10	11	12	13	14	15	16	17	18	19	20

Fräserdurchmesser in mm:

43	43	56	65	75	85	90	102	108	114	122	130	144	148	162	168	174	183	185	198	205

Fräserlänge in mm:

55	55	75	90	100	115	130	145	155	170	180	195	205	215	225	235	250	260	275	285	300

Zusatzwert in mm:

9	9	14	19,5	24	28,5	31,6	35,7	39,7	43	46	50,5	54,5	58	63	66,5	69,6	73,6	75,5	80,5	92,5

Umdrehungen nach Formel $n = \dfrac{v \cdot 60}{d_1 \cdot \pi}$

Bei Ch.N.St., St.G., S.M.St. über 70 kg Festigkeit. $V = 9$ m/min, $v = 155$ mm/sek

65	65	57	44	38	33,5	31,7	28	26,4	25	23,5	22	19,8	19,3	17,5	17	16,4	15,5	15,4	14,4	13,9

Bei G.E., Br. hart. $V = 12$ m/min, $v = 200$ mm/sek

89	89	76,5	59	51	45	43	37,5	35,5	33,5	31,5	29,5	26,5	26	23,5	23	22	21	20,5	19,5	18,7

Bei S.M.Fl., S.M.St. bis 70 kg Festigkeit. $V = 16$ m/min, $v = 267$ mm/sek

115	115	100	77	67	59	56	49	46,5	44	41	38,5	34,5	33,6	30,6	29,6	28,6	27,4	27	25	24

Bei Br. weich, Mess. $V = 20$ m/min, $v = 333$ mm/sek

148	148	127	99	85	75	71	62,5	59	56	52,5	49	44	43	39	38	36,5	35	34,5	32	31

Tabelle 60. Über Vorschübe beim Fräsen von Zahnrädern in Ch. N. St., St. G., S. M. St. über 70 kg Festigkeit nach dem Abwälzverfahren. (Fräser aus Schnellschnittstahl.)

Vorschub „S" pro Umdrehung des Rades

Zähnezahl	5	10	15	20	25	30	35	40	45	50	55	60	65	70	75	80	85	90	95	100
beim Fräsen im Eingriff steh. Fräsergänge	2,2	3	3,7	4,25	4,75	5,2	5,6	6	6,3	6,7	7	7,3	7,6	7,9	8,2	8,4	8,7	8,9	9,2	9,5
Modul																				
1	—	—	1,2	1,2	1,4	1,4	1,6	1,6	1,8	1,8	2	2	2	2,2	2,2	2,2	2,4	2,4	2,6	2,6
2	—	1	1	1,2	1,2	1,4	1,4	1,6	1,6	1,8	1,8	2	2	2	2,2	2,2	2,2	2,4	2,4	2,4
3	—	1	1	1	1,2	1,2	1,4	1,4	1,6	1,6	1,8	1,8	1,8	2	2	2	2	2	2	2,4
4	—	1	1	1	1,2	1,2	1,4	1,4	1,6	1,6	1,8	1,8	1,8	1,8	2	2	2	2	2	2
5	—	1	1	1	1,2	1,2	1,4	1,4	1,4	1,6	1,6	1,6	1,8	1,8	1,8	1,8	1,8	1,8	1,8	1,8
6	—	1	1	1	1	1,2	1,2	1,4	1,4	1,4	1,6	1,6	1,6	1,6	1,6	1,6	1,6	1,6	1,6	1,6
7	—	1	1	1	1	1,2	1,2	1,4	1,4	1,4	1,6	1,6	1,6	1,6	1,6	1,6	1,6	1,6	1,6	1,6
8	—	0,8	0,8	1	1	1	1,2	1,2	1,4	1,4	1,4	1,4	1,4	1,4	1,4	1,4	1,4	1,4	1,4	1,6
9	—	0,8	0,8	0,8	1	1	1	1,2	1,2	1,2	1,2	1,2	1,2	1,2	1,2	1,2	1,2	1,2	1,2	1,2
10	—	0,8	0,8	0,8	1	1	1	1,2	1,2	1,2	1,2	1,2	1,2	1,2	1,2	1,2	1,2	1,2	1,2	1,2
11	—	0,6	0,6	0,8	0,8	1	1	1	1	1	1	1	1	1	1	1	1	1	1	1
12	—	0,6	0,6	0,8	0,8	1	1	1	1	1	1	1	1	1	1	1	1	1	1	1
13	—	0,6	0,6	0,8	0,8	0,8	1	1	1	1	1	1	1	1	1	1	1	1	1	1
14	—	0,6	0,6	0,6	0,8	0,8	0,8	1	1	1	1	1	1	1	1	1	1	1	1	1
15	—	0,6	0,6	0,6	0,7	0,8	0,8	0,8	0,8	0,8	0,8	0,8	0,8	0,8	0,8	0,8	0,8	0,8	0,8	0,8
16	—	0,6	0,6	0,6	0,7	0,8	0,8	0,8	0,8	0,8	0,8	0,8	0,8	0,8	0,8	0,8	0,8	0,8	0,8	0,8
17	—	0,55	0,6	0,6	0,7	0,7	0,8	0,8	0,8	0,8	0,8	0,8	0,8	0,8	0,8	0,8	0,8	0,8	0,8	0,8
18	—	0,5	0,55	0,6	0,6	0,7	0,7	0,7	0,7	0,7	0,7	0,7	0,7	0,7	0,7	0,7	0,7	0,7	0,7	0,7
19	—	0,5	0,5	0,55	0,6	0,6	0,6	0,6	0,6	0,6	0,6	0,6	0,6	0,6	0,6	0,6	0,6	0,6	0,6	0,6
20	—	0,4	0,5	0,5	0,6	0,6	0,6	0,6	0,6	0,6	0,6	0,6	0,6	0,6	0,6	0,6	0,6	0,6	0,6	0,6

Ist Material	Bronze weich Messing	S.M.St. S.M.Fl. { bis 70 kg Festigkeit	Gußeisen Bronze hart
dann multipliziere Tabellenwert mit:	1,9	1,25	1,45

Für Fräser aus Werkzeugstahl gilt: Tabellenwert × 0,7.

Infolgedessen gilt auch:

$$S = s \cdot z \text{ mm}.$$

Abb. 65 bis 67 veranschaulichen den Eingriff der Fräsergänge bei Stirnrädern Modul 4 mit 15, 45 und 135 Zähnen. Die Gleichung

$$\frac{\text{Zahnbreite} + \text{Zusatzwert für den Anschnitt des Fräsers}}{\text{Vorschub pro Radumdrehung}} = \frac{Zb + \delta}{S}$$

ergibt die Anzahl Umdrehungen, die für die Fertigstellung des Rades erforderlich sind.

Die Zeit T_1 in min für eine Umdrehung des Rades bestimmt sich aus:

$$T_1 = \frac{\text{Zähnezahl des Rades}}{\text{Umdrehungen des Fräsers pro min}} = \frac{z}{n} \text{ min.}$$

Daraus folgt, daß die für das Fräsen des Rades erforderliche gesamte Laufzeit gleich ist der Anzahl der Radumdrehungen $\times$ der Zeit für eine Radumdrehung. Demnach ist die Gesamt-Laufzeit:

$$T = \frac{(Zb + \delta) \cdot z}{S \cdot n} \text{ min.}$$

Über Zusatzbreite und Umdrehungen siehe Tabelle 59.

Werden an das zu fräsende Rad in bezug auf hohe Tourenzahl oder geräuschlosen Gang hohe Anforderungen gestellt, dann sind die Vorschubwerte der Tabelle 60 entsprechend zu reduzieren.

Für δ gelten die Werte der Tabelle 49. Wird das Fräsen der Zahnform wegen zu großer Schnittiefe in mehrere Schnitte unterteilt, so gilt für δ der Wert für die jeweilige Schnittiefe.

In der Regel genügt für Modul 1 bis 5 ein Schnitt, während für Modul 6 bis 12 zwei Schnitte und über Modul 12 drei Schnitte erforderlich sind.

Für große Teilungen über Modul 12 ist, um das Profil des Fertigfräsers zu schonen, ein Zahnformvorfräser zu verwenden.

Werden zwei oder mehrere Stirnräder in einer Aufspannung gefräst, so ist der Zusatzwert δ nur für ein Rad zu rechnen.

Die Schnittgeschwindigkeit ist für Schnell- und Werkzeugstahl gleich, es ändert sich nur der Vorschub.

Für das Aufspannen des Rades können die Werte aus Tabelle 58 und für das Einrichten der Maschine die Werte aus Tabelle 57 entnommen werden.

Tabelle 61. **Zahn- bzw. Frästiefen an Stirn- und Schneckenrädern nach Modulteilung.**

Modul	Zahntiefe mm	Modul	Zahntiefe mm	Modul	Zahntiefe mm	Modul	Zahntiefe mm
1	2,17	6	13,00	11	23,88	16	34,67
2	4,33	7	15,17	12	26,00	17	36,83
3	6,5	8	17,32	13	28,17	18	39,00
4	8,67	9	19,5	14	30,33	19	41,17
5	10,83	10	21,67	15	32,5	20	43,33

Für das Zurückkurbeln des Arbeitsschlittens in seine Anfangsstellung sind für je 100 mm Höhe = 10 sek zu rechnen.

Während das Einstellen der ersten Frästiefe zum Einrichten der Maschine gehört, ist für das Einstellen auf Frästiefe, für jeden weiteren Schnitt, 5 min zu rechnen.

Beispiel für die Berechnung der Bearbeitungszeit nach dem Abwälzverfahren unter Zugrundelegung der Werte der Tabellen 57, 59 und 60.

Beispiel. Ein Stirnrad aus Ch.N.St., Materialfestigkeit $K_z = 70$ kg/mm², Zahnbreite $Z_b = 50$ mm, Zähnezahl $Z = 75$, Mod. = 5, mit 1 Schnitt fräsen.

Welche Zeit ist zur Bearbeitung des Rades erforderlich, wenn hierzu ein schneckenförmiger Zahnradfräser aus Schnellstahl verwendet wird?

Laut Tabelle 59 beträgt die Umdrehungszahl des Fräsers für obiges Material und Modul, $n = 33,5$ und der Zusatzwert $\delta = 28,5$ mm.

Der Vorschub beträgt laut Tabelle 60 für Mod. 5 und $Z = 75$, pro Radumdrehung $S = 1,8$ mm.

Laut Tabelle 57 ist für das Einrichten der Maschine zu rechnen 35,00 min

für das Auf und Abspannen laut Tabelle 58   6,00 „

Die Laufzeit beträgt nach der Gleichung:

$$T = \frac{(Z_b + \delta) \cdot Z}{S \cdot n} = \frac{(50 + 28,5) \cdot 75}{1,8 \cdot 33,5} = \frac{78,5 \cdot 75}{1,8 \cdot 33,5} = \ \ldots \ldots \quad 98,00 \ „$$

die Zeit für das Zurückkurbeln des Arbeitsschlittens . . . . 0,20 „

Summa   139,20 min.

6. Die Kaltkreissäge.

Die Berechnung der Schnittzeit auf Kaltkreissägen ist verhältnismäßig sehr einfach und erfolgt je nach der Konstruktion der Maschinen nach zwei verschiedenen Methoden.

Abb. 68. Hochleistungs-Kaltsäge „Guwa“ (G. Wagner, Reutlingen).

1. Bei Maschinen **älterer** Konstruktion nach Schnittlänge und Vorschub/min:

$$T = \frac{\text{Schnittlänge}}{\text{Vorschub/min}} = \frac{(l + \delta)}{S}\ \text{min.}$$

Unter Schnittlänge ist die Breite des Materials in der Schnittrichtung $+$ dem Anschnittswert „δ" verstanden.

Zu der nach obiger Formel errechneten **reinen** Schnittzeit ist noch ein Zuschlag für Aufspannzeit und Materialverschub zu machen. Daher ist

$$T = \frac{\text{Schnittlänge}}{\text{Vorschub/min}} + \text{Aufspannzeit} + \text{Materialvorschub} = \frac{l + \delta}{S} + As + Mv\ \text{min.}$$

Für den Materialvorschub kann erfahrungsgemäß ca. 5 vH der reinen Schnittzeit gerechnet werden.

2. Bei Maschinen **neuester** Konstruktion (Hochleistungs-Masch.) wird der Berechnung statt dem Vorschub/min, die pro min verspante Menge in cm² zugrunde gelegt, da diese Maschinen so konstruiert sind, daß bei jedem Material stets ein bestimmter Spanquerschnitt in cm²/min zerspant wird.

So zerspant beispielsweise die Hochleistungs-Kaltsäge Guwa, Abb. 68, die mit einer Schnittgeschwindigkeit $V = 28$ m/min arbeitet[1]), bei einem Material, S.M.St. von 50 bis 60 kg/mm² Festigkeit, nach Angabe der Erzeuger-Firma eine Spanmenge von 60 cm²/min, was einer Leistung nach folgenden Angaben entspricht:

Schnittzeiten

für mittelhartes Sägegut $K_z = 40$ bis 60 kg/mm², bei einer Schnittgeschwindigkeit $V = 28$ m/min.

$\varnothing$	min	$\begin{matrix} \text{I} \\ NP \end{matrix}$	min
100	0,5—1	20	0,5
150	1—2	30	0,75—0,85
200	1,75—3	40	1—1,25
250	2,75—5	50	1,40—1,7
300	4—6	60	1,85—2
400	7—11	$^{600}/_{300}$	2,15—2,3

wobei sich der Vorschub, Abb. 69, je nach Materialstärke und Profil ganz selbsttätig regelt.

Wird also der Querschnitt größer, d. h. kommen mehr Zähne im Eingriff und erhöht sich dadurch der Schnittwiderstand, so verringert sich der Vorschub selbsttätig im gleichen Verhältnis. Im umgekehrten Fall erhöht sich derselbe selbsttätig so weit, daß die vom Erzeuger angegebene Leistungszahl von 60 cm² erreicht wird.

---

[1]) Maschinen älterer Konstruktion arbeiten mit einer Schnittgeschwindigkeit $V = 12$ bis 15 m/min.

Bei Maschinen die nach vorgenanntem Prinzip gebaut sind, bestimmt sich die reine Schnittzeit:

$$T = \frac{\text{Material-Querschnitt cm}^2 + \text{Ausschnittwert}}{\text{Leistungszahl (Spanmenge cm}^2/\text{min.)}} \text{ min}$$

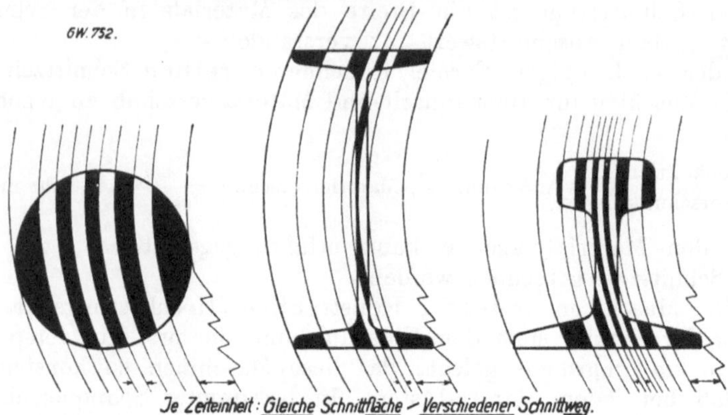

Abb. 69. Darstellung der selbsttätigen Vorschubregulierung an verschiedenen Profilen bei Wagner-Kaltsägemaschinen.

und der hierbei erzielte Vorschub/min:

$$S = \frac{\text{Schnittlänge}}{\text{Schnittzeit}} \text{ mm,}$$

ferner die gesamte Zeit pro Schnitt:

$$T = \frac{\text{Materialquerschnitt cm}^2 + \text{Ausschnittswert}}{\text{Leistungszahl (Spanmenge cm}^2)} + \text{Aufspannzeit} + \text{Material-}$$

$$\text{vorschub} = \frac{Q \text{ cm}^2 + \delta}{L \text{ cm}^2} + As + Mv \text{ min.}$$

Abb. 70. Rapid-Sägeblatt mit eingesetzten Schnellstahlzähnen für höchste Leistungen (G. Wagner, Reutlingen).

Die Größe des Anschnittwertes δ wird a) durch den Tiefgang x der Säge, b) durch die Materialstärke h bestimmt.

Der Tiefgang der Säge beträgt bei Maschinen älterer Konstruktion $x = \sim 0{,}5\,r$ und bei Maschinen neuester Konstruktion

$x = 0,66\,r$ bis $0,75\,r$. Durch den größeren Tiefgang der Säge wird ein bedeutend kleinerer Anschnittsweg und dadurch eine entsprechende Verminderung der Schnittzeit erzielt.

So beträgt beispielsweise bei einem Sägeblatt von 800 mm und einem Tiefgang der Säge von:

$$x = 0,75\,r = 100 \text{ mm} \quad | \quad x = 0,5\,r = 200 \text{ mm}$$

der Anschnitt:

$$13 \text{ mm} \quad | \quad 54 \text{ mm}$$

also um $\sim 400\,\text{vH}$ mehr.

Für die Berechnung des Anschnittwertes δ gilt:

$$\delta = \sqrt{r^2 - (x - h)^2} - \sqrt{r^2 - x^2} \text{ mm},$$

hiebei ist:

$x =$ Tiefgang der Säge in mm,

$h =$ Materialstärke in mm,

$r =$ Sägeblatt-Radius in mm.

Bei der Berechnung der Laufzeit muß auch die Art der Aufspannung Abb. 71a und b und die Stückzahl berücksichtigt werden.

Tabelle 63 gibt für Rund- und Vierkantmaterial die für die betreffende Stückzahl günstigste Aufspannart und die Laufzeiten an; hierbei bedeutet

Art „a" = einreihig,

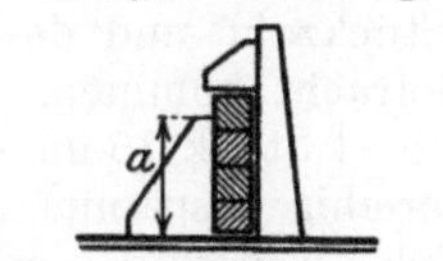

Abb. 71a. Aufspannart einreihig.

Art „b" = doppelreihig,

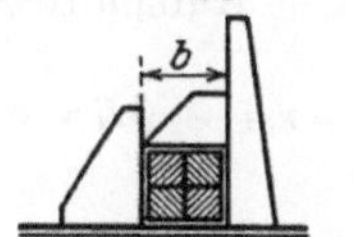

Abb. 71b Aufspannart doppelreihig.

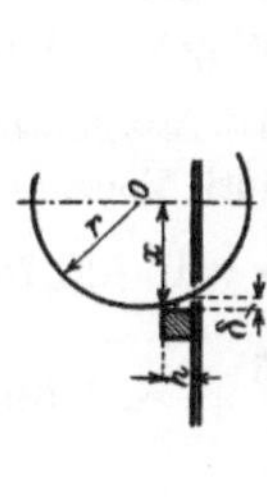

Tabelle 62. Über Anschnittswerte für Sägeblätter von 700 u. 800 mm $\varnothing$ bei einem Tiefgang $x = 0,5\,r;\ 0,66\,r;\ 0,75\,r$.

Tiefgang des Sägeblattes:		0,5 r														0,66 r									0,75									
Sägeblatt $\varnothing$ ca. 700 mm	Höhe des Arbeitsstückes	20	30	40	50	60	70	80	90	100	120	150	180	bis	300	20	30	40	50	60	70	80	90	100	20	30	40	50	60	70	80	90		
	Anschnittswert δ . . .	10	16	21	25	29	32	34	37	40	43	46	48	48	48	8	10	12	14	16	18	20	20	20	3	5	7	7	8	9	9	9		
Sägeblatt $\varnothing$ ca. 800 mm	Höhe des Arbeitsstückes	20	30	40	50	60	70	80	90	100	120	150	200	bis	300	20	30	40	50	60	70	80	90	100	20	30	40	50	60	70	80	90	darüber	
	Anschnittswert δ . . .	11	16	21	25	29	32	35	38	41	46	50	54	54	54	6	9	12	14	16	18	20	21	22	4	6	8	9	10	11	12	13	13	13

1. Beispiel: Es sind 60 Stück Rundeisen, Durchm. 80 mm, in Längen von 200 mm auf der Kreissäge lt. Tabelle 63 abzuschneiden:

Hierzu sind ca. 12 m Rundmaterial erforderlich.

Spannart: nach 6b.

Nach Tabelle 63 beträgt die Schnittzeit pro Stück 5,1 min und
für 60 Stück: $5{,}1 \cdot 60 = \ldots \ldots \ldots \ldots \ldots \ldots \ldots$ 306 min

Die Aufspannzeit beträgt pro lfd. m = 1,1 min; daher für
12 m = $1{,}1 \cdot 12 = \ldots \ldots \ldots \ldots \ldots \ldots \ldots$ 13,2 „

Die Gesamtzeit für 60 Stück beträgt: 319,2 min

2. Beispiel: Als Gegenüberstellung soll die gleiche Arbeit auf der Hochleistungs-Kaltsäge Guwa Abb. 68 ausgeführt werden.

Die Aufspannart braucht hierbei nicht berücksichtigt werden, da bei dieser Maschine die Schnittzeit nach der pro min angegebenen Leistungszahl zu berechnen ist.

Nach den Angaben im 1. Beispiel werden 6 Stangen auf einmal eingespannt,
der Querschnitt derselben beträgt: $\dfrac{8^2 \cdot 3{,}14}{4} \cdot 6 = 50{,}26 \cdot 6 = 301{,}56$ cm^2.

Die Leistungszahl oder Spanmenge beträgt 60 cm^2/min, daher

$$T = \frac{301{,}56}{60} = 5{,}02 \text{ min/Schnitt.}$$

Erforderlich sind 10 Schnitte, daher beträgt die gesamte Schnittzeit:
$T = 5{,}02 \cdot 10 = \ldots \ldots \ldots \ldots \ldots \ldots$ 50,2 min

Für den Materialvorschub sind 5 vH der reinen Schnittzeit zu
rechnen, dies ergibt $\dfrac{50{,}2 \cdot 5}{100} = \ldots \ldots \ldots \ldots$ 2,5 „

Für das Aufspannen sind (laut Tabelle 63) 1,1 min/lfd. Meter zu
rechnen. Erforderlich sind ca. 12 m, daher beträgt die Aufspannzeit: $1{,}1 \cdot 12 = \ldots \ldots \ldots \ldots \ldots \ldots$ 13,2 „

Summa   65,9 min

Wie die Gegenüberstellung zeigt, würde bei dieser Arbeit auf der Hochleistungs-Kaltsäge eine Ersparnis von $319{,}2 - 65{,}9 = 253{,}3$ min = 4 h 13,3 min erzielt werden.

Die leer gebliebenen Felder der Tabellen 63 und 64 geben an, daß einerseits die Stückzahlen der betreffenden Aufspannart wegen zu niedriger Spannbacken nicht mehr eingespannt werden können, andererseits daß die Berechnung höhere Laufzeiten ergeben hat, als für die anderen Aufspannarten gleicher Stückzahl und deshalb, als für die Fabrikation ungünstig, nicht in Betracht kommen.

Zum Beispiel gibt Tabelle 63 an, daß bei 4 Stück 75-mm-⌘-Eisen nach Aufspannart „4a" (d. h. 4 Stück einreihig gespannt) die Laufzeit kürzer ist als nach „4b" (d. h. 4 Stück zweireihig gespannt).

Aufspannart „4a" gibt in der Tabelle pro Stück 5,2 min an, während nach „4b" die gerechnete Zeit

$$T = \frac{2 \cdot \text{Breite} + \text{Anschnittswert}}{\text{minutl. Vorschub}} + 5 \text{ vH} + \text{Aufspannzeit} =$$

$$= \frac{2 \times 75 + 50}{7} + 5 \text{ vH} + 0{,}75 = \sim 28{,}6 + 1{,}4 + 0{,}75 = \mathbf{30{,}75 \text{ min}}$$

und pro Stück $\dfrac{30{,}75}{4} = \sim 7{,}69$ min ergibt.

Tabelle 63. Abstech- und Aufspanntabelle für ⊡- und ∅-Material auf Kreissägen älterer Konstruktion, normaler Bauart.

Sägeblattdurchm. = 800 mm. Vorschub/min = 7 mm. Umdr./min der Arbeitsspindel = 6. Spannbackenhöhe = 230 mm. Spannbackenöffnung = 400 m. Tiefgang der Säge = $0,5\,r$ = 200 mm.

⊡ u. ∅ in mm		40	45	50	55	60	65	70	75	80	85	90	95	100	110	120	140	150	160	180	200	240	280	320	360	400
bei Stückzahl	Aufspannart	Zeit in min für 1 Stück inkl. Anschnittswert der Tabelle 62 plus 5 vH der Laufzeit für den Materialvorschub Vierkant-Material																								
1	a	9,3	10,4	11,5	12,5	13,5	14,6	15,5	16,6	17,4	18,4	19,3	20,4	21,1	23,2	25,0	28,0	30,0	31,4	34,7	37,8	43,8	49,5	55,2	61,3	67,5
2	a	6,1	6,35	7,0	7,4	8,0	8,6	9,0	9,5	10,0	10,5	11,0	11,4	11,8	12,4	13,3	14,8	15,5	16,4	17,9	19,3	22,5	—	—	—	—
4	a	3,6	3,85	4,15	4,3	4,6	4,75	4,9	5,2	5,4	5,6	5,8	6,1	6,3	6,7	7,1	—	—	—	—	—	—	—	—	—	—
4	b	—	—	—	—	—	—	—	—	—	—	—	—	—	—	—	12,8	13,6	14,3	15,9	17,5	—	—	—	—	—
6	a	2,5	2,65	2,85	3,0	3,15	3,3	3,45	3,6	3,8	—	—	—	—	—	—	—	—	—	—	—	—	—	—	—	—
6	b	—	—	—	—	—	—	—	—	—	5,9	6,2	6,5	6,8	7,3	7,8	8,8	9,5	10,0	—	—	—	—	—	—	—
8	a	1,9	2,1	2,2	2,3	2,4	—	—	—	—	—	—	—	—	—	—	—	—	—	—	—	—	—	—	—	—
8	b	—	—	—	—	—	3,7	3,9	4,1	4,3	4,5	4,8	5,0	5,2	5,65	6,0	—	—	—	—	—	—	—	—	—	—
		Rund-Material																								
1	a	8,4	9,4	10,4	11,3	12,2	13,2	14,0	15,0	15,7	16,6	17,4	18,4	19,0	20,9	22,5	25,0	27,0	28,5	31,5	34,0	44,0	—	—	—	—
2	a	5,5	5,75	6,3	6,7	7,2	7,7	8,1	8,6	9,0	9,5	10,0	10,4	10,8	11,2	12,0	13,4	—	—	—	—	—	—	—	—	—
4	a	3,2	3,4	3,7	3,9	4,2	—	—	—	—	—	—	—	—	—	—	—	—	—	—	—	—	—	—	—	—
4	b	—	—	—	—	—	6,2	6,5	6,9	7,4	7,8	8,2	8,5	8,9	9,5	10,4	—	—	—	—	—	—	—	—	—	—
6	b	3,0	3,3	3,5	3,8	4,1	4,3	4,6	4,8	5,1	—	—	—	—	—	—	—	—	—	—	—	—	—	—	—	—
8	b	2,4	2,6	2,8	3,0	3,2	—	—	—	—	—	—	—	—	—	—	—	—	—	—	—	—	—	—	—	—
		Aufspannzeiten pro lfd. m																								
1—4		0,5	0,5	0,5	0,5	0,75	0,75	0,75	0,75	1,0	1,0	1,0	1,0	1,2	1,2	1,2	1,2	1,5	1,8	2,1	2,4	3,2	4,2	5,0	6,5	8,0
6—8		0,55	0,55	0,55	0,55	0,8	0,8	0,8	0,8	1,1	1,1	1,1	1,1	1,3	1,3	1,3	1,3	1,6	1,9	—	—	—	—	—	—	—

Tabelle 64. Abstech- und Aufspanntabelle für ⊏-Eisen auf Kreissägen älterer Konstruktion normaler Bauart.

Tiefgang der Säge $= 0{,}5\,r = 200$ mm bzw. 175 mm.

Zeit in min für 1 Stück inkl. Anschnittswert der Tabelle 62 plus 5 vH der Laufzeit für den Materialvorschub.

	Profil	4	5	$6\frac{1}{2}$	8	10	12	14	16	18	20	22	24	26	28	30
	Stegstärke	5	5	$5\frac{1}{2}$	6	6	7	7	$7\frac{1}{2}$	8	8,5	9	9,5	10	10	10
	Flanschstärke	7	7	$7\frac{1}{2}$	8	$8\frac{1}{2}$	9	10	$10\frac{1}{2}$	11	11,5	12,5	13	14	15	16
	Breite in mm	35	38	42	45	50	55	60	65	70	75	80	85	90	95	100
a s	1	8,7	9,8	11,2	12,3	14,1	15,2	16,3	17,4	18,2	19,2	20,0	—	—	—	—
a b	1	—	—	—	—	—	—	—	—	—	—	—	41,2	44,5	47,4	51,0
a s	2	5,1	5,6	6,4	7,0	7,8	8,4	9,0	9,8	10,2	10,7	11,2	11,8	12,1	12,7	13,4
a s	4	3,1	3,5	3,8	4,2	4,5	—	—	—	—	—	—	—	—	—	—
b s	4	—	—	—	—	—	6,8	7,3	7,8	8,4	8,8	9,3	—	—	—	—
a b	4	—	—	—	—	—	—	—	—	—	—	—	12,5	13,2	14,0	15,0
a s	6	2,25	2,5	2,8	—	—	—	—	—	—	—	—	—	—	—	—
a b	6	—	—	—	3,8	4,4	5,0	5,6	6,2	—	—	—	—	—	—	—
a s	8	1,85	2,0	—	—	—	—	—	—	—	—	—	—	—	—	—
a b	8	—	—	2,6	3,4	—	—	—	—	—	—	—	—	—	—	—
a s	1	6,3	7,1	8,1	8,9	—	—	—	—	—	—	—	—	—	—	—
a b	1	—	—	—	—	13,6	16,0	18,2	20,5	23,0	25,0	27,2	—	—	—	—
a s	2	3,7	4,1	4,7	5,1	5,7	6,2	—	—	—	—	—	—	—	—	—
a b	2	—	—	—	—	—	—	10,2	11,4	12,5	13,8	15,0	—	—	—	—
a s	4	2,3	2,5	—	—	—	—	—	—	—	—	—	—	—	—	—
b s	4	3,0	3,3	3,7	4,1	4,65	5,0	—	—	—	—	—	—	—	—	—
a b	4	2,35	2,75	3,3	3,8	4,65	—	—	—	—	—	—	—	—	—	—

Links: „Bei Aufspannen von Stücken:" bzw. „Nach Aufspannart:"

	Maschine 1	Maschine 2
Maschine Nr.	1	2
Spannhöhe a	$a = 230$ mm	$a = 80$ mm
Spannweite b	$b =$ bis 400 mm	$b =$ bis 250 mm
Vorschub/min	7 mm	10 mm
Stufe	—	—
Sägeblattdurchm.	800 mm	800 mm
Touren der Arbeitsspindel/min	6	9

3 a = 120 mm b = bis 120 mm								4 a = 80 mm b = bis 350 mm					
10 mm				18 mm				14 mm					
a				b				—					
700 mm								700 mm					
13								13					
—	—	—	—	—	—	—	—	—	26,5	—	15,6	—	—
—	—	—	—	—	—	—	—	—	25,0	—	14,5	—	—
—	—	—	—	—	—	—	—	—	23,5	—	13,5	—	—
—	—	—	—	—	—	—	—	—	21,5	—	12,5	—	—
—	—	—	—	—	—	—	—	—	20,0	—	11,5	—	—
—	—	—	—	—	—	—	—	—	18,5	—	10,5	—	—
—	—	—	—	—	—	—	—	—	16,5	—	9,5	—	—
—	—	—	5,8	—	—	—	3,7	—	15,0	—	8,5	—	—
—	—	—	5,4	—	—	—	3,4	—	13,4	—	7,5	—	—
11,0	6,2	—	5,0	6,7	3,9	—	3,2	8,2	—	4,7	—	—	3,8
10,2	5,7	—	4,65	6,1	3,6	—	2,9	7,5	—	4,3	—	—	3,5
8,9	5,1	3,1	—	5,4	3,2	2,0	—	6,7	—	3,9	—	—	3,1
8,1	4,65	2,8	—	4,9	2,9	1,8	—	6,0	—	3,5	—	—	2,8
7,1	4,05	2,5	—	4,3	2,6	1,6	—	5,4	—	3,1	—	1,95	2,5
6,3	3,65	2,3	—	3,8	2,3	1,4	—	4,8	—	2,8	—	1,7	2,2
Bei Aufspannen von Stücken:													
1	2	4	4	1	2	4	4	1	1	2	2	4	4
Nach Aufspannart:													
a s	a s	a s	b s	a s	a s	a s	b s	a s	a b	a s	a b	a s	b s

Aufspannzeiten pro lfd. m

1 bis 4 Stück gespannt	0,5	0,5	0,75	0,75	1,0	1,0	1,2	1,2	1,5	1,5	1,8	1,8	2,1	2,1	2,4
6 bis 8 Stück gespannt	0,55	0,55	0,8	0,8	1,1	1,1	1,3	1,3	1,6	1,6	1,9	1,9	2,2	2,2	2,5

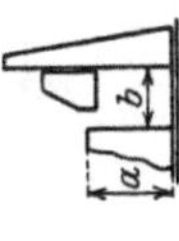

Art des Aufspannens
siehe Tabelle 66.

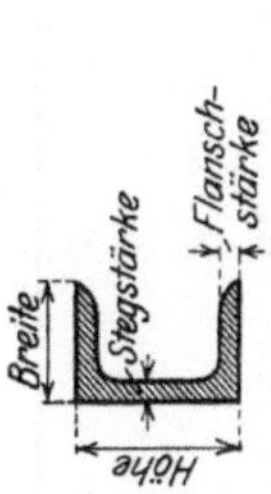

Tabelle 65.   Abstech- und Aufspanntabelle für Winkeleisen auf Kreissägen älterer Konstruktion, norm. Bauart.

Tiefgang der Säge $0,5\,r = 200$ bzw. 175 mm.

Zeit in min für 1 Stück.

Stärke	Profil Nr. 4	5	6	7	8	9	10	11	12	13	14	15	16	Maschine Nr.	Spannhöhe a	Spannweite b	Stufe	Vorschub/min	Sägeblatt-durchmesser	Touren der Arbeits-spindel/min
(Stärke)	8	9	10	11	12	13	14	14	15	16	17	18	19							
(Diagonale)	56	71	85	100	114	128	142	156	170	185	200	214	228							
4	3,0	3,65	4,3	4,94	5,6	6,15	6,7	7,35	7,9	8,35	9,1	9,75	10,3	1	230 mm	400 mm	—	7 mm	800 mm	6
6	2,35	2,8	3,25	3,75	4,15	4,5	4,95	5,4	5,85	6,25	6,75	7,1	7,55							
8	1,9	2,25	2,6	3,0	3,35	3,75	4,0	4,3	4,6	4,95	5,3	5,55	5,9							
10	1,7	1,95	2,25	2,5	2,75	3,05	3,35	3,6	3,9	4,15	4,45	4,68	5,0							
12	1,5	1,75	2,0	2,25	2,5	2,7	2,9	3,1	3,35	—	—	—	—							
4	2,35	2,8	3,25	3,7	4,2	4,6	5,0	5,45	5,9	—	—	—	—	2	80 mm	250 mm	—	10 mm	700 mm	9
6	1,85	2,1	2,45	—	—	—	—	—	—	—	—	—	—							
8	—	—	—	—	—	—	—	—	—	—	—	—	—							
10	—	—	—	—	—	—	—	—	—	—	—	—	—							
12	—	—	—	—	—	—	—	—	—	—	—	—	—							
4	2,35	2,8	3,25	3,7	4,2	4,6	5,0	5,45	5,9	6,4	6,8	7,2	7,5	3	120 mm	120 mm	a	10 mm	700 mm	9
6	1,85	2,1	2,45	2,75	3,1	3,4	3,7	4,0	4,4	4,7	5,0	—	—							
8	1,5	1,75	2,0	2,26	2,5	—	—	—	—	—	—	—	—							
10	1,25	1,5	1,75	—	—	—	—	—	—	—	—	—	—							
12	1,12	—	—	—	—	—	—	—	—	—	—	—	—							

Bei Aufspannen von Stücken:

<table>
<tr>
<td rowspan="10">Bei Aufspannen von Stücken:</td>
<td>4</td><td>1,5</td><td>1,8</td><td>2,1</td><td>2,35</td><td>2,65</td><td>2,9</td><td>3,15</td><td>3,35</td><td>3,6</td><td>3,9</td><td>4,2</td><td>4,5</td><td>4,75</td>
<td rowspan="5">13,5</td><td rowspan="5">700 mm</td><td rowspan="5">18 mm</td><td rowspan="5">b</td><td rowspan="5">120 mm / 120 mm</td><td rowspan="5">3</td>
</tr>
<tr><td>6</td><td>1,15</td><td>1,4</td><td>1,6</td><td>1,8</td><td>2,0</td><td>2,2</td><td>2,4</td><td>2,6</td><td>2,8</td><td>3,0</td><td>3,2</td><td>—</td><td>—</td></tr>
<tr><td>8</td><td>1,0</td><td>1,15</td><td>1,3</td><td>1,5</td><td>1,65</td><td>—</td><td>—</td><td>—</td><td>—</td><td>—</td><td>—</td><td>—</td><td>—</td></tr>
<tr><td>10</td><td>0,9</td><td>1,05</td><td>1,2</td><td>—</td><td>—</td><td>—</td><td>—</td><td>—</td><td>—</td><td>—</td><td>—</td><td>—</td><td>—</td></tr>
<tr><td>12</td><td>0,85</td><td>—</td><td>—</td><td>—</td><td>—</td><td>—</td><td>—</td><td>—</td><td>—</td><td>—</td><td>—</td><td>—</td><td>—</td></tr>
<tr>
<td>4</td><td>1,8</td><td>2,15</td><td>2,5</td><td>2,8</td><td>3,2</td><td>3,45</td><td>3,8</td><td>4,1</td><td>4,45</td><td>4,8</td><td>5,15</td><td>5,45</td><td>5,75</td>
<td rowspan="5">13</td><td rowspan="5">700 mm</td><td rowspan="5">14 mm</td><td rowspan="5">—</td><td rowspan="5">80 mm / 350 mm</td><td rowspan="5">4</td>
</tr>
<tr><td>6</td><td>1,42</td><td>1,65</td><td>1,9</td><td>2,15</td><td>2,35</td><td>2,6</td><td>—</td><td>—</td><td>—</td><td>—</td><td>—</td><td>—</td><td>—</td></tr>
<tr><td>8</td><td>1,2</td><td>1,37</td><td>1,56</td><td>—</td><td>—</td><td>—</td><td>—</td><td>—</td><td>—</td><td>—</td><td>—</td><td>—</td><td>—</td></tr>
<tr><td>10</td><td>1,0</td><td>—</td><td>—</td><td>—</td><td>—</td><td>—</td><td>—</td><td>—</td><td>—</td><td>—</td><td>—</td><td>—</td><td>—</td></tr>
<tr><td>12</td><td>—</td><td>—</td><td>—</td><td>—</td><td>—</td><td>—</td><td>—</td><td>—</td><td>—</td><td>—</td><td>—</td><td>—</td><td>—</td></tr>
</table>

Aufspannzeiten pro laufenden Meter:

0,5	0,5	0,75	0,75	1,0	1,0	1,2	1,2	1,2	1,2	1,5	1,5	1,5	4 bis 8 Stück gespannt
0,55	0,55	0,8	0,8	1,1	1,1	1,3	1,3	1,3	1,3	1,6	1,6	1,6	10 bis 12 Stück gespannt

Aufspann-Art:

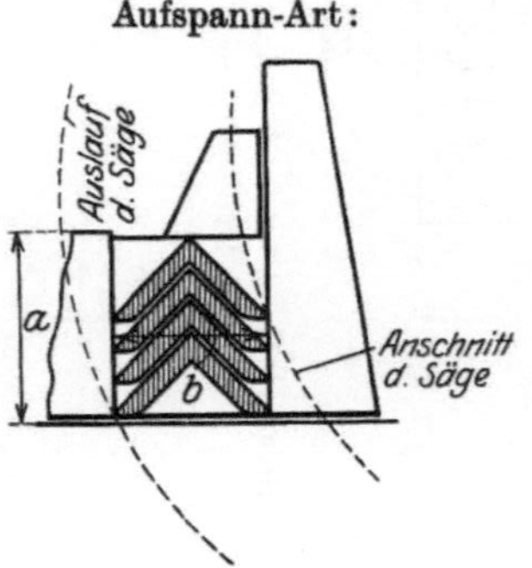

Beispiel:

Es sind 400 Stück Winkeleisen, Profil 10, in Längen von 200 mm abzuschneiden.

400 Stück à 200 mm = 80 m = 16 Stangen
(die Stange mit 5 m angenommen)

Masch. Nr. 2.

400 Stück à 5 min Schnittzeit = 2000 min
80 m à 1,2 „ Aufspannzeit = 96 „
Gesamtzeit für 400 Stück 2096 min.

oder pro Stück: $\frac{2096}{400} = 5,24$ min.

Bei Bearbeitung einer größeren Stückzahl, z. B. 200 Stück à 250 mm Länge, würde die günstigere Aufspannart eine Verbilligung von $(7{,}69 - 5{,}2) \cdot 200 = 2{,}49 \cdot 200 = 498$ min, d. i. $\dfrac{498}{60} = 8{,}3$ Std. ergeben.

In gleicher Weise verhält es sich, wie die Tabellen 64 und 65 zeigen, mit dem Absägen von ⨡- und ⊏-Eisen.

3. Beispiel: 6 ⊏-Eisen, Profil $6^{1}/_{2}$, auf Masch. 1 absägen.

Nach Aufspannart „$6as$", Tabelle 64 und 65 (d. h. 6 Stück einreihig Schmalseite spannen), beträgt die Laufzeit pro Stück . . . . 2,8 min

Nach Aufspannart „$6ab$" (d. h. 6 Stück einreihig Breitseite), Tabelle 64, würde die Berechnung ergeben:

$$T = \frac{\text{Breite} + \text{Anschnittswert}}{\text{minutl. Vorschub}} + 5 \text{ vH} + \text{Aufspannzeit.}$$

Die Schnittbreite beträgt nach „$6ab$" = Höhe + Flanschstärke $= 65 + 7{,}5 = 72{,}5$ mm.

Die Höhe von 6 ⊏-Eisen, Spannart „$6ab$" $= 3 \times$ Breite $+ 3 \times$ Stegstärke $= 3 \cdot (42 + 5{,}5) = 142{,}5$ mm.

Der Anschnittswert beträgt nach Tabelle 62 bei 142,5 mm Höhe $\delta = \sim 48$ mm.

Die Laufzeit für das Absägen der 6 ⊏-Eisen beträgt:

$$T = \frac{72{,}5 + 8}{7} + 5 \text{ vH} + 2{,}4 = 16{,}2 + 0{,}86 + 2{,}4 = 19{,}5 \text{ min,}$$

d. i. pro Stück:

$$T = \frac{19{,}5}{6} = 3{,}25 \text{ min.}$$

Mithin ist bei Aufspannart nach „$6as$" gegenüber „$6ab$" pro Stück eine Zeitersparnis von $3{,}25 - 2{,}8 = 0{,}45$ min zu verzeichnen.

Tabelle 66.

Günstigste Aufspannarten für ⊏-Eisen auf Kreissägen.

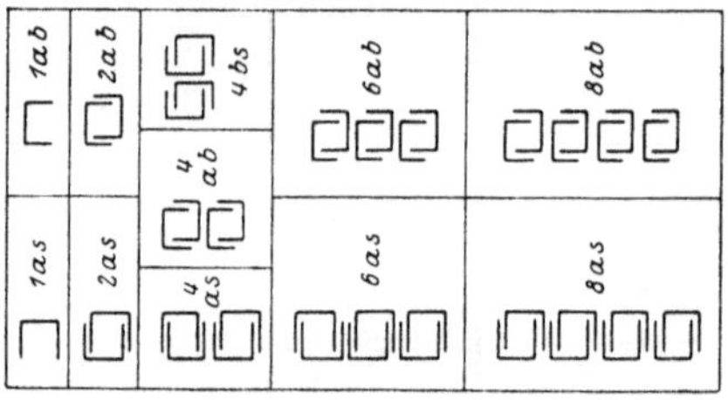

Zeichnungserklärung:

Beispiel: $4as = 4$ Stück einreihig, schmalseitig gespannt.
                   $4ab = 4$ „   „   breitseitig   „
                   $4bs = 4$ „   doppelreihig, schmalseitig „

III. Maschinen mit hin- und hergehender Bewegung.

1. Die Langhobelmaschine.

Die Hobelmaschine gehört, ihres unvermeidlichen Rückganges wegen, zu den weniger wirtschaftlich arbeitenden Werkzeugmaschinen. Man

Abb. 72. Langhobelmaschine SH^{6E} (Gebr. Böhringer A.-G, Göppingen).

unterscheidet in bezug auf Konstruktion und Arbeitsweise folgende Arten:

1. Langhobelmaschinen mit Riemen- oder Magnetumsteuerung,
2. Kulissenhobelmaschinen.

Die Kulissenhobelmaschine wird entweder durch eine mehrfache Stufenscheibe oder durch eine einstufige Scheibe und Räderkasten für mehrere Geschwindigkeiten angetrieben. Sie ist bei gewissen Arbeiten sowohl der Shaping- als auch der Hobelmaschine überlegen, da sie die wichtigsten Eigenschaften beider Maschinengattungen in sich vereinigt, und zwar: die Starrheit der Hobelmaschine und die scharfe Hubbegrenzung der Shapingmaschine und außerdem die große Hubgeschwindigkeit der letzteren bei kürzeren Hublängen.

3. Shapingmaschinen mit Zahnstange, Kulisse oder Kurbelschleife, mit Stufenscheiben oder Einscheibenantrieb mit Räderkasten.
4. Stirn- und Kegelradhobelmaschinen mit Einscheibenantrieb und Räderkasten für mehrere Geschwindigkeiten oder mit Stufenscheibenantrieb.

Schnittgeschwindigkeit.

Die günstigste Schnittgeschwindigkeit für das Hobeln wäre, wenn es die Konstruktion der Langhobelmaschine zuließe, die gleiche wie für das Drehen; doch ist die Schnittgeschwindigkeit infolge der Arbeitsweise der Langhobelmaschine stark begrenzt, da einerseits das Getriebe, welches die Umsteuerung beim Vor- und Rücklauf betätigt, auch bei der besten Konstruktion eine derart starke Beanspruchung, wie es die hohe Tischgeschwindigkeit erfordern würde, nicht zuläßt und andererseits die tote Masse des Tisches bei einer großen Geschwindigkeit und in einer so kurzen Zeit, wie es die Umsteuerung von einer Richtung in die andere erfordert, nicht bewerkstelligt werden könnte.

Die Schnittgeschwindigkeit ist somit durch die Konstruktion der Maschine gegeben. Rechnerisch kann dieselbe nach folgender Überlegung ermittelt werden:

Bekanntlich wird die Schnittgeschwindigkeit V m/min bzw. v mm/sek durch den in einer Zeiteinheit (Minute od. Sekunde) zurückgelegten Weg ausgedrückt. Da nun die Hobelmaschinen eine doppelte Bewegung (Vor- und Rücklauf) ausführen und die Rücklaufbewegung in der Regel das 1,5- bis 4fache des Vorlaufes beträgt, so kann man entweder nur von einer Schnittgeschwindigkeit V m/min bzw. v mm/sek für den Vorlauf und von einer Rücklaufgeschwindigkeit V_r m/min bzw. v_r mm/sek oder von einer mittleren Tischgeschwindigkeit V_m m/min bzw. v_m mm/sek sprechen.

Die Vor- und Rücklaufgeschwindigkeit kann rechnerisch auf verschiedene Arten bestimmt werden und zwar:

a) Aus der Zeit, in der eine bestimmte Weg- oder Hublänge zurückgelegt wird.

Bezeichnen wir

H = Hublänge in m   �(unter Hublänge ist die Hobel-
h = „ „ mm ⎭ länge + Überlauf verstanden),
V = Geschwindigkeit für den Vorlauf in m/min,
v = „ „ „ „ ·· mm/sek,
V_r = „ „ „ Rücklauf in m/min,
v_r = „ „ ·· „ „ „ mm/sek,
T_v = die Zeit für den Vorlauf in min,
t_v = „ „ „ „ „ „ sek,
T_r = „ „ „ „ Rücklauf in min,
t_r = „ „ ·· „ „ „ sek,
T_l = „ „ „ „ Doppelhub in min $= T_v + T_r$.
t_l = „ „ „ „ ·· ·· sek $= t_v + t_r$.

Nehmen wir beispielsweise an, daß eine Hublänge $h = 500$ mm beim Vorlauf in der Zeiteinheit $t_v = 20$ sek und beim Rücklauf $t_r = 10$ sek zurückgelegt wird, so beträgt der in einer Sekunde zurückgelegte Weg bzw. die Geschwindigkeit v

für den Vorlauf:

$$v = \frac{h}{t_v} = \frac{500}{20} = 25 \text{ mm/sek},$$

für den Rücklauf:

$$v_r = \frac{h}{t_r} = \frac{500}{10} = 50 \text{ mm/sek}.$$

Wir können somit die Gleichung aufstellen:

$$V = \frac{H}{T_v} \text{ m/min} \quad \text{und} \quad v = \frac{h}{t_v} \text{ mm/sek}, \qquad \text{I)}$$

$$V_r = \frac{H}{T_r} \text{ m/min} \quad \text{und} \quad v_r = \frac{h}{t_r} \text{ mm/sek}. \qquad \text{II)}$$

b) Aus der Zeit, die für 1 Doppelhub erforderlich ist.

Bei der Berechnung der Vor- und Rücklaufgeschwindigkeit unter Zugrundelegung der Zeit/Doppelhub muß man beachten, daß der Weg $=$ 2mal der Hublänge, in 2 verschiedenen Zeiten, der Vor- und Rücklaufzeit zurückgelegt wird und daß bei Maschinen mit beschleunigtem Rücklauf die Zeit für den Rücklauf in demselben Verhältnis sinkt, als die Rücklaufgeschwindigkeit wächst. Die Zeit für den Vor- und Rücklauf steht somit im umgekehrten Verhältnis zur Vor- und Rücklaufgeschwindigkeit. Drücken wir das Verhältnis der Vor- und Rücklaufgeschwindigkeit allgemein durch die Bezeichnung $1:x$ aus, so erhalten wir die Gleichung:

$$T_v : T_r = x : 1 \quad \text{bzw.} \quad t_v : t_r = x : 1$$

Die Zeit für einen Doppelhub:

$$T_1 = T_v + T_r \ \text{min} \quad \text{bzw.} \quad t_1 = t_v + t_r \ \text{sek},$$

daher:

$$T_v = \frac{x \cdot T_r}{1} \ \text{min} \quad \text{und} \quad t_v = \frac{x \cdot t_r}{1} \ \text{sek},$$

$$T_r = \frac{1 \cdot T_v}{x} \ \text{min} \quad \text{und} \quad t_r = \frac{1 \cdot t_v}{x} \ \text{sek}.$$

Es ist ferner:

$$T_v (1 + x) = x \cdot T_1 \quad \text{bzw.} \quad t_v (1 + x) = x \cdot t_1,$$
$$T_r (1 + x) = 1 \cdot T_1 \quad \text{bzw.} \quad t_r (1 + x) = 1 \cdot t_1,$$

und daher auch:

$$T_v = \frac{x \cdot T_1}{1 + x} = \frac{T_1}{1 + \frac{1}{x}} \ \text{min} \quad \text{bzw.} \quad \frac{t_1}{1 + \frac{1}{x}} \ \text{sek},$$

$$T_r = \frac{1 \cdot T_1}{1 + x} = \frac{T_1}{1 + \frac{x}{1}} \ \text{min} \quad \text{bzw.} \quad \frac{t_1}{1 + \frac{x}{1}} \ \text{sek}.$$

Setzen wir in die Formel I) an Stelle T_v, t_v, T_r, t_r vorstehende Formelgrößen ein, so erhalten wir für die Berechnung der Vor- und Rücklaufgeschwindigkeit folgende Formeln:

$$V = \frac{H}{T_v} = \frac{H}{\dfrac{T_1 \cdot x}{1 + x}} = \frac{H \cdot \left(1 + \frac{1}{x}\right)}{T_1} \ \text{m/min},$$

$$v = \frac{h}{t_v} = \frac{h}{\dfrac{t_1 \cdot x}{1 + x}} = \frac{h \cdot \left(1 + \frac{1}{x}\right)}{t_1} \ \text{m/sek}. \tag{III}$$

$$V_r = \frac{H}{T_r} = \frac{H}{\dfrac{T_1}{1 + x}} = \frac{H \cdot (1 + x)}{T_1} \ \text{m/min},$$

$$v_r = \frac{h}{t_r} = \frac{h}{\dfrac{t_1}{1 + x}} = \frac{h \cdot (1 + x)}{t_1} \ \text{mm/sek}. \tag{IV}$$

Die Werte der Formeln III) und IV) ergeben jedoch nur rein theoretische Werte, da hierbei die Verzögerung bei der Umschaltung nicht berüchsichtigt wird (siehe auch Seite 193).

In der Praxis wird man daher vorteilhaft nur mit der mittleren Tischgeschwindigkeit V_m rechnen (siehe auch Anleitung für Maschinenkarten Seite 35).

Die Formel für die Berechnung der mittleren Tischgeschwindigkeit lautet:

$$V_m = \frac{2 \cdot H}{T_1} = \frac{2 \cdot h \cdot 60}{1000 \cdot t_1} = \frac{0 \cdot 12 \cdot h}{t_1} \, \text{m/min}.$$

$$v_m = \frac{2 \cdot H \cdot 1000}{T_1 \cdot 60} = \frac{2 \cdot h}{T_1 \cdot 60} = \frac{2 \cdot h}{t_1} \, \text{mm/sek}. \qquad \text{V)}$$

Nun ist auch

$$V_m = 2 \cdot H \cdot n \, \text{m/min} \qquad \text{bzw.} \qquad v_m = \frac{2 \cdot h \cdot n}{60} \, \text{mm/sek},$$

und daher

$$n = \frac{V_m}{2 \cdot H} = \frac{v_m \cdot 60}{2 \cdot h}. \qquad \text{VI)}$$

Nun ist ferner, wie bereits bekannt:

$$T_1 = \text{Zeit in min pro Doppelhub,}$$
$$\frac{t_1}{60} = \text{„ „ „ „}$$
$$t_1 = \text{„ „ sek „}$$
$$n = \text{Doppelhübe/min}.$$

Da nun $T_1 \cdot n$ stets $1 = 1$ min ergibt, so ist auch

$$T_1 \cdot n = \frac{t_1 \cdot n}{60} = 1$$

und daher

$$n = \frac{1}{T_1} = \frac{60}{t_1}. \qquad \text{VII)}$$

Für die Berechnung der Laufzeit pro Schnitt gilt:

$$T = \frac{b}{n \cdot s} \, \text{min} \qquad \text{bzw.} \qquad t = \frac{b \cdot 60}{n \cdot s} \, \text{sek}. \qquad \text{VIII)}$$

$$b = \text{Hobelbreite in mm},$$
$$s = \text{Vorschub in mm pro Doppelhub},$$
$$T = \text{Laufzeit in min für 1 Schnitt},$$
$$t = \text{„ „ sek „ 1 „}$$

Laufzeitberechnung.

Um eine richtige Berechnung der Bearbeitungszeiten auf der Langhobelmaschine oder Shapingmaschine durchführen zu können, müssen von jeder Hobel- und Shapingmaschine mit einer Stoppuhr folgende Daten aufgenommen werden.

1. Die Zeit in sek für je 10 bzw. 5 Doppelhübe bei verschiedenen Hublängen, vom kleinsten einstellbaren Hub angefangen, stufenweise um 100 bis 200 mm verlängert, bis zum größten Hub. (Siehe Tabelle 67.)

2. Der Horizontal- und Vertikalvorschub pro Doppelhub in mm. (Siehe Tabelle 68.)

Bei der Zusammenstellung der aufgenommenen Werte wird es sich zeigen, daß selbst Maschinen gleicher Gattung bedeutende Unterschiede in der Zahl der minutlichen Doppelhübe aufweisen und infolgedessen eine einheitliche Akkord- bzw. Laufzeittabelle nicht aufgestellt werden kann, es sei denn, daß die Antriebsscheiben der Maschinen so abgeändert werden können, daß die Maschinen gleicher Gattung gleichmäßig schnell laufen bzw. gleiche Hubzahl pro min aufweisen, da ja die Anzahl der Doppelhübe pro min unter Berücksichtigung des Vorschubes bei der Berechnung der Laufzeit ausschlaggebend ist.

In gleicher Weise müßten auch die Schalträder für den Vorschub geändert werden.

Ist die Änderung nicht durchführbar, dann sind die Laufzeiten für jede Maschine getrennt zu berechnen.

Hat man die an der Maschine verfügbaren minutl. Doppelhübe und Vorschübe in einer Tabelle festgelegt, so bietet die Berechnung der reinen Laufzeit keine Schwierigkeit. Sie erfolgt nach der Gleichung

$$T = \frac{b}{n \cdot s} \text{ min}. \qquad \text{VIII)}$$

Tabelle 67. Zeittabelle für Doppelhübe einer Langhobelmaschine mit Riemenumsteuerung.

$V = 9$ m/min, $V_r = 18$ m/min

Hub- länge mm	Anzahl d. Dop- pelhübe	Zeit in sek	Zeit für 1 Doppelhub in min	Doppel- hüb. pro min
400	10	54	0,09	11,1
600	10	80	0,1333	7,5
800	5	48	0,16	6,25
1000	5	60	0,2	5
1200	5	70	0,2334	4,3
1400	5	76	0,2534	3,95
1600	5	84	0,28	3,575
1800	5	93	0,31	3,225
2000	5	102	0,341	2,95

Tabelle 68. Vorschub pro Doppelhub.

Bei Zähnen									
1	2	3	4	5	6	7	8	9	10
ist Horizontalvorschub mm									
0,5	1	1,5	2	2,5	3	3,5	4	4,5	5
ist Vertikalvorschub mm									
0,3	0,6	0,9	1,2	1,5	1,8	2,1	2,4	2,7	3

Die in manchen Betrieben noch übliche Akkordberechnung nach Flächeninhalt ist gänzlich falsch, was auch aus den Berechnungen im nachfolgenden Beispiel (Abb. 74) hervorgeht.

Diese Art der Berechnung mag höchstens als Hilfsmittel zur rohen Schätzung dienen, ist aber sonst von jedem Kalkulationsbüro grundsätzlich zu verwerfen.

Am einfachsten erfolgt die Berechnung der Laufzeiten nach Zeittabellen, die die Werte für 1 mm Hobelbreite unter Berücksichtigung der an der Maschine verfügbaren Vorschübe enthalten (siehe Tabelle 69). Mit Hilfe dieser Tabellen wird die Laufzeit für 1 Schnitt durch Multiplikation der Tabellenwerte mit der Hobelbreite bestimmt.

Tabelle 69. Zeittabelle für 1 mm Hobelbreite. $V = 9$ m/min, $V_r = 18$ m/min.

Hub-länge in mm	Horizontalvorschub in mm										mittlere Schnitt-geschwindigkeit in	
	0,5	1	1,5	2	2,5	3	3,5	4	4,5	5	mm/sek	m/min
400	0,18	0,09	0,6	0,045	0,0357	0,03	0,0257	0,0225	0,02	0,018	148	8,9
600	0,2666	0,1333	0,08886	0,06665	0,05322	0,04443	0,038	0,033325	0,02666	0,022215	150	9,0
800	0,32	0,16	0,1067	0,08	0,064	0,0533	0,0457	0,04	0,032	0,02665	167	10,0
1000	0,4	0,2	0,1333	0,1	0,08	0,0666	0,0571	0,05	0,04	0,0333	167	10,0
1200	0,4668	0,2334	0,1556	0,1167	0,09336	0,0778	0,0667	0,05835	0,04668	0,0389	172	10,3
1400	0,5068	0,2534	0,1689	0,1267	0.10136	0,08447	0,0724	0,06335	0,05068	0,042235	183	11,0
1600	0,560	0,280	0,187	0,140	0,112	0,0935	0,080	0,070	0,0625	0,047235	190	11,4
1800	0,62	0,31	0,2066	0,155	0,124	0,103	0,0885	0,0775	0,062	0,0515	193	11,6
2000	0,68	0,34	0,227	0,17	0,136	0,113	0,0975	0,085	0,0756	0,058	197	11,8

Hub-länge in mm	Vertikalvorschub in mm										mittlere Schnitt-geschwindigkeit in	
	0,3	0,6	0,9	1,2	1,5	1,8	2,1	2,4	2,7	5	mm/sek	m/min
400	0,3	0,15	0,1	0,075	0,06	0,05	0,0425	0,0375	0,03325	0,03	148	8,9
600	0,4443	0,2221	0,1481	0,111	0,08886	0,07405	0,0635	0,05554	0,04936	0,0444	150	9,0
800	0,5333	0,26665	0,17776	0,13332	0,10666	0,08888	0,0762	0,0666	0,05925	0,05333	167	10,0
1000	0,6675	0,3337	0,2225	0,1668	0,1335	0,11125	0,0955	0,0834	0,0741	0,06675	167	10,0
1200	0,778	0,389	0,2593	0,1945	0,1556	0,1297	0,1111	0,0965	0,0864	0,0778	172	10,3
1400	0,8447	0,4223	0,2815	0,2112	0,1689	0,1408	0,1207	0,1056	0,0938	0,08447	183	11,0
1600	0,935	0,4675	0,312	0,233	0,186	0,155	0,133	0,1165	0,1035	0,0935	190	11,4
1800	1,033	0,516	0,3443	0,258	0,2066	0,172	0,1475	0,129	0,115	0,1033	194	11,6
2000	1,13	0,5675	0,3775	0,283	0,226	0,189	0,161	0,141	0,126	0,113	197	11,8

Die Anfertigung von Zeittabellen soll an Hand einer Hobelmaschine, die mit einer Schnittgeschwindigkeit $V = 9$ m/min für den Vorlauf und $V_r = 18$ m/min für den Rücklauf arbeitet, gezeigt werden.

Die Werte der Tabelle 69 sind nach der Gleichung $\dfrac{T_1}{s}$ ermittelt.

$$T_1 = \text{Laufzeit/Doppelhub in min}$$
$$s = \text{Vorschub/Doppelhub in mm}$$

Die Zeit für 1 mm Hobelbreite kann auch, wenn die Schnittgeschwindigkeit für den Vor- und Rücklauf bekannt ist, ermittelt werden nach der Formel:

$$T = \left(\frac{h}{v} + \frac{h}{v_r}\right)\frac{1}{60\cdot s} = \frac{h\cdot(v + v_r)}{60\cdot s\cdot v\cdot v_r} = \frac{h}{v\cdot 60\cdot s}\left(1 + \frac{v}{v_r}\right)\ \text{min.}$$

Wie die Tabelle 69 zeigt, ist die Berechnung nach obiger Formel nicht ganz richtig, da hierbei die durch die Umschaltung für den Vor- und Rücklauf bedingten Umschaltzeiten nicht berücksichtigt werden. Die Tabelle weist gegenüber den Berechnungen nach obiger Formel bis zu 45 vH höhere Werte aus und zwar sinkt die Differenz mit der Länge des Hubes, so daß bei 2000 mm Hublänge die Werte der Tabelle mit den Werten der Formel fast übereinstimmen. Ein Beweis dafür, daß die Doppelhübe nur mittels einer guten Stoppuhr abgestoppt und nicht errechnet werden dürfen.

So gibt z. B. die Tabelle 69 bei einem Vorschub von 1 mm für eine Hublänge von

$$400\ \text{mm} \ \ldots\ldots\ T = 0{,}09\ \text{min,}$$
$$2000\ \text{mm} \ \ldots\ldots\ T = 0{,}34\ \text{min}$$

an, während die Zeit nach obiger Formel beträgt:

a) Bei 400 mm Hublänge:

$$T = \frac{h}{v\cdot 60\cdot s}\left(1 + \frac{v}{v_r}\right) = \frac{400}{150\cdot 60\cdot 1}\left(1 + \frac{150}{300}\right) = \frac{400}{9000}\left(1 + \frac{1}{2}\right) =$$
$$= \frac{400\cdot 1{,}5}{9000} = 0{,}0666\ \text{min.}$$

b) Bei 2000 mm Hublänge:

$$T = \frac{h}{v\cdot 60\cdot s}\left(1 + \frac{v}{v_r}\right) = \frac{2000}{150\cdot 60\cdot 1}\left(1 + \frac{150}{300}\right) = \frac{2000}{9000}\left(1 + \frac{1}{2}\right) =$$
$$= \frac{2000\cdot 1{,}5}{9000} = 0{,}333\ \text{min.}$$

Für die Berechnung der Laufzeit gilt Formel VIII) $T = \dfrac{b}{n\cdot s}\ \text{min,}$ wobei, wie erwähnt, die Werte für n abgestoppt werden müssen.

Bei Berechnung der Laufzeit nach Tabelle 69 ist der Tabellenwert für die jeweilige Hublänge = Länge der Arbeitsfläche + Tischüberlauf und gewähltem Vorschub mit der Breite der Arbeitsfläche zu multiplizieren.

Der Wert für den Überlauf des Tisches kann im Mittel mit etwa 80 bis 150 mm angenommen werden. Da derselbe jedoch für jede

Hublänge verschieden und von der Konstruktion der Maschine abhängig ist, so empfiehlt es sich, die Überläufe an der Maschine für die verschiedenen Hublängen zu bestimmen und tabellarisch festzulegen.

Spantiefe und Vorschub stehen wie beim Drehen in steten Wechselbeziehungen zueinander und hängen von der Größe bzw. Konstruktion der Maschine ab.

Nachstehende Tabelle 70 gibt beiläufige Werte für Spantiefen und Vorschübe bei Langhobelmaschinen mit verschiedenen Tischlängen an.

Tabelle 70.

Bei Tischlänge in m	Beträgt im Durchschnitt die Schnittgeschwindigkeit für den Vorlauf		Bei einer Spantiefe von					
			5	6	7	8	9	10
	V m/min	v mm/sek	kann der Vorschub genommen werden in mm					
bis 2	8 bis 9	133 bis 150	1,2	1	0,8	0,7	0,6	0,4
„ 3	7 „ 8	117 „ 133	1,6	1,4	1,2	1	0,8	0,6
„ 4	6 „ 7	100 „ 117	2,4	2,2	2,0	1,8	1,6	1,4

Für das sog. Breitschlichten verwendet man vorteilhaft einen Hobelstahl der so weit nach rückwärts gekröpft ist, daß die Spitze der Schneide,

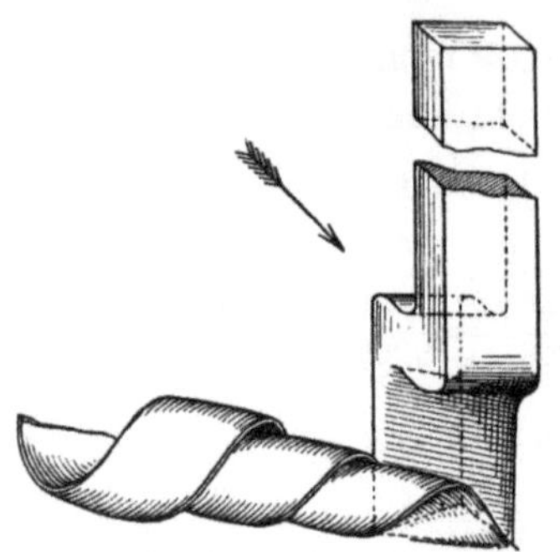

die zur Schnittrichtung im Winkel von 45 ° steht, mit der rückwärtigen Fläche des Hobelstahles in einer Ebene liegt (siehe Abb. 73).

Durch diese eigenartige Form des Schlichtstahles können, ohne Rücksicht auf die verschiedenen Materialsorten, Vorschübe bis zur ganzen Breite der Schneide erzielt werden, ohne daß hierbei der Stahl einhackt oder rattert, was bei einem Hobelstahl, der mit seiner Breitseite arbeitet, nicht möglich ist.

Abb. 73. Hobelstahl für Breitschlichten.

Aufspannzeiten.

Bietet auch die Berechnung der Laufzeiten an Hand der Formeln und Tabellen keine Schwierigkeiten, so ist doch die Bestimmung der Aufspannzeiten nicht so leicht, weil hierbei nicht nur auf die Art der Aufspannung, sondern auch auf die Betriebsverhältnisse Rücksicht genommen werden muß.

Da man bei der Zeitbestimmung für das Aufspannen auf reine Schätzung angewiesen ist, so empfiehlt es sich, um große Differenzen zu vermeiden, die Arbeit für das Aufspannen in mehrere Operationen zu unterteilen und die Zeiten hierfür getrennt zu schätzen oder durch Zeitstudien zu ermitteln.

Die Arbeit für das Aufspannen unterteilt man am besten in
3 Operationen und zwar in:

1. Hochheben des Arbeitsstückes und Auflegen auf den Tisch.
2. Festspannen und Ausrichten.
3. Abspannen.

1. Das Hochheben.

Das Hochheben des Arbeitsstückes auf den Tisch erfolgt bei leichten
Stücken, bis etwa 50 kg von Hand, bei schwereren Stücken mittels
Flaschenzug oder Kran. Die hierfür aufgewendete Zeit richtet sich
nach der Form, der Größe und dem Gewicht des Körpers.

Für einfache und leichte Stücke, die vom Arbeiter ohne jede Hilfe
auf den Tisch gehoben werden können, kann man folgende Zeiten
annehmen:

Gewicht in kg	bis 10	20	30	40	50
Zeit in min	0,15	0,25	0,40	0,50	0,75 .

Für Stücke gleichen Gewichts, die aber infolge ihrer Form und
Größe unhandlich sind und mit Hilfe eines zweiten Arbeiters (Hilfs-
arbeiter) hochgehoben werden müssen, ist zu den obigen Zeiten ein
Zuschlag von 50 vH zu machen.

Bei schwereren Stücken, zu deren Aufspannung ein Flaschenzug
erforderlich ist, ist die Zeit für das Hochheben außer vom Gewicht
auch von der Form des Stückes abhängig. Für das Hochheben kann
(vorausgesetzt, daß der Arbeiter auf den Kran nicht warten muß)
bei einfacher Befestigung mit Seil oder Kette bis zu einem Stückgewicht von 500 kg etwa 8 bis 10 min gerechnet werden.

Bei komplizierten oder schweren Stücken, die auch eine solidere
Befestigung (2 oder mehrere Seile) erfordern, ist für das Hochheben
10 bis 30 min zu rechnen.

Tabelle 71. Zeit in min für Hochheben des Arbeitsstückes.

Einfache, leichte Stücke ohne Kran:					
Bei kg	10	20	30	40	50
Ohne Hilfe	0,15	0,25	0,40	0,50	0,75
Mit Hilfe	—	0,35	0,60	0,75	1,15

Schwere Stücke mit Kran:						
Bei kg	100	300	500	1000	1500	2000
Seil-anzahl 1	4	5	6	7	8	9
Seil-anzahl 2	5	6	7	9	11	13
Seil-anzahl 3	—	—	—	11	13	15
Bei kg	3000	4000	5000	6000	8000	10000
Seil-anzahl 1	10	12	14	16	18	20
Seil-anzahl 2	15	17	19	21	23	25
Seil-anzahl 3	18	20	22	24	26	28

Für das Abspannen gelten dieselben Zeiten.

2. Das Festspannen und Ausrichten.

Das Festspannen und Ausrichten ist so von der Form, Größe, Wandstärke, dann von der Anzahl der auszurichtenden Flächen, der genauen Materialverteilung und von den Aufspanneinrichtungen, sowie vom Gewicht des Körpers abhängig, daß auch hierfür eine allgemeingültige Tabelle nicht aufgestellt werden kann.

Die einfachste Art des Aufspannens ist die Befestigung im Schraubstock oder zwischen Spannbacken. Diese Aufspannung kommt aber nur bei kleineren Stücken und auf kleinen Hobelmaschinen in Betracht und kann man hierfür etwa 2 bis 5 min, je nach Größe der Fläche und nach der Art der Aufspannung, unter Berücksichtigung ob das Stück nach rohen Flächen ohne genaue Materialverteilung, oder nach Anriß, oder nach bearbeiteten Flächen ausgerichtet werden muß, rechnen.

Für die verschiedenen auf der Hobelmaschine vorkommenden Aufspannarten gibt Tabelle 72 Anhaltswerte an.

Tabelle 72. Zeittabelle in min pro dm² für das Aufspannen und Ausrichten von Arbeitsstücken auf der Hobelmaschine.

Grundfläche in dm² bis	Aufspann-art	Höhe in mm			
		bis 200	bis 400	bis 600	darüber
4	I	0,35	0,6	—	—
	II	0,4	0,75	—	—
	III	0,525	0,9	—	—
12	I	0,35	0,6	—	—
	II	0,4	0,75	—	—
	III	0,525	0,9	—	—
25	I	0,3	0,35	0,4	—
	II	0,35	0,4	0,5	—
	III	0,45	0,525	0,6	—
42	I	0,20	0,25	0,3	—
	II	0,25	0,30	0,4	—
	III	0,3	0,38	0,45	—
64	I	0,15	0,2	0,25	0,3
	II	0,2	0,25	0,30	0,35
	III	0,25	0,3	0,38	0,45
90	I	0,1	0,15	0,2	0,25
	II	0,15	0,2	0,25	0,3
	III	0,15	0,25	0,3	0,38
120	I	0,095	0,1	0,15	0,2
	II	0,1	0,15	0,20	0,25
	III	0,15	0,15	0,25	0,3
150 und darüber	I	0,09	0,095	0,1	0,15
	II	0,095	0,1	0,15	0,2
	III	0,135	0,15	0,15	0,25

I = Aufspannen am Tisch und Ausrichten nach rohen Flächen ohne genaue Materialverteilung.

II = dto. am Spannwinkel. Ist Aufspannart II nach Anriß oder bearbeiteten Flächen auszurichten, dann sind die Werte von II + 50 vH zu nehmen.

III = Aufspannen am Tisch und Ausrichten bei genauer Materialverteilung nach Anriß oder bearbeiteten Flächen.

Für weitere Flächen, die nicht in derselben Ebene liegen, sind bei II und III 20 vH zuzuschlagen.

Für Umspannen nach bearbeiteten Flächen gelten 50 vH der Werte nach Aufspannart III.

Bei dünnwandigen und langen Arbeitsstücken, bei deren Aufspannung, um ein Verspannen zu vermeiden, eine besondere Sorgfalt aufgewendet werden muß, sind die Werte der Tabelle entsprechend zu erhöhen.

Die Werte der Tabelle 72 verstehen sich für das Aufspannen und Ausrichten (ohne Hochheben und Abspannen) des Arbeitsstückes und ohne Benützung von Spezial-Einspannvorrichtungen.

3. Das Abspannen.

Für das Abspannen können die Werte der Tabelle 71 eingesetzt werden.

Tabelle 73.

Zeittabelle in min für Einricht- u. Griffzeiten an Hobelmaschinen.

*) 1 = roh vorschruppen.   *) 2 = nach Anriß, Kaliber oder Lehren.

Tischlänge in m	Maschine einrichten inkl. Support hochkurbeln und Späne abkehren	Aufspannwinkel am Tisch anschrauben		Schraubstock am Tisch anschrauben		Stahlhalterverlängerung an- und abschrauben	Einen Support nach Grade einstellen	Hobelstahl befestigen mit		Span anstellen		Messen	
		mit	ohne	mit	ohne			1	2				
		Kran		Kran				Schrauben		*) 1	*) 2	*) 1	*) 2
1,5	12	—	5	—	5	8	2	1	1,5	0,5	1	0,5	1
2	15	10	5	10	5	10	3	1	2	0,5	1	0,5	1
2,5	15	10	5	10	5	10	3	1	2	0,5	1	0,5	1
3	20	15	8	15	8	10	4	1,5	3	0,75	1,5	0,75	1,5
3,5	20	15	8	15	8	10	5	1,5	3	0,75	1,5	0,75	1,5
4	25	18	10	18	10	10	5	2	4	1	2	1	2

Die Zeit für das Schleifen der Stähle hängt, wie bereits wiederholt angeführt, so von den Betriebsverhältnissen ab, daß hierfür keine allgemein brauchbaren Werte angegeben werden können. Im übrigen sollen in einem modern geleiteten Betriebe die Stähle nur in der Werkzeugausgabe geschliffen werden. Aus diesem Grunde wurden in den nachfolgenden Beispielen für das Schleifen der Stähle keine Zeiten eingesetzt.

Beispiele zur Berechnung der Hobelzeiten.

Im ersten Beispiel soll in der Hauptsache gezeigt werden,

1. daß es nicht gleichgültig ist, in welcher Richtung, Längs- oder Querrichtung, ein Werkstück bearbeitet wird,

2. soll der Beweis erbracht werden, daß die Berechnung der Laufzeit nach Flächeninhalt nicht richtig ist, da diese Art der Ermittlung vollkommen falsche Werte ergibt.

In diesem Beispiel sollen, um eine klare Übersicht zu gestatten, nur die reinen Laufzeiten berechnet und die sogenannten toten oder Nebenzeiten bei der Berechnung ausgeschaltet werden.

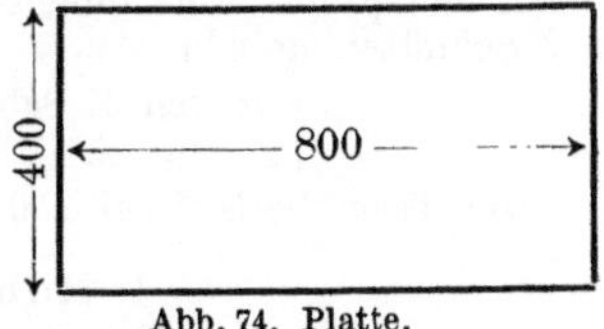

Abb. 74. Platte.

1. Beispiel. Die Bearbeitung der Hobelfläche (Abb. 74) soll mit je einem Schnitt auf zwei mit verschiedenen Geschwindigkeiten ausgestatteten Maschinen und in beiden Richtungen (Längs- und Querrichtung) erfolgen, und zwar:

1. auf einer Hobelmaschine, deren Geschwindigkeiten $v = 133$ mm/sek und $v_r = 266$ mm/sek beträgt,

2. auf einer Hobelmaschine, deren Geschwindigkeiten $v = 100$ mm/sek und $v_r = 200$ mm/sek beträgt.

Die Berechnung der Laufzeit erfolgt nach der Formel:

$$T = \frac{h \cdot b}{v \cdot 60 \cdot s} \left(1 + \frac{v}{v_r}\right) \text{ min.}$$

Der Tischüberlauf sei bei beiden Maschinen mit 150 mm und der Vorschub für beide Richtungen mit $s = 0{,}8$ mm angenommen.

a) Bearbeitung in der Längsrichtung:

Die Hubhöhe $h = 800 + 150 = 950$ mm.
Die Hobelbreite $b = 400$ mm.
Das Übersetzungsverhältnis $v : v_r = 133 : 266$ bzw. $100 : 200 = 1 : 2$.
Im 1. Falle ist

$$T = \frac{h \cdot b}{v \cdot 60 \cdot s} \left(1 + \frac{v}{v_r}\right) = \frac{950 \cdot 400}{133 \cdot 60 \cdot 0{,}8} \left(1 + \frac{1}{2}\right) = \frac{950 \cdot 400 \cdot 1{,}5}{133 \cdot 60 \cdot 0{,}8} = \sim 89{,}00 \text{ min.}$$

Im 2. Falle ist

$$T = \frac{h \cdot b}{v \cdot 60 \cdot s} \left(1 + \frac{v}{v_r}\right) = \frac{950 \cdot 400}{100 \cdot 60 \cdot 0{,}8} \left(1 + \frac{1}{2}\right) = \frac{950 \cdot 400 \cdot 1{,}5}{100 \cdot 60 \cdot 0{,}8} = \sim 119{,}00 \text{ min.}$$

b) Bearbeitung in der Querrichtung:

Die Hublänge $h = 400 + 150 = 550$ mm.
Die Hobelbreite $b = 800$ mm.
Im 1. Falle ist

$$T = \frac{h \cdot b}{v \cdot 60 \cdot s} \left(1 + \frac{v}{v_r}\right) = \frac{550 \cdot 800}{133 \cdot 60 \cdot 0{,}8} \left(1 + \frac{1}{2}\right) = \frac{550 \cdot 800 \cdot 1{,}5}{133 \cdot 60 \cdot 0{,}8} = \sim 103 \text{ min.}$$

Im 2. Falle ist

$$T = \frac{h \cdot b}{v \cdot 60 \cdot s} \left(1 + \frac{v}{v_r}\right) = \frac{550 \cdot 800}{100 \cdot 60 \cdot 0{,}8} \left(1 + \frac{1}{2}\right) = \frac{550 \cdot 800 \cdot 1{,}5}{100 \cdot 60 \cdot 0{,}8} = \sim 137{,}5 \text{ min.}$$

Aus obigen Beispielen ist zu ersehen, daß

1. die Bearbeitung in der Querrichtung in beiden Fällen eine bedeutend längere Laufzeit beansprucht als in der Längsrichtung.

2. eine Akkordberechnung nach Flächeninhalt gänzlich falsch wäre, da die Rechnungen, trotz gleichgebliebenem Flächeninhalt, vier stark voneinander abweichende Laufzeiten ergeben.

Das 2. Beispiel soll die Ermittlung der Laufzeiten nach der Zeittabelle 69 erläutern. Auch in diesem Beispiel wurde der Übersichtlichkeit halber von der Ermittlung der Nebenzeiten Abstand genommen.

2. Beispiel. Eine gußeiserne Grundplatte (Abb. 75) auf beiden Seiten mit je 2 Schnitten hobeln.

Für den 1. Schnitt ist der Vorschub $s = 1{,}0$ mm
„   „ 2.   „   „   „   „ $s = 0{,}5$ „
Der Tischüberlauf sei 150 mm.

1. Hobeln der unteren Seite.

Bei 2×240 mm Hobelbreite beträgt die Hublänge
$$h = 1480 + 100 = 1580 \text{ mm.}$$

Bei 400 mm Hobelbreite beträgt die Hublänge
$$h = 1900 + 100 = 2000 \text{ mm.}$$

Nach Tabelle 69 beträgt für eine Hublänge von $\sim$ 1600 mm die Zeit für 1 mm Hobelbreite,

$$\text{bei } s = 1,0 \text{ mm } T = 0,28 \text{ min}$$
$$\text{„ } s = 0,5 \text{ „ } T = 0,56 \text{ „}$$
$$\text{in Summa } 0,84 \text{ min}$$

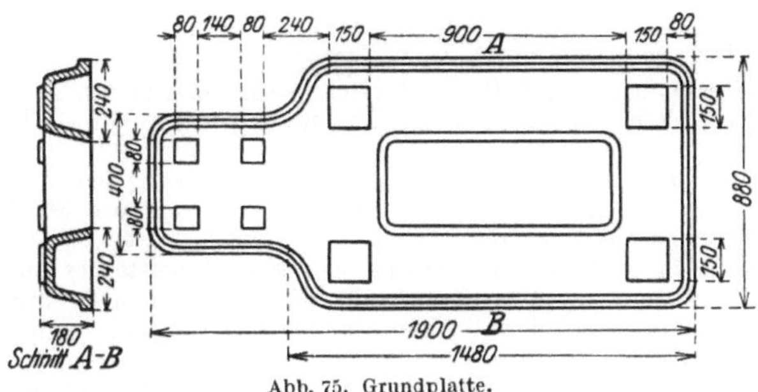

Abb. 75. Grundplatte.

Für eine Hublänge von 2000 mm ist die Zeit für 1 mm Hobelbreite,

$$\text{bei } s = 1,0 \text{ mm, } T = 0,34 \text{ min}$$
$$\text{„ } s = 0,5 \text{ „ } T = 0,68 \text{ „}$$
$$\text{in Summa } 1,02 \text{ min}$$

Folglich ist die Zeit für 2×240 mm Hobelbreite: $T = 0,84 \cdot 480 = \sim 403$ min
und „ 400 „ „ : $T = 1,02 \cdot 400 = $ 408 „

2. Hobeln der oberen Seite.

Die Arbeitsflächen der oberen Seite sollen, um unnötige Leerlaufarbeit von einer Arbeitsfläche zur anderen zu vermeiden, einzeln mit der kürzesten Hublänge von 400 mm bearbeitet werden. Der Tischüberlauf ist in dem Wert $h = 400$ mm bereits inbegriffen.

Für eine Hublänge von $h = 400$ mm ist die Zeit für 1 mm Hobelbreite,

$$\text{bei } s = 1,0 \text{ mm, } T = 0,09 \text{ min}$$
$$\text{„ } s = 0,5 \text{ „ } T = 0,18 \text{ „}$$
$$\text{in Summa } 0,27 \text{ min}$$

folglich ist die Zeit für

$$(4 \cdot 150) + (2 \cdot 80) = 760 \text{ mm Hobelbreite}: T = 0,27 \cdot 760 = \sim 205 \text{ min}$$
$$\text{Summa } 1016 \text{ min}$$

In den folgenden Beispielen 3 und 4 sind auch die Nebenzeiten berücksichtigt.

3. Beispiel. Auf einer Hobelmaschine, deren Tischlänge 2 m beträgt und die mit gleicher Geschwindigkeit für den Vor- und Rücklauf arbeitet, sollen 25 Spannschienen (Abb. 76) auf der oberen Gleitfläche mit 1 Schrupp- und 1 Schlichtschnitt (Breitschlichten) gehobelt werden.

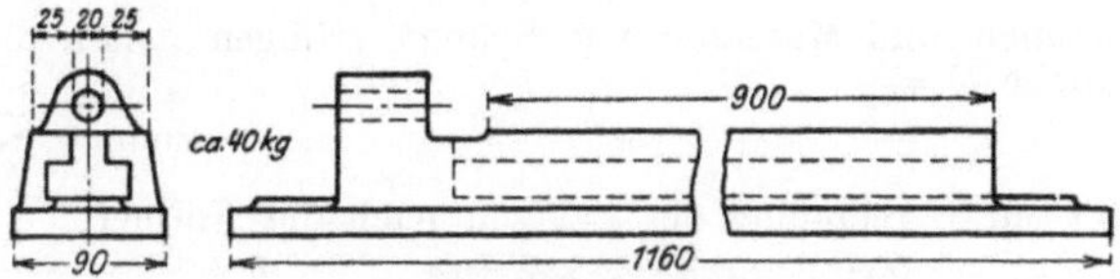

Abb. 76. Spannschienen.

Welche Zeit erfordert die Bearbeitung pro Stück, wenn v und $v_r = 133$ mm/sek,

der Vorschub für den 1. Schnitt $s = 0,8$ mm,
„   „   „   „   2.   „ $s = 5,0$ mm

beträgt und der Tischüberlauf mit 100 mm angenommen wird?

Die Zeit für das Einrichten der Maschine beträgt nach Tabelle 73 bei 2 m Tischlänge $T = 15$ min,

daher pro Stück: $\dfrac{15}{25} = $ 0,6   min

Für das Hochheben und Auflegen der Spannschienen auf den Tisch beträgt die Zeit nach Tabelle 71 bei einem Stückgewicht von 40 kg pro Stück . . . . 0,50 „

Für das Aufspannen und Ausrichten ist lt. Tabelle 72 bei einer Grundfläche von $11,6 \cdot 0,9 = 10,5$ dm^2 nach Aufspannart I pro Stück zu rechnen: $T = 0,35 \cdot 10,5 = $ . . . . 3,65 „

Die Tabelle 73 gibt für das Einspannen des Hobelstahles mit 2 Schrauben $T = 2$ min an. Der Hobelstahl muß bei einem Arbeitsgang (Schruppen und Schlichten) 2 mal eingespannt werden, folglich beträgt die Zeit $T = 4$ min.

Angenommen, daß 6 Spannschienen in einer Aufspannung bearbeitet werden, so ergibt dies pro Stück: $\dfrac{4}{6} = $ . . . . 0,66 „

Ein 2 maliges Einspannen des Hobelstahles bedingt auch ein 2 maliges Schnittanstellen und -messen. Die Zeit hierfür beträgt lt. Tabelle 73: $T = 0,5 \cdot 2 \cdot 2 = 2$ min.

Dies ergibt pro Stück: $\dfrac{2}{6} = $ . . . . 0,33 „

Die Laufzeit wird nach der Gleichung

$$T = \frac{h \cdot b}{v \cdot 60 \cdot s}\left(1 - \frac{v}{v_r}\right) \text{min}$$

berechnet und beträgt bei

einer Hublänge h $= 900 + 100 = 1000$ mm,
„   Hobelbreite $b = 25 + 25 = 50$ mm

und einem Übersetzungsverhältnis $v : v_r = 133 : 133 = 1 : 1$ für den 1. Schnitt:

$$T = \frac{h \cdot b}{v \cdot 60 \cdot s}\left(1 + \frac{v}{v_r}\right) = \frac{1000 \cdot 50}{133 \cdot 60 \cdot 0,8}\left(1 + \frac{1}{1}\right) = \frac{1000 \cdot 50 \cdot 2}{133 \cdot 60 \cdot 0,8} = \quad . . . \; 16,00 \text{ „}$$

für den 2. Schnitt:

$$T = \frac{h \cdot b}{v \cdot 60 \cdot s}\left(1 + \frac{v}{v_r}\right) = \frac{1000 \cdot 50}{133 \cdot 60 \cdot 5}\left(1 + \frac{1}{1}\right) = \frac{1000 \cdot 50 \cdot 2}{133 \cdot 60 \cdot 5} = \; . . . \; 2,50 \text{ „}$$

Der Stahl muß 12 mal über die Schlitze und 10 mal von einer Spannschiene zur anderen gekurbelt werden, wofür jedesmal ca. 6 sek zu rechnen sind. Die Zeit hierfür beträgt:

$$T = 6 \cdot (12 + 10) = 6 \cdot 22 = 132 \text{ sek} = 2,2 \text{ min}.$$

daher pro Stück: $\dfrac{2,2}{6}$ . . . . 0,37 „

Für das Abspannen und Maschine von Spänen reinigen gelten die Werte der Tabelle 71 = ... 2,00 „

Summa $\sim$ 26,60 min.

4. Beispiel zur Berechnung der Laufzeit nach der Formel:

$$T = \frac{\text{Hobelbreite} \times \text{Schnitte}}{\text{minutl. Doppelhübe} \times \text{Vorschub}} = \frac{b \cdot x}{n \cdot s} \text{ min}.$$

Auf einer Hobelmaschine, deren Vorlaufgeschwindigkeit

$$V = 5 \text{ m/min} \quad \text{bzw.} \quad v = 83 \text{ mm/sek}$$

und die Rücklaufgeschwindigkeit

$$V_r = 10 \text{ m/min} \quad \text{bzw.} \quad v_r = 166 \text{ mm/sek}$$

beträgt, soll eine Gußeisenplatte (Abb. 77) auf beiden Seiten mit je 2 Schnitten bearbeitet werden.

Welche Bearbeitungszeit ist hierzu erforderlich, wenn der Vorschub

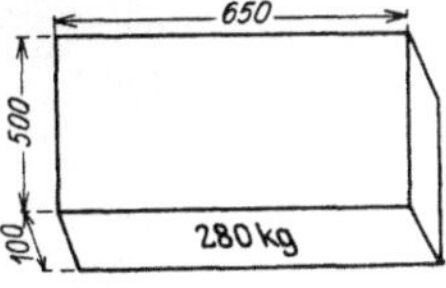

Abb. 77. Platte.

für den 1. Schnitt $s = 0{,}8$ mm,

„ „ 2. „ $s = 4{,}0$ mm

(Breitschlichten) beträgt und der Tischüberlauf mit 150 mm angenommen ist?

Die Doppelhubzahl n pro min kann nach der Gleichung

$$n = \frac{v \cdot 60}{h \cdot \left(1 + \dfrac{v}{v_r}\right)}$$

bestimmt werden.

Bei einer Hublänge

$$h = 650 + 150 = 800 \text{ mm}$$

und einer Geschwindigkeit

$$V = 5 \text{ m/min} \quad \text{und} \quad V_r = 10 \text{ m/min}$$

beträgt die Doppelhubzahl n pro min:

$$n = \frac{v \cdot 60}{h \cdot \left(1 + \dfrac{v}{v_r}\right)} = \frac{83 \cdot 60}{800 \cdot \left(1 + \dfrac{83}{167}\right)} = \frac{83 \cdot 60}{800 \cdot \left(1 + \dfrac{1}{2}\right)} = \frac{83 \cdot 60}{800 \cdot 1{,}5} = \frac{83}{20} = 4{,}15.$$

Die Bearbeitungszeiten betragen:

Maschine einrichten lt. Tabelle 73	15,00 min
Werkstück mit Kran auf den Tisch heben, lt. Tabelle 71 bei einem Stückgewicht von 280 kg (Befestigung mit einem Seil) = ...	5,00 „
Werkstück aufspannen und ausrichten nach rohen Flächen, lt. Tabelle 72 bei einer Grundfläche von $5 \cdot 6{,}5 = 32{,}5$ dm² nach Aufspannart I, pro dm² $= 0{,}2$ min; mithin für 32,5 dm²: $T = 32{,}5 \cdot 0{,}2 = $	6,50 „
4 mal Stahl einspannen (Befestigung mit 2 Schrauben) à 2 min, $T = 4 \cdot 2 = $	8,00 „
4 mal Schnitt anstellen ohne messen lt. Tabelle 73 à 0,5 min, $T = 4 \cdot 0{,}5 = $	2,00 „

Die Laufzeit für beide Seiten beträgt:

Für den 1. Schnitt $T = \dfrac{b \cdot x}{n \cdot s} = \dfrac{500 \cdot 2}{4{,}15 \cdot 0{,}8} = $ . . . . $\sim$	301,20 „
Für den 2. Schnitt $T = \dfrac{b \cdot x}{n \cdot s} = \dfrac{500 \cdot 2}{4{,}15 \cdot 4} = \dfrac{250}{4{,}15} = $ . . . . $\sim$	60,24 „
Für Umspannen (hochheben mit Kran) lt. Tabelle 71 = ...	5,00 „
Für Aufspannen auf gehobelte Flächen gelten (lt. Tabelle 72) 50 vH der Werte nach Aufspannart III d. i. $0{,}15 \cdot 32{,}5 = $ . . . . $\sim$	4,85 „
Für Abspannen gelten die Werte der Tabelle 71 = ...	5,00 „

Summe $\sim$ 409,60 min.

2. Die Kulissenhobelmaschine.

Die Kulissenhobelmaschine gleicht in ihrer Arbeitsweise mehr der Shaping- als der Langhobelmaschine. Sie gestattet die Hubverstellung während des Ganges der Maschine und infolge ihrer Bauart nicht nur eine scharfe Hubbegrenzung, sondern auch die Wahl verschiedener Geschwindigkeiten für die verschiedenen Materialsorten.

Abb. 78. Kulissen-Hobelmaschine (Gebr. Böhringer A.-G., Göppingen).

Es empfiehlt sich, die Tabellen für die Laufzeitberechnung analog den Tabellen der Shapingmaschine anzufertigen.

Über Laufzeitberechnung siehe unter Shapingmaschine. Für das Auf- und Abspannen können sowohl die Tabellen der Shaping- als auch der Langhobelmaschine, und zwar je nach Größe der Maschine, verwendet werden.

Leistungsbeispiel. Die Bearbeitung sämtlicher Seiten — auch der Stirnseiten — der in der Abb. 79 dargestellten beiden Schieber erfolgte einschließlich Umspannen in 155 min.

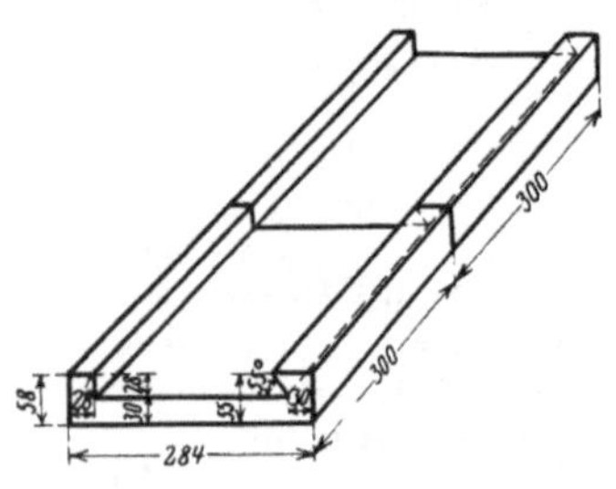

Abb. 79. Schieber.

3. Die Shapingmaschine.

Während im allgemeinen bei Langhobelmaschinen mit Riemen- und Magnetumsteuerung und einfacher Antriebsscheibe die Schnittgeschwindigkeit in ganz engen Grenzen schwankt, gestattet die Konstruktion der Shapingmaschine mit Stufenscheiben- oder Einscheibenantrieb mit Räderkasten die Einschaltung verschiedener Schnittgeschwindigkeiten in weiten Grenzen.

Um nun zu erreichen, daß bei den verschiedenen Materialsorten und Hublängen der Arbeiter stets mit der richtigen Schnittgeschwindigkeit arbeitet und um eine Übereinstimmung mit den vom Kalkulationsbüro errechneten Zeiten zu erzielen, ist es notwendig, dem Arbeiter für die verschiedenen Materialsorten und Hublängen die entsprechende Stufe der Antriebsscheibe oder bei Einscheibenantrieb mit Räderkasten, die richtige Hebelstellung vorzuschreiben.

Zu diesem Zweck nimmt man, wie bei der Langhobelmaschine, von jeder Shapingmaschine mit einer gutgehenden Stoppuhr die Zeiten für je 10 bis 15 Doppelhübe bei verschiedenen Hublängen auf, errechnet daraus die Doppelhübe pro min und die Schnittgeschwindigkeit in m/min bzw. mm/sek und trägt diese, wie in den Tabellen 74 und 77 gezeigt ist, ein.

Für die Berechnung der Doppelhubzahl/min gilt, wie unter Langhobelmaschinen gezeigt wurde, die Gleichung:

$$n = \frac{60 \cdot v}{h\left(1 + \dfrac{v}{v_r}\right)}$$

bzw.

$$n = \frac{60 \cdot v}{h\left(1 + \dfrac{1}{x}\right)}.$$

Die Laufzeit kann nun an Hand der Tabellen 74 und 77 in der einfachsten Weise nach der Gleichung

$$T = \frac{b}{n \cdot s}\ \mathrm{min}$$

berechnet werden.

Abb. 80. Samson-Hochleistungs-Shapingmaschine.

Die günstigste Schnittgeschwindigkeit beträgt für alle Hublängen

bei: m/min	Ch.N.St. 8	St.G. und G.E. 10	S.M.St. und S.M Fl. 12	Bronze 15
v = mm/sek	133	167	200	250

wobei eine saubere und glatte Hobelfläche erzielt wird, da die Shapingmaschinen mit diesen Geschwindigkeiten noch vollkommen stoßfrei arbeiten.

Die durch die geringere Schnittgeschwindigkeit bedingte längere Laufzeit wird durch den stärkeren Vorschub und die größere Schnitttiefe, sowie durch die längere Schnitthaltigkeit des Stahles reichlich ausgeglichen.

Auf Shapingmaschinen neuerer Konstruktion können die oben angeführten Schnittgeschwindigkeiten um ca. 30 vH erhöht werden.

Als 1. Beispiel sei die Kulissen-Shapingmaschine Nr. 1 mit einer vierstufigen Antriebscheibe und Zahnradvorgelege angenommen.

Wie aus der Tabelle 74 ersichtlich, können bei dieser Maschine für jede Hublänge acht verschiedene Schnittgeschwindigkeiten (von 0,28 bis 103 m/min) erzielt werden.

Da die Doppelhübe pro min, die gleiche Stufenscheibe vorausgesetzt, für jede Hublänge konstant bleiben, so ändert sich die Schnittgeschwindigkeit im Verhältnis zu den Hublängen.

Tabelle 74.
Über Schnittgeschwindigkeiten und Doppelhübe für Shapingmaschine Nr. 1.

Vorgelege	ohne	mit	ohne	mit	ohne	mit	ohne	mit
Stufe	A	A	B	B	C	C	D	D
Doppelhübe pro min	31	7	43	11	60	14	86	20

Mittlere Schnittgeschwindigkeit

Hublänge in mm	V	v	V	v	V	v	V	v	V	v	V	v	V	v	V	v
20	1,24	21	0,28	5	1,72	29	0,44	7	2,4	40	0,56	9	3,44	57	0,80	13
40	2,5	42	0,56	9	3,44	57	0,88	15	4,8	80	1,12	19	6,38	106	1,60	27
60	3,72	62	0,84	14	5,16	86	1,32	22	7,2	120	1,68	28	10,32	172	2,40	40
80	4,96	83	1,12	19	6,88	115	1,76	29	9,6	160	2,24	37	13,76	229	3,20	53
100	6,2	103	1,40	23	8,60	143	2,20	37	12,00	200	2,80	47	17,20	287	4,00	67
120	7,5	125	1,68	28	10,32	172	2,64	44	14,40	240	3,36	56	20,69	345	4,80	80
140	8,7	145	1,96	33	12,04	202	3,08	51	16,80	280	3,92	65	24,08	401	5,60	93
160	9,9	165	2,24	37	13,76	229	3,52	59	19,20	320	4,48	75	27,52	459	6,40	107
180	11,16	186	2,52	42	15,48	258	3,96	66	21,60	360	5,04	84	31,00	517	7,20	120
200	12,4	207	2,80	47	17,20	287	4,40	73	24,00	400	5,60	93	34,40	573	8,00	133
220	13,6	227	3,08	51	18,92	315	4,85	81	26,40	440	6,16	103	37,84	631	8,80	147
240	14,88	248	3,36	56	20,64	344	5,28	88	28,80	480	6,72	112	41,28	688	9,60	160
260	16,12	269	3,64	61	22,36	373	5,72	95	31,20	520	7,28	121	44,72	745	10,40	173
280	17,36	289	3,92	65	24,08	401	6,16	103	33,60	560	7,84	131	48,16	803	11,20	187
300	18,6	310	4,20	70	25,80	430	6,60	110	36,00	600	8,40	140	51,60	860	12,00	200
320	19,8	330	4,48	75	27,52	459	7,04	117	38,40	640	8,96	149	55,04	917	12,80	213
340	21,1	352	4,76	79	29,24	487	7,48	125	40,80	680	9,52	159	58,48	975	13,60	227
360	22,3	372	5,05	84	31,00	517	7,92	132	43,20	720	10,18	170	61,92	1032	14,40	240
380	23,56	393	5,32	89	32,68	545	8,36	139	45,60	760	10,64	177	65,36	1089	15,20	253
400	24,8	413	5,60	93	34,40	573	8,80	147	48,00	800	11,20	187	69,00	1150	16,00	267
420	26,00	433	5,88	98	36,12	602	9,28	155	50,40	840	11,76	196	72,24	1204	16,80	280
440	27,28	458	6,16	103	37,84	631	9,68	161	52,80	880	12,32	205	75,68	1261	17,60	293
460	28,5	475	6,44	107	39,56	659	10,12	169	55,20	920	12,88	215	79,12	1319	18,40	307
480	29,76	496	6,72	112	41,28	688	10,56	176	57,60	960	13,44	224	82,56	1376	19,20	320
500	31,00	517	7,00	117	43,00	717	11,00	183	60,00	1000	14,00	233	86,00	1433	20,00	333
520	32,25	538	7,28	121	44,72	745	11,44	191	62,40	1040	14,56	243	89,44	1491	20,80	347
540	33,50	558	7,55	126	46,44	774	11,88	198	64,80	1080	15,12	252	92,88	1548	21,60	360
560	34,72	579	7,84	131	48,16	803	12,32	205	67,20	1120	15,68	261	96,32	1605	22,40	373
580	36,00	600	8,12	135	49,88	831	12,76	213	69,60	1160	16,24	271	99,76	1663	23,20	386
600	37,2	620	8,40	140	51,66	861	13,20	220	72,00	1200	16,80	280	103,20	1720	24,00	400

Vorschübe:	Zähne	1	2	3	4	5
	mm	0,3	0,6	0,9	1,2	1,5

Es ist somit unbedingt notwendig (wenn man dem Arbeiter nicht die Wahl der Stufenscheibe überlassen will), für die Werkstatt eine zweite, von der Tabelle 74 abgeleitete Tabelle 75 herzustellen, in der dem Arbeiter für jede Hublänge und für die verschiedenen Materialsorten die richtige Stufenscheibe vorgeschrieben ist. Diese Tabelle ist der betreffenden Maschine beizufügen, damit der Arbeiter, in Fällen wo vom Vorkalkulationsbüro keine Vorschreibung erfolgte, in der Lage ist, selbst die richtige Stufenscheibe zu wählen. Durch diese Anordnung wird stets zwischen dem Kalkulationsbüro und der Werkstätte eine Übereinstimmung in der Wahl der richtigen Schnittgeschwindigkeit erzielt.

Tabelle 75. Vorschrift für Shapingmaschine Nr. 1.
Doppelhübe pro min.

Material	Vorgelege	1 bis 40	41 bis 80	81 bis 120	121 bis 160	161 bis 200	201 bis 240	241 bis 280	281 bis 320	321 bis 360	361 bis 400	401 bis 440	441 bis 480	481 bis 520	521 bis 560	561 bis 600
		Hublänge in mm — auf Stufenscheibe														
Ch.N.St.	ohne	D	B	A	—	—	—	—	—	—	—	—	—	—	—	—
	mit	—	—	—	D	D	C	C	B	B	A	A	A	A	A	A
Stahlguß Gußeisen	ohne	D	C	B	A	—	—	—	—	—	—	—	—	—	—	—
	mit	—	—	—	—	D	D	C	C	C	B	B	B	A	A	A
S.M.St. Schm.E.	ohne	D	C	B	A	A	—	—	—	—	—	—	—	—	—	—
	mit	—	—	—	—	—	D	D	C	C	C	C	B	B	B	A
Bronze Messing	ohne	D	D	C	B	A	A	—	—	—	—	—	—	—	—	—
	mit	—	—	—	—	—	—	D	D	D	C	C	C	C	B	B

Schnittgeschw.	Ch.N.St.	Stahlguß-G.E.	S.M.St.-Schm.E.	Bronze-Messing
V m/min	8	10	12	15
v mm/sek	133	167	200	250

Die nachstehende Gegenüberstellung soll die Funktion der beiden Tabellen kurz erläutern.

Tabelle 76.

bei einer Hublänge in mm	Material	der Antrieb auf Stufe	mit/ohne Vorgelege	die Anzahl der Doppelhübe/min	die Schnittgeschwindigkeit in m/min.	auf Stufe	mit/ohne Vorgelege	dann wäre die Schnittgeschwindigkeit in m/min.	
		Erfolgt lt. Tabelle Nr. 75		dann ist lt. Tabelle Nr. 74		Würde der Antrieb erfolgen:		dann wäre die	
160	Ch.N.St.	D	mit	20	6,4	A	ohne	9,9	zu hoch
200	S.M.St.	A	ohne	31	12,4	D	mit	8	zu niedrig
300	St.G.	C	mit	14	8,4	D	mit	12	zu hoch

Aus dieser Gegenüberstellung ist zu ersehen, daß bei der Wahl der richtigen Stufenscheibe die erzielte Schnittgeschwindigkeit, mit Ausnahme bei S.M.St., noch unter der in der Tabelle vorgeschriebenen Schnittgeschwindigkeit liegt, daß diese aber sofort um ein beträchtliches über- oder unterschritten wird, wenn man auf einer anderen als der vorgeschriebenen Stufe arbeiten würde. Die Schnittgeschwindigkeit von 12,4 m ist bei S.M.St. noch zulässig und anzuwenden, da die nächstniedrigere Stufe eine zu niedere Schnittgeschwindigkeit ergeben würde.

Als 2. Beispiel sei die Shapingmaschine Nr. 2 mit Zahnstangenantrieb und Friktionsscheibe mit einer dreistufigen Antriebsscheibe behandelt.

Wie die Tabelle 77 zeigt, sind die Doppelhübe/min, entgegen dem vorigen Beispiel, für jede Hublänge verschieden, die Schnittgeschwindigkeit ändert sich infolgedessen bei dieser Maschine nur in engen Grenzen.

Tabelle 77. Über Schnittgeschwindigkeiten und Vorschübe
für Shapingmaschine Nr. 2.

Stufe:

| Hublänge in mm | Anzahl der Doppelhübe | Zeit in sek | | | Doppelhübe pro min | | | Mittlere Schnittgeschwindigkeit | | | | | |
| | | A | B | C | A | B | C | A | | B | | C | |
								V	v	V	v	V	v
100	10	19	16	14	31	37,5	43	6,3	105	7,5	125	8,6	143
150	10	25	21	18	24	28,5	33,5	7,25	121	8,55	143	10,0	167
200	10	31	25	21	19,3	24	28,5	7,7	128	9,6	160	11,4	190
250	10	37	30	25	16,2	20	24	8,1	135	10	167	12	200
300	10	43	35	29	14	17	20,6	8,45	141	10,2	170	12,3	205
350	10	49	40	32	12,2	15	18,7	8,6	143	10,5	175	13,0	217
400	10	55	45	37,6	10,9	13,3	16,4	8,75	146	10,6	177	13,0	217
450	10	61	50	41	9,8	12	14,6	8,8	147	10,8	180	13,0	217
500	10	68	55	46	8,9	10,9	13	8,9	148	10,9	182	13,0	217

Vorschub	Zähne	1	2	3	4	5	6	7	8	9
	mm	0,4	0,8	1,2	1,6	2	2,4	2,8	3,2	3,6

Tabelle 78. Vorschrift für Shapingmaschine Nr. 2.

| Material | Hublänge in mm | | | | | | | | |
| | bis 100 | bis 150 | bis 200 | bis 250 | bis 300 | bis 350 | bis 400 | bis 450 | bis 500 |
	auf Stufenscheibe								
Ch.N.St. . . .	B	A	A	A	A	A	—	—	—
St.G.-G.E. . . .	C	C	B	B	B	A	A	A	A
S.M.St.-Schm.E.	C	C	C	C	C	B	B	B	B
Bronze-Messing .	C	C	C	C	C	C	C	C	C

Schnittgeschw.	Ch.N.St.	St.G.-G.E.	S.M.St.-Schm.E.	Bronze-Messing
V m/min	8	10	12	15
v mm/sek	133	167	200	250

Die Formel für die Berechnung der Laufzeit an Shapingmaschinen lautet analog der Formel VIII für Langhobeln:

$$T = \frac{b \cdot x}{n \cdot s} \text{ min.} \qquad x = \text{Anzahl der Schnitte.}$$

Tabelle 79. Zeittabelle in min für Einricht- u. Griffzeiten an Shapingmaschinen.

Maschine einrichten inkl. Aufspanntisch verstellen und Späne abkehren	Schraubstock am Tisch anschrauben	Riemen auflegen	Hebel für Schnittgeschwindigkeit umstellen	Hublänge einstellen		Stahlhalterverlängerung an- und abschrauben:	Support nach Grade einstellen:	Hobelstahl befestigen:	Span anstellen:		Messen:	
				Kulissen-Antrieb	Zahnstangen-Antrieb				1*)	2*)	1*)	2*)
10	5	1	0,25	0,25	0,3	5	1	0,5	0,25	0,5	0,25	0,5

1*) = bei roh vorschruppen. 2*) = nach Anriß, Kaliber oder Lehre.

Die nachfolgende Tabelle 80 enthält Aufspannzeiten für Shapingmaschinen ohne Benützung von Spezialspannvorrichtungen. Für dünnwandige Stücke oder für Stücke, die infolge ihrer Form und Größe besondere Sorgfalt beim Aufspannen erfordern, sind die Werte der Tabelle nicht maßgebend. Sie sollen nur als Anhalt dienen und ist über jede Abweichung von Fall zu Fall zu entscheiden.

Tabelle 80. Zeittabelle in min für das Aufspannen und Ausrichten von Arbeitsstücken auf Shapingmaschinen.

Grundfläche in cm²	Aufspannart	Höhe in Millimeter bis					
		25	75	150	250	350	
25	I	0,5	0,65	—	—	—	I = Aufspannen im Schraubstock und einfaches Ausrichten nach rohen Flächen.
	II	1,5	1,65	—	—	—	
	III	—	—	—	—	—	
	IV	—	—	—	—	—	
50	I	0,5	0,65	—	—	—	II = Aufspannen im Schraubstock und einfaches Ausrichten nach Anriß oder bearbeiteten Flächen.
	II	1,5	1,65	—	—	—	
	III	1,0	1,25	—	—	—	
	IV	2,0	2,25	—	—	—	
100	I	0,6	0,75	1,0	1,0	—	III = Aufspannen am Tisch und einfaches Ausrichten nach rohen Flächen.
	II	1,6	2,0	2,25	2,5	—	
	III	1,2	1,5	2,0	2,25	—	
	IV	2,25	2,75	3,25	3,5	—	
200	I	0,75	0,85	1,0	1,25	—	IV = Aufspannen am Tisch und einfaches Ausrichten nach Anriß oder bearbeiteten Flächen.
	II	2,0	2,75	2,75	3,0	—	
	III	1,5	1,75	2,0	2,5	—	
	IV	2,5	3,0	3,5	4,0	—	
400	I	0,85	1,0	1,25	1,5	1,75	
	II	2,5	2.75	3,0	3,5	4,0	
	III	1,7	2,0	2,5	3,0	3,5	Für jedes Umspannen sind 50 v H der Aufspannzeit nach Art II bzw. IV einzusetzen.
	IV	3,0	3,5	4,0	4,5	5,0	
800	I	1,0	1,25	1,5	1,75	2,0	
	II	3,0	3,25	3,5	4,0	4,5	
	III	2,0	2,5	3,0	3,5	4,0	
	IV	3,5	4,0	4,5	5,0	5,5	

Für das Hochheben des Arbeitsstückes auf den Tisch und Abspannen können die Werte der Tabelle 71 verwendet werden.

Im Anschluß seien einige Beispiele für die Laufzeitberechnung auf Shapingmaschinen durchgeführt.

In den ersten zwei Beispielen soll auch hier nochmals gezeigt werden, daß die Akkordberechnung nach Flächeninhalt falsch ist.

1. Beispiel: Eine Platte (Abb. 81), Material St.G., soll auf der Shapingmaschine Nr. 1 auf beiden Seiten mit je 2 Schnitten und zwar in beiden Richtungen (Längs- und Querrichtung), gehobelt werden.

Die Bearbeitungszugabe beträgt für beide Seiten je 5 mm.

Der Vorschub sei für den 1. Schnitt $s = 0,6$ mm, für den 2. Schnitt $s = 0,9$ mm.

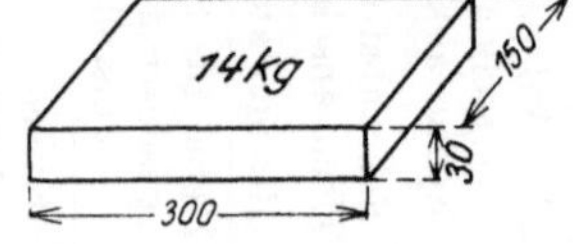

Abb. 81. Platte.

a) **Bearbeitung in der Längsrichtung:**

Maschine einrichten lt. Tabelle 79 . . . . 10,00 min
Platte auf den Tisch heben lt. Tabelle 71 . . . . 0,25 „
Aufspannen und Ausrichten nach Tabelle 80, Aufspannart III, bei
   $15 \cdot 30 = 450$ cm² . . . . 2,00 „
4 mal Stahl einspannen lt. Tabelle 79 à 0,5 min = ... 2,00 „
4 mal Schnitt anstellen und 4 mal messen lt. Tabelle 79 à 0,25 min = 2,00 „
Die Bearbeitung erfolgt lt. Tabelle 75, bei 320 mm Hublänge, auf Stufe C
   mit Vorgelege.
Die Doppelhübe betragen auf Stufe C mit Vorgelege lt. Tabelle 75 $n = 14$.
Die Laufzeit auf beiden Seiten beträgt:

$$\text{für den 1. Schnitt} \quad T = \frac{b \cdot x}{n \cdot s} = \frac{150 \cdot 2}{14 \cdot 0,6} = \frac{300}{8,4} = \quad . . . . \quad 35,75 \text{ „}$$

$$\text{„ „ 2. „} \quad T = \frac{b \cdot x}{n \cdot s} = \frac{150 \cdot 2}{14 \cdot 0,9} = \frac{300}{12,6} = \quad . . . . \quad 23,75 \text{ „}$$

Für Umspannen sind 50 vH der Aufspannzeit lt. Tabelle 80, bei 450 cm² Grundfläche, nach Aufspannart IV, zu rechnen. Demnach:

$$T = \frac{3,5 \cdot 50}{100} = \quad . . . . \quad 1,75 \text{ „}$$

Stähle schleifen . . . . 5,00 „
Abspannen lt. Tabelle 71 . . . . 0,25 „

                                      Summa 82,75 min.

b) **Bearbeitung in der Querrichtung:**

Maschine einrichten lt. Tabelle 79 . . . . 10,00 min
Platte auf den Tisch heben lt. Tabelle 71 . . . . 0,25 „
Aufspannen und Ausrichten nach Tabelle 80, Aufspannart III, bei
   $15 \cdot 30 = 450$ cm² = ... 2,00 „
4 mal Stahl einspannen lt. Tabelle 79 à 0,5 min = ... 2,00 „
4 mal Schnitt anstellen und 4 mal messen lt. Tabelle 79 à 0,25 min = 2,00 „
Die Bearbeitung erfolgt lt. Tabelle 75 bei 160 mm Hublänge auf Stufe A
   ohne Vorgelege. Die Doppelhübe betragen auf Stufe A ohne Vorgelege lt. Tabelle 75 $n = 31$.
Die Laufzeit auf beiden Seiten beträgt:

$$\text{für den 1. Schnitt} \quad T = \frac{b \cdot x}{n \cdot s} = \frac{300 \cdot 2}{31 \cdot 0,6} = \frac{600}{18,6} = \quad . . . . \quad \sim 32,25 \text{ „}$$

$$\text{„ „ 2. „} \quad T = \frac{b \cdot x}{n \cdot s} = \frac{300 \cdot 2}{31 \cdot 0,9} = \frac{600}{27,9} = \quad . . . . . . \quad \sim 21,50 \text{ „}$$

                                        Übertrag 70,00 min

Übertrag 70,00 min.

Für Umspannen sind 50 vH der Aufspannzeit lt. Tabelle 80, bei 450 cm² Grundfläche, nach Aufspannart IV, zu rechnen. Demnach:

$$T = \frac{3,5 \cdot 50}{100} = \ \dotsb \quad 1,75 \text{ „}$$

Stähle schleifen . . . . 5,00 „
Abspannen lt. Tabelle 71 . . . . 0,25 „

Summa 77,00 min.

2. Beispiel: Dieselbe Platte unter denselben Bedingungen auf der Shapingmaschine Nr. 2 hobeln.

a) In der Längsrichtung:

Die Bearbeitung erfolgt lt. Tabelle 78 bei einer Hublänge bis 350 mm auf Stufe A; auf dieser Stufe ist $n = \sim 12$.
Die Laufzeit auf beiden Seiten beträgt:

$$\text{für den 1. Schnitt} \quad T = \frac{b \cdot x}{n \cdot s} = \frac{150 \cdot 2}{12 \cdot 0,6} = \frac{25}{0,6} = \ \dotsb \quad \sim 41,7 \ \text{min}$$

$$\text{„ „ 2. „} \quad T = \frac{b \cdot x}{n \cdot s} = \frac{150 \cdot 2}{12 \cdot 0,9} = \frac{25}{0,9} = \ \dotsb \quad \sim 27,7 \ \text{„}$$

Für die diversen Nebenarbeiten beträgt die Zeit lt. Beispiel 1 . . 23,25 „

Summa 92,65 min.

b) In der Querrichtung:

Die Bearbeitung erfolgt lt. Tabelle 78 bei einer Hublänge bis 200 mm auf Stufe B; auf dieser Stufe ist $n = 24$.
Die Laufzeit auf beiden Seiten beträgt:

$$\text{für den 1. Schnitt} \quad T = \frac{b \cdot x}{n \cdot s} = \frac{300 \cdot 2}{24 \cdot 0,6} = \frac{25}{0,6} = \ \dotsb \quad \sim 41,7 \ \text{min}$$

$$\text{„ „ 2. „} \quad T = \frac{b \cdot x}{n \cdot s} = \frac{300 \cdot 2}{24 \cdot 0,9} = \frac{25}{0,9} = \ \dotsb \quad \sim 27,7 \ \text{„}$$

Für die diversen Nebenarbeiten beträgt die Zeit lt. Beispiel 1 . . . 23,25 „

Summa 92,65 min.

Wie auch diese beiden Beispiele zeigen, ergeben die Berechnungen für ein und dasselbe Arbeitsstück drei verschiedene, voneinander abweichende Werte, wodurch die Behauptung, daß die Akkordberechnung nach Flächeninhalt falsch ist, wohl genügend bewiesen erscheint.

3. Beispiel: Welche Zeit erfordert die Bearbeitung des Lagerbockes (Abb. 82) an der Fuß- und Teilfläche mit je 2 Schnitten? Material: G.E.

Für die Bearbeitung ist die Shapingmaschine Nr. 2 vorgesehen.

a) Hobeln der Teilfläche:

Der Vorschub beträgt für beide Schnitte $s = 0,8$ mm.

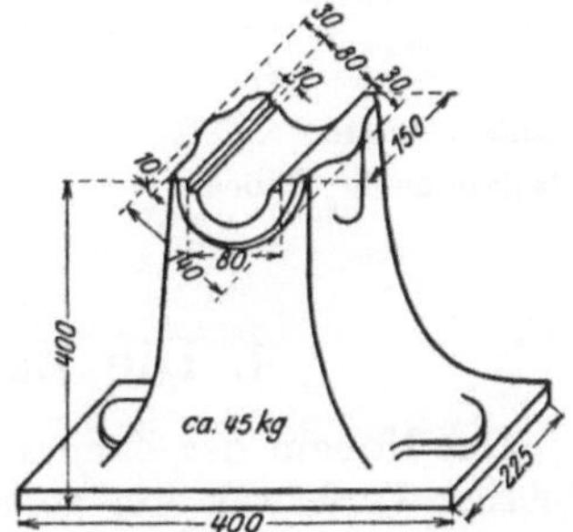

Abb. 82. Lagerbock.

Maschine einrichten lt. Tabelle 79 . . . . 10,0 min
Lagerblock auf den Tisch heben, lt. Tabelle 71 (mit Hilfe) . . . . . 1,15 „
Aufspannen und Ausrichten, lt. Tabelle 80, Aufspannart IV, bei
40 · 22,5 = 880 cm² . . . . 5,5 „
4 mal Stahl einspannen lt. Tabelle 79 à 0,5 min = ... 2,0 „

Übertrag 18,65 min.

Übertrag 18,65 min.

ca. 6 mal Schnitt anstellen und 6 mal messen lt. Tabelle 79 à 0,5 min =   6,0   „

Die Bearbeitung erfolgt lt. Tabelle 78 bis 200 mm Hublänge auf Stufe B.

Die Doppelhübe betragen auf Stufe B lt. Tabelle 78 bei 200 mm Hublänge $n = 24$.

Die Laufzeit für b ei d e Schnitte beträgt:

$$T = \frac{b \cdot x}{n \cdot s} = \frac{2 \cdot 30 \cdot 2}{24 \cdot 0,8} = \frac{5}{0,8} = \;\; \ldots \ldots \ldots \quad 6,25 \;\; „$$

Die Laufzeit für den Falz einhobeln, jede Seite mit 2 Schnitten und 0,5 mm Vorschub beträgt:

$$T = \frac{b \cdot x}{n \cdot s} = \frac{2 \cdot 10 \cdot 2}{24 \cdot 0,5} = \frac{20}{6} = \;\; \ldots \ldots \quad \sim \;\; 3,35 \;\; „$$

b) Hobeln der Fußfläche mit 2 Schnitten:

Der Vorschub beträgt für den 1. Schnitt $s = 0,8$ mm, für den 2. Schnitt (Breitschlichten) $s = 2,4$ mm.

Für Umspannen sind 50 vH der Aufspannzeit lt. Tabelle 80, bei $40 \cdot 23,5 = 880$ cm² Grundfläche nach Aufspannart IV zu rechnen.

Demnach:

$$T = \frac{5,5 \cdot 50}{100} = \;\; \ldots \ldots \ldots \ldots \quad 2,75 \;\; „$$

2 mal Stahl einspannen, lt. Tabelle 79 à 0,5 min = ... 1,0   „

2 mal Schnitt anstellen und 2 mal messen, lt. Tabelle 79 à 0,5 min =   2,0   „

Die Bearbeitung erfolgt lt. Tabelle 78 bis 450 mm Hublänge auf Stufe A.

Die Doppelhübe betragen auf Stufe A lt. Tabelle 78 bei 450 mm Hublänge $n = 9,8$.

Die Laufzeit für den 1. Schnitt beträgt:

$$T = \frac{b \cdot x}{n \cdot s_1} = \frac{225 \cdot 2}{9,8 \cdot 0,8} = \frac{225}{3,92} = \;\; \ldots \ldots \quad \sim \;\; 57,4 \;\; „$$

für den 2. Schnitt:

$$T = \frac{b \cdot x}{n \cdot s_2} = \frac{225 \cdot 2}{9,8 \cdot 2} = \frac{225}{9,8} = \;\; \ldots \ldots \quad \sim \;\; 23,0 \;\; „$$

Stähle schleifen . . . . 10,0 „

Abspannen lt. Tabelle 71 . . . . 1,15 „

Summa 131,55 min.

4. Die Zahnradhobelmaschine.

Das Hobeln der Zahnräder ist, wie allgemein bekannt, das einzig richtige Verfahren um genaue Zahnformen zu erhalten. Man unterscheidet:

1. Das Abwälzhobelverfahren (z. B. System Bilgram, Gleason, Maag, Heidenreich - Harbeck, Fellow u. a.). Dieses Verfahren findet überall dort seine Anwendung, wo auf absolut ruhigen Gang der Zahnräder bei hoher Tourenzahl (z. B. im Automobilbau, Turbobau und Werkzeugbau) besonderes Gewicht gelegt wird, es gestattet infolge seiner Feineinstellung eine äußerst

genaue Zahnstärken und Flankenkorrektur und infolgedessen die Herstellung von Zahnrädern höchster Präzision.

2. Das Kopierverfahren (System Gleason, Oerlikon, Zimmermann u. a.).

A. Das Abwälzhobelverfahren System Bilgram.

Der Arbeitsvorgang ist für Stirn- und Kegelräder so ziemlich der gleiche. In beiden Fällen empfiehlt es sich, um die Maschine zu entlasten, die Zahnräder bis auf die richtige Zahntiefe vorzufräsen und nur die Zahnflanken durch Nachhobeln einer Korrektur zu unterziehen.

Die Bearbeitung der Zähne erfolgt mit 2 bzw. 3 Hobelstählen, dem mittleren und je einem rechten und linken prismatischen Hobelstahl, so daß das Hobeln der Zähne eigentlich in 3 Operationen und zwar: dem Hobeln des Zahngrundes und dem Hobeln der rechten und linken Zahnflanke, zerfällt.

a) Das Hobeln der Stirnräder.

Der Vorgang beim Hobeln der Stirnräder nach dem Abwälzhobelverfahren auf der Bilgram-Stirnrad-Hobelmaschine ist folgender:

Abb. 83. Stirnradhobelmaschine (J. E. Reinecker A.-G., Chemnitz-Gablenz).

Durch zwei verschiedene, jedoch voneinander abhängige Bewegungen, der Querbewegung des Schlittens, auf dem das zu schneidende Zahnrad befestigt ist und der Drehbewegung, die dieses, entgegen der Bewegung des Schlittens, ausführt (Abb. 84), wälzen sich Werkzeug und Werkstück aufeinander ab, wobei der Hobelstahl unter Erzeugung genauer Evolventen durch das Arbeitsstück wandert.

14*

Gleichzeitig wird das Zahnrad bei jedem Stößelhub automatisch um eine Zahnteilung weitergedreht, d. h. es wird nicht wie beim Hobeln nach dem Kopierverfahren oder nach dem Abwälzverfahren

Abb. 84. Wälzvorgang (Röber).

System Gleason ein Zahn nach dem anderen fertig bearbeitet, sondern es werden alle Zähne gleichzeitig begonnen und fertiggestellt. Zwischen zwei Schnitten an einem Zahn liegt dann immer eine ganze Umdrehung des Arbeitsstückes. Die Entfernung der beiden in diesen Stellungen erzeugten Flankenpunkte voneinander ist gleich dem durch die Abwälzbewegung (Rollung) erzeugten Vorschub s_F[1]). Hat man diesen, der Genauigkeit des Rades entsprechend, zu x mm bestimmt, so darf die Abwälzung pro Stößelhub nur so groß sein,

daß der Vorschub s_{F_1}[2]) $= \dfrac{x}{\text{Zähnezahl}}$ wird.

Durch die Abwälzbewegung wird, da sich das Werkstück am Werkzeug abwälzt, dem Werkzeug (Hobelstahl) stets neues Material zugeführt, wobei der Hobelstahl, seiner prismatischen Form entsprechend, bei jedem Stößelhub kleine Flächen (Tangenten zur Zahnkurve) auf die Zahnflanken schneidet. Die Größe dieser Flächen ist von der Größe der Abwälzbewegung abhängig.

Da nun eine Zahnkurve aus einer Anzahl von Tangenten (Flankenpunkte) besteht und desto genauer wird je mehr Flankenpunkte auf eine bestimmte Länge (Flankenlänge) entfallen, so ist es klar, daß eine Zahnkurve um so genauer werden muß, je kleiner der Vorschub (Abwälzbewegung) gewählt wird.

Bei der Bilgram-Stirnradhobelmaschine wird die Abwälzbewegung durch Wechselräder, die von der Spindel des Quersupportes aus angetrieben werden, geregelt (siehe Abb. 94 und Text unter „Vorschub", S. 224).

b) Das Hobeln der Kegelräder.

Im Prinzip ist, wie eingangs erwähnt, der Arbeitsvorgang beim Hobeln von Kegelrädern auf der Pilgram-Kegelrad-Hobelmaschine derselbe wie bei Stirnrädern. Der Unterschied liegt nur in der Konstruktion der Maschine. Der Schlitten der Kegelradhobelmaschine bewegt sich zur Erzeugung des richtigen Zahnwinkels radial um den Mittelpunkt, wobei das zu schneidende Rad gleichzeitig eine Drehbewegung (Abwälzbewegung) ausführt, wo hingegen der Schlitten der Stirnradhobelmaschine quer zum Stößelhub bewegt wird. Die Teilung von Zahn zu Zahn erfolgt ebenfalls automatisch nach jedem Stößelhub.

Für den Vorschub gilt bei Kegelrädern im allgemeinen dasselbe wie bei Stirnrädern. Derselbe wird jedoch bei der automatischen

---

[1]) s_F = Vorschub zwischen 2 Schnitten an einem Zahne.

[2]) s_{F_1} = Vorschub pro Stößelhub.

Kegelradhobelmaschine nicht durch Wechselräder, sondern von einem Planetengetriebe (dem Bilgram-Getriebe) Abb. 86 bewerkstelligt, das 12 bis 15 verschiedene, auf den Durchmesser des Rundschlittens bezogene, Schaltgeschwindigkeiten ermöglicht.

Abb. 85. Kegelrad-Hobelmaschine (J. E. Reinecker A.-G., Chemnitz-Gablenz).

Um nun die Werte der einzelnen Stellungen pro Doppelhub zu ermitteln, nimmt man, von einer bestimmten Hubzahl ausgehend, bei allen Stellungen der Schaltscheibe den Vorschub auf den äußeren Durchmesser des Rundschlittens bezogen auf und teilt denselben durch die Anzahl der Doppelhübe. Der so ermittelte Vorschub pro Doppelhub bezieht sich nun auf ein Kegelrad mit einer Distanz, die gleich ist dem Radius des Rundschlittens.

So beträgt z. B. bei der Type A.K.H$_2$ auf den Durchmesser des Rundschlittens von 792 mm bezogen:

bei Schalt- stellung . .	1	2	3	4	5	6	7	8	9	10	11	12
der Vorschub in mm . .	0,0195	0,0248	0,032	0,049	0,053	0,068	0,087	0,11	0,136	0,186	0,235	0,34

Da jedoch die Schaltgeschwindigkeit und mithin auch der Vorschub gegen den Mittelpunkt des Rundschlittens zu abnimmt, der ermittelte Vorschubwert aber für Kegelräder jeder Distanz gilt, so muß für die betreffende Distanz jene Schaltstellung ermittelt werden, die den ermittelten Vorschub ermöglicht.

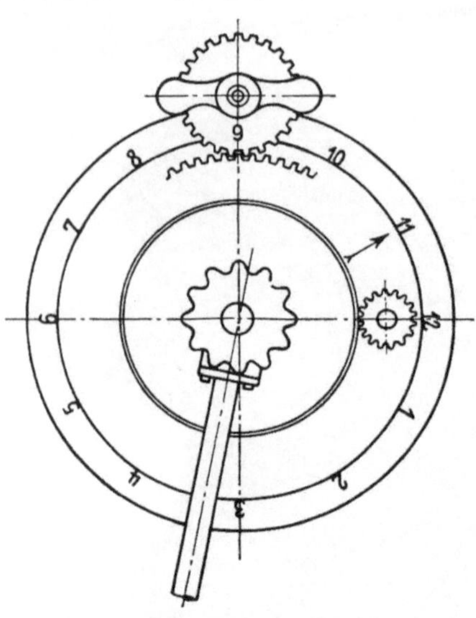

Abb. 86. Bilgram-Getriebe (J. E. Reinecker A.-G., Chemnitz-Gablenz).

Für Distanzen die kleiner sind als der Radius des Rundschlittens, dient zur Ermittlung der Schaltstellungen bei einem bestimmten Vorschub, sowie zur Bestimmung der Vorschubwerte in einer bestimmten Schaltstellung, für die 3 Typen der automatischen Kegelradhobelmaschinen A. K. H. A, A. K. H$_1$ und A. K. H$_2$ die log. Tafel IV.

a) Aufsuchen der Schaltstellung. Der Vorgang hierbei ist folgender:

Angenommen, auf der Maschine A.K.H$_1$ wäre, auf den Rundschlitten der Maschine bezogen, der ermittelte Vorschub pro Stößelhub 0,0615 mm. Dies entspricht der Schaltstellung VIII (siehe lg. Maßstab A.K.H$_1$ am Fuße der lg. Tafel IV.

Um nun die Schaltstellung für ein Kegelrad mit einer Distanz von 120 mm zu finden, die dem Vorschubwert von 0,0615 mm entspricht, suche man im log. Maßstab A.K.H$_1$ (am Kopf der lg. Tafel) den Wert 0,0615, bringe von diesem Wert die Senkrechte zum Schnitt mit der Wagrechten für die Distanz von 120 mm, verfolge von diesem Schnittpunkt die unter 45^0 geneigte Gerade bis zum lg. Maßstab am Fuße der lg. Tafel und von da die Senkrechte bis zum lg. Maßstab A.K.H$_1$ und lese daselbst, Schaltstellung IX ab.

Die Schaltstellung IX entspricht also bei 120 mm Distanz dem Vorschub von 0,0615 mm.

b) Die Ermittlung des Vorschubwertes zu einer gegebenen Schaltstellung:

Will man im anderen Falle für eine bestimmte Schaltstellung bei einer kleineren Distanz, als der Radius des Rundschlittens ist, den Vorschubwert pro Stößelhub ermitteln, so muß man hierbei umgekehrt verfahren.

Verfolge von der Schaltstellung VIII (am lg. Maßstab A.K.H$_1$) die Senkrechte bis zum Wert 0,0615 am Fuße der lg. Tafel, von da die unter 45^0 geneigte Gerade bis zum Schnittpunkt mit der wagrechten Geraden für die Distanz = 120 mm, ziehe von diesem Schnittpunkt die Senkrechte bis zum lg. Maßstab A.K.H$_1$ (am Kopf der lg. Tafel) und lese daselbst den Wert 0,048 ab.

Die Schaltstellung VIII entspricht also bei einer Distanz von 120 mm einem Vorschubwert von 0,048 mm.

B. Das Abwälzhobelverfahren mittels Schneidrad.
System Fellow.

Dieses Verfahren bietet den großen Vorteil, daß die Zähne nicht vorgefräst werden müssen und daß man sowohl Stirnräder für Innen- als auch solche für Außenverzahnung, ohne besondere Vorrichtung, auf ein und derselben Maschine herstellen kann.

Abb. 87. Räder-Stoßautomat (Lorenz A.-G., Ettlingen).

Für Innen- und Außenverzahnung wird ein stirnradförmiges, auf seinen Flanken abwälzend geschliffenes konisches Schneidrad (Abb. 88) verwendet, das nur stirnseitig nachgeschliffen wird und infolgedessen die Form seiner Zahnflanken nicht verändert.

Der Arbeitsvorgang hierbei ist folgender:

Nachdem das Werkzeug (Schneidrad) auf Hub- und genaue Zahntiefe eingestellt ist, schaltet man den automatischen Selbstgang ein, wodurch das Hobeln auf Tiefe und gleichzeitig der Rundgang von

Abb. 88. Schneidräder für gerade und schräge Zähne (J. E. Reinecker A.-G., Chemnitz-Gablenz).

Arbeitsstück und Werkzeug bewerkstelligt wird; es erfolgt also ein regelrechtes Abwälzen des Arbeitsstückes und Werkzeuges aufeinander.

Ist die richtige Zahntiefe erreicht, so rückt die Tiefenschaltung automatisch aus, während das Arbeitsstück noch einen vollen Rundgang ausführt und danach auch der Rundgang automatisch ausgeschaltet wird.

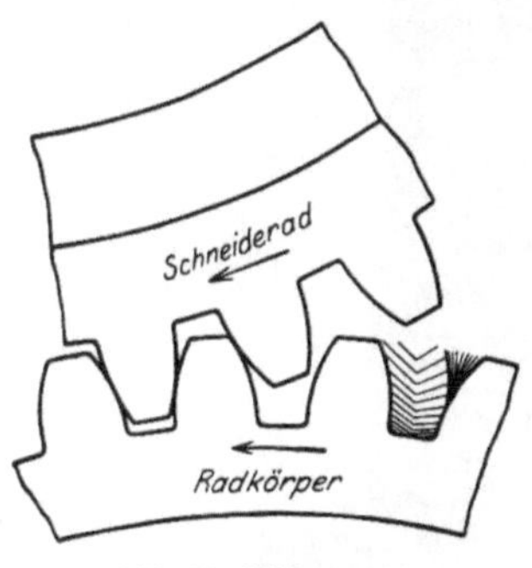

Abb. 89. Wälzvorgang.

Bei harten Materialien, die einen Schrupp- und Schlichtschnitt erfordern, kann durch eine einfache Vorrichtung die Tiefenschaltung ausgeschaltet werden, bevor die richtige Zahntiefe erreicht ist, während das Arbeitsstück noch einen Rundgang ausführt. Hierauf schaltet sich die Tiefenstellung wieder automatisch ein und das Werkzeug hobelt nun um den Betrag des Schlichtspanes, also auf volle Zahntiefe, das Arbeitsstück fertig. Ist die richtige Tiefe erreicht, so schaltet sich. wieder vollkommen selbständig, zuerst die Tiefenschaltung und nach einem vollen Rundgang des Arbeitsstückes auch der Rundgang aus.

Diese Maschinen eignen sich besonders für Innenverzahnung und abgestufte, aus einem Stück hergestellte Zahnräder oder zusammengesetzte Getriebe mit kleinen Zwischenräumen (z. B. Wechselgetriebe). dann für Räder mit Bund oder vorstehenden Teilen.

C. Das Abwälzhobelverfahren System Maag.

Der Arbeitsvorgang bei dieser Maschine stimmt im Prinzip mit dem Abwälzverfahren mittels Schneidrad überein. Ein wesentlicher Unterschied besteht jedoch zwischen den Werkzeugen von Fellow und Maag.

Bei der Maagmaschine wird, im Gegensatz zu dem komplizierten, dabei weniger genauen und teuren Schneidrad (Abb. 88), ein zahnstangenförmiges Werkzeug verwendet (Abb. 91) dessen gerade Profile sich leicht mit größter Genauigkeit bearbeiten lassen.

Erfahrungsgemäß sind für eine gute und rasche Fabrikation die beim Schneiden der Zähne verwendeten Aufspannvorrichtungen von großem, vielfach unterschätztem Einfluß. Die auf der Maagmaschine

Abb. 90. Abwälzhobelmaschine (M. Maag, Zürich).

erzielten niederen Aufspannzeiten sind in der Hauptsache auf die konstruktiv gut durchgebildeten Aufspannvorrichtungen zurückzuführen.

Der Arbeitsvorgang an der Maagmaschine ist kurz folgender:

Nachdem ein Rad Abb. 90 (eventuell mehrere Räder) übereinander aufgespannt und die Maschine zum Hobeln fertig eingerichtet ist, wird der Tisch mit den Werkstücken auf die volle Tiefe der Zahnlücke zugestellt, wobei jedoch vorerst so weit seitlich ausgewälzt ist, daß der äußerste Zahn des Werkzeuges noch außerhalb des Radkörpers steht. Abb. 92. Nun beginnt man mit dem Hobeln und wälzt das Rad langsam in den Hobelkamm hinein, worauf der automatische Gang der Maschine eingeschaltet wird. Dieser führt nun die Bearbeitung einer Teilung durch und schaltet dann die Wälzorgane um, d. h. der Werkstücktisch wird bei stillgesetztem Stößel und bei ausgeschalteter Drehbewegung geradlinig um den Betrag einer Teilung zurückgeschoben, worauf ein neuer Arbeitsgang, entsprechend einer weiteren Teilung, beginnt. Für kleine Räder kann die Maschine auch auf die Bearbeitung von 2 oder 3 Teilungen in einem Arbeitsgange eingestellt werden.

Abb. 91. Kammstahl (M. Maag, Zürich).

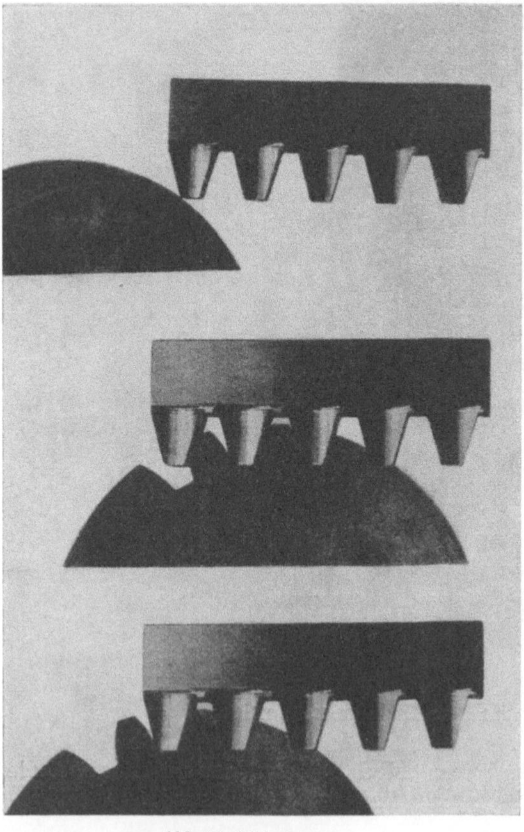

Abb. 92. Wälzvorgang.
Oben: Anfangstellung des Rades.
Mitte: Um etwa $3^{1}/_{4}$ Teilungen eingewälztes Rad, unmittelbar vor der ersten Reversierung.
Unten: Rad nach der ersten Reversierung.

D. Das automatische Kegelrad-Abwälzhobelverfahren. System Cleason.

Auf den übrigen Kegelrad-Abwälzhobelmaschinen werden die Zähne nicht – – wie beim Bilgram-Verfahren — alle zu gleicher Zeit, sondern ein Zahn nach dem anderen komplett fertig bearbeitet.

Die Maschinen älterer Konstruktion bearbeiten den Zahn mit 1 Stahl, während dieselben neuerer Konstruktion gleichzeitig mit 2 Stählen arbeiten, d. h. es werden beide Flanken eines Zahnes gleichzeitig bearbeitet, wobei entweder der eine Stahl die Rückgangbewegung ausführt, während der andere Stahl schneidet, oder beide Stähle zu gleicher Zeit arbeiten.

Dieses Verfahren hat gegenüber dem Arbeiten mit 1 Stahl den Vorzug der höheren Leistung, da 2 Stähle zu gleicher Zeit arbeiten können, wodurch das Rad in der halben Zeit fertiggestellt wird.

Da auch diese Maschinen für Zahnräder hoher Präzision und speziell für Korrektur der Zahnflanken gebaut sind, so empfiehlt es sich, dieselbe gleichfalls nicht zum Schruppen zu verwenden, sondern die Zähne auf einer anderen Maschine, wenn möglich auf richtige Zahntiefe, vorzufräsen.

Die Schnittgeschwindigkeit.

Für die Zahnradhobelmaschinen aller Systeme gilt betreffs Schnittgeschwindigkeit dasselbe wie für die Shapingmaschinen.

Die Möglichkeit der Wahl verschiedener Schnittgeschwindigkeiten in weiten Grenzen bedingt, um auch hier eine Übereinstimmung zwischen Kalkulationsbureau und der Werkstätte zu erzielen, die Anfertigung von Vorschriftstabellen. Wie derartige Tabellen anzufertigen sind, wurde unter Shaping-Maschinen (siehe Tabellen Nr. 74 bis 78) eingehend erklärt.

Für das Hobeln der Zahnräder haben sich nachstehende Schnittgeschwindigkeiten als günstig erwiesen.

Tabelle 81.   a) Abwälzhobelverfahren System Bilgram.

Material	Ch.N.-Stahl S.M-Stahl über 75 kg Festigkeit	Gußeisen, Stahlguß, S.M.-Stahl 60 bis 75 kg Festigkeit	S M.-Stahl S.M.-Fluß- eisen bis 60 kg Festigkeit	Bronze Messing
Schnittgeschw. m/min	8	10	12	15
„ mm/sek	133	167	200	250

Die nachfolgenden Tabellen 83 bis 90 sind unter Zugrundelegung vorstehender Werte aufgebaut. Hierzu wäre noch zu bemerken, daß diese Werte „mittlere" Geschwindigkeiten, also Durchschnittswerte ergeben, die sehr von der Bearbeitbarkeit des Materials abhängig sind. So neigt beispielsweise Bronze leicht zu starken Abdrücken, weicher Stahl und Feinkorneisen zum Schmieren oder Reißen, so daß man oft zu einer geringeren Schnittgeschwindigkeit, besonders beim Gut- oder Schlichtschnitt greifen muß.

Tabelle 82.
b) Abwälzhobelverfahren mittels Schneidrad (Fa. Lorenz A.G.).

Material	Gußeisen			Stahl-Kz			Rotguß Bronze Aluminium
	weich	mittel	hart	− 50	− 70	− 90	
	Schnittgeschwindigkeit						
V_{max} m/min	20	15	10	28	22	18	20—45
v_{max} mm/sek	333	250	167	467	367	300	333—750

Vorstehende Werte gelten für guten deutschen Schnellstahl entsprechend der Marke DFM extra spezial der Firma Krupp und gute amerikanische Schnellstahlwerkzeuge.

c) Abwälzhobelverfahren System Maag.

Auf Maag-Zahnradhobelmaschinen ist stets mit der max. Schnittgeschwindigkeit, die sich nach der Gleichung

$$V_{\mathrm{max}} = \text{Hubhöhe} \times \pi \times \text{Hübe}/\text{min} = h \cdot \pi \cdot n \ \text{m}/\text{min}$$

ergibt, zu rechnen.

$$h = \text{Hubhöhe} + 15 \ \text{mm},$$

$$n = \text{Doppelhübe}/\text{min}.$$

Im Zusammenhang mit der Hubhöhe und dem zu wählenden Gang bzw. Hübe pro min ist dieselbe für die Type AS 1 dem Kurvenblatt 99 zu entnehmen.

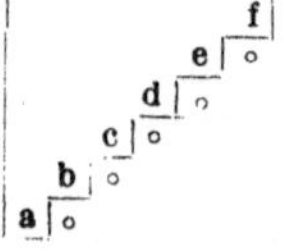

Tabelle 83.

Schnittgeschwindigkeitstabelle für Stirnradhobelmaschine Nr. 1 mit Einscheibenantrieb und Räderkasten.

Stufe	a		b		c		d		e		f	
Doppelhübe/min	43		63		85		107		126		150	
	Schnittgeschwindigkeit											
Hublänge in mm	V	v	V	v	V	v	V	v	V	v	V	v
25	2,15	36	3,15	53	4,25	71	5,35	89	6,3	105	7,5	125
30	2,58	43	3,78	63	5,1	85	6,42	107	7,58	126	9,0	150
35	3,02	50	4,41	74	5,95	99	7,5	125	8,82	147	10,5	175
40	3,44	57	5,05	84	6,8	113	8,58	143	10,1	168	12,0	200
45	3,87	65	5,68	95	7,65	128	9,63	161	11,35	189	13,5	225
50	4,3	72	6 3	105	8,5	142	10,7	178	12,6	210	15,0	250
55	4,73	79	6,92	115	9,35	156	11,8	197	13,88	231	16,5	275
60	5,17	86	7,55	126	10,2	170	12,86	214	15,12	252	18,0	300
65	5,6	93	8,2	137	11,06	184	13,92	232	16,4	273	19,5	325
70	6,02	100	8,8	147	11,9	198	15,0	250	17,62	294	21,0	350
75	6,45	108	9,45	158	12,8	213	16,06	268	18,9	315	22,5	375
80	6,9	115	10,08	168	13,6	227	17.16	286	20,2	337	24,0	400
85	7,32	122	10,75	179	14,44	241	18,2	303	21,4	357	25,5	425
90	7,75	129	11,36	189	15.3	255	19,25	321	22,7	378	27,0	450
95	8,2	136	12,0	200	16,2	270	20,3	338	23,9	398	28,5	475
100	8,6	143	12,6	210	17,0	283	21,4	357	25,2	420	30,0	500

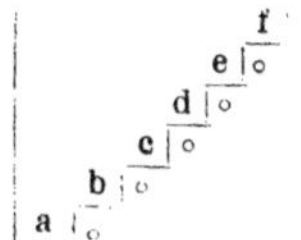

Tabelle 84.
Vorschrift für Stirnradhobelmaschine Nr. 1.

Material	Bei Hublänge in mm															
	25	30	35	40	45	50	55	60	65	70	75	80	85	90	95	100
	erfolgt Bearbeitung auf Stufe															
Ch.N.Stahl, S.M.Stahl über 75 kg Festigkeit	f	e	d	c	c	b	b	b	b	a	a	a	a	a	a	—
Gußeisen, Stahlguß, S.M.St. 60 bis 75 kg Festigkeit	f	f	e	e	d	c	c	c	b	b	b	b	a	a	a	a
S.M.St., S.M.Fl. bis 60 kg Festigkeit	f	f	f	f	e	d	d	c	c	c	b	b	b	b	b	a
Bronze, Messing:	f	f	f	f	f	f	e	e	d	d	c	c	c	b	b	b

Hublänge = Zahnbreite + Auslauf.

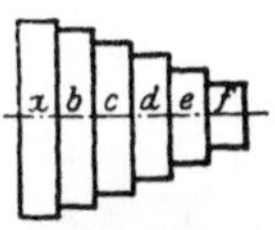

Tabelle 85.
Schnittgeschwindigkeitstabelle für Stirnradhobelmaschine Nr. 2 mit Stufenscheibe.

Stufenscheibe	a		b		c		d		e		f	
Doppelhübe/min	40		52		69		89		116		152	
	Schnittgeschwindigkeit											
Hublänge in mm	V	v	V	v	V	v	V	v	V	v	V	v
25	2,0	33	2 6	43	3,45	58	4,45	74	5,8	97	7,6	127
30	2,4	40	3.12	52	4,14	69	5,33	89	6,97	116	9.12	152
35	2,8	47	3,64	61	4,83	81	6,22	104	8,22	137	10,62	177
40	3,2	53	4,16	69	5,52	92	7,12	119	9,28	155	12,18	203
45	3,6	60	4,68	78	6,2	103	8,02	134	10,44	174	13,7	228
50	4,0	67	5,20	87	6.9	115	8,9	148	11.6	193	15,2	253
55	4,4	73	5.72	95	7,6	127	9,8	163	12,76	213	16,76	279
60	4,8	80	6,23	104	8.3	138	10,7	178	13,9	232	18,06	301
65	5,2	87	6,77	113	8,95	149	11,6	193	15,1	250	19,8	330
70	5,6	93	7,28	121	9.7	162	12,5	208	16,25	271	21,3	355
75	6,0	100	7,80	133	10,35	173	13,4	223	17.4	290	22,8	380
80	6,4	107	8,32	139	11,0	183	14,3	238	18,6	310	24,4	407
85	6,8	113	8,84	147	11,75	196	15,2	253	19,7	328	25,9	432
90	7,2	120	9.38	156	12,42	207	16,1	268	20,8	347	27,4	457
95	7,6	127	9,88	165	13,16	219	17,0	283	22,1	368	28,9	482
100	8,0	133	10,4	173	13,8	230	17,9	298	23,2	387	30,4	507

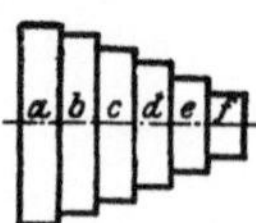

Tabelle 86.
Vorschrift für Stirnradhobelmaschine Nr. 2.

Material	Bei Hublänge in mm															
	25	30	35	40	45	50	55	60	65	70	75	80	85	90	95	100
	erfolgt Bearbeitung auf Stufe															
Chr.N.St., S.M.St. über 75 kg Festigkeit	f	e	e	d	d	c	c	b	b	b	b	a	a	a	a	a
Gußeisen, Stahlguß, S.M.St. 60 bis 75 kg Festigkeit	f	f	e	e	d	d	d	c	c	c	b	b	b	b	b	a
S.M.St., S M.-Fl. bis 60 kg Festigkeit	f	f	f	f	e	e	d	d	d	c	c	c	c	b	b	b
Bronze, Messing	f	f	f	f	f	f	e	e	e	d	d	d	d	c	c	c

Hublänge = Zahnbreite + Auslauf.

Tabelle 87.
Schnittgeschwindigkeitstabelle für Kegelradhobelmaschine Nr. 3 mit Einscheibenantrieb und Räderkasten.

Stufe	a		b		c		d		e		f	
Doppelhübe/min	38		57		75		93		110		130	
Hublänge in mm	Schnittgeschwindigkeit											
	V	v	V	v	V	v	V	v	V	v	V	v
25	1,9	32	2,85	48	3,75	63	4,65	74	5,5	92	6,5	108
30	2,28	38	3,42	57	4,5	75	5,99	98	6,6	110	7,8	130
35	2,66	44	3,98	66	5,25	88	6,51	109	7,7	128	9,1	152
40	3,04	51	4,56	76	6,0	100	7,45	124	8,8	147	10,4	173
45	3,42	57	5,12	85	6,75	113	8,38	140	9,9	165	11,7	195
50	3,8	63	5,7	95	7,5	125	9,3	155	11,0	183	13,0	217
55	4,18	70	6,28	105	8,25	138	10,22	170	12,1	202	14,3	238
60	4,56	76	6,83	114	9,0	150	11,18	186	13,2	220	15,6	260
65	4,95	83	7,4	123	9,75	163	12,08	201	14,3	238	16,9	282
70	5,32	87	7,9	132	10,5	175	13.0	217	15,4	257	18,2	303
75	5,7	95	8,56	143	11,25	188	13,94	233	16,5	275	19,5	325
80	6,08	101	9,12	152	12,0	200	14,86	247	17,6	293	20,8	347
Zeit für einen Doppelhub in sek												
	1,57		1,05		0,8		0,64		0,54		0,46	

Vorschübe in mm pro Stößelhub, bezogen auf 303 mm Durchm.

Schaltstellung . .	1	2	3	4	5	6	7	8
Vorschub	0,0079	0,0114	0,0148	0,0198	0,0264	0,0352	0,0470	0,0625
Schaltstellung . .	9	10	11	12	13	14	15	
Vorschub	0,0835	0,115	0,148	0,198	0,264	0,352	0,470	

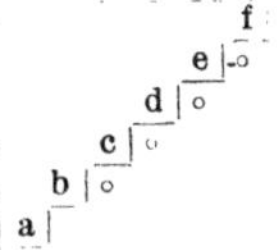

Tabelle 88.

Vorschrift für Kegelradhobelmaschine Nr. 3.

Material	Bei Hublänge in mm															
	25	30	35	40	45	50	55	60	65	70	75	80	85	90	95	100
	erfolgt Bearbeitung auf Stufe															
Chr.N.St., S.M.St. über 75 kg Festigkeit	f	f	e	d	c	c	c	b	b	b	a	a	a	a	a	a
Gußeisen, Stahlguß, S.M.St. 60 bis 75 kg Festigkeit	f	f	f	e	e	d	d	c	c	b	b	b	b	b	a	a
S.M.St., S.M.Fl. bis 60 kg Festigkeit	f	f	f	f	f	e	e	d	d	c	c	c	b	b	b	b
Bronze, Messing	f	f	f	f	f	f	f	e	e	d	d	d	c	c	c	c

Hublänge = Zahnbreite + Auslauf.

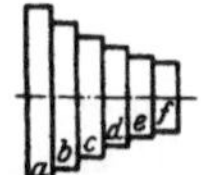

Tabelle 89.

Schnittgeschwindigkeitstabelle für Kegelradhobelmaschine Nr. 4 mit Stufenscheibe.

Stufe	a		b		c		d		e		f	
Doppelhübe/min	24		32		42		54		72		95	
	Schnittgeschwindigkeit											
Hublänge in mm	V	v	V	v	V	v	V	v	V	v	V	v
25	1,2	20	1,6	27	2,1	35	2,7	45	3.6	60	4,75	79
30	1,44	24	1,92	32	2,52	42	3,24	54	4,32	72	5,7	95
35	1,68	28	2,24	37	2,94	49	3,78	63	5,04	84	6,65	111
40	1,92	32	2,56	43	3,36	56	4,32	72	5,77	96	7,6	127
45	2,16	36	2,88	48	3,78	63	4,86	81	6,5	108	8,55	143
50	2,4	40	3,2	53	4,2	70	5,4	90	7,2	120	9,5	158
55	2,64	44	3,52	59	4.62	77	5,94	99	7,9	132	10,45	174
60	2,88	48	3,84	64	5,04	84	6,48	108	8,65	144	11,4	190
65	3,12	52	4,16	69	5,46	91	7,02	117	9,38	156	12,35	206
70	3,36	56	4,48	75	5,88	98	7,56	126	10,1	168	13,3	222
75	3,6	60	4,8	80	6 3	105	8,1	135	10,8	180	14,25	228
80	3,84	64	5,12	85	6,72	112	8,64	144	11,6	193	15,2	253
85	4,08	68	5,44	91	7,14	119	9,18	153	12 22	204	16,15	269
90	4,32	72	5,76	96	7,56	126	9,72	162	12,95	216	17,1	285
95	4.56	76	6.08	101	8,08	133	10,26	171	13,7	228	18,05	301
100	4,8	80	6,4	107	8,4	140	10,8	180	14,4	240	19,0	317

Vorschübe in mm pro Stößelhub, bezogen auf 792 mm Durchm., bzw. auf 396 mm Abstand vom Mittel (Distanz).

Schaltstellung	1	2	3	4	5	6	7	8	9	10	11	12
Vorschub	0,0193	0,0248	0,032	0,049	0,053	0,068	0,087	0,11	0,136	0,186	0,135	0,34

Tabelle 90.

Vorschrift für Kegelradhobelmaschine Nr. 4.

Material	Bei Hublänge in mm															
	25	30	35	40	45	50	55	60	65	70	75	80	85	90	95	100
	erfolgt Bearbeitung auf Stufe															
Chr.N.St., S.M.St. über 75 kg Festigkeit	f	f	f	f	e	e	e	d	d	d	d	c	c	c	c	b
Gußeisen, Stahlguß, S.M.St. 60 bis 75 kg Festigkeit	f	f	f	f	f	f	e	e	e	e	d	d	d	d	d	c
S.M.St., S.M.-Fl. bis 60 kg Festigkeit	f	f	f	f	f	f	f	f	e	e	e	e	e	d	d	d
Bronze, Messing	f	f	f	f	f	f	f	f	f	t	f	f	e	e	e	e

Hublänge = Zahnbreite + Auslauf.

Der Vorschub.

Die Größe des Vorschubes s_F an der Zahnflanke ist in erster Linie vom Genauigkeitsgrade des Rades abhängig und muß von Fall zu Fall, je nach der Verwendung des Rades, bestimmt werden.

Aus diesen Gründen kann eine allgemeingültige Vorschubtabelle nicht aufgestellt werden.

Der Vorschub s_F wird bei allen Maschinen, gleichgültig ob dieselben nach dem Kopier- oder Abwälzverfahren arbeiten, stets als Vorschub zwischen 2 Schnitten an einem Zahn bezeichnet.

Demnach bezeichnet man bei Maschinen, die, wie nach dem Kopierverfahren, einen Zahn nach dem anderen fertig bearbeiten, den Vorschub s_F als Vorschub pro Stößelhub.

a) Nach dem System Bilgram.

Nach dem Bilgram-Abwälzhobelverfahren, wo alle Zähne gleichzeitig bearbeitet werden, daher zwischen 2 Schnitten an einem Zahn eine volle Umdrehung des Zahnrades liegt, ist der Vorschub s_F von der Zähnezahl des Rades und vom Vorschub pro Stößelhub abhängig.

Bezeichnen wir hierbei den Vorschub an der Zahnflanke pro Stößelhub mit s_{F_1}, so ist

$$s_{F_1} = \frac{\text{Vorschub } S_F}{\text{Zähnezahl}} = \frac{s_F}{Z} \text{ mm} \qquad \text{I)}$$

und der Vorschub $s_F = \text{Vorschub/Stößelhub} \times \text{Zähnezahl} = s_{F_1} \cdot z$.

Wie bereits bei der Beschreibung der Bilgram-Kegelradhobelmaschine erwähnt wurde, wird bei dieser Maschinengattung der Vorschub durch einfache Umschaltung der Schaltscheibe, dem ermittelten

Vorschub s_{F_1} entsprechend, nach einer Vorschubtabelle (siehe log. Tafel IV)[1]) geregelt und bedarf keiner weiteren Erklärung.

Bei Stirnrädern hingegen erfolgt die Vorschubbewegung (siehe Abb. 93 und 94) durch ein von der Hauptwelle aus angetriebenes Sperrad A, auf die Spindel B des Quersupports C, von dieser durch Wechselräder a, b, c, d auf die Spindel D vom Abrollsupport E und mittels Stahlbänder F auf den Abrollkreis G.

Zur Bestimmung des Vorschubes am Quersupport muß man

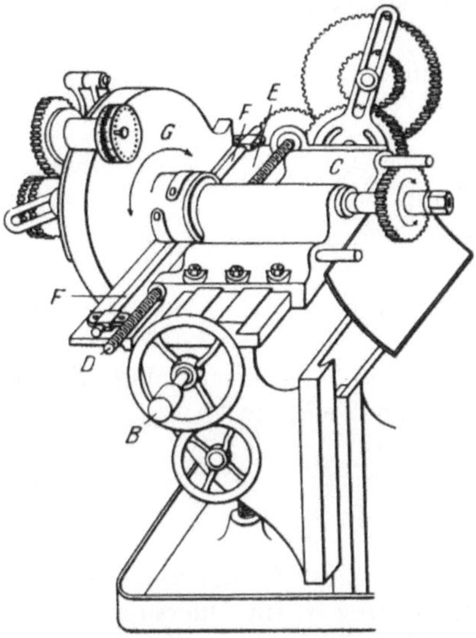

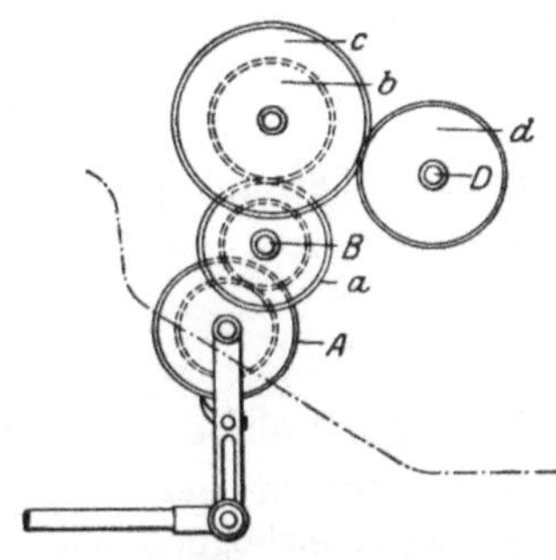

Abb. 93. Schematische Darstellung des Abwälz-Mechanismus der Bilgram-Stirnradhobelmaschine.

Abb. 94. Schematische Darstellung der Übersetzungs-Räder mittels Sperrklinke an den Bilgram-Stirnradhobelmaschinen.

das Verhältnis des Sperrades zur Spindel am Quersupport und das Verhältnis des Vorschubes an der Zahnflanke, zum Vorschub am Quersupport festlegen.

Die Zähnezahl des Sperrades $A = 200$.

Die Steigung der Spindel $B = 5{,}1$ mm.

Das Sperrad A macht, während sich die Spindel B einmal dreht, 14,5 Umdrehungen, das Übersetzungsverhältnis ist somit $= 14{,}5 : 1$ und daher der Vorschub am Quersupport C pro Sperradzahn:

$$s = \frac{\text{Steigung der Spindel}}{\text{Übersetzungsverhältnis} \times \text{Zähnezahl am Sperrad}}$$

$$= \frac{5{,}1}{14{,}5 \cdot 200} = 0{,}00175 \text{ mm}.$$

Die Größe des durch die Abwälzbewegung pro Stößelhub erzeugten Vorschubs s_{F_1} steht zu der Größe des pro Stößelhub am Quersupport zurückgelegten Vorschubweges s in demselben Verhältnis, wie die Flankenlänge zu der bei der Abrollbewegung des Rades bzw. Abwälzbewegung der Zahnflanken gebildeten Kreisbogenlänge am Teilkreis.

---

[1]) Siehe Anhang.

Da ferner die Länge des Kreisbogens am Teilkreis [1]) gleich ist der gesamten Länge des Vorschubweges S [1]) der vom Quersupport während der Abwälzung der Zahnflanken zurückgelegt wird, so ergibt sich aus der Gleichung:

$$s_{F_1} : s = Fl : S .$$

Der Vorschub s pro Stößelhub am Quersupport:

$$s = \frac{s_{F_1} \cdot S}{Fl} \ \text{mm} \qquad\qquad \text{II)}$$

oder nachdem nach Formel I)

$$s_{F_1} = \frac{s_F}{Z} \ \text{mm},$$

daher auch

$$s = \frac{s_F \cdot S}{Z \cdot Fl} = \frac{s_F \cdot U}{Z} \ \text{mm}. \qquad\qquad \text{III)}$$

$U =$ Verhältnis der Flankenlänge zum Gesamtvorschub S am Quersupport bzw. der Kreisbogenlänge am Teilkreis.

$$U = \frac{S}{Fl} . \qquad\qquad \text{IV)}$$

$Z =$ Zähnezahl des Rades.

Beim Hobeln der Zahnflanken, sowie des Zahngrundes ist die Länge des Kreisbogens bzw. der Vorschubweg S am Quersupport von der Zähnezahl des Rades und vom Modul abhängig und wird nach folgender Formel berechnet:

$$S = \sqrt{K^2 - p^2} + \sqrt{(p + 0{,}4\,M)^2 - p^2} \ \text{mm}. \qquad\qquad \text{V)}$$

Beim Vorhobeln der Zähne aus dem Vollen hingegen ist der Vorschubweg S am Quersupport gleich der Länge des Weges, den das schneidende Werkzeug (Hobelstahl) vom Beginne der Berührung mit seinem Kopfkreise am Kopfkreis des zu schneidenden Rades (siehe S. 212, Abb. 84) bis zu seinem Austritt aus demselben zurücklegt. Mit anderen Worten: die Länge des Vorschubweges S am Quersupport ist gleich der Länge der Sehne vom Kopfkreis des zu schneidenden Rades mit der Zahnhöhe als Bogenhöhe.

Somit ist:

$$S = 2 \cdot \sqrt{K^2 - f^2} \ \text{mm}. \qquad\qquad \text{VI)}$$

wobei:

$$K = \text{Kopfkreisradius} = M \cdot \frac{Z}{2} + M \ \text{mm}.$$

$$p = \text{Teilkreisradius} = M \cdot \frac{Z}{2} \ \text{mm}.$$

$$f = \text{Fußkreisradius} = K - 2{,}166\,M \ \text{mm}.$$

$M = \text{Modul}.$

$Z = \text{Zähnezahl}.$

---

[1]) Über Kreisbogenlängen und Vorschubweg S siehe Tabelle 91

Tabelle 91. Für Kreisbogenlängen am Teilkreis bei Modul 1.

Tabellenwert multipliziert mit Modul ergibt den Vorschub S am Quersupport.

I	10	12	14	16	18	20	22	24	26	28	30
II	5,35	5,83	6,27	6,68	7,07	7,44	7,786	8,12	8,446	8,755	9,058
I	32	34	36	38	40	42	44	46	48	50	52
II	9,344	9,616	9,89	10,155	10,41	10,667	10,92	10,166	11,39	11,64	11,87
I	54	56	58	60	62	64	66	68	70	72	74
II	12,09	12,30	12,51	12,73	12,94	13,13	13,34	13,556	13,726	13,924	14,11
I	76	78	80	82	84	86	88	90	92	94	96
II	14,305	14,488	14,67	14,85	15,03	15,207	15,37	15,55	15,71	15,89	16,059
I	98	100	102	104	106	108	110	112	114	116	
II	16,22	16,39	16,549	16,707	16,864	17,04	17,186	17,33	17,483	17,637	

$$\text{I} = \text{Zähnezahl.} \qquad \text{II} = \text{Kreisbogenlänge.}$$

Für die Berechnung der Flankenlängen Fl gelten die Formeln:

$$Fl = \frac{K^2 - g^2}{2\,g} + g - f\ \text{mm}, \quad \text{wenn } g > f, \qquad \text{VII)}$$

$$Fl = \frac{K^2 - f^2}{2\,g}\ \text{mm}, \quad \text{wenn } g < f, \qquad \text{VIII)}$$

$$g = \text{Grundkreisradius in mm} = p \cdot \cos \alpha.$$

Bei Evolventen-Verzahnung ist $\alpha = 15^0 = 0{,}966$, daher:

$$g = p \cdot 0{,}966 \ \text{mm}.$$

Tabelle 92. Für Flankenlängen.

Modul										
2	3	4	5	6	7	8	9	10	11
Flankenlängen									
4,50	6,8	9,00	11,35	13,55	15,8	18,1	20,35	22,25	24,9

Modul									
12	13	14	15	16	17	18	19	20	
Flankenlängen									
27,1	29,35	31,6	33,9	36,2	38,45	40,7	43,00	45,25	

Die Werte der Tabelle 92 sind abgerundet.

Für die Berechnung der Vorschubzähne Z_r am Sperrad gilt für den Vorschub pro Stößelhub:

$$Z_r = \frac{s_F \cdot U}{Z \cdot 0{,}00175} = \frac{s_F \cdot S}{Z \cdot 0{,}00175 \cdot Fl} \qquad \text{IX)}$$

oder bei bekannten s:

$$Z_r = \frac{s}{0{,}00175}. \qquad \text{X)}$$

15*

Die Hebelstellung in der Kulisse kann nach der Formel

$$\text{Kulissenstellung} = \frac{\text{Exzenterstellung mm} \times 2 \times \text{Sperradradius mm}}{\text{Sperrad-Zahnteilung mm} \times \text{Anzahl der Vorschubzähne}}$$

berechnet oder aus der log. Tafel V abgelesen werden. Der Vorgang hierbei ist folgender:

Verfolge vom Wert Exzenterstellung, in der oberen Teilung, die unter 45^0 geneigte Gerade bis zu ihrem Schnittpunkte mit der Vorschubzähnezahl und von da die Ordinate bis zur unteren Teilung und lese daselbst die Kulissenstellung ab.

In gleicher Weise, jedoch umgekehrt, kann aus der Kulissenstellung und der Vorschubzähnezahl die Exzenterstellung ermittelt werden.

Als Beispiel für die Berechnung des Vorschubes S und s an der Bilgram-Stirnradhobelmaschine, sowie der für den Vorschub s erforderlichen Anzahl Zähne am Sperrad, sei ein Stirnrad Mod. 4 mit 38 Zähnen angenommen. Der Vorschub s_F betrage 0,2 mm und die Exzenterstellung 30 mm.

$$K = M \cdot \frac{Z}{2} + M = 4 \cdot 19 + 4 = 80 \text{ mm},$$

$$p = M \cdot \frac{Z}{2} = 4 \cdot 19 = 76 \text{ mm},$$

$$g = p \cdot \cos 15^0 = 76 \cdot 0,9659 = 73,408 \text{ mm},$$

$$f = K - 2,166 \cdot M = 80 - 2,166 \cdot 4 = 80 - 8,664 = 71,336 \text{ mm}.$$

Der Vorschub s_{F_1} ist nach Formel I):

$$s_{F_1} = \frac{s_F}{Z} = \frac{0,2}{32} = 0,00526 \text{ mm}.$$

Die Kreisbogenlänge bzw. der Vorschub S beträgt nach der Formel V):

$$S = \sqrt{K^2 - p^2} + \sqrt{(p + 0,4 \, M)^2 - p^2} = \sqrt{80^2 - 76^2} + \sqrt{(76 + 0,4 \, M)^2 - 76^2}$$

$$= \sqrt{6400 - 5776} + \sqrt{6022 - 5776} = \sqrt{624} + \sqrt{246} = 25 + 15,61 = \mathbf{40,61} \text{ mm}$$

oder nach Tabelle 91:

$$10,155 \cdot 4 = \mathbf{40,62} \text{ mm}.$$

Die Flankenlänge beträgt nach Formel VII):

$$Fl = \frac{K^2 - g^2}{2 \, g} + g - f = \frac{6400 - 5389}{2 \cdot 73,408} + 73,408 - 71,34 = \frac{1011}{146,816} = 2,068 =$$

$$= 6,886 + 2,068 = \mathbf{8,956} \text{ mm},$$

siehe auch Tabelle 92: $Fl = 9$ mm.

Das Verhältnis, Flankenlänge : Vorschub ist laut Formel IV):

$$U = \frac{S}{Fl} = \frac{40,7}{8,956} = \mathbf{4,544}.$$

Daher der Vorschub s nach Formel II):

$$s = \frac{s_{F_1} \cdot S}{Fl} = \frac{0,00526 \cdot 40,62}{8,956} = \sim \mathbf{0,0239} \text{ mm}$$

oder nach Formel III):

$$s = \frac{s_F \cdot U}{Z} = \frac{0,2 \cdot 4,544}{38} = \sim \mathbf{0,0239} \text{ mm}.$$

Die Anzahl der Vorschubzähne am Sperrad betragen nach Formel IX):

$$Z_r = \frac{s_F \cdot U}{z \cdot 0,00175} = \frac{0,2 \cdot 4,544}{38 \cdot 0,00175} \sim 14 \text{ Zähne};$$

oder nach Formel X):

$$Z_r = \frac{s}{0,00175} \sim 14 \text{ Zähne}.$$

Bei 14 Zähnen und 30 mm Exzenterstellung ist nach Tafel V [1]) die Stellung für den Kulissenhebel $= 137$ mm.

b) Nach dem System Fellow.

Bei den von der Firma Lorenz A.-G., Ettlingen, erzeugten, nach dem Abwälzverfahren „System Fellow" mittels Schneidrad arbeitenden

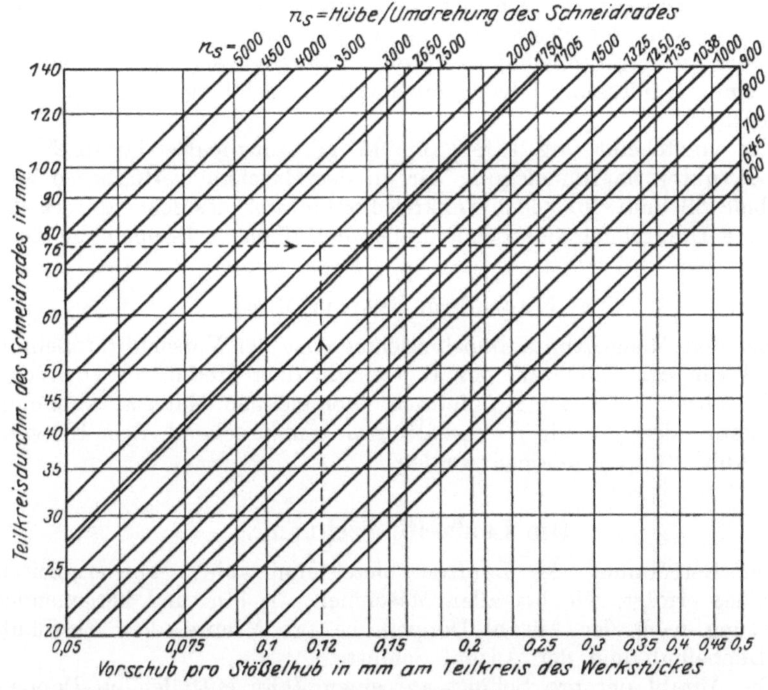

Abb. 95. log. Tafel zur Bestimmung der Doppelhübe/Umdr. des Schneidrades. Für Type: S^{00}, S^0, S^1 System Fellow.

Zahnräder-Stoßmaschinen kommen zweierlei Vorschübe in Betracht, und zwar:

a) der Vorschub für die Schaltung auf Zahntiefe,

b) der Vorschub für den Rundgang des Werkstückes, bzw. der Vorschub im Teilkreisdurchmesser des Schneidrades, ausgedrückt in Doppelhüben für eine Umdrehung des Schneidrades.

---

[1]) Siehe Anhang.

Zu a) Der Vorschub auf richtige Zahntiefe erfolgt automatisch und wird bei den Typen S^0 und S^1 durch Sperräder mittels Sperradzahn und bei der Hochleistungstype S^{00} durch Kurvenscheiben, die für 1 bis 3 Rundgänge konstruiert sind, bewerkstelligt.

Die Größe des Vorschubes liegt bei den erstgenannten Typen in der Konstruktion der Maschine und wird durch eine Maschinenkonstante ausgedrückt, die sich zu 0,0166 mm bei der Type S^0 und 0,0478 mm bei der Type S^1 ergibt.

Bei der Type S^{00} wird der Tiefenschaltweg in Graden ausgedrückt, die sowohl für jedes Modul als auch für alle in Frage kommenden Rundgänge verschieden sind.

Zu b) Die Größe des Vorschubes für den Rundgang des Werkstückes ist einerseits durch den Teilkreisdurchmesser des Schneidrades bestimmt, andererseits von der verlangten Genauigkeit der Verzahnung und von der Beschaffenheit des Materials abhängig und wird entweder in mm/Stößelhub im Teilkreisdurchmesser oder durch die auf eine Umdrehung des Schneidrades entfallenden Doppelhübe ausgedrückt.

Die vorstehende log. Tafel (Abb. 95) gibt für die drei Typen S^{00}, S^0 und S^1, unter Zugrundelegung der an der Maschine verfügbaren Vorschübe/Stößelhub, für jeden Teilkreisdurchmesser des Schneidrades die auf eine Umdrehung des Schneidrades entfallenden Doppelhübe an.

c) Nach dem System Maag.

Bei den Maag-Zahnradhobelmaschinen ist der Vorschub/Stößelhub sowohl von der Zähnezahl des Rades und dem Modul, als auch von der Zahnbreite und dem in Betracht kommenden Material abhängig und kann, den jeweiligen Verhältnissen entsprechend, dem Kurvenblatt Abb. 100, entnommen werden.

Die Laufzeitberechnung.

Die Berechnung der Laufzeit bietet nun keine Schwierigkeiten mehr, sie erfolgt, wie bei allen Maschinen mit hin- und hergehender Bewegung nach der Anzahl Doppelhübe pro Minute, dem Vorschub pro Doppelhub und der Anzahl Schnitte.

Die Anzahl der pro Schnitt auf einen Zahn entfallenden Doppelhübe ist vom Modul und von der Genauigkeit des Rades abhängig. Für die Anzahl der Doppelhübe gilt:

a) Beim Vorhobeln der Zähne aus dem Vollen nach dem Abwälzverfahren:

$$D H = \frac{\text{Sehnenlänge (Formel VI)}}{\text{Vorschub } (s)} .$$

b) Beim Hobeln des Zahngrundes:

$$D H = \frac{\text{Kreisbogenlänge am Teilkreis (Formel V oder Werte der Tab. 91)}}{\text{Vorschub } (s)} .$$

c) Beim Hobeln der Zahnflanken:

$$D\,H = \frac{2\times \text{Flankenlänge (Formel VII oder VIII)}}{\text{Vorschub } (s_F)} \quad \text{oder wie unter b).}$$

Die Zeit für das Hobeln eines Zahnes bei einem Schnitt:

$$T = \frac{\text{erforderl. Doppelhübe pro Zahn}}{\text{Doppelhübe/min}} \text{ min.}$$

Die Anzahl der Schnitte pro Zahn ist von der Bearbeitungszugabe beim Vorfräsen bzw. Vorhobeln abhängig. In der Regel genügt für den Zahngrund 1 Schnitt und für jede Flanke 2 bzw. 3 Schnitte und zwar je 1 Schrupp-, 1 Schlicht- und 1 Korrekturschnitt.

Die Formeln für die Berechnung der Laufzeit lauten:

a) **Nach dem Abwälzverfahren System Bilgram.**

Für das Vorhobeln der Zähne aus dem Vollen:

$$T = \frac{\text{Sehnenlänge}}{\text{Vorschub } (s) \times \text{Doppelhübe/min}} = \frac{2\cdot\sqrt{K^2 - f^2}}{s\cdot n} \text{ min.} \qquad \text{XI)}$$

Für das Hobeln des Zahngrundes:

$$T = \frac{\text{Kreisbogenlänge}}{\text{Vorschub } (s) \times \text{Doppelhübe/min}} = \frac{S}{s\cdot n} \text{ min.} \qquad \text{XII)}$$

Für das Hobeln der Zahnflanken:

1. unter Bezugnahme auf den Vorschub an der Zahnflanke:

$$T = \frac{\text{Flankenlänge} \times 2 \times \text{Zähnezahl} \times \text{Schnitte}}{\text{Doppelhübe/min} \times \text{Vorschub } (s_F)} = \frac{Fl\cdot 2\cdot Z\cdot x}{n\cdot s_F} \text{ min.} \quad \text{XIII)}$$

2. unter Bezugnahme auf den Vorschubweg am Quersupport:

$$T = \frac{\text{Kreisbogenlänge}^{1)} \times 2 \times \text{Schnitte}}{\text{Vorschub } (s) \times \text{Doppelhübe/min}} = \frac{S\cdot 2\cdot x}{s\cdot n} \text{ min.} \qquad \text{XIV)}$$

b) **Nach dem Abwälzverfahren System Fellow.**

1. **Auf der Röber-Zahnrad-Stoßmaschine:**

$$T = \frac{\text{Teilkreisdurchmesser des zu schneidenden Rades} \times \pi}{\text{Vorschub am Schneidrad/Stößelhub} \times \text{Doppelhübe/min}} =$$

$$= \frac{Dt\cdot \pi}{s_F\cdot n} \text{ min.} \qquad \text{XV)}$$

Der Vorschub s_F am Schneidrade beträgt pro Stößelhub bei einem Schneidrade von 100 mm Teilkreisdurchmesser pro Vorschubzahn $= 0,04$ mm.

Für das Stoßen der Zähne mit Fassonstahl auf der Röber-Stirnrad-Stoßmaschine (Außenverzahnung) gilt Formel XI).

---

[1]) Siehe Tabelle 91.

2. Auf der Zahrad-Stoßmaschine von Lorenz. Die Laufzeit für das Stoßen eines Zahnrades mittels Schneidrad ist abhängig:

    a) von der Zeit für das Hobeln auf Zahntiefe,

    b) von der Zeit die für einen Rundgang des Werkstückes erforderlich ist.

Die Formeln hierfür lauten:

1. Für Maschinen deren Zustellung auf Zahntiefe mittels Sperradzahn erfolgt (S^0 und S^1):

    a) für das Hobeln auf Zahntiefe,

$$T_t = \frac{\text{Zahntiefe in mm}}{\text{Konstante} \times \text{Doppelhübe/min}} = \frac{Z_t}{K_s \cdot n} \ \text{min.} \qquad \text{XVI)}$$

    b) für einen Rundgang des Werkstückes,

$$T_R = \frac{\text{Doppelhübe/Umdrehung des Schneidrades} \times \text{Zähnezahl des Werkstückes}}{\text{Doppelhübe/min} \times \text{Zähnezahl des Schneidrades}}$$

$$= \frac{n_s \cdot Z}{n \cdot Z_s} \ \text{min.} \qquad \text{XVII)}$$

Mithin ist die Gesamtlaufzeit bei einem Rundgang des Werkstückes

$$T = T_t + T_R \ \text{min}$$

oder die Werte der Formeln XVI) und XVII) eingesetzt, bei x Rundgängen des Werkstückes:

$$T = \frac{Z_t}{K_s \cdot n} + \frac{n_s \cdot Z}{n \cdot Z_s} \cdot x \ \text{min.} \qquad \text{XVIII)}$$

2. Für Maschinen deren Zustellung auf Zahntiefe mittels Kurvenscheibe erfolgt, gilt:

$$T = \left(x + \frac{y}{360} \right) \cdot \frac{Z \cdot n_s}{Z_s \cdot n} \ \text{min.} \qquad \text{XIX)}$$

Hierbei ist:

$T =$ Laufzeit in min.

$t =$ Laufzeit in sek.

$T_t =$ Laufzeit für die Schaltung auf Zahntiefe in min.

$T_R =$ Laufzeit für einen Rundgang des Werkstückes in min.

$Z_t =$ Zahntiefe in mm.

$h =$ Hublänge in mm $=$ Zahnbreite $+ 25$ mm Überlauf.

$K_s =$ Maschinenkonstante für die Tiefenschaltung, diese beträgt bei Type $S^0 = 0{,}0166$ mm, $S^1 = 0{,}0478$ mm.

$n =$ Doppelhübe/min.

$n_s =$ Doppelhübe/Umdrehung des Schneidrades.

$Z =$ Zähnezahl des Werkstückes.

$Z_s =$ Zähnezahl des Schneidrades.

$x =$ Anzahl der Rundgänge.

$y =$ Tiefenschaltung in Graden.

$Dt_s =$ Teilkreisdurchmesser des Schneidrades in mm.

$s_F =$ Vorschub pro Stößelhub im Teilkreisdurchmesser des Schneidrades.

Der Vorschub pro Doppelhub im Teilkreisdurchmesser ist abhängig vom Teilkreisdurchmesser des Schneidrades und den Doppelhubzahlen pro Umdrehung des Schneidrades, d. h. man muß, um den Vorschub

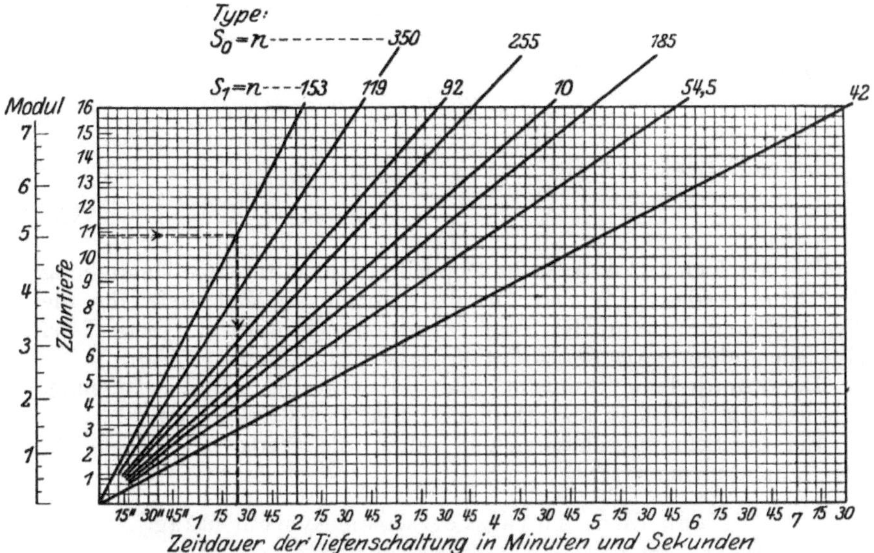

Abb. 96.

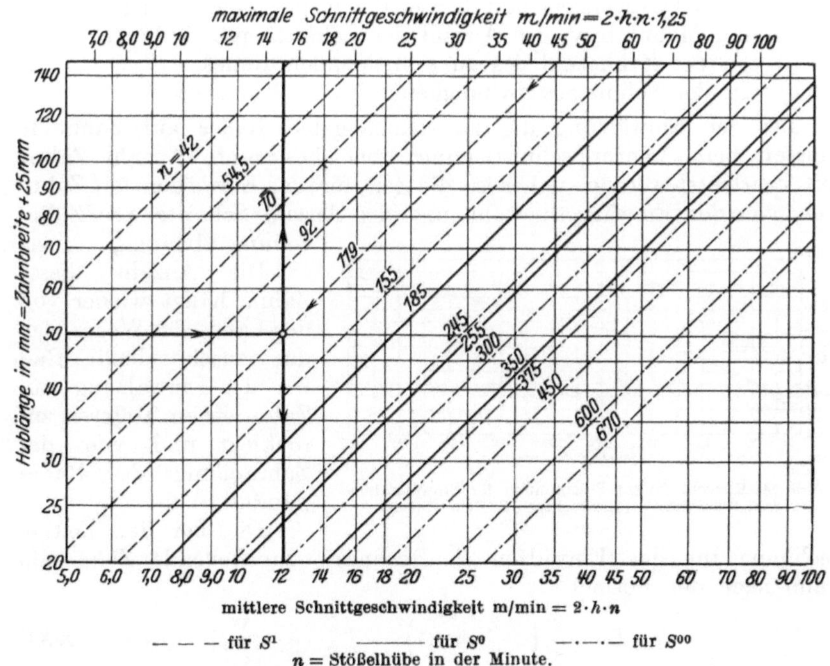

Abb. 97. Log. Tafel zur Bestimmung der Doppelhübe/mm. Für Type: S^{00}, S^0, S^1, System Fellow.

pro Stößelhub zu bestimmen, den Umfang des Schneidradteilkreises durch die Doppelhubzahl pro Schneidradumdrehung dividieren.

Demnach ist

$$s_F = \frac{Dt_s \cdot \pi}{n_s} \ \text{mm}.$$

Daraus ergibt sich für

$$n_s = \frac{Dt_s \cdot \pi}{s_F}. \qquad\qquad \text{XX)}$$

Die log. Tafel 95 enthält die Doppelhubzahlen für eine Umdrehung des Schneidrades. Die Zeit für das Hobeln auf Zahntiefe für die Typen S^0 und S^1 kann der Tafel 96 entnommen werden. Diese Tafel gibt auch gleichzeitig die Zahntiefe in mm für Mod. 1—7 an.

Die erforderliche Doppelhubzahl pro min bei einer bestimmten Schnittgeschwindigkeit und Hublänge gibt log. Tafel 97 an.

Für die Schnittgeschwindigkeit gelten die Werte der Tabelle 82 als Annäherungswerte.

c) Nach dem Abwälzverfahren System Maag.

Auf der Maag-Zahnradhobelmaschine ist die reine Hobelzeit eines Zahnrades abhängig:

a) von der Zeit die für das Einwälzen auf Zahntiefe beim Schruppschnitt erforderlich ist,

b) von der Reversier- und Umschaltzeit pro Zahnteilung,

c) vom Modul bzw. der Anzahl der Schnitte pro Teilung,

d) von der Zähnezahl des zu schneidenden Rades,

e) von der Schnittgeschwindigkeit.

Bei der Einwälzung des zu schneidenden Rades auf Zahntiefe müssen beim Schruppschnitt immer eine bestimmte Anzahl Zähne mit bearbeitet werden, daher ist die Zeit für das Einwälzen auf Zahntiefe von der Einwälzzähnezahl und der Anzahl Schnitte pro Zahnteilung abhängig.

Die Anzahl dieser Zähne hängt wieder von der Länge des Weges, den das zuschneidende Rad bei der Einwälzung auf Zahntiefe am Teilkreis zurücklegt und von der Zahnteilung des Rades (Modul $\cdot \pi$) ab.

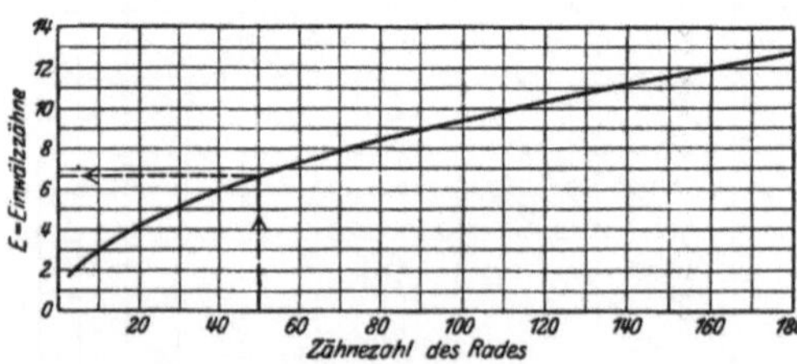

Abb. 98. Kurventafel zur Bestimmung der Einwälzzähnezahl für Zahnradstoßmaschinen System Maag.

Die bei der Zeitberechnung für das Einwälzen in Rechnung zu stellende Zähnezahl kann nach der Formel

$$E = \frac{2}{\pi} \sqrt{\left(\frac{Z}{2} + 1{,}1\right)^2 - \left(\frac{Z}{2} - 1{,}1\right)^2} \qquad\qquad \text{XXI)}$$

bestimmt oder aus dem Kurvenblatt, Abb. 98, entnommen werden.

Die Anzahl Schnitte pro Teilung sind selbstverständlich von der max. Schnittgeschwindigkeit abhängig, die für die Zahnbreite und das in Betracht kommende Material, sowie für die verlangte Genauigkeit der Verzahnung zulässig ist.

Bezeichnen wir weiter:

$Z =$ Zähnezahl des zuschneidenden Rades.

$Z_b =$ Zahnbreite in mm.

$h =$ Hublänge $=$ Zahnbreite $+ 15$ mm Überlauf.

$n_1 =$ Schnitte bzw. Hübe pro Teilung.

$n_2 =$ Schnitte bzw. Hübe pro 2 Teilungen bei doppelter Wälzung.

$t =$ Zeit in sek pro Schnitt.

$R =$ Reversier- oder Umschaltzeit $= 2,5$ sek für Type AS_1.

So ist die Zeit für 1 Schruppschnitt:

$$T = \frac{(n_1 \cdot t + R) \cdot Z + E \cdot n_1 \cdot t}{60} \text{ min.} \qquad \text{XXII)}$$

Beim Schlichtschnitt entfällt die Zeit für die Einwälzung und beträgt daher die Zeit für die weiteren Schnitte:

$$T = \frac{(n_1 \cdot t + R) \cdot Z}{60} \text{ min.} \qquad \text{XXIII)}$$

Da bei kleineren Teilungen der Wert $n \cdot t$ im Verhältnis zu R klein ausfällt, so wählt man in solchen Fällen die doppelte Wälzung, d. h. 2 Teilungen pro Arbeitsgang, jedoch bei halber Schaltzähnezahl. Hierdurch bleibt der effektive Vorschub der gleiche, man gewinnt jedoch bei je zwei Zähnen eine Reversierzeit. Die Zeitformel für den Schruppschnitt lautet dann:

$$T = \frac{(n_2 \cdot t + R) \cdot \dfrac{Z}{2} + \dfrac{E}{2} \cdot n_2 \cdot t}{60} \text{ min} \qquad \text{XXIV)}$$

und für die weiteren Schnitte:

$$T = \frac{(n_2 \cdot t + R) \cdot \dfrac{Z}{2}}{60} \text{ min.} \qquad \text{XXV)}$$

Maschinen-Einrichtzeiten.
System Maag.

Zu den aus vorstehenden Formeln sich ergebenden Werten kommt, je nach Anzahl und Größe der zu schneidenden Räder, ein Anteil der Zeit für Maschine einrichten und auswechseln des Werkzeuges, sowie die Zeit für das Umspannen des Rades hinzu. Diese beträgt:

a) für Maschine Einrichten (inkl. erstmaliges Aufspannen des Rades) . . . . 30 bis 50 min

b) für Werkzeug wechseln . . . . 5 „ 7 „

c) für Umspannen des Rades beim Schruppen . . . . . . 0,5 „ 2 „

d) für Umspannen und Hineinrichten des Rades beim Schlichten . . . . 1 „ 3 „

Gang	Schnitte p. Min.	Sekunden p. Schnitt
1	30	2
2	38	1,58
3	46	1,304
4	62	0,968
5	77	0,779
6	95	0,632
7	119	0.504
8	146	0,411
9	180	0,333

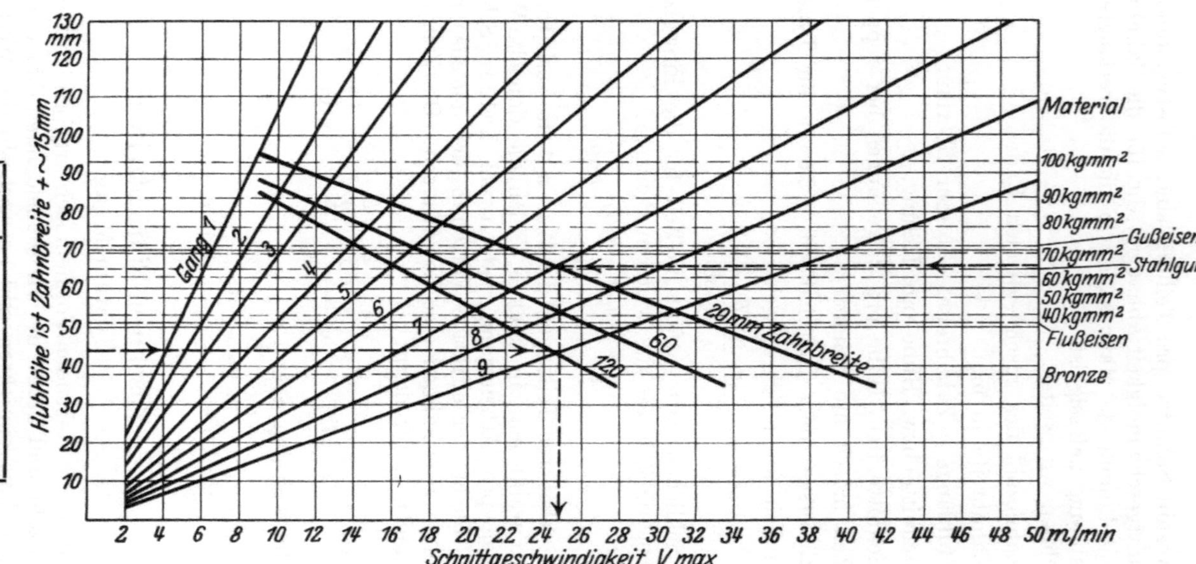

Abb. 99. Kurventafel für die Wahl des Ganges nach der Hubböhe und der maximalen Schnittgeschwindigkeit auf der Maag-Zahnradhobelmaschine Type AS_1 für Schruppen.

Das Kurvenblatt, Abb. 99, gibt für die Type AS_1 den Zusammenhang zwischen max. Schnittgeschwindigkeit, Hubhöhe und Gang bzw. Schnitte/min. Drei weitere Kurven geben Anhaltspunkte über die Wahl der max. Schnittgeschwindigkeit für die in Betracht kommenden Materialien.

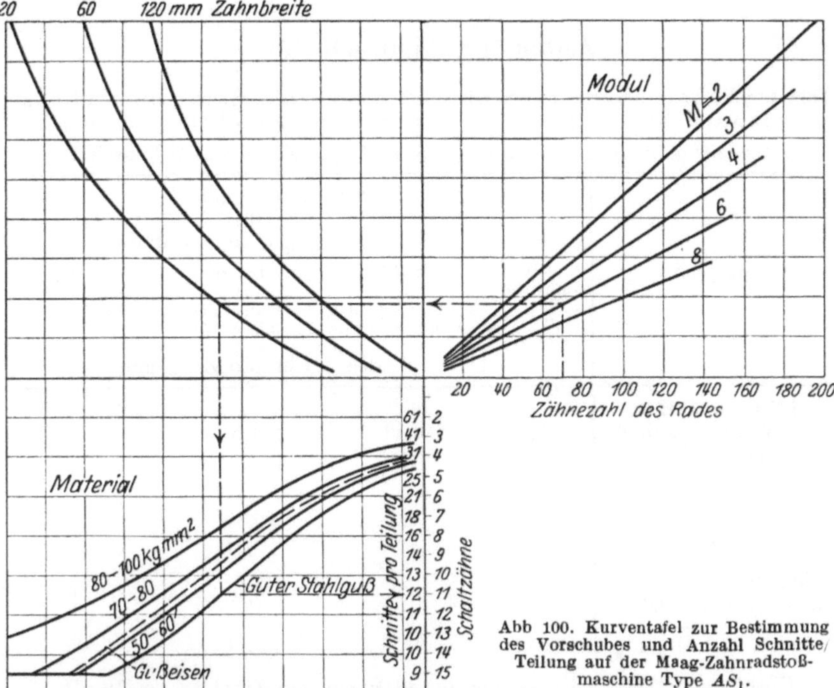

Abb 100. Kurventafel zur Bestimmung des Vorschubes und Anzahl Schnitte/ Teilung auf der Maag-Zahnradstoßmaschine Type AS_1.

Das Kurvenblatt, Abb. 100, gibt für die Type AS_1 den Vorschub, bzw. die Anzahl Schaltzähne des 90 zähnigen Schaltrades in Abhängigkeit von Zähnezahl, Modul, Zahnbreite und Material an. Ferner die Anzahl Schnitte für eine Teilung, entsprechend dem Vorschub.

Die Werte der Kurvenblätter, Abb. 99 und 100, ergeben selbstverständlich nur Durchschnittswerte.

Die Zeiten für das Aufspannen des Rades können aus der Tabelle 58 entnommen werden.

Maschinen-Einrichtzeiten.

Systeme Bilgram und Fellow sowie Oerlikon und Cleason.

Nach dem Abwälzverfahren inkl. ersten Span anstellen gelten folgende Zeiten:

a) Für Kegelräder:
System Bilgram 45 bis 60 min.

b) Für Stirnräder:
System Bilgram 30 min.
„ Fellow 20 bis 30 min.

Nach dem Kopierverfahren.

Für Kegelräder:

System Oerlikon
„ Cleason } 35 bis 50 min.

Für Schnittanstellen kann 0,5 bis 1 min gerechnet werden.

Zeiten für Stähleschleifen.

Tabelle 93. Zeittabelle für Stähleschleifen (inkl. Stahl ein- und ausspannen) auf Bilgram-Stirn- und Kegelradhobelmaschinen.

Schleifzeit in min pro Zahn bei Zahnrädern bis 50 mm Zahnbreite.

Material	Ein Zahnrad mit Zähnezahl	Als Grundlage gilt:		
		erforderlich ist bei Modul		
		bis 2,75	bis 6	bis 10
		$3 \times$ **Stahlschleifen** à 2,5 min = 7,5 min	$3 \times$ **Stahlschleifen** à 3,5 min = 10,5 min	$4 \times$ **Stahlschleifen** à 3,5 min = 14 min
		dies ergibt pro Zahn min:		
S.M.Fl. u. S.M.St. bis 60 kg Festigkeit und Gußeisen	40	0,19	0,26	0,35
S.M.St. 60 bis 75 kg Festigkeit und Stahlguß	30	0,25	0,35	0,47
Chr.N.St. und S.M.St. über 75 kg Festigkeit	25	0,3	0,42	0,56
Bronze und Messing	50	0,15	0,21	0,28

Über 50 mm Zahnbreite kommt für je 10 mm ein Zuschlag von 10 vH.

1. Beispiel: Ein Stirnrad, 40 mm breit, 60 Zähne, Mod. 5, Mat.: S.M.St.,
70 kg Festigkeit, Zähne vorgefräst, auf der Bilgram-Stirnradhobelmaschine Nr. 1
den Zahngrund mit 1 Schnitt und die Zahnflanken mit je 2 Schnitten hobeln.

Der Stahlauslauf sei mit 15 mm angenommen.

Die Hublänge $h = 40 + 15 = 55$ mm .

Der Vorschub beträgt:

a) für das Hobeln des Zahngrundes: $s_F = 0,2$ mm ,

b) für das Hobeln der Zahnflanken: $s_F = 0,3$ mm für den 1. Schnitt,

$$s_F = 0,25 \text{ mm für den 2. Schnitt.}$$

Die Flankenlänge ist lt. Tabelle 92: $Fl = 11,35$ mm .

Die Kreisbogenlänge ist lt. Tabelle 91: $S = 12,73 \cdot 5 = 63,65$ mm .

Die Bearbeitung erfolgt lt. Tabelle 84, bei 55 mm Hublänge, auf Stufe c .

Die Doppelhubzahl pro Minute beträgt lt. Tabelle 84 auf Stufe c: $n = 85$.

Der Vorschub pro Stößelhub für das Hobeln des Zahngrundes wird nach der
Formel III) berechnet und beträgt:

$$s = \frac{s_F \cdot S}{Z \cdot Fl} = \frac{0,2 \cdot 63,65}{60 \cdot 11,35} = \sim 0,0189 \text{ mm} .$$

Die Laufzeit für das Hobeln des Zahngrundes wird nach Formel XII) berechnet und beträgt:

$$T = \frac{S}{s \cdot n} = \frac{63,65}{0,0189 \cdot 85} = \ldots \ldots \ldots \sim 39,6 \text{ min}$$

Die Laufzeit für das Hobeln der Zahnflanken wird nach Formel XIII) berechnet und beträgt:

für den 1. Schnitt
$$T = \frac{Fl \cdot 2 \cdot Z}{n \cdot s_F} \cdot x = \frac{11,35 \cdot 2 \cdot 60}{85 \cdot 0,3} \cdot 1 = \ldots \ldots \sim 53,4 \text{ „}$$

„ „ 2. „
$$T = \frac{Fl \cdot 2 \cdot Z}{n \cdot s_F} \cdot x = \frac{11,35 \cdot 2 \cdot 60}{85 \cdot 0,25} \cdot 1 = \ldots \ldots \sim 64,1 \text{ „}$$

Einrichten der Maschine . . . . 30,0 „
Auf- und Abspannen des Rades lt. Tabelle 58 . . . . 5,0 „
Stähle schleifen, einspannen und Späne anstellen lt. Tabelle 93
pro Zahn 0,35 min. Dies ergibt für 60 Zähne: $T = 35 \cdot 60 = $ . . . 21,0 „

Summa 213,1 min.

Die Anzahl der Vorschubzähne am Sperrad betragen:

1. Beim Hobeln des Zahngrundes nach Formel X)

$$Zr = \frac{s}{0,00175} = \frac{0,0287}{0,00175} = \sim 16 \text{ Zähne.}$$

2. Beim Hobeln der Zahnflanken für den 1. Schnitt nach Formel IX)

$$Zr = \frac{s_F \cdot S}{Z \cdot 0,00175 \cdot Fl} = \frac{0,3 \cdot 63,65}{60 \cdot 0,00175 \cdot 11,35} = \sim 16 \text{ Zähne.}$$

Bei 16 Zähnen und einer gewählten Exzenterstellung von 18 mm beträgt lt. Tafel V die Kulissenstellung: 71 mm;

3. Beim Hobeln der Zahnflanken für den 2. Schnitt nach Formel IX)

$$Zr = \frac{s_F \cdot S}{Z \cdot 0,00175 \cdot Fl} = \frac{0,25 \cdot 63,65}{60 \cdot 0,00175 \cdot 11,35} = \sim 14 \text{ Zähne.}$$

Bei 14 Zähnen und einer gewählten Exzenterstellung von 18 mm beträgt lt. Tafel V die Kulissenstellung: 85 mm.

2. Beispiel: Ein Kegelrad, 45 mm breit, 30 Zähne, Mod. 6, Zähne vorgefräst, Mat.: S.M.St, 70 kg Festigkeit auf der Bilgram-Hobelmaschine Nr. 3, Type AKH_1 mit 1 Schnitt am Zahngrund und 2 Schnitten an den Zahnflanken hobeln.

Die Distanz beträgt: 125 mm.
Der Stahlauslauf: 15 mm.
Die Hublänge $h = 45 + 15 = 60$ mm.

Der Vorschub beträgt:

a) für das Hobeln des Zahngrundes: $s_F = 0,25$ mm,
b) für das Hobeln der Zahnflanken: $s_F = 0,35$ mm für den 1. Schnitt,
$$s_F = 0,25 \text{ mm für den 2. Schnitt.}$$

Die Flankenlänge ist lt. Tabelle 92: $Fl = 13,55$ mm.
Die Kreisbogenlänge ist lt. Tabelle 91: $S = 9,058 \cdot 6 = 54,348$ mm.
Die Bearbeitung erfolgt lt. Tabelle 88, bei 60 mm Hublänge, auf Stufe c.
Die Doppelhubzahl pro min beträgt lt. Tabelle 88 auf Stufe c: $n = 75$.
Der Vorschub pro Stößelhub für das Hobeln des Zahngrundes beträgt nach der Formel III):

$$s = \frac{s_F \cdot S}{Z \cdot Fl} = \frac{0,25 \cdot 54,348}{30 \cdot 13,55} = 0,0334 \text{ mm.}$$

Die Laufzeit für das Hobeln des Zahngrundes beträgt nach Formel XII):

$$T = \frac{S}{s \cdot n} = \frac{54{,}348}{0{,}0334 \cdot 75} = \quad \ldots \ldots \ldots \quad \sim \quad 21{,}7 \text{ min}$$

und für das Hobeln der Zahnflanken nach der Formel XIII)
für den 1. Schnitt:

$$T = \frac{Fl \cdot 2 \cdot Z}{s_F \cdot n} \cdot x = \frac{13{,}55 \cdot 2 \cdot 30}{0{,}35 \cdot 75} \cdot 1 = \quad \ldots \ldots \quad \sim \quad 31{,}0 \text{ „}$$

für den 2. Schnitt:

$$T = \frac{Fl \cdot 2 \cdot Z}{s_F \cdot n} \cdot x = \frac{13{,}55 \cdot 2 \cdot 30}{0{,}25 \cdot 75} \cdot 1 \quad \ldots \ldots \quad \sim \quad 43{,}4 \text{ „}$$

Einrichten der Maschine . . . . 50,0 „
Auf- und Abspannen des Rades lt. Tabelle 58 . . . . 4,0 „
Stähle schleifen, einspannen und Späne anstellen lt. Tabelle 93
pro Zahn 0,35 min. Dies ergibt für 30 Zähne: $T = 0{,}35 \cdot 30 = $ . . 10,5 „

Summa 160,6 min.

Die Einstellung der Schaltscheibe beim Hobeln der Zahnflanken erfolgt für
den 1. Schnitt bei einem Vorschub

$$s_1 = \frac{0{,}35 \cdot 54{,}35}{30 \cdot 13{,}55} \sim 0{,}0467 \text{ mm pro Stößelhub,}$$

auf die Distanz von 125 mm bezogen, lt. lg. Tafel IV für die Type AKH_1
in Nr. 8.

Für den 2. Schnitt sowie für das Hobeln des Zahngrundes, bei einem
Vorschub

$$s_1 = \frac{0{,}25 \cdot 54{,}35}{30 \cdot 13{,}55} \sim 0{,}0334 \text{ mm pro Stößelhub,}$$

bei 125 mm Distanz in Nr. 7.

3. Beispiel: 5 Stirnräder mit Innenverzahnung, 60 mm breit, 65 Zähne,
Mod. 5,5. — Material: S.M.Fl., 50 kg Festigkeit auf der Zahnradstoßmaschine S_1
mittels Schneidrad mit je 1 Schrupp- und Schlichtschnitt stoßen.

Die Schnittgeschwindigkeit beträgt lt. Tabelle 82: $V_{max} = 28$ m/min. Dies
entspricht bei einer Hublänge $h = 60 + 25 = 85$ mm lt. Abb. 97 einer Hubzahl
$n = 119$/min.

Der Vorschub Stößelhub beträgt 0,15 mm oder in Stößelhüben/Umdrehung
des Schneidrades ausgedrückt, lt. Abb. 95 bei $Z_s = 14$ bzw. $Dt_s = 77 : ns = 1540$ Umdr.

Die Maschinkonstante $K_s = 0{,}0478$.

Mithin beträgt die Laufzeit für das Stoßen der Zähne bei 2 Rundgängen
nach Formel XVIII) pro Rad:

$$T = \frac{Zt}{K_s \cdot n} + \frac{ns \cdot Z}{n \cdot Z_s} \cdot x = \frac{11{,}8}{0{,}0478 \cdot 119} + \frac{1540 \cdot 65}{119 \cdot 14} \cdot 2 = 2 + 120 = 122 \text{ min}$$

Einrichten der Maschine 30 min, daher pro Rad $\dfrac{30}{5} = $ . . . 6 „

Auf- und Abspannen des Rades lt. Tabelle 58 . . . . 5 „

Summa 133 min pro Rad.

4. Beispiel: 10 Stirnräder auf Maag-Zahnradhobelmaschine AS_1 mit je
1 Schrupp- und Schlichtschnitt stoßen.

$Z = 50$. $M = 4$. $Z_b = 55$ mm. Material = S.M.St. von 60 kg Festigkeit.
$h = Z_b + 15 = 55 + 15 = 70$ mm. $V_{max} = $ Verfolge von $K_z = 60$, der Abb. 99,

die Wagrechten bis zum Schnittpunkt mit der Kurve „Zahnbreite = 60 mm", von da nach abwärts bis zur Skala Schnittgeschwindigkeit V_{max} und lese daselbst für $V_{max} = 20{,}7$ m/min ab.

Bringe hierauf den Wert $V_{max} = 20{,}7$ zum Schnitt mit $h = 70$, woraus sich Gang 6 zu $t = 0{,}632$ sek/Schnitt ergibt.

Die Wahl des Vorschubes ergibt sich aus dem Kurvenblatt, Abb. 100.

Bringe $Z = 50$ mit $M = 4$ zum Schnitt, verfolge von diesem Schnittpunkt die Abszisse bis zum Schnittpunkt mit der Kurve für Zahnbreiten $Z_b = 55$, von da die Ordinate bis zur Materialkurve $K_z = 50$ bis 60 und lese in Verfolgung dieses Schnittpunktes auf der Ordinate $n_1 = 18$ Schnitte/Teilung = 7 Schaltzähne ab.

Bei $Z = 50$ beträgt die für die Einwälzung in Betracht kommende Anzahl Zähne nach dem Kurvenblatt, Abb. 98 . . . . . . $E = 6{,}7$ Zähne, und mithin

   a) die Zeit für den Schruppschnitt Formel XXII):

$$T = \frac{(n_1 \cdot t + R) \cdot Z + E \cdot n_1 \cdot t}{60} = \frac{(18 \cdot 0{,}632 + 2{,}5) \cdot 50 + 6{,}7 \cdot 18 \cdot 0{,}632}{60} =$$

$$= \frac{13{,}87 \cdot 50 + 76{,}2}{60} = \frac{769{,}7}{60} = \ldots \ldots \ldots \ldots \sim 12{,}85 \text{ min}$$

   b) für den Schlichtschnitt Formel XXIII):

Nehmen wir wieder Gang 6 zu $t = 0{,}632$ sek/Schnitt und erhöhen die Schaltzähnezahl um ca. 30 vH, d. i. $7 \cdot 1{,}35 = 9$ Schaltzähne, woraus sich $n_1 = 14$ Schnitte pro Teilung ergibt, also

$$T = \frac{(n_1 \cdot t + R) Z}{60} = \frac{(14 \cdot 0{,}632 + 2{,}5) 50}{60} = \frac{567{,}5}{60} = \ldots \sim 9{,}45 \text{ min}$$

   c) Für Maschine einrichten 60 min,

daher pro Rad $\dfrac{60}{10} = \ldots \ldots \ldots \ldots \ldots \ldots$ 6,00 „

   d) Für 1 mal Werkzeug wechseln 5 min,

daher pro Rad $\dfrac{5}{10} = \ldots \ldots \ldots \ldots \ldots$ 0,50 „

   e) Für 2 maliges Aufspannen des Rades

(Schruppen und Schlichten) . . . . 2,50 „

Summa   31,30 min.

5. Beispiel: Den Einfluß der **doppelten Wälzung** auf die Bearbeitungszeit zeigt nachstehende Berechnung für den Schruppschnitt eines Stirnrades von:

$Z = 110$; $M = 2$; $Z_b = 30$ mm;   Material = S.M.St.; $K_z = 50$ kg Festigkeit; $h = Z_b + 15 = 30 + 15 = 45$ mm; daraus ergibt sich lt. Kurvenblatt, Abb. 101, eine Schnittgeschwindigkeit $V_{max} = 29$ m/min, dem entspricht Gang 9, zu $t = 0{,}333$ sek pro Schnitt.

Für den Vorschub erhält man bei einfacher Wälzung aus dem Kurvenblatt Abb. 102 = 14 Schaltzähne, also $n_1 = 10$ Schnitte pro Teilung. Die Einwälzzähnezahl beträgt bei 110 Zähnen lt. Kurvenblatt, Abb. 100: $E = 9{,}8$ Zähne.

Mit diesem Wert ergibt sich:

   a) die Zeit für den Schruppschnitt bei **einfacher** Wälzung Formel XXII):

$$T = \frac{(n_1 \cdot t + R) Z + E \cdot n_1 \cdot t}{60} = \frac{(10 \cdot 0{,}333 + 2{,}5) 110 + 9{,}8 \cdot 10 \cdot 0{,}333}{60} = \ldots 11{,}23 \text{ min.}$$

   b) die Zeit für den Schruppschnitt bei **doppelter** Wälzung Formel XXIII):

Für die **doppelte** Wälzung wird der Vorschub $\dfrac{14}{2} = 7$ Schaltzähne,

also $n_2 = 18$ Schnitte pro Teilung, demnach:

$$T = \frac{(n_2 \cdot t + R) \dfrac{Z}{2} + \dfrac{E}{2} \cdot n_2 \cdot t}{60} = \frac{(18 \cdot 0{,}333 + 2{,}5) \dfrac{110}{2} + \dfrac{9{,}8}{2} \cdot 18 \cdot 0{,}333}{60} = . \sim 7{,}83 \text{ min.}$$

In diesem für doppelte Wälzung besonders günstigen Falle beträgt die Ersparnis an Schnittzeit $\sim 30{,}25$ vH.

5. Die Stirnradschleifmaschine System Maag.

Diese Maschinen dienen zum Schleifen der Evolventenflanken gehärteter Stirnräder, um die beim Schneiden erzeugten Teilungs- und

Abb. 101. Stirnrad-Schleifmaschine (M. Maag, Zürich)

Profilfehler und besonders die durch die Wärmebehandlung hervor-
gerufenen Deformatio·
nen zu beseitigen.

Die Maag-Schleif-
maschine arbeitet, ab-
weichend von allen an-
deren bekannten Zahn-
radschleifmaschinen, mit
zwei tellerförmigen
Schleifscheiben, von
denen nur der äußer-
ste schmale Rand wirk-
sam . ist. Die beiden
Scheiben bilden einen
Zahn einer Zahnstange
mit 15° Flankenwinkel,
an welchem sich das
zu schleifende Rad ab-
wälzt (Abb. 102).
Um ein Dickerwer-

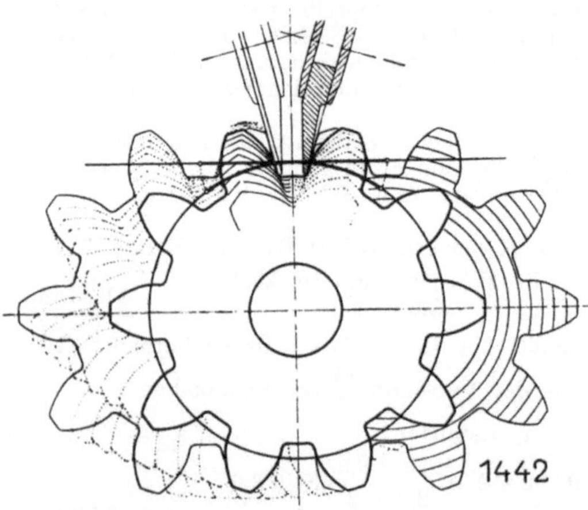

Abb. 101a. Schematische Darstellung der Abwälzung beim
Schleifen der Zahnflanken auf der Maag-Stirnrad-
schleifmaschine.

den der Zahnstärke durch Abnützung der Schleifscheiben zu verhindern und die Schleifscheiben stets im richtigen Abstand zu erhalten,
ist an den Maag-Schleifmaschinen ein mit einem flachgeschliffenen Diamant versehener Fühlhebel (Abb. 102) angebracht, der den schmalen Rand der Schleifscheiben in Abständen von zirka 6 sek abtastet und die Scheifscheiben automatisch um den Betrag der Abnützung wieder in ihre Lage bringt.

Diese Einrichtung ermöglicht die Bearbeitung großer, breiter Räder oder ganzer Serien von Rädern, mit stets gleichbleibender Genauigkeit.

Die Wälzbewegung erfolgt durch Abrollen eines Zylinders an gespannten Stahlbändern.

Die Teilbewegung erfolgt automatisch jeweils nach dem Schleifen eines Zahnes und zwar nach ein- oder zweimaligem Durchgang der Schleifscheiben, je nach Einstellung.

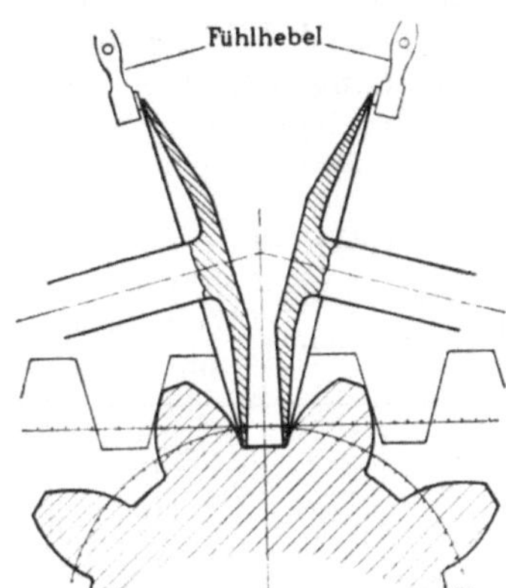

Abb. 102. Schematische Darstellung der automatischen Nachstellung der Schleifscheiben auf Zahnbreite (M. Maag, Zürich).

Bestimmung der Schleifzeit.

Bei der Bestimmung der Schleifzeit ist in erster Linie der verlangte Genauigkeitsgrad der Verzahnung zu berücksichtigen, da dieser für die Größe des Längsvorschubes und der Wälzung ausschlaggebend ist; so z. B. bei Räder für Automobilgetriebe oder Werkzeugmaschinen, die mit einer Teilungsgenauigkeit von ca. 0,007 mm hergestellt werden müssen.

Ferner die Hublänge = Zahnbreite + Scheibenauslauf, die erforderliche Anzahl Schnitte, die einerseits von der Schleifzugabe, anderseits von der durch das Härten aufgetretenen Wärmeverziehung abhängig sind und die Güte der verwendeten Schleifscheiben.

Die Materialzugabe für das Schleifen beträgt, je nach Größe des Rades, ca. 0,05 bis 0,08 mm pro Zahnflanke. Dieser Betrag wird gewöhnlich durch einen Schrupp- und einen schwachen Schlichtspan abgehoben. Räder mit sehr großer Umfangsgeschwindigkeit bei hoher Belastung erfordern höchste Präzision der Verzahnung, deshalb wird zwischen dem Schrupp- und Schlichtschliff ein sogenannter Federschliff eingeschaltet, wobei die Scheibe ohne Nachstellung nur durch den Druck ihrer Federung wirkt.

Die Schnittgeschwindigkeit der Schleifscheibe beträgt durchschnittlich $V = 22$ bis 32 m/sek. Als günstigster Wert hat sich etwa $V = 27$ m/sek ergeben.

Wirtschaftlich wird man beim Schruppschnitt mit rascher Wälzung und großem Vorschub, beim Schlichtschnitt dagegen, je den Anforderungen hinsichtlich Präzision und unter Berücksichtigung der

Dimensionierung des Rades, mit entsprechend kleinerer Wälzung und Vorschub arbeiten.

Bei der Maag-Schleifmaschine Type SSl stehen beispielsweise 4 Wälz- und 4 Vorschubgeschwindigkeiten zur Verfügung, deren Zusammenhang zwischen Wälzung und Vorschub in der Tabelle 94 veranschaulicht ist.

Tabelle 94.

Wälzung	Hubscheibe Umdr./min	Einfache Wälzungen pro min	Vorschubgang	Vorschub in mm für eine einfache Wälzung	Vorschübe S in mm pro min				Wälzung
					Vorschubgänge				
					1	2	3	4	
1	27	54	1	1,188	64	82	116	134	1
2	39	78	2	1,525	93	119	168	193	2
3	55	110	3	2,150	131	168	237	272	3
4	80	160	4	2,470	190	244	344	396	4

Die Größe des Zuschlages für den Auslauf der Schleifscheibe ist vom Modul bzw. der Zahntiefe und vom Schleifscheibendurchmesser abhängig und kann aus dem Kurvenblatt, Abb. 103, entnommen werden.

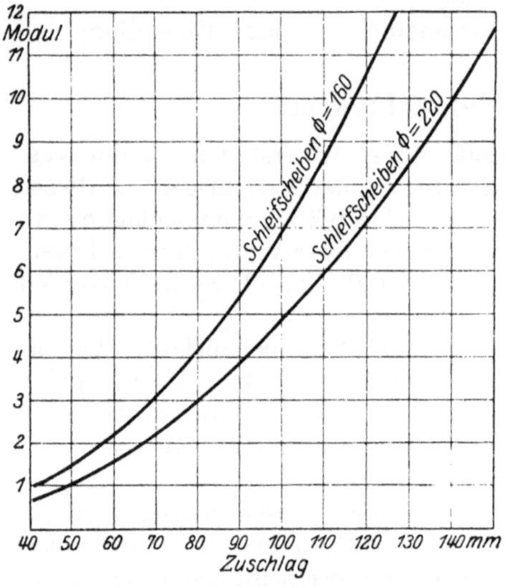

Bezeichnen wir:

Z = Zähnezähl des Rades.

H = erforderliche Tischbewegung in mm = $Z_b + \delta$.

Z_b = Zahnbreite.

δ = Zuschlagswert für den Auslauf der Schleifscheibe.

S = Tischvorschub mm/min.

U = Umspannzeit.

A = Zeitanteil für Einrichten der Maschine, Abdrehen der Schleifscheiben usw.

k = Teilen nach ein- oder zweimaligem Durchgang der Schleifscheiben durch das Werkstück, daher $k = 1$ oder 2.

S = Vorschub in mm/min für den lt. Tabelle 94 gewählten Vorschubgang und Wälzung.

Abb. 103. Kurventafel zur Bestimmung des Zuschlagwertes für den Auslauf der Schleifscheibe.

$$T = \frac{H}{S} \cdot Z \cdot k + U + A \ \text{min/Schliff.}$$

Wenn in einer Aufspannung mehrere Schliffe (Schruppen und Schlichten) nacheinander ausgeführt werden, so ergibt sich für die Schleifzeit:

$$T = \left(\frac{k}{S} + \frac{k}{S} + \text{usw.} \right) H \cdot Z + U + A \ \text{min.}$$

Für U und A gelten nachstehende Werte:

Einrichten der Maschine . . . . 60 bis 80 min
Umspannen des Werkstückes . . . . 0,5 „ 2 „
Abrichten beider Schleifscheiben seitlich und außen . . . . . 1,5 „ 3 „

Beispiel: Schleifen von 10 Straßenbahnritzel mit je 1 Schrupp- und Schlichtschliff. $Z = 18$, $Z_b = 120$ mm, $M = 8$, Material: Chromnickelstahl gehärtet.

Wir wählen laut Tabelle 94:

Für den Schruppschliff: Wälzung 3, Vorschubgang 3, $S_1 = 237$ mm/min.
Für den Schlichtschliff: „ 3, „ 2, $S_2 = 168$ „
Ferner für beide Schliffe, beiderseitige Teilung $k = 1$.

Der erforderliche Tischvorschub H beträgt nach Abb. 103 (Schleifscheiben-$\varnothing = 220$ mm):

$$H = Z_b + \delta = 120 + 125 = 245 \text{ mm}.$$

Die Zeit für das Einrichten der Maschine mit 80 min angenommen ergibt pro Rad $\dfrac{80}{10} = 8{,}0$ min und für ein einmaliges Abrichten der beiden Schleifscheiben pro Rad 2 min. Ferner für das Umspannen des Werkstückes 2 min.

Mithin für U und A zusammen ~ 12 min und für die gesamte Schleifzeit pro Rad:

$$T = \left(\frac{k}{S_1} + \frac{k}{S_2} \right) \cdot H \cdot Z + U + A = \left(\frac{1}{237} + \frac{1}{168} \right) \cdot 245 \cdot 18 + 12 = \sim 57 \text{ min.}$$

IV. Das Akkordieren von Handarbeiten.

1. Schlosserarbeiten.

Die richtige Ermittlung der Arbeitsdauer für Schlosserarbeiten bildet unstreitig eine der schwierigsten Aufgaben der Vorkalkulation.

Während man für Arbeiten die auf einer Maschine ausgeführt werden, unter Zugrundelegung der Schnittgeschwindigkeit (Umdrehungen) und Vorschub, die Laufzeiten ohne weiteres berechnen kann, erfordert das Akkordieren von Handarbeiten langes Zeitstudium und falls nicht schon genügend Unterlagen vorhanden sind, die ein Anlehnen an gleiche oder ähnliche Arbeiten gestatten, so ist der Kalkulationsbeamte oder Werkmeister in den meisten Fällen auf reine Schätzung angewiesen. Es steht unstreitig fest, daß zur Vorherbestimmung der Bearbeitungszeiten von Schlosser- und Montagearbeiten bzw. allen Handarbeiten nur erstklassige Fachleute (ältere Schlossermeister), die über reiche praktische Erfahrungen in der betreffenden Branche verfügen, herangezogen werden sollen.

Wohl lassen sich, wie nachstehend gezeigt wird, gewisse, sich stets wiederholende Arbeiten, wie: Meißeln, Feilen, Tuschieren, Gewindeschneiden usw., normalisieren bzw. in Tabellen fassen, die dann für die Vorkalkulation recht gute Unterlagen bieten. Da sich jedoch nicht alle Schlosserarbeiten tabellarisch zusammenfassen lassen, so müssen speziell bei Einzelanfertigung die Bearbeitungszeiten von Fall zu Fall geschätzt oder nach empirischen Formeln bestimmt bzw. bei Massen- oder Serienherstellung durch systematische Zeitstudien ermittelt werden.

Um nun annähernd genaue Bearbeitungszeiten zu erhalten, ist es bei allen Arbeiten in der Schlosserei unbedingt notwendig, diese in Einzeloperationen zu zerlegen, die erforderlichen Handgriffe und Nebenarbeiten zu bestimmen und die hiefür erforderlichen Zeiten getrennt zu kalkulieren oder, wenn es angeht, aus Tabellen zu entnehmen.

Des weiteren muß stets überlegt werden, ob und wie oft z. B. bei Montage oder Teilmontage die einzelnen Maschinenteile infolge genauer Paßflächen usw. an- bzw. abgeschraubt und angepaßt werden müssen. Die für das An- bzw. Abschrauben erforderliche Zeit ist außer vom Gewicht des hochzuhebenden Körpers, auch von der Art und Anzahl der Befestigungsschrauben abhängig.

Für das Hochheben des Werkstückes kann die Tabelle 71 verwendet werden.

Für das An- und Abschrauben können die Werte aus Tabelle 95 und 96 entnommen werden.

Tabelle 95.
Zeittabelle in Sekunden für das Einziehen von Stehbolzen.

Gewinde- länge in mm	Metrisches Gewinde DIN 13 und 14									
	3–3,5	4—5	6	8	9	12	14	16	18	20
	Whitworth-Gewinde DIN 12									
	$1/8$	$3/16$	$1/4$	$5/16$	$3/8$	$7/16$	$1/2$	$5/8$	$3/4$	1
10	36	36	39	39	42	42	45	45	48	48
15	39	39	42	42	45	45	48	48	51	51
20			45	45	48	48	51	51	54	54
25			48	48	51	51	54	54	57	57
30					54	54	57	57	60	60
35							60	60	63	63
40									66	66
45										69
50										72

Bei sperrigen und unhandlichen Stücken erfolgt ein Zuschlag von 50 vH und darüber, je nach Art des Werkstückes.

Tabelle 96. Zeittabelle in Sekunden für das Einsetzen von Kopfschrauben und Festziehen der Muttern.

Schaftlänge in mm	3–3,5	4,5–5	6	8	9–10	11–12	14	16	20	24
	$1/8''$	$3/16''$	$1/4''$	$5/16''$	$3/8''$	$7/16''$	$1/2''$	$5/8''$	$3/4''$	$1''$
25	27	29	31	33	35	37	39	41	43	45
50	28	30	32	34	36	38	40	42	44	46
100			34	36	38	40	42	44	46	48
150			36	38	40	42	44	46	48	50
200					42	44	46	48	50	52
250					44	46	48	50	52	54
300							50	52	54	56
350							52	54	56	58
400									58	60
450									60	62

Bei sperrigen und unhandlichen Stücken erfolgt ein Zuschlag von 50 vH und darüber, je nach Art des Werkstückes.

Bei einem nach vorgenannten Gesichtspunkten behandelten Werkstück wird auch die kalkulierte Zeit in der Regel stimmen oder nur ganz geringe Abweichungen in der Bearbeitungszeit ergeben. Hingegen wird bei der Bestimmung der Bearbeitungszeit ohne Unterteilung der Arbeit in Einzeloperationen und Handgriffe die kalkulierte Zeit in den seltensten Fällen mit der tatsächlich verbrauchten Zeit übereinstimmen.

Ein Akkordieren, bezogen auf Dreherlöhne, Gewicht oder Abmessung des Werkstückes hält der Verfasser nicht für richtig, da die Bearbeitungszeit in der Schlosserei nicht vom Gewicht bzw. von den Abmessungen allein, geschweige denn von den gezahlten Dreherlöhnen abhängig sein kann.

Wohl muß, wie bereits erwähnt, das Gewicht bzw. die Abmessung des Werkstückes bei der Zeitberechnung mit in Rechnung gezogen werden, da die für die Nebenarbeiten und Handgriffe erforderlichen Zeiten von obigen Faktoren abhängig sind, doch ist in erster Linie die Genauigkeit, die Größe der zu bearbeitenden Flächen (Paß- und Tuschierflächen) sowie die Art und Anzahl der Verschraubungen usw. für die Zeitberechnung ausschlaggebend.

In den letzten Jahren werden, speziell bei Massen- oder Serienherstellung von Einzelteilen, die genauen Bearbeitungszeiten, die Griff- und Nebenzeiten durch Zeitstudien[1] ermittelt. Es sei nochmals darauf hingewiesen, daß das Zeitstudium das einzig richtige Verfahren darstellt, um einwandfreie Zeiten zu ermitteln und daß die so ermittelten und tabellarisch zusammengestellten Werte der Vorkalkulation unschätzbare Dienste leisten. Zur Bestimmung der Zeiten sind die Arbeiten nach Möglichkeit in einzelne Stufen und Handgriffe zu zerlegen und die dafür aufgewendeten Zeiten mit der Uhr zu stoppen, wobei aber, um ein genaues Bild zu erhalten, ein und derselbe Vorgang an einer größeren Anzahl gleicher Stücke gemessen werden muß.

Bei der Festsetzung der Fertigungsdauer, auf Grund der verschiedenen Zeitmessungen der einzelnen Arbeitsstufen, darf man nicht vergessen, daß der Arbeiter nicht imstande ist, längere Zeit in dem gleichen Tempo zu arbeiten, wie er dies während einer verhältnismäßig kurzen Beobachtungsdauer vermag. In allen Fällen, in welchen die Zeitstudien nicht zumindest auf einen ganzen Tag ausgedehnt wurden, ist zu den ermittelten Zeiten ein entsprechender Ermüdungszuschlag[2] und je nach den Betriebsverhältnissen ein Zuschlag für Zeitverluste[2] zu machen.

Im nachstehenden sind zur Berechnung der Bearbeitungszeiten einige lg. Tafeln und Zeittabellen angeführt, deren Angaben jedoch Mittelwerte darstellen, die stets den jeweiligen Betriebsverhältnissen angepaßt werden müssen und infolgedessen bei der Kalkulation bzw. Aufstellung neuer Tabellen nur als Anhalt dienen mögen.

---

[1] Siehe Michel: Wie macht man Zeitstudien? Berlin: Julius Springer.
[2] Ermüdungszuschläge und Zeitverluste werden in der Auflage separat behandelt.

A. Meißeln und Feilen.

Die aufzuwendende Zeit ist jeweils abhängig von der Breite und Länge der zu bearbeitenden Fläche, von Festigkeit und Härte des Materials, sowie von der Art der Bearbeitung (ob Grobfeilen mit noch sichtbaren Meißelspuren oder Sauberfeilen und Schlichten) abhängig.

Da mit der Breite der Fläche die Schwierigkeit der Bearbeitung wächst, so muß auch der Zeitwert pro cm^2 Fläche mit der Breite derselben größer werden. Der Zeitwert pro Flächeneinheit wächst jedoch nicht im gleichen Verhältnis mit der zunehmenden Breite der zu bearbeitenden Fläche, sondern nur um einen bestimmten Prozentsatz, der sich durch praktische Versuche leicht bestimmen läßt.

Die in der lg. Tafel VI (siehe Anhang) auf der Ordinate angeführten Zeitwerte wurden praktisch erprobt und gelten für je 1 cm bearbeiteter Länge bei einer Breite von 1 bis 10 cm. Über 10 cm Breite bleiben die Werte konstant.

Um den Zeitwert für das Abrichten einer Fläche von 1 cm Länge bei x cm Breite zu bestimmen, bringe man den Wert für die Breite der Fläche mit der unter 45^0 geneigten und für das Material sowie für die Bearbeitungsart gültigen Geraden zum Schnitt und lese den Zeitwert auf der Ordinate ab. Hiebei gelten die unter 45^0 geneigten „voll" ausgezogenen Geraden für Meißeln und rohes Feilen (mit noch sichtbaren Meißelspuren) und die „strichliert" gezeichneten Geraden für Meißeln und Sauberfeilen (Schlichten).

Für Meißeln ohne Feilen sind die Werte „Meißeln bei Feilen mit Meißelspuren" mit 0,7 zu multiplizieren.

Die so ermittelten Werte sind nun mit der Länge der zu bearbeitenden Fläche in cm zu multiplizieren. Demnach ist:

$$T = \frac{\text{Tabellenwert} \times \text{Länge in cm}}{60} \text{ min}.$$

Beispiel: Welche Zeit erfordert das Meißeln und Sauberfeilen einer Fläche von 35 mm Breite und 800 mm Länge? Material: Gußeisen.

Lösung: Bringe den Wert $b = 35$ mm $= 3,5$ cm mit der ....-Geraden für Gußeisen zum Schnitt und lese auf der Ordinate den Wert 47 sek ab.
Die Länge $l = 800$ mm $= 80$ cm, folglich

$$T = \frac{\text{Tabellenwert} \times \text{Länge in cm}}{60} = \frac{47 \cdot 80}{60} = 63 \text{ min}$$

reine Arbeitszeit. Zu diesem Wert ist noch ein Ermüdungszuschlag sowie der übliche Zuschlag für Tagesverluste hinzuzurechnen.

Weitere gute Grundlagen für die Zeit zum Abrichten von Flächen geben nachstehende Werte:

1. Für Sauberfeilen ohne Meißeln.

a) Bei rauher Oberfläche . . . . pro cm^2 0,4 min,
b) bei glatter bzw. vorgearbeiteter Oberfläche „ „ 0,15 „
c) für Nasenkeile auf Anzug einpassen . . . „ „ 0,5 „

d) für Fassonkeile bei vorgearbeiteter Oberfläche   pro cm² 0,45 min,

e) für das Aneinanderpassen zweier Flächen

  ist bei a), b), c) und d) ein Zuschlag von   „   „ 0,2   „

zu rechnen.

2. Für das Bemeißeln und Feilen von Zahnflanken.

In der Regel werden die Zähne maschinell bearbeitet. Nur in Ausnahmefällen, wo auf ruhigen Gang und glattes Abrollen der Zahnflanken kein besonderes Gewicht gelegt wird, z. B. bei Winden und Göpeln usw., dann bei Zahnrädern mit großer Teilung, werden die Zähne eingegossen und nach einer Schablone bemeißelt und befeilt. Hierfür kann berechnet werden:

  a) für Meißeln und Feilen bei Stirnrädern   pro cm² 0,45 min,

  b) „   „   „   „   „ Kegelrädern   „   „ 0,5   „

Die Fläche F pro Zahn in cm² berechnet sich annähernd wie folgt:

$$F = \frac{(2 \cdot Fl + Z_l) \cdot Z_b}{100} = \frac{\left(2 \cdot Fl + \dfrac{t}{2,2} \cdot M\right) \cdot Z_b}{100} = \frac{(2 \cdot Fl + 1,42 \cdot M) \cdot Z_b}{100} \ \mathrm{cm}^2,$$

dabei bedeutet:

Fl = Flankenlänge in mm nach Tabelle 92 oder nach den Gleichungen:

$$Fl = \frac{D_a^2 - D_i^2}{4 \cdot D_g} \, \mathrm{mm}, \ \text{wenn} \ D_g < D_i$$

$$Fl = \frac{D_a^2 - D_i^2}{4 \cdot D_g} + D_g - D_i \, \mathrm{mm}, \ \text{wenn} \ D_g > D_i.$$

Z_l = Zahnlücke am Fußkreis in mm $= \sim \dfrac{t}{2,2} = \dfrac{2,2}{3,14} \cdot M = \sim 1,43 \cdot M$

Z_b = Zahnbreite in mm

t = Teilung in mm $= M$

D_a = Kopfkreisdurchmesser in mm $= M \cdot (Z + 2)$

D_t = Teilkreisdurchmesser in mm $= M \cdot Z$

D_i = Fußkreisdurchmesser in mm $= M \cdot (Z - 2 \cdot 3332)$

D_g = Grundkreisdurchmesser in mm $= \cos \alpha \cdot M \cdot Z$

Bei Evolventen-Verzahnung ist $\alpha = 15^0 = 0,966$

daher: $D_g = \cos \alpha \cdot M \cdot Z = \cos 15^0 \cdot M \cdot Z = 0,966 \cdot M \cdot Z \, \mathrm{mm}.$

In der Tabelle 97 ist der Einfachheit halber, da bei der Konstruktion von Zahnrädern die Zahnbreite in der Regel 6 bis 15 M angenommen wird, die Zahnbreite $Z_b = M$ gewählt. Die Werte der Tabellen sind infolgedessen, je nach Zahnbreite, mit 6, 6,5, 7 usw. zu multiplizieren.

Tabelle 97. Zeit in Minuten pro Zahn für Zahnräder aus G.E.

Modul	7	8	9	10	11	12	13	14	15	16	17	18	19	20
Teilung . . .	~22	25,12	28,26	31,4	34,54	37,68	40,82	44,—	47,1	50,24	53,38	56,52	59,66	62,80
T	1,3	1,65	2,—	2,5	2.95	3,45	4,—	4,6	5,25	6,—	6,65	7,35	8,15	9,45
T_1	0,5	0,635	0,75	0,95	1,14	1,32	1,53	1,75	2,—	2,3	2,55	2,8	3,15	3,63
Zahnlücke am Fußkreis . .	10	11,4	12,8	14,2	15,6	17,—	18,5	19,8	21,3	22,7	24,1	25,6	27,—	28,4

T_1 gilt für ganz saubere nach dem Teilverfahren eingeformte bzw. gegossene Zahnräder, wo nur der Gußgrat bemeißelt und die Zahnflanken leicht überfeilt werden müssen.

Für Zahnräder aus St.G. gilt Tabellenwert T bzw. $T_1 + 70$ vH oder Tabellenwert $\times 1{,}7$.

3. Keilnuten und Keile schlichten, Keile einpassen und Nabe aufkeilen.

Tabelle 98. Zeit in Minuten pro cm² Grundfläche = Länge × Breite.

	Nute schlichten	Keil feilen	Keil einpassen Nabe aufkeilen
Nasenkeil	0,4	0,5	1,2
Tangentialkeil	0,3	0,6	1,4

Beispiel: Ein Zahnrad aufkeilen. Keillänge $l = 250$ mm, Keilbreite $b = 30$ mm, die Grundfläche $F = 25 \cdot 3 = 75$ cm².

$$\text{Keilnute schlichten} = 75 \cdot 0{,}4 = \dots \dots \dots \; 30{,}0 \text{ min}$$
$$\text{Keil feilen} = 75 \cdot 0{,}5 = \dots \dots \dots \dots \; 37{,}5 \; "$$
$$\text{Aufkeilen} = 75 \cdot 1{,}2 = \dots \dots \dots \dots \; 90{,}0 \; "$$
$$\text{Summe} \quad 157{,}5 \text{ min.}$$

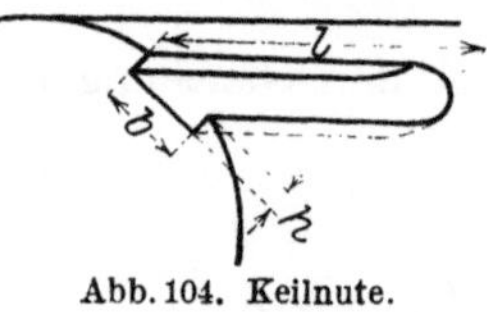
Abb. 104. Keilnute.

4. Keilnuten von Hand meißeln und feilen.
Die Zeit hierfür beträgt pro cm² = 2 min.
Die Fläche $F = \dfrac{(b + 2h) \cdot l}{100}$ cm² (Maße in mm).

Tabelle 99.
Zeittabelle in Minuten für das Einpassen von Federkeilen.

Keil-Dimensionen in mm	Keillänge in mm									
	20	35	50	65	80	95	110	125	140	155
3×5	2	2,2	2,5							
4×6	2,5	2,7	3	3,5						
5×7	3	3,2	3,5	3,8	4	4,3	4,5			
5×8	3,5	3,7	4	4,2	4,5	4,7	5	5,5		
6×10	4	4,2	4,5	4,8	5	5,3	5,5	5,8	6	
7×11	4,5	4,7	5	5,2	5,5	5,7	6	6,2	6,5	
7×12	5	5,2	5,5	5,8	6	6,3	6,5	6,8	7	7,5
8×13	5,5	5,7	6	6,2	6,5	6,8	7	7,2	7,5	8
9×15		6	6,2	6,5	6,7	7	7,2	7,5	7,8	8
10×16		6,5	6,7	7	7,2	7,5	7,8	8	8,3	8,5
10×17		7	7,2	7,5	7,7	8	8,2	8,5	8,7	9
11×18		7,5	7,7	8	8,2	8,5	8,7	9	9,2	10
12×20			8	8,2	8,5	8,7	9	9,2	9,5	10
13×21			8,5	8,7	9	9,2	9,5	9,7	10	10,5
14×24			9	9,2	9,5	9,7	10	10,2	10,5	11
14×25			9,5	9,7	10	10,2	10,5	10,7	11	11,5

B. Gewindeschneiden.

Eine weitere von Schlossern auszuführende Arbeit ist das Gewindeschneiden mittels Gewindebohrer.

Tabelle 100.

Zeittabelle in Minuten für das Schneiden von S.I.-Gewinde von Hand.

Material	Tiefe mm bis	Durchmesser mm																
		4—5	6—7	8—9	10—11	12	14	16	18	20	22	24	27	30	33	36	39	42
		Steigung mm																
		0,75—0,8	1	1,25	1,5	1,75	2	2	2,5	2,5	2,5	3	3	3,5	3,5	4	4	4,5
Gußeisen, Messing, Temp.G., Bronze-Guß, Alum.	10	2,3	2,1	1,7	1,6	1,7	1,8	1,9	2,0	2,2	—	—	—	—	—	—	—	—
	15	3,3	3,0	2,3	2,2	2,3	2,4	2,5	2,7	2,9	3,2	—	—	—	—	—	—	—
	20	—	—	3,0	2,7	2,8	3,0	3,2	3,3	3,5	3,75	4,0	—	—	—	—	—	—
	25	—	—	—	3,3	3,4	3,6	3,8	4,0	4,25	4,5	4,75	5,0	5,3	—	—	—	—
	30	—	—	—	4,0	4,1	4,25	4,5	4,75	5,0	5,25	5,75	6,0	6,3	6,7	7,1	—	—
	35	—	—	—	—	4,7	4,9	5,2	5,5	5,8	6,1	6,5	6,75	7,2	7,7	8,2	8,8	—
	40	—	—	—	—	—	5,6	5,8	6,0	6,4	6,8	7,2	7,6	8,1	8,6	9,1	10,0	—
	45	—	—	—	—	—	—	6,4	6,6	7,0	7,5	8,0	8,5	9,0	9,5	10,0	11,0	12,0
S.M.St., S.M.Fl., St.G., Wz.St.	10	3,0	2,7	2,2	2,1	2,2	2,3	2,5	2,6	2,8	—	—	—	—	—	—	—	—
	15	4,3	3,9	3,0	2,9	3,0	3,1	3,25	3,5	3,75	4,1	—	—	—	—	—	—	—
	20	—	—	3,9	3,5	3,7	3,9	4,1	4,3	4,5	4,8	5,2	—	—	—	—	—	—
	25	—	—	—	4,3	4,5	4,7	4,9	5,2	5,5	5,9	6,2	6,5	6,9	—	—	—	—
	30	—	—	—	5,2	5,4	5,6	5,9	6,2	6,5	6,8	7,5	7,8	8,2	8,7	9,3	—	—
	35	—	—	—	—	6,1	6,4	6,75	7,2	7,5	7,9	8,4	8,8	9,4	10,0	10,6	11,4	—
	40	—	—	—	—	—	7,3	7,5	7,8	8,3	8,8	9,5	10,0	10,5	11,1	11,8	13,0	—
	45	—	—	—	—	—	—	8,3	8,6	9,1	9,8	10,4	11,0	11,7	12,3	13,0	14,3	15,5

Tabelle 101.

Zeittabelle in Minuten für das Schneiden von Whitworthgewinde von Hand.

Material	Tiefe mm bis	Gewinde in Zoll																
		$^1/_8$	$^3/_{16}$	$^1/_4$	$^5/_{16}$	$^3/_8$	$^7/_{16}$	$^1/_2$	$^5/_8$	$^3/_4$	$^7/_8$	1	$1^1/_8$	$1^1/_4$	$1^3/_8$	$1^1/_2$	$1^3/_4$	2
		Durchmesser mm																
		3,175	4,762	6,35	7,937	9,525	11,11	12,7	15,875	19,05	22,225	25,4	28,574	31,749	34,924	38,1	44,45	50,8
		Steigung mm																
		0,635	1,05	1,26	1,4	1,58	1,82	2,1	2,3	2,54	2,82	3,18	3,64	3,64	4,23	4,23	5,08	5,65
Gußeisen, Messing, Temp.G., Bronze-Guß, Alum.	15	3,3	3,0	2,3	2,2	2,3	2,4	2,50	2,7	2,9	3,2	—	—	—	—	—	—	—
	20	—	—	3,0	2,7	2,8	3,0	3,2	3,3	3,6	3,8	4,0	—	—	—	—	—	—
	25	—	—	—	3,3	3,4	3,6	3,8	4,0	4,25	4,5	4,75	5,0	5,3	—	—	—	—
	30	—	—	—	4,0	4,1	4,25	4,5	4,75	5,0	5,25	5,75	6,0	6,3	6,7	7,1	—	—
	35	—	—	—	—	4,7	4,9	5,2	5,5	5,8	6,1	6,5	6,75	7,2	7,7	8,2	8,8	—
	40	—	—	—	—	—	5,6	5,8	6,0	6,4	6,8	7,2	7,6	8,1	8,6	9,1	10,1	—
	45	—	—	—	—	—	—	6,4	6,6	7,0	7,5	8,0	8,5	9,0	9,5	10,0	11,0	12,0
	50	—	—	—	—	—	—	—	7,2	7,75	8,3	9,0	9,5	10,0	10,5	11,0	12,0	13,0
S.M.St., S.M.Fl., St.G., Wz.St.	15	4,3	3,9	3,0	2,9	3,0	3,1	3,25	3,5	3,8	4,2	—	—	—	—	—	—	—
	20	—	—	3,9	3,5	3,7	3,9	4,1	4,3	4,5	4,8	5,2	—	—	—	—	—	—
	25	—	—	—	4,3	4,5	4,7	4,9	5,2	5,5	5,9	6,2	6,5	6,9	—	—	—	—
	30	—	—	—	5,2	5,4	5,6	5,9	6,2	6,5	6,8	7,5	7,8	8,2	8,7	9,3	—	—
	35	—	—	—	—	6,1	6,4	6,75	7,2	7,5	7,9	8,4	8,8	9,4	10,0	10,5	11,5	—
	40	—	—	—	—	—	7,3	7,5	7,8	8,3	8,8	9,5	10,0	10,5	11,2	11,8	13,0	—
	45	—	—	—	—	—	—	8,3	8,6	9,1	9,8	10,4	11,0	11,7	12,3	13,0	14,3	15,5
	50	—	—	—	—	—	—	—	9,4	10,0	10,8	11,7	12,3	13,0	13,6	14,3	15,6	17,0

Tabelle 102. Zeittabelle in Minuten für das Schneiden von Gasgewinde von Hand.

Material	Tiefe mm bis	1/8	1/4	3/8	1/2	5/8	3/4	7/8	1	1 1/8	1 1/4	1 3/8	1 1/2	1 5/8	1 3/4	1 7/8	2
		Gewinde in Zoll															
	Durchmesser mm	3,175	6,350	9,525	12,7	15,875	19,05	22,225	25,4	28,574	31,749	34,924	38,1	41,274	44,45	47,624	50,8
	Steigung mm	0,9	1,31	1,31	1,8	1,8	1,8	1,8	2,3	2,3	2,3	2,3	2,3	2,3	2,3	2,3	2,3
Gußeisen, Messing, Temp.G., Bronze-Guß, Alum.	10	2,6	2,3	2,5	2,3	2,5	2,6	2,7	—	—	—	—	—	—	—	—	—
	15	3,7	3,3	3,5	3,3	3,5	3,6	3,8	4,0	4,5	—	—	—	—	—	—	—
	20	4,8	4,2	4,4	4,2	4,5	4,7	4,9	5,1	5,7	6,0	6,4	—	—	—	—	—
	25	5,9	5,1	5,3	5,1	5,4	5,65	5,9	6,2	6,9	7,3	7,8	8,3	8,75	—	—	—
	30	7,0	6,1	6,3	6,1	6,4	6,75	7,0	7,3	8,2	8,75	9,3	9,8	10,3	10,9	11,5	—
	35	8,1	7,0	7,2	7,0	7,3	7,6	8,0	8,4	9,4	10,0	10,7	11,3	11,9	12,6	13,3	14,0
	40	9,2	7,9	8,1	7,9	8,3	8,7	9,1	9,5	10,6	11,4	12,0	12,8	13,5	14,25	15,0	16,0
	45	10,3	8,9	9,2	8,9	9,2	9,6	10,1	10,6	11,8	12,75	13,5	14,3	15,0	15,9	16,8	17,8
	50	11,4	9,9	10,3	9,9	10,1	10,6	11,1	11,7	13	14,0	14,6	15,8	16,7	17,6	18,5	19,7
S.M.St., S.M.Fl., St.G., Wz.St.	10	3,6	2,75	3,0	2,75	3,0	3,0	3,25	—	—	—	—	—	—	—	—	—
	15	4,4	4,0	4,2	4,0	4,2	4,3	4,6	4,8	5,4	—	—	—	—	—	—	—
	20	5,75	5,0	5,3	5,0	5,4	4,6	5,9	6,1	6,8	7,2	7,7	—	—	—	—	—
	25	7,1	6,1	6,4	6,1	6,5	6,8	7,1	7,4	8,3	8,75	9,3	10,0	10,6	—	—	—
	30	8,4	7,3	7,5	7,3	7,7	8,1	8,4	8,75	9,8	10,5	10,1	11,8	12,4	13,0	13,8	—
	35	9,7	8,4	8,7	8,4	8,7	9,1	9,6	10,1	11,3	12,0	12,8	13,5	14,3	15,0	16,0	16,8
	40	11,0	9,5	9,7	9,5	10,0	10,5	10,9	11,4	12,7	13,7	14,4	15,4	16,2	17,0	18,0	19,2
	45	12,4	10,7	11,0	10,7	11,0	11,5	12,1	12,7	14,1	15,3	16,2	17,2	18,0	19,0	20,0	21,4
	50	13,7	11,9	12,4	11,9	12,1	12,7	13,3	14,0	15,6	16,8	17,5	19,0	20,0	21,0	22,0	23,6

Die Werte der Tabellen 100—102 gelten für 3 Gew.-Bohrer.
Werden die Gewinde auf der Maschine vorgeschnitten und von Hand nur nachreguliert, so gelten:
bei Verwendung von 2 Gew.-Bohrern 60 vH
„   „   „ 1   „   30 vH der Werte der Tabellen 100—102.

C. Abrichten und Schaben von Paß- oder Gleit- bzw. Dichtungsflächen, Lagerschalen und Ringen (Kolbenringen) usw.

Bei der Vorherbestimmung der Bearbeitungszeit für Abrichten und Schaben sollten eigentlich ausschließlich nachstehende Punkte berücksichtigt werden:

1. Die Art und Güte des Materials.

2. Die Form der Flächen, d. h. ob gerade, prismatische oder winkelige Paßflächen oder ob Gleit- bzw. Dichtungsflächen abgerichtet und geschabt werden sollen.

3. Ob zwei geschabte Flächen aufeinander zusammen geschliffen oder jede Fläche separat geschliffen werden muß.

4. Der Umstand, ob mit oder ohne Kran bzw. Flaschenzug gearbeitet werden muß.

Nachdem jedoch bei allen Handarbeiten die Bearbeitungszeiten ganz wesentlich von der Geschicklichkeit des Arbeiters beeinflußt werden und dieser Umstand speziell beim Abrichten und Schaben in besonders hohem Maße zutrifft, so muß auch dieser Faktor mit in Rechnung gezogen werden. Da ferner die Werte für vorgenannte Punkte nicht rechnerisch ermittelt werden können, so müssen dieselben geschätzt oder, was entschieden vorzuziehen ist, durch Zeitstudien bestimmt werden.

Die in der lg. Tafel VII (siehe Anhang) durch den Schnittpunkt der für die jeweils zu bearbeitende Fläche in cm² geltenden Ordinate mit der unter 45° geneigten Geraden sich ergebenden Zeitwerte wurden durch Beobachtung bzw. Zeitstudien, an einem mittelmäßig qualifizierten Arbeiter ermittelt und stellen daher praktisch erprobte Mittelwerte dar.

Für den Gebrauch der lg. Tafel VII gilt nachstehende Anleitung.

Tabelle 103. Art der Bearbeitung.

Material	Dampfdichtschaben von Paß- und Gleitflächen, wobei kein gegenseitiges Zusammenschleifen der Flächen erfolgt.	Dampfdichtschaben von Paß- und Gleitflächen, wobei die beiden Flächen gegenseitig zusammen geschliffen werden.	Dampfdichtschaben von Paß- und Gleitflächen, wobei jede Fläche separat geschliffen wird.	Dampfdichtschaben von Flächen.
	Kurve	Kurve	Kurve	Kurve
G.E.	I	Ia	Ia + 12,5 vH	Ia + 50 vH
Alum.	II	IIa	IIa + 12,5 vH	IIa + 50 vH
Br.G.	I − 10 vH	Ia − 10 vH	Ia + 12,5 vH	Ia + 40 vH
Stahl } St.G. }	I + 10 vH	Ia + 20 vH	Ia + 32 vH	Ia + 70 vH

Das Einschaben von Lagerschalen:

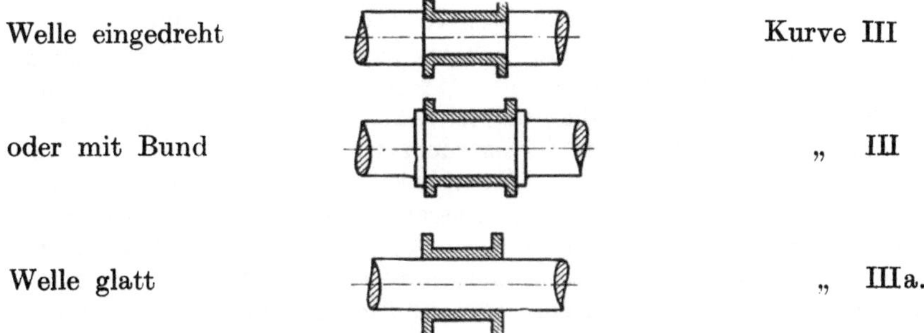

<table>
<tr><td>Welle eingedreht</td><td></td><td>Kurve III</td></tr>
<tr><td>oder mit Bund</td><td></td><td>„ III</td></tr>
<tr><td>Welle glatt</td><td></td><td>„ IIIa.</td></tr>
</table>

Beispiel: Bei 2 Aluminiumplatten soll je 1 Fläche, deren Größe 30×24 cm $= 720$ cm² beträgt, sauber geschabt und die beiden Flächen gegenseitig zusammengeschliffen werden. Welche Zeit ist für diese Arbeit erforderlich?

Lösung: Für das Schaben und Zusammenschleifen zweier Flächen gilt für Alum. die Kurve IIa.

Die Gesamtfläche der beiden Platten beträgt $720 \times 2 = 1440$ cm². Bringe den Wert 1440 mit der Kurve IIa zum Schnitt und lese auf der Ordinate die Bearbeitungszeit $T = 92$ min ab.

Dieser Wert drückt die reine Arbeitszeit aus, zu dem die Zuschläge für Tagesverluste und Ermüdung zuzuschlagen sind. Nehmen wir als Tageszuschlag 10 vH und als Ermüdungszuschlag 3 vH an,

so beträgt die Bearbeitungszeit = ... 92 min

$+ 13$ vH . . . . $\sim$ 12 „

Summa 104 min.

2. Das autogene Schweißen.

Je nach der Art der zur Verwendung kommenden Gase unterscheidet man:

Azetylen-Sauerstoffbrenner, Blaugas-Sauerstoffbrenner und Wasserstoff-Sauerstoffbrenner.

Das Schweißen mit Azetylen-Sauerstoff (Dissousgas) ist wohl das verbreitetste und sind daher die Werte der Tabelle 104 für diese Art gültig. Wird mit Blaugas geschweißt, so ist der Tabellenwert mit 1,03 zu multiplizieren. Liegt Wassergas-Schweißung vor, so gilt: Tabellenwert $\times 0,19$; für Schweißung mit Wasserstoff gilt Tabellenwert $\times 0,206$.

Tabelle 104. Schweißfuge = stumpf.

Materialstärke in mm .	1	2	3	4	5	6	7	8	9	10
Zeit in min für je 10 mm Schweißlänge . .	0,06	0,1	0.14	0,18	0,20	0,22	0,26	0,30	0,33	0,36

Schweißfuge = abgeschrägt.

Materialstärke in mm	4	5	6	7	8	9	10	11	12	13	14	15
Zeit in min für je 10 mm Schweißlänge	0,52	0,6	0,68	0,76	0,83	0,90	0,95	1	1,05	1,1	1,15	1,20

Die Werte obiger Tabelle gelten für das Schweißen inkl. Zurichten der Bleche.

3. Das elektrische Schweißen.

Die schwer und nur mit großen Kosten zu beschaffenden teueren Rohstoffe sollen der Wirtschaftlichkeit halber nur dort Verwendung finden, wo ein minderwertigeres Material nicht in Frage kommt. Der Konstrukteur wird daher in vielen Fällen gezwungen sein, Fabrikationsteile, die verschieden beansprucht werden, aus ungleichen Materialien zusammen zu bauen. Komplizierte Arbeitsstücke, die große Herstellungskosten verursachen, müssen gleichfalls aus Einzelteilen zusammengestellt werden. In beiden Fällen ist also ein Zusammenfügen der verschiedenen Materialien und Teile erforderlich, was gegenüber der früheren Art durch Verbindung mittels Laschen und Schrauben, in der zweckmäßigsten, billigsten und haltbarsten Weise durch die elektrische Schweißung bewerkstelligt werden kann.

Viele Industriezweige, wie Blech- und Metallwarenfabriken, Emailwerke, Fahrrad-, Ketten-Kinderwagenfabriken usw., haben die Vorzüge der elektrischen Schweißung erkannt und ihren Betrieb darauf eingestellt. Aber auch in vielen anderen Branchen erkennt man immer mehr die überaus großen Vorzüge der elektrischen Schweißung und Erhitzung, weshalb dieses Verfahren auch in Maschinen-, Waggon-, Lokomotiv-, Automobilfabriken, sowie Brücken- und Kranbauanstalten in umfangreichster Weise zur Anwendung kommt.

A. Das Widerstands-Schweiß- und Erhitzverfahren.

Die elektrische Widerstandsschweißung wird wieder eingeteilt in:

a) Punktschweißung.

Das Prinzip der elektrischen Punktschweißung zeigt Abb. 105. Der Schweißtransformator ist mit seiner primären Wicklung, die 5 fach unterteilt ist, und daher die Möglichkeit bietet, 5 verschiedene Sekundärspannungen zu erzeugen, angeschlossen. Je nachdem nämlich Bleche von kleinerer oder größerer Stärke oder kleinerem oder größerem elektrischen Widerstand geschweißt werden sollen, ist entweder eine niedere oder höhere Sekundärspannung erforderlich.

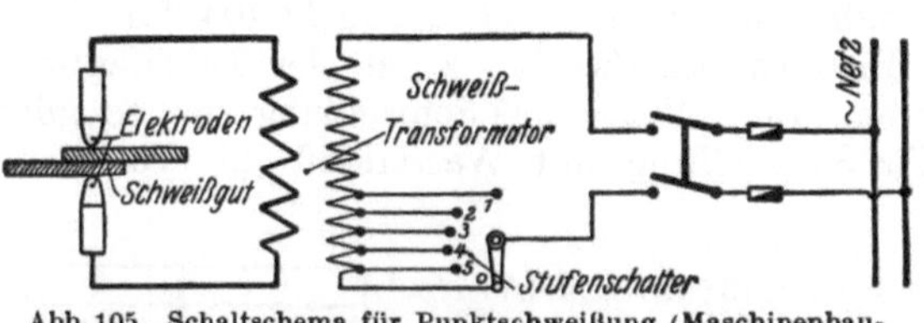

Abb. 105. Schaltschema für Punktschweißung (Maschinenbau-Anstalt Moll A.-G., Chemnitz).

Die Punktschweißmaschinen neuester Konstruktion sind mit einem sogenannten Punktschweißapparat ausgerüstet, der den Schweißstrom, bei effektiv erreichter Schweißhitze des Schweißgutes, selbsttätig abschaltet, wodurch bedeutende Ersparnisse an Zeit, Lohn, Material und Stromkosten erzielt werden.

Die verschiedenen Ausführungsarten, Abb. 106, zeigen die vielseitige Verwendungsmöglichkeit der elektrischen Punktschweißung bei

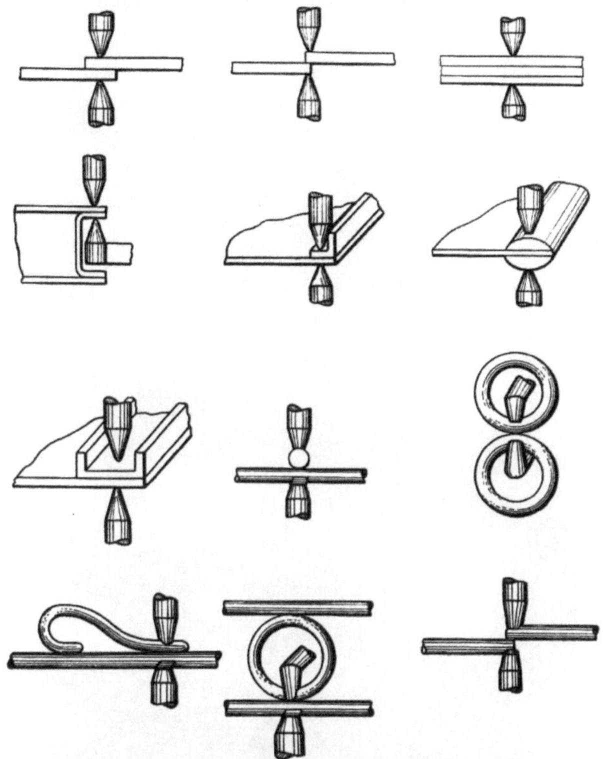

Abb. 106. Ausführungsarten der elektr. Punktschweißung (Maschinenbau-Anstalt Moll, A.-G., Chemnitz).

der Herstellung von leichteren Eisenkonstruktionen an Stelle der bisherigen Vernietung, sowie überhaupt zum Zusammenschweißen der verschiedensten Bauteile.

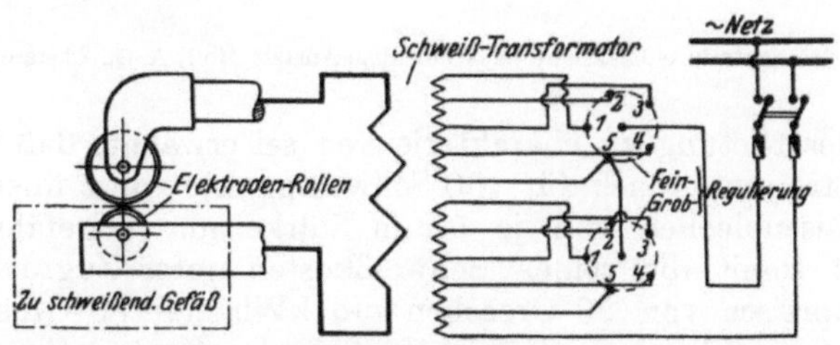

Abb. 107. Schaltschema für Nahtschweißung (Maschinenbau-Anstalt Moll, A.-G., Chemnitz).

Infolge der außerordentlich geringen Betriebskosten und dem Umstand, daß die Festigkeit der Schweißpunkte 85 bis 100 vH und mehr der Festigkeit des ungeschweißten Materials beträgt, hat die elektrische Punktschweißung eine große Verbreitung in der Industrie erfahren. Um die Wirtschaftlichkeit der elektrischen Punktschweißung

Abb. 108. Nahtschweißmaschine (Maschinenbau-Anstalt Moll, A.-G., Chemnitz).

gegenüber der Nietung zu charakterisieren sei erwähnt, daß beispielsweise der Stromverbrauch für 100 Schweißpunkte von 2 übereinander gelappten Eisenblechen von je 5 mm Stärke nur ungefähr 4 kWh beträgt und somit die reinen Schweißkosten unter Zugrundelegung eines Strompreises von 20 Groschen pro kWh nur 80 Groschen betragen, was ungefähr dem 10. bis 15. Teil der Kosten für 100 Nietungen entspricht.

b) Nahtschweißung. Das Prinzip derselben geht aus Abb. 107 hervor.

Die Schaltung erfolgt hierbei durch 5 Regulierstufen, die in weitere 5 Stufen unterteilt sind, daher insgesamt 25 Regulierstufen ergeben, wodurch die größte Anpassung des Stromes an die verschiedenen Blechstärken und Qualitäten ermöglicht wird.

Abb. 108 zeigt eine Nahtschweißmaschine neuester Konstruktion, mit schwenkbarem Rollenkopf und auswechselbarem Unterarm, die es ermöglicht, die verschiedensten Arten von Nahtschweißungen, wie Längs- und Quer- bzw. Rundnähte, wie sie Abb. 109 zeigt, herzustellen.

Die Schweißgeschwindigkeit ist eine sehr hohe und beträgt beispielsweise für 1 mm starke Bleche ca. 65 sek/lfd. m geschweißter Naht, wobei der Stromverbrauch nur ungefähr 0,2 kWh/lfd. m beträgt.

c) Die Stumpfschweißung (Abb. 110) ist im Prinzip in der Abb. 111 dargestellt, während aus Abb. 112 die schematische Darstellung derselben zu ersehen ist. Der Schweißstrom wird den Schweißbacken, die dem Werkstück entsprechend angepaßt werden müssen, zugeführt. Man unterscheidet 2 Arten der elektrischen Stumpfschweißung.

1. Die Preßschweißung. Diese ist dadurch charakterisiert, daß die zusammenzuschweißenden

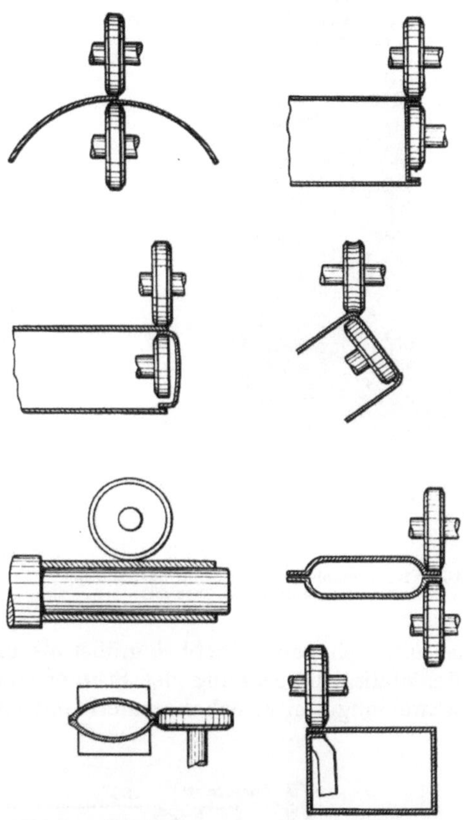

Abb. 109. Ausführungsarten der elekt. Nahtschweißung (Maschinenbau-Anstalt Moll, A.-G., Chemnitz).

Querschnitte stumpf zusammengepreßt werden, worauf der Schweißstrom eingeschaltet wird. Nach eingetretener Schweißhitze werden dann die Stücke noch weiter zusammengepreßt und auf diese Weise geschweißt.

2. Die Abschmelzschweißung. Hierbei werden die Schweißquerschnitte vorerst aneinander gedrückt und hierauf, zwecks Bildung des Lichtbogens, wieder bis auf einen kleinen Abstand voneinander entfernt. Sobald die Schweißhitze eingetreten ist, staucht man schlagartig die Schweißquerschnitte unter gleichzeitiger Ausschaltung des Stromes zusammen.

Während also bei der Preßschweißung durch das Zusammenstauchen eine mehr oder weniger starke Verdickung der Schweißstelle auftritt, ist dies beim Abschmelzschweißen nicht der Fall.

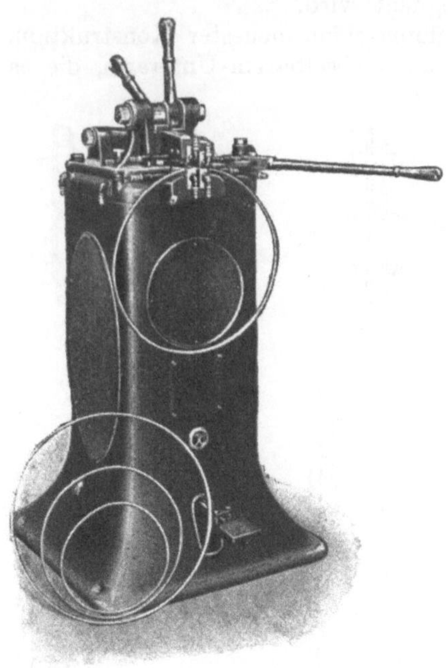

Abb. 110. Stumpfschweißmaschine (Maschinenbau-Anstalt Moll, A.-G., Chemnitz).

Bei der Preßschweißung gilt als unbedingte Voraussetzung daß die Schweißquerschnitte gleich groß sind, da bei ungleichen Querschnitten von dem größeren Querschnitt die Wärme sehr schnell weitergeleitet wird, wodurch einerseits eine größere Wärme-Intensität, anderseits auch eine längere Erhitzzeit erforderlich wäre, was wieder zur Folge hätte, daß der schwächere Querschnitt verbrennen würde.

Beim Abschmelzverfahren brauchen dagegen die Querschnitte nicht gleich groß zu sein, weil die Erhitzung der Querschnitte durch den auftretenden Lichtbogen erfolgt und nicht wie bei der Preßschweißung durch den Widerstand des Schweißgutes selbst und den Widerstand an der Übergangsstelle.

Die Wirtschaftlichkeit der elektrischen Stumpfschweißung ist natürlich ganz erheblich größer als die der Feuerschweißung. Eine Rentabilitätsberechnung der Stumpfschweißung gegenüber der Feuerschweißung von Eisenbahnpuffern mit einem Durchmesser von 75 mm,

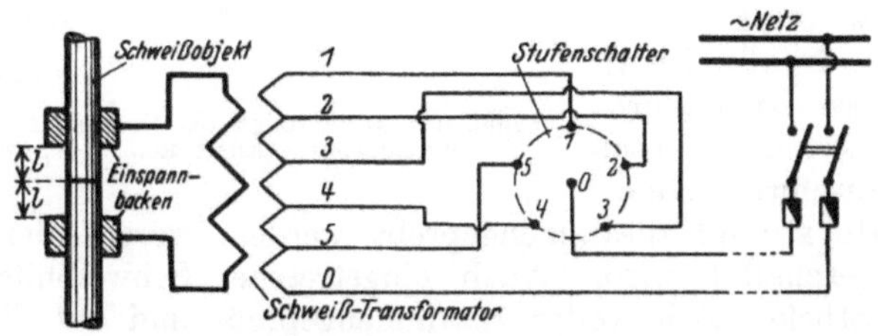

Abb. 111. Schaltschema der Stumpfschweißung (Maschinenbau-Anstalt Moll, A.-G., Chemnitz).

entsprechend einem Querschnitt von 4500 mm^2, hat unter Berücksichtigung sämtlicher einzelnen Punkte ergeben, daß die elektrische Preßschweißung an Gesamtkosten pro Stück S 1,50 und bei der Feuerschweißung S 2,75, also um ~ 183,5 vH mehr betrug. Bei kleineren Teilen und vor allem bei Massenartikeln kann unter Umständen die größere Rentabilität der elektrischen Schweißung noch weit mehr in Erscheinung treten, da es viele Teile gibt die gewöhnlich nur schwer, umständlich und mit großen Kosten herstellbar sind, die aber in der richtigen Weise vorbereitet, die elektrische Schweißung nicht nur ermöglichen sondern auch die Herstellung ganz erheblich verbilligen

Zur elektrischen Stumpfschweißung gehört auch noch das Gebiet der elektrischen Kettenschweißung. Durch Betätigung eines Handhebels werden zwei Elektroden auf das Kettenglied gepreßt, wodurch nach Einschaltung des Schweißstromes die Stoßstelle in wenigen Sekunden auf Schweißhitze gebracht und dann durch einen Handhebel zusammengestaucht wird. Die beim Stumpfschweißen entstehende Stauchwulst wird sofort nach der Schweißung mittels einer Wulstpresse zusammengepreßt, so daß eine Verdickung der Schweißstelle nicht mehr vorhanden ist.

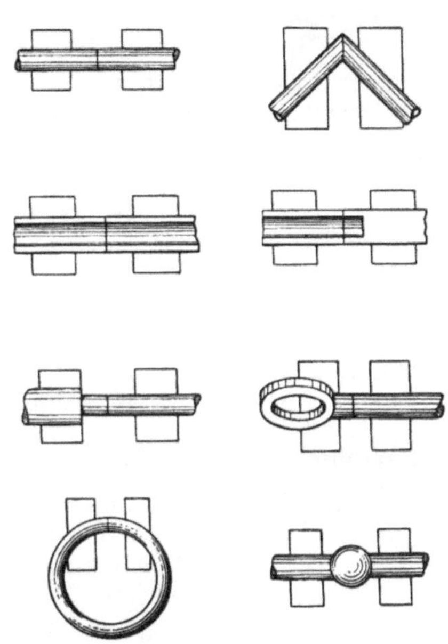

Abb. 112. Ausführungsarten der elektrischen Stumpfschweißung (Maschinenbau-Anstalt Moll, A.-G., Chemnitz).

d) Die elektrische Erhitzung.

Das Hauptanwendungsgebiet der elektrischen Erhitzung ist die Nieterhitzung. In Abb. 113 ist wiederum das Prinzip der elektrischen Nieterhitzung dargestellt.

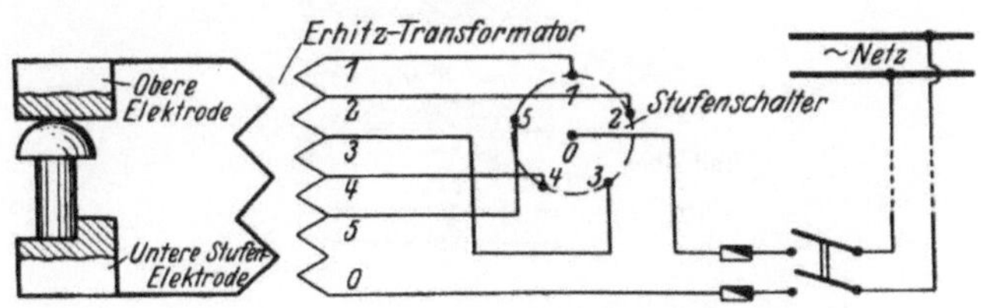

Abb. 113. Schaltschema der elektr. Nieterhitzung (Maschinenbau-Anstalt Moll, A.-G., Chemnitz).

Durch die zwischen den beiden Elektroden mittels des Fußhebels eingeklemmte Niete wird der Stromdurchgang vermittelt, wobei sich die Niete infolge des vorhandenen Widerstandes rasch erhitzt.

B. Die Lichtbogenschweißung.

Von den verschiedenen Arten von Lichtbogenschweißungen sei im nachstehenden nur das heute am meisten angewendete Slavianoffverfahren, Abb. 114, erwähnt, welches mit dem Bernadosverfahren, Abb. 115, insofern identisch ist, als auch hier ein Pol an das Arbeitsstück und der andere Pol direkt an die Handklemme angeschlossen wird, in die der Schweißstab aus weichen Holzkohleneisen eingespannt ist (beim Bernadosverfahren ist der zweite Pol an den Kohlenstab angeschlossen), wobei zwischen diesem und dem Werkstück ein Lichtbogen gebildet wird. Die Stromart beim Lichtbogenschweißen kann Gleich- oder Wechselstrom sein. Beide Stromarten eignen sich gleich gut.

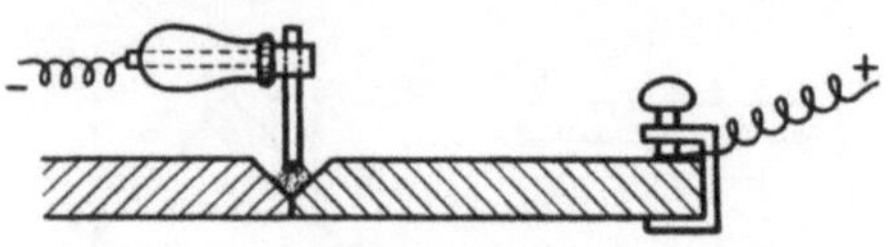

Abb. 114. Lichtbogenschweißung nach Slavianoff
(Maschinenbau-Anstalt Moll A.-G., Chemnitz).

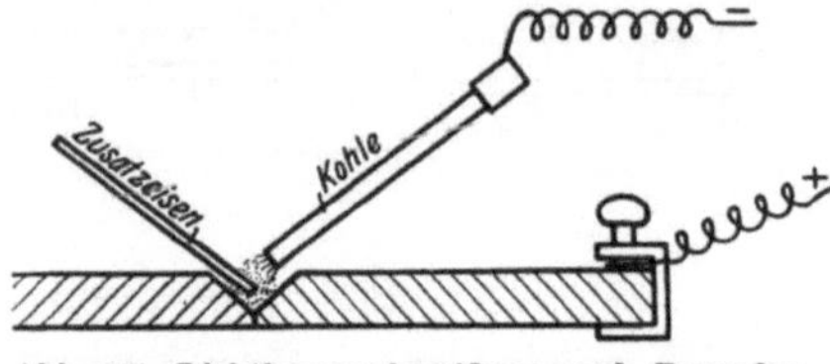

Abb. 115. Lichtbogenschweißung nach Bernados.

a) Lichtbogenschweißung. — Schmiedeeisen.
Stumpfschweißung.
Vorbereitung der Bleche bei:

Wandst. mm

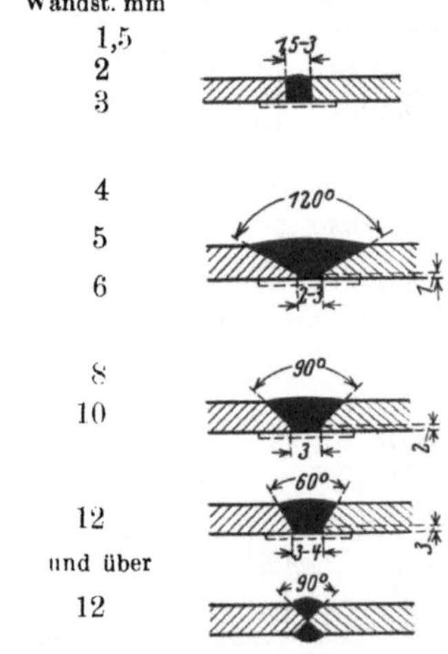

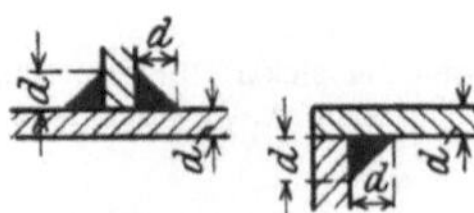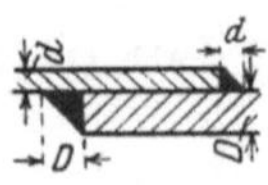

Abb. 116.

Bleche von 8—12 mm werden in 2 Lagen, über 12 mm in 3 und mehr Lagen geschweißt.

b) Lichtbogenschweißung — Gußeisen.

a) Kaltschweißung.

Vorbereitung der Gußstücke.

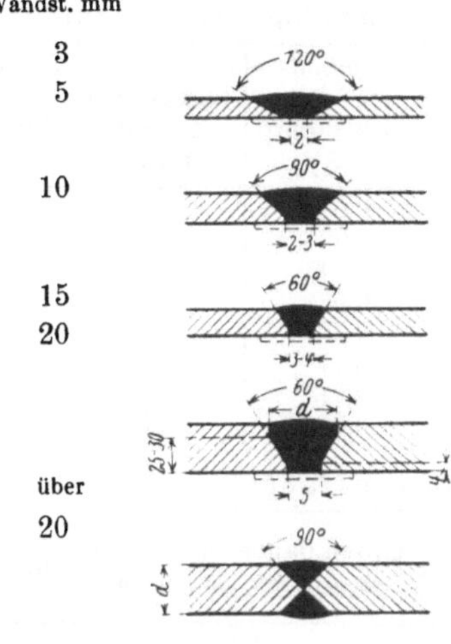

Abb. 117.

b) Warmschweißung.

Einformen und Anwärmen auf ca. 500⁰.

Das Wechselstrom-Lichtbogenschweißverfahren steht der Gleichstromschweißung in keiner Weise nach. Gerade der Umstand, daß sich der Wechselstrom in Transformatoren bequem zu jeder gewünschten Spannung und Stromstärke umformen läßt und daß die Anschaffungskosten um ca. 50—70 vH niedriger liegen als bei der Gleichstromschweißung, verdrängt letztere immer mehr.

Die mit Wechselstrom erzielten Festigkeitswerte stehen, wie die Festigkeits-Untersuchungen ergeben haben, den bei der Gleichstromschweißung erreichten in keiner Weise nach. Dazu kommt noch die größere Wirtschaftlichkeit der Wechselstromschweißung. Vergleichende Versuche haben gezeigt, daß bei der Gleichstromschweißung zum Niederschmelzen von 1 kg Eisen ungefähr 4 bis 5 kWh erforderlich sind, während für das gleiche Quantum bei der Wechselstromschweißung nur ca. 1,8 bis 2,5 kWh verbraucht werden.

Ein weiteres Eingehen in die verschiedenen Details, die für die Einführung dieser neuen Fabrikationsmethode von Wichtigkeit sind, würde nicht nur über den Rahmen dieses für die Ermittlung der Bearbeitungszeiten bestimmten Buches gehen, sondern auch einerseits wegen Raummangel, anderseits aus dem Grunde nicht gut möglich sein, weil in Anbetracht der vielseitigen Anwendungsmöglichkeiten dieser Methode eine fallweise Besprechung geboten erscheint.

Um nun jenen Herren, die weitere Auskünfte besonders praktischer Natur anstreben behilflich zu sein, ist der Verfasser Ing. Kresta, Wien, XIII, Mantlergasse 4/5, gerne bereit, nach Bekanntgabe der vorliegenden Fälle weitere Einzelheiten bekanntzugeben.

Nachstehend sind noch einige praktische Daten über Schweißdauer und Strombedarf bei den verschiedenen Arten von Schweißungen angeführt.

Tabelle 105. Leistungsangaben für Punktschweißung.

Gesamt-Materialstärke in mm (Eisen)	Schweißdauer in sek für 1 Punkt ca.	Strombedarf in kWh f. 100 Punkte ca.	Gesamt-Materialstärke in mm (Eisen)	Schweißdauer in sek für 1 Punkt ca.	Strombedarf in kWh f. 100 Punkte ca.
0,4	0,5	0,015	5,0	4,5	1,0
0,8	0,6	0,025	6,0	6,0	1,7
1,2	0,8	0,045	8,0	8,0	2,7
1,6	1,0	0,085	10,0	10,0	4,0
2,0	1,2	0,13	12,0	13,0	6,0
2,5	1.5	0,17	16,0	20.0	14,0
3,0	2 0	0,21	20,0	26,0	22,0
4,0	3,5	0,70	24,0	33,0	46,0

Tabelle 106. Leistungsangaben für Nahtschweißung.

Gesamtblechdicke in mm (überlappt)	Schweißdauer in sek für 1 m dichter Naht, ca.	Stromverbrauch im Mittel in kWh für 1 m dichter Naht, ca.
2 × 0,6	30	0,006
2 × 1,0	45	0,15
2 × 1,5	60	0,27
2 × 2,0	90	0,60
2 × 2,5	120	1,00
2 × 3,0	150	2,10

Tabelle 107. Leistungsangaben für Stumpfschweißung.

Bei Schweißquerschnitt in mm²	Nach dem Vollschweißverfahren		Nach dem Abbrennverfahren	
	Schweißzeit in sek f. 1 Schweiße ca.	Stromverbrauch in kWh für 100 Schweiße, ca.	Schweißzeit in sek f. 1 Schweiße ca.	Stromverbrauch in kWh für 100 Schweiße, ca.
3	0,4	0,004		
7	0,75	0,016		
12	1,0	0,035		
20	2,5	0,14		
50	4,0	0,39		
115	6,0	1,00		
175	10,0	1,95		
200	12,0	2,67		
250	14,0	3,90		
315	18,0	6,00		
500	20,0	8,90		
600	25,0	12,67		
900	50,0	34,75	20	
1200	70,0	58,40	28	40
1800	100,0	139,0	45	75
2400	120,0	250,0	60	95
2800	140,0	350,0	70	120
3500	180,0	500,0	100	200
4500	240,0	1000,0	135	450
6500	300,0	1650,0	200	800

Vorstehende Angaben gelten für Vollprofile in Eisen und Stahl bei „offenen" Längen.

Bei geschlossenen Schweißstücken wie Reifen, Ringe, Ketten, Schnallen usw., erhöht sich die Schweißzeit um ca. 20 vH; ferner erhöht sich, wegen der Stromableitung im Ring auch der Stromverbrauch je nach Durchmesser des Ringes um 15 bis 30 vH.

Beim Schweißen von Messing, Bronze und Kupfer erhöhen sich die Werte der vorstehenden Tabelle für den Stromverbrauch um 100 bis 200 vH.

Tabelle 108. Leistungsangaben für Niet-Erhitzung.

Schaftdurchmesser in mm	Erhitzungsdauer in sek für 1 Niete, ca.	Stromverbrauch in kWh für 100 Nieten, ca.
8	7	0,25
10	8	1,1
13	13	2,5
16	16	3,5
20	22	7,3
23	26	9,3
26	31	12,0
30	38	15.8
32	40	17,5
35	45	21,0

Vorstehende Werte gelten für Nietlängen bis $2{,}5\,d$; $d =$ Nietdurchmesser.

Die Werte für Schaftlänge und Zeit für die Erhitzung der Niete sind zwei voneinander abhängige Größen, d. h. wird erstere größer, so muß auch die Zeit für die Erhitzung in demselben Verhältnis größer werden. So ist z. B. bei einer Schaftlänge $l = 5\,d$ die Zeit für die Erhitzung 2 mal so groß wie der in der Tabelle angegebene Wert.

Überschlägig kann gerechnet werden, daß je nach dem Grad der Erhitzung für 100 kg Nietgewicht 42 bis 50 kWh erforderlich sind.

Nachstehend einige Daten aus der Praxis als Vergleichswerte der elektrischen Lichtbogenschweißung gegenüber der Autogen- oder Gasschweißung.

Tabelle 109.

	Elektrische Schweißung mittels Eisenstab als Elektrode				Gasschweißung				
Materialstärke	Schweißzeit in min (inkl. Elektroden wechseln)	Stromverbrauch[2] in kWh	Kosten[1] pro lfd. m Schweißnaht		Schweißzeit	Verbrauch an:		Kosten[1] pro lfd. m Schweißnaht	
						Sauerstoff	Azetylen		
mm			S	g	in min	l	l	S	g
3	12	0,8	—	50	10	230	180	—	85
4	15	1,0	—	63	13	280	200	1	05
6	21	1,8	—	98	19	400	300	1	53
8	26	3,0	1	40	25	550	430	2	10
10	33	4,2	1	88	33	720	570	2	78
12	40	5,2	2	30	37	1100	750	3	70
14	47	6,0	2	68	43	1250	1150	4	73
16	54	6,8	3	05	48	1550	1200	5	35
18	60	7,8	3	45	52	1900	1550	6	51
20	70	9,0	4	—	60	2300	1900	7	84

[1] [2] Siehe Anmerkungen auf S. 266.

Genaue Zeiten für die in den verschiedenen Stellungen und Lagen (horizontal, vertikal und über Kopf) durchzuführenden Lichtbogenschweißungen können nur nach sorgfältigen und systematisch durchgeführten Zeitstudien ermittelt werden, da hierbei die Körperlage und Stellung des Arbeiters für die Zeit der Schweißung mitbestimmend ist.

Vergleichsberechnungen der elektrischen Schweißung gegenüber der Feuerschweißung.

Die Wirtschaftlichkeit der elektrischen Schweißung gegenüber der Feuerschweißung bzw. gegenüber dem alten Herstellungsverfahren sei an Hand nachstehender, aus der Praxis entnommener Beispiele erläutert.

a) Punktschweißung.

Es sollen 100 Paar Tür- und Fensterbänder mit 7 mm Drehbolzendurchmesser aus 3 mm Bandeisen hergestellt werden. Die einzelnen Bänder sollen mit 3 Nieten von 3 mm Durchmesser zusammengehalten werden.

Der Einfachheit halber sollen jedoch nur die Kosten für

a) das Bohren der Nietlöcher, das Nieten und das Abschleifen der Nietbutzen,

b) der elektrischen Punktschweißung ermittelt und diese Werte einander gegenübergestellt werden.

Altes Herstellungsverfahren:

Das Bohren der Löcher erfolgt mittels Bohrschablone.

Es sind $2 \cdot 100 \cdot 3 = 600$ Löcher zu bohren. Die Bohrtiefe beträgt insgesamt: 2 mal Blechstärke + Anschnittwert für den Bohrer $= \left(\dfrac{d}{2}\right)$ mal der

$$\text{Lochzahl} = \left(2 \cdot 3 + \frac{3}{2}\right) \cdot 600$$

$$= 7{,}5 \cdot 600 = \mathbf{4500} \text{ mm.}$$

Der Vorschub/min beträgt lt. Tabelle 29, $S = 75$ mm. Mithin die reine Bohrzeit für 600 Löcher

$$T = \frac{l}{S} = \frac{4500}{75} = \quad \text{min} \quad 60{,}00$$

Übertrag min 60,00

Punktschweißung:

Es sind $100 \cdot 3 \cdot 2 = 600$ Schweißpunkte zu setzen. Die Schweißzeit beträgt pro Punkt 5 sek und die Handgriffzeit gleichfalls 5 sek, insgesamt daher pro Schweißpunkt 10 sek.

Mithin die Gesamt-Schweißzeit:

$$T \quad \frac{600 \cdot 10}{60} = 100 \text{ min.}$$

Den gleichen Stundenverdienst

von S 1,20 zugrunde gelegt, ergibt an Arbeitslohn $100 \cdot 2 = .$ S 2,00

Übertrag S 2,00

---

[1]) Die Kosten sind **ohne** Regiezuschlag unter folgender Grundlage berechnet:

Schweißerlohn = S 1,50/Std.
Stromkosten = S 0,25/kWh.
Sauerstoff = S 1,35/m³.
Karbid = S 0,50/kg.

was bei einer Ausbeute von 260 bis 300 l Acetylen aus 1 kg Karbid einen Preis von $\sim$ S 1,70/m³ ergibt.

Beim Schweißen mit Kohle-Elektroden erhöht sich der Stromverbrauch gegenüber dem Tabellenwert um ca. 15 bis 35 vH.

[2]) Der angeführte kWh-Verbrauch bezieht sich auf den Stromverbrauch des Motors.

Übertrag: min 60,00

200 mal das Arbeitsstück in die Hand nehmen, die Schablone auflegen und abnehmen und von Spänen reinigen, à 15 sek

$$T = \frac{200 \cdot 15}{60} = \quad \text{min} \quad 50,00$$

600 mal den Bohrer einführen und zurückziehen à 2 sek

$$T = \frac{600 \cdot 2}{60} = \quad \text{min} \quad 20,00$$

Nach 100 Löchern den Bohrer schleifen, à 3 min, daher insgesamt:

$$T = \frac{600}{100} \cdot 3 \quad \text{min} \quad 18,00$$

$600 \cdot 2 = 1200$ Löcher beiderseits versenken à 3 sek

$$T = \frac{1200 \cdot 3}{60} = \quad \text{min} \quad 60,00$$

600 Nietstifte aus 3 mm Draht abschneiden à 1 sek . . . min 10,00
600 Nietungen ausführen à 20 sek

$$T = \frac{600 \cdot 20}{60} = \quad \text{min} \quad 200,00$$

1200 Nietstellen abschleifen à 5 sek

$$T = \frac{1200 \cdot 5}{60} = \quad \text{min} \quad 100,00$$

Summa min 518,00

Bei einem Stundenverdienst von S 1,20 beträgt der Minutenverdienst = 2 Groschen, folglich für 518 min = 518 · 2 = $\sim$ S 10,36

Das Material für die Nieten wiegt 1,8 kg, das Kilo zu S 0,5 gerechnet, ergibt: 1,8 · 0,5 = . S 0,90

Summa S 11,26

Übertrag: S 2,00

Stromkosten:

Der Stromverbrauch pro Schweißpunkt beträgt 0,022 kW. Den Strompreis pro kWh mit S 0,20 angenommen, ergibt
0,022 · 600 · 0,2 = . . S 2,64

Amortisation und Verzinsung:

Der Anschaffungspreis der Punktschweißmaschine beträgt S 2700,00. Rechnet man für die Amortisation 10 vH und für Zinsen 5 vH, so ergibt dies eine Abschreibungssumme von

$$\frac{2700 \cdot 15}{100} = 405,00 \text{ S pro Jahr},$$

daher pro Arbeitstag, wenn man das Jahr mit 312 Arbeitstagen rechnet: $\frac{405}{312} = \sim 1,3$ S.   Den Tag mit 8 Stunden gerechnet, ergibt für die Schweißzeit von 100 min Arbeitszeit:

$$\frac{1,3 \cdot 100}{8 \cdot 60} = . . . \sim \text{S} \quad 0,27$$

Summa S 4,91

Wie uns das Beispiel zeigt, sind die Kosten der Handnietung um $\sim$ 228 vH höher als die der Punktschweißung, obwohl für die Handnietung weder Werkzeugverschleiß nach Abschreibung und Verzinsung der Werkzeugmaschinen und deren Kraftverbrauch, sondern nur die reinen Arbeitslöhne und Materialkosten gerechnet wurden.

b) Stumpfschweißung.

Es sollen 120 Stück Zugstangen von 25 mm Durchmesser geschweißt werden.

Feuerschweißung:

Für diese Arbeit, im Schmiedefeuer ausgeführt, sind 2 Mann (1 Schmied und 1 Helfer) erforderlich, wobei die Gesamtarbeitszeit 15 Stunden beträgt.

Berechnet man für den Schmied einen Stundenlohn von S 1,40 und für den Helfer S 1,00, so stellt sich der Arbeitslohn auf

$$(1{,}40 + 1{,}00) \cdot 15 = \quad . \ . \ \text{S} \quad 36{,}00$$

Hierzu kommt ein Verbrauch von etwa 120 kg Schmiedekohle zum Preise von S 6,00 pro 100 kg; das ergibt

$$\frac{6 \cdot 120}{100} = \ . \ . \ . \ \text{S} \quad 7{,}20$$

Ferner sind noch die Stromkosten für den Kraftverbrauch zum Antrieb des Gebläses und der Rauchabsaugung, pro Stunde mit 2 kW, also insgesamt mit 30 kWh zum Preise von S 0,20/kWh zu verrechnen.

$$30 \cdot 0{,}20 = \ . \ . \ . \text{S} \quad 6{,}00$$

Die gesamte Anlage (Schmiedefeuer, Gebläse, Rauchabsaugung und Motor mit Schalter und Anlasser) repräsentiert einen Wert von S 2000,00.

Rechnet man für Amortisation und Verzinsung 20 vH, so beträgt die Abschreibungssumme für 15 Arbeitsstunden, wenn das Jahr mit 312 Arbeitstagen und der Tag mit 8 Stunden gerechnet wird

$$\frac{2000 \cdot 20 \cdot 15}{100 \cdot 312 \cdot 8} = \ . \ . \quad \text{S} \quad 2{,}40$$

$$\text{Summa} \quad \text{S} \quad \mathbf{51{,}60}$$

Elektrische Stumpfschweißung:

Die Schweißdauer samt allen Nebenarbeiten beträgt 8 Stunden, rechnet man den Lohn für den Schweißer gleichfalls mit S 1,40/h, so betragen die Lohnkosten für die Schweißung

$$8 \cdot 1{,}40 = \ . \ . \ . \ . \ \text{S} \quad 11{,}20$$

Der Stromverbrauch für das Schweißen der 120 Zugstangen beträgt zusammen 20 kW. Legt man der Berechnung einen Strompreis von S 0,20/kWh zugrunde, so betragen die Stromkosten

$$20 \cdot 0{,}20 = \ . \ . \ . \ . \ \text{S} \quad 4{,}00$$

Der Anschaffungspreis der benützten Schweißanlage steht mit S 5700,00 zu Buch. Rechnet man für Amortisation und Verzinsung gleichfalls 20 vH, so ergibt dies eine Abschreibungssumme

$$\text{von } \frac{5700 \cdot 20}{100} = 1140 \ \text{S/Jahr, das}$$

ergibt pro Arbeitstag, wenn derselbe mit 8 Stunden und das Jahr mit 312 Arbeitstagen gerechnet wird, eine Abschreibungssumme von

$$\frac{1140}{312} \quad . \ . \ . \ \text{S} \quad 3{,}65$$

$$\text{Summa} \quad \text{S} \quad \mathbf{18{,}85}$$

Daher pro Stück:

$$\frac{51{,}60}{120} = 0{,}43 \ \text{S} \qquad \frac{18{,}85}{120} \sim 0{,}16 \ \text{S}$$

Wie auch dieses Beispiel zeigt, sind die Kosten der Feuerschweißung um $\sim$ 268 vH höher als die der elektrischen Stumpfschweißung.

4. Wickeleiarbeiten im Elektro-Motorenbau.

Im nachfolgenden Kapitel soll ferner gezeigt werden, wie auch bei Handarbeiten aus Erfahrungswerten (Handarbeitszeiten) empirische Formeln abgeleitet werden können, die es dem Kalkulationsbeamten oder Werkmeister ermöglichen, stets bei wiederkehrenden gleichen oder ähnlichen Stücken ohne zu schätzen, rasch und sicher den neuen Akkord bzw. die Arbeitsdauer zu bestimmen.

Zu diesem Zwecke soll das Akkordieren von Wickeleiarbeiten (im Elektromotorenbau) behandelt werden.

a) Für Drehstrom.

Bei der Bestimmung der Arbeitsdauer eines Arbeitsstückes muß man in erster Linie alle jene Faktoren ermitteln, die für die Zeitbestimmung ausschlaggebend sind. So ist z. B. für die Zeit die das Wickeln eines Drehstromstators erfordert, in erster Linie die Nutenzahl „N" und die Windungszahl „W" pro Nut ausschlaggebend. Demnach wäre, rein theoretisch, ohne Berücksichtigung der Vor- und Nebenarbeiten, die Zeit „T" in min aus Nutenzahl $\times$ Windungszahl $\times$ der Zeit für eine Windung bestimmt.

$$T = N \cdot W \cdot T_1 \text{ min.} \qquad\qquad \text{I)}$$

Für die diversen Vorbereitungsarbeiten und Nebenarbeiten die das Wickeln erfordert, wurde der Erfahrungswert 10 als Additionskonstante zur Windungszahl $= W + 10$ ermittelt.

Da ferner die Zeit T_1 für eine Windung von nachstehenden Faktoren und zwar: 1. von der Polzahl, 2. vom Drahtdurchmesser, 3. von der Paketbreite, 4. von der Spannung und 5. von dem Umstande ob die Drähte eingelegt oder gefädelt werden, abhängig ist, so muß man für die obengenannten Faktoren Konstanten bestimmen, mit denen das Produkt aus $N \cdot (W + 10)$ multipliziert, den durch Versuche und Beobachtungen ermittelten richtigen Zeitwert ergibt. Bedeutet:

$$K_p = \text{Polzahl,} \qquad\qquad K_b = \text{Blechpaketbreite,}$$
$$K_d = \text{Drahtdurchmesser,} \qquad\qquad K_s = \text{Spannung,}$$

dann lautet die Formel für das Wickeln — ohne Schalten — wenn die Drähte eingelegt werden können:

$$T = N \cdot (W + 10) \cdot K_p \cdot K_d \cdot K_b \cdot K_s \text{ min.} \qquad\qquad \text{II)}$$

Die Zeit für das Schalten ist von der Pol- bzw. Spulenzahl S_p, der Stärke der Schaltdrähte K_{d_1} und der Motorspannung K_s abhängig. Die Formel hierfür lautet:

$$T = S_p \cdot K_{d_1} \cdot K_s \text{ min.} \qquad\qquad \text{III)}$$

Wird das Wickeln und Schalten in einem Akkord vergeben, so wird Formel II) und III) zusammengezogen und lautet nun:

$$T = [N \cdot (W + 10) \cdot K_p \cdot K_d \cdot K_b + S_p \, K_{d_1}] \cdot K_s \text{ min.} \qquad\qquad \text{IV)}$$

Müssen die Drähte eingezogen (gefädelt) werden, so erfordert dies eine Mehrarbeit, die erfahrungsgemäß etwa 35 vH der Zeit der Formel II) beträgt.

Die Formel für Stator wickeln und schalten (Drähte gefädelt) lautet demnach:

$$T = [N \cdot (W + 10) \cdot K_p \cdot K_d \cdot K_b \cdot 1,35 + S_p \cdot K_{d_1}] \cdot K_s \text{ min.} \qquad\qquad \text{V)}$$

Der Rotor kann, da derselbe nicht wie der Stator gehoben und gewendet werden braucht, in einer etwa 8 vH kürzeren Zeit gewickelt werden. Die Formeln für das Wickeln des Rotors lauten:

a) **Rotor wickeln und schalten (Drähte eingelegt):**

$$T = [N \cdot (W + 10) \cdot K_p \cdot K_d \cdot K_b \cdot 0{,}8 + S_p \cdot K_{d_1}] \cdot K_s \; \text{min.} \qquad \text{VI)}$$

b) **Rotor wickeln und schalten (Drähte gefädelt):**

$$T = [N \cdot (W + 10) \cdot K_p \cdot K_d \cdot K_b \cdot 1{,}1 + S_p \cdot K_{d_1}] \cdot K_s \; \text{min.} \qquad \text{VII)}$$

Die Formeln II), IV), V), VI) und VII) gelten jedoch nur bei Drahtstärken bis 3,5 mm Durchmesser, über 3,5 mm Durchmesser ist das Wickeln schon schwieriger und erfordert dementsprechend mehr Zeit. Die Mehrarbeit beträgt, wenn die Drähte eingelegt werden, etwa 20 vH und wenn die Drähte gefädelt werden, etwa 30 vH der normalen Zeit. Infolgedessen ist der Wert der Formeln II), IV) und VI) mit 1,2 und der Wert der Formeln V) und VII) mit 1,3 zu multiplizieren.

Entsprechen die nach obigen Formeln errechneten Zeiten den Betriebsverhältnissen nicht, so brauchen nur die Konstanten entsprechend geändert werden.

Tabelle 110. Polzahlkonstante K_p.

Polzahl	2	4	6	8	10	12
K_p	1,2	1,1	1	0,9	0,8	0,7

Tabelle 111. Draht-⌀-Konstante für Wickeln $K_d = \dfrac{\sqrt{d^2 \cdot 10}}{10} \cdot 1{,}2$.

⌀ mm . . .	unter 1	1	1,2	1,4	1,6	1,8	2	2,2	2,4
K_d . . .	0,25	0,38	0,46	0,54	0,61	0,69	0,76	0,83	0,92
⌀ mm . . .	2,6	2,8	3,0	3,2	3,4	3,6	3,8	4,0	4,2
K_d	1,0	1,06	1,15	1,22	1,3	1,37	1,45	1,53	1,60
⌀ mm . . .	4,4	4,6	4,8	5,0	5,2	5,4	5,6	5,8	6,0
K_d	1,68	1,75	1,83	1,90	2,0	2,1	2,15	2,2	2,3

Tabelle 112. Paketbreitenkonstante K_b.

Paketbreite .	bis 100	110	120	130	140	150	160	170	180
K_b . . .	1,0	1,02	1,04	1,06	1,08	1,1	1,12	1,14	1,16
Paketbreite .	190	200	210	220	230	240	250	260	270
K_b	1,18	1,2	1,22	1,24	1,26	1,28	1,30	1,32	1,34
Paketbreite .	280	290	300	310	320	330	340	350	
K_b	1,36	1,38	1,40	1,42	1,44	1,46	1,48	1,50	

Tabelle 113. Drahtdurchmesserkonstante für Schalten K_{d_1}.

$\varnothing$ mm	bis 2	3	4	5	6
K_{d_1}	10	10,5	11	11,5	12

Tabelle 114. Spannungskonstante K_s.

Volt	bis 500	1000	2000	darüber
K_s	1	1,1	1,2	1,3

Beispiel. Einen 8 poligen Drehstromstator für 60 PS, 220 Volt, 145 Amp. wickeln.

Statorwicklungsangaben:

Blechpaketdurchmesser { außen . . . . . 580 mm
innen . . . . 420 „

Paketbreite inkl. 2 Luftspalten . . . . . 275 „
Nutenzahl . . . . 72 „
Leiter pro Nut . . . . 9 (gefädelt)
Drahtdurchmesser blank . . . . 4,2 mm
„ isoliert . . . . 4,7 „

Schaltung der Phasen . . . .

Stator wickeln und schalten (Drähte gefädelt) nach Formel V):

$$T = [72 \cdot (9 + 10) \cdot 0{,}9 \cdot 1{,}6 \cdot 1{,}36 \cdot 1{,}35 + 12 \cdot 11] \cdot 1 =$$
$$= 72 \cdot 19 \cdot 0{,}9 \cdot 1{,}6 \cdot 1{,}36 \cdot 1{,}35 + 12 \cdot 11 = 3723 \text{ min} = \textbf{62 h 12 min.}$$

In gleicher Weise werden die Formeln für Drehstrom-Stab-wicklung gebildet.

Die Formeln für das Wickeln eines Drehstromrotors (Profilkupfer) lauten:

a) bei offenen Nuten, wenn die Stäbe eingelegt werden, d. h. beide Enden vor dem Einlegen gebogen sind:

$$T = N \cdot (W + 10) \cdot \left(\frac{2200 + D + L}{1000} \right) \text{ min.} \qquad \text{VIII)}$$

b) bei geschlossenen Nuten, wenn die Stäbe eingezogen werden oder bei offenen Nuten, wenn nur eine Seite vor dem Einlegen gebogen wird:

$$T = N \cdot (W + 10) \cdot \left(\frac{2200 + D + L}{1000} \right) + 2 \cdot N \cdot W \text{ min.} \qquad \text{IX)}$$

$D = $ Ankerdurchmesser, $\qquad L = $ Blechpaketlänge.

Bei Rotoren über 8 Pole ist der Wert der Formeln VIII) und IX) noch mit 0,9 zu multiplizieren.

Die Werte der Formeln VIII) und IX) beziehen sich auf:

Rotor isolieren — Umkehrung anfertigen — Stäbe einlegen bzw. einziehen — Schalten — Löten und nach dem Drehen ausputzen.

Für Stäbe abschneiden, richten und biegen gilt:

a) bei offenen Nuten (1 Stab) beide Enden gebogen:

$$T = \left(\frac{1000 + l}{1000} \right) \cdot 1{,}95 \cdot K_{Ad} \text{ min,} \qquad \text{X)}$$

b) bei offenen Nuten (2 Stäbe parallel) beide Enden gebogen:

$$T = \left(\frac{1000 + l}{1000}\right) \cdot 3 \cdot K_{Ad} \text{ min}, \qquad\qquad \text{XI})$$

c) bei offenen Nuten (3 Stäbe parallel) beide Enden gebogen:

$$T = \left(\frac{1000 + l}{1000}\right) \cdot 2{,}6 \cdot K_{Ad} \text{ min}, \qquad\qquad \text{XII})$$

d) bei geschlossenen oder offenen Nuten eine Seite gebogen, gilt die Formel X).

$l =$ Stablänge. $\qquad\qquad K_{Ad} =$ Ankerdurchmesserkonstante.

Tabelle 115. Ankerdurchmesserkonstante K_{Ad}.

Ankerdurchm. mm	bis 200	250	300	350	400	450	500 und darüber
K_{Ad}	1,3	1,25	1,2	1,15	1,1	1,05	1

Stäbe auf der Isoliermaschine mit Band isolieren:

a) 1 Stab isolieren:

$$T = \left(\frac{1000 + l}{1000}\right) \cdot 2{,}2 \text{ min}, \qquad\qquad \text{XIII})$$

b) 2 Stäbe parallel isolieren:

$$T = \left(\frac{1000 + l}{1000}\right) \cdot 2{,}4 \text{ min}, \qquad\qquad \text{XIV})$$

c) 3 Stäbe parallel isolieren:

$$T = \left(\frac{1000 + l}{1000}\right) \cdot 2{,}6 \text{ min}. \qquad\qquad \text{XV})$$

Beispiel. Einen 8 poligen Drehstromrotor für 60 PS. 220 Volt, 145 Amp. wickeln.

Rotorwicklungsangaben:

Blechpaketdurchmesser . . . . 418,5 mm
Paketbreite inkl. 2 Luftspalten . . . . 275 „
Nutenzahl . . . . 120 offen, 3 mm Schlitze
Leiter pro Nut 2
Flachkupfer . . . . 3,5·10

Schaltung der Phasen . . . . /\

Da die Stäbe nicht eingelegt werden können (Schlitz in der Nut ist 3 mm und Flachkupfer 3,5 mm), so gilt für das Wickeln bei Rotoren mit offenen Nuten, Stäbe eine Seite gebogen, die Formel IX):

$$T = 120 \cdot (2 + 10) \cdot \frac{(2200 + 418{,}5 + 275)}{1000} + 2 \cdot 120 \cdot 2 =$$

$$= 120 \cdot 12 \cdot 2{,}893 + 480 = \sim 4646 \text{ min} = \textbf{77 h 26 min}.$$

Stäbe abschneiden, richten und biegen pro Stab nach Formel X):

$$T = \left(\frac{1000 + 570}{100}\right) \cdot 1{,}95 \cdot 1{,}1 = \textbf{3,4 min}.$$

Stäbe isolieren pro Stab nach Formel XIII):

$$T = \left(\frac{1000 + 570}{1000}\right) \cdot 2{,}2 = \textbf{3,3 min}.$$

b) Für Gleichstrom.

Die Berechnung der Arbeitszeit bei Gleichstromanker erfolgt nach folgenden Formeln:

Für das Wickeln.

a) bei Ankern mit Stabwicklung ohne Schalten und ohne Ausgleichleitungen:

$$T = Sch \frac{(1200 + D + L)}{100} + Sp \cdot 1{,}5 \frac{(1200 + D + L)}{1000} \text{ min.,} \qquad \text{XVI)}$$

hierbei ist:

$$Sch = \text{Anzahl der Schablonen,}$$
$$Sp = \text{Anzahl der Spulen (Lamellen),}$$
$$D = \text{Ankerdurchmesser,}$$
$$L = \text{Länge des Blechpaketes.}$$

Erreicht der Klammerwert die Größe 20 bzw. 2, so bleibt der Klammerwert bei wachsendem D und L unverändert.

Der Wert der Formel I) bezieht sich auf dieselben Arbeiten wie bei Drehstrom, jedoch ohne Schalten.

b) Bei Ankern mit Stabwicklung ohne Schalten, jedoch mit Ausgleichleitungen gilt:

$$T = \text{Formel I)} \cdot 1{,}2 \, .$$

c) Bei Ankern mit Drahtwicklung (ohne Schalten):

1. Ist der Kollektor mit Fahnen, dann gilt für das Wickeln die Formel I) für Gleichstrom-Stabwicklung.

2. Ist der Kollektor ohne Fahnen, dann gilt der Wert der Formel I) · 0,8 .

Die Werte der Formel XVI) beziehen sich auf Ankerisolieren, Schabloneneinlegen und Bandagieren.

Für Stäbe abschneiden, richten und biegen gilt pro Anker:

$$T = Sp \cdot \frac{(1200 + D + L)}{1000} \cdot 2{,}5 \text{ min.} \qquad \text{XVII)}$$

Das Wickeln der Schablonen (Drahtwicklung).

Die Zeit für das Wickeln der Schablonen ist gleichfalls von der Windungszahl und dem Drahtdurchmesser abhängig und wird, wenn die zu einer Schablone gehörige Anzahl Anfänge (bzw. Spulen) neben-

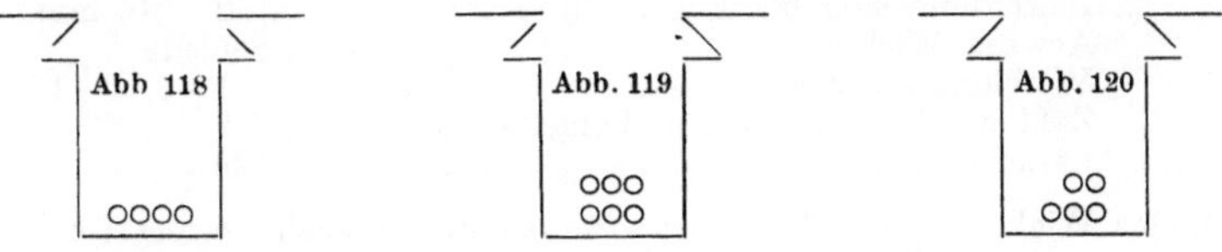

einander (Abb. 118) oder in gleicher Zahl übereinander (Abb. 119), z. B. 3 : 3 bei 6 Anfängen in der Nute Platz haben, nach folgender Formel berechnet:

$$T = W \cdot K_d \text{ min pro Schablone.} \qquad \text{XVIII)}$$

$W =$ Windungen der Spule,

$K_d =$ Drahtdurchmesserkonstante.

Ist die Zahl der zu einer Schablone gehörigen Anfänge so, daß die übereinander zu liegen kommenden Anfänge eine ungleiche Zahl aufweisen, z. B. 3 und 2 bei 5 Anfängen (Abb. 120), dann ist das Wickeln der Schablone schwieriger und bedarf einer längeren Zeit.

In diesem Falle ist der Wert der Formel III) mit 1,5 zu multiplizieren.

Tabelle 116.

$$\text{Drahtdurchmesserkonstante } K_d \text{ für Ankerschablonen } K_d \sqrt{\frac{d^2 \cdot \pi}{4}}.$$

Durchmesser . . mm	0,4	0,6	0,8	1,0	1,2	1,4	1,6	1,8
K_d	0,35	0,5	0,7	0,9	1,05	1,25	1,45	1,6
Durchmesser . . mm	2,0	2,2	2,4	2,6	2,8	3,0	3,2	3,4
K_d	1,8	1,95	2,1	2,3	2,5	2,65	2,83	3,2

Für das Schalten.

Für das Schalten des Ankers gelten, nachdem die Arbeitsdauer von der Spulenzahl bzw. von den Anfängen pro Spule abhängig ist, nachstehende Formeln.

1. Für Anker mit Draht- oder Stabwicklung, Kollektor mit Fahnen:

$$T = (Sch. \times \text{Anfänge} + Sp.) \cdot 2 \text{ min.} \qquad \text{XIX)}$$

2. Für Anker mit Drahtwicklung, Kollektor ohne Fahnen:

$$T = Sch. \times \text{Anfänge} + Sp.) \cdot 1,2 \text{ min.}$$

Die Werte der Formeln XIX) und XX) beziehen sich auf Schalten, Löten und Kollektor nach dem Drehen ausputzen.

1. Beispiel. Ein Gleichstromanker (Stabwicklung), 220 Volt, 560 Amp., 150 PS.

Ankerwicklungsangaben:

Ankerdurchmesser . . . . 470 mm
Ankerlänge inkl. 2 Luftspalten . . . . 240 „
Nutenzahl . . . . 63 „
Größe der Nute . . . . 12,5 $\times$ 35
Leiter pro Nute . . . . 8 (2 ‖)
Leiterdimension blank . . . . 2 $\times$ 14 mm
Art der Wicklung . . . . Schleife
Wicklungsschritte . . . . 1—2, 1—17
Zahl der Windungen pro Lamelle 2
Lamellenzahl 126

Für das Wickeln des Ankers ohne Schalten ist nach Formel I):

$$T = 63 \cdot \left(\frac{1200 + 470 + 240}{100}\right) + 126 \cdot 1,5 \cdot \left(\frac{1200 + 470 + 240}{1000}\right) =$$

$$= 63 \cdot 19,1 + 126 \cdot 1,5 \cdot 1,91 = \sim 1563 \text{ min} = \textbf{36 h 3 min.}$$

Für Stäbe abschneiden, richten und biegen ist nach Formel XVII):

$$T = 126 \cdot \left(\frac{1200 + 470 + 240}{1000}\right) \cdot 2{,}5 = 126 \cdot 1{,}91 \cdot 2{,}5 \simeq \mathbf{602\ min.}$$

Für das Schalten des Ankers (Kollektor mit Fahnen) ist nach Formel XIX):

$$T = (126 + 252) \cdot 2 = 378 \cdot 2 = \mathbf{756\ min.}$$

2. Beispiel. Ein Gleichstromanker, 300 Volt, 29 Amp., 10 PS.

Ankerwicklungsangaben:

Ankerdurchmesser . . . . 230 mm
Ankerlänge . . . . 100 „
Nutenzahl 43
Größe der Nute . . . . 8,8 $\times$ 24
Leiter pro Nute 30
Leiterdimension · . . . . 1,9/2,2 $\oslash$
Art der Wicklung . . . . Reihen
Wicklungsschritt . . . . 1—2, 1—66
Zahl der Windungen pro Lamelle 5
Anzahl der Lamellen . . . . 129 (mit Fahnen)

Für das Wickeln des Ankers ohne Schalten ist nach Formel XVI):

$$T = 43 \cdot \left(\frac{1200 + 230 + 100}{100}\right) + 129 \cdot 1{,}5 \cdot \left(\frac{1200 + 230 + 100}{1000}\right) =$$
$$= 43 \cdot 15{,}3 + 129 \cdot 1{,}5 \cdot 1{,}53 = \mathbf{954\ min.}$$

Für das Wickeln der Schablonen nach Formel XVIII):

$$T = 5 \cdot 1{,}8 \cdot 43 = \mathbf{387\ min.}$$

Für das Schalten (Kollektor mit Fahnen) nach Formel XIX):

$$T = (43 \cdot 3 + 129) \cdot 2 = 258 \cdot 2 = \mathbf{516\ min.}$$

V. Schlußwort.

1. Zeitstudien.

Bearbeitungszeiten, die nach den in vorstehenden Kapiteln angeführten Richtlinien ermittelt werden, müssen, falls die Nebenarbeiten richtig erfaßt und die Laufzeit der Maschine angepaßt berechnet wurden, unbedingt stimmen. In Fällen wo zwischen der ermittelten und der tatsächlichen Bearbeitungszeit Differenzen bestehen, müssen deren Ursachen durch systematische Zeitstudien ermittelt werden. Gänzlich falsch wäre es, die bestehenden Differenzen einfach durch einen prozentualen Aufschlag auf die vorgegebene Zeit auszugleichen, denn dadurch wären ja die Ursachen, durch die die Bearbeitungszeit verlängert und das Fabrikat verteuert wird, nicht behoben, wohl aber einzig und allein dem Arbeiter gedient, der vielleicht mit Absicht die Bearbeitungszeit verlängert hat, um einen höheren Akkord herauszuschlagen. Es ist zwar, wenn auch nicht zu billigen, so doch vom Standpunkte des Arbeiters leicht begreiflich, daß derselbe unter Anwendung aller ihm zu Gebote stehenden Mitteln versucht, bei möglichst geringer Anstrengung, einen recht hohen Verdienst zu erzielen.

Die Erfahrung hat gezeigt, daß Zeitstudien, wenn sie von Erfolg sein sollen, auf eine ziemlich lange Zeit (unter Umständen auf einige Tage) ausgedehnt werden müssen, denn nur dann ist es möglich die Ursachen, durch die die Bearbeitungszeit unnötig verlängert wird, richtig zu erfassen. Bei einer kurzen Beobachtungszeit (bis zu einem Tag) wird es dem Arbeiter durch Anwendung verschiedener Kniffe in der Regel gelingen, den ausführenden Beamten hinters Licht zu führen, d. h. er wird versuchen die Handgriffe recht langsam auszuführen, oder ganz unnötige Handgriffe zu machen, die Vorrichtungen recht umständlich zu reinigen und dadurch dem Kalkulationsbeamten zu beweisen suchen, daß die vorgegebene Zeit zu knapp berechnet sei. Gelingt es dem Arbeiter eine höhere Zeit bzw. einen höheren Akkord herauszuschlagen, so hat er damit sein Ziel erreicht. Im anderen Falle rechnet der Arbeiter damit, daß die Beobachtung nur auf eine kurze Zeit ausgedehnt wird und es ihm dann gelingt die verlorene Zeit durch flinkeres Arbeiten nachzuholen, was ihm auch in den meisten Fällen, da in der Regel auf die gerechneten Zeiten ein Ermüdungszuschlag und ein Zuschlag für Zeitverluste gegeben wird, unter Ausnutzung dieser Werte gelingen wird.

Wird jedoch die Beobachtungszeit auf mehrere Tage ausgedehnt, dann ist der Arbeiter, wenn er auf seinen Verdienst kommen will, gezwungen, die evtl. am ersten oder zweiten Tage der Beobachtung durch Bremsung verlorene Zeit durch flotteres Arbeiten und richtige Handgriffe auszugleichen.

Auf alle Fälle zeigt eine auf mehrere Tage ausgedehnte Zeitstudie ein richtigeres Bild des Arbeitsvorganges.

Hat die Zeitstudie Mißstände ausgewiesen oder gezeigt, daß die Vorrichtung unzulänglich ist, da z. B. die Einspannzeiten (Griffzeiten) im Vergleich zu den Laufzeiten unverhältnismäßig hoch sind, so ist die Betriebsleitung unter Vorlage der Beobachtungsdaten zu verständigen und diese hat dann dafür Sorge zu tragen, daß schleunige Abhilfe geschaffen wird.

Mit Vorstehendem soll jedoch nicht gesagt sein, daß nur bei jenen Arbeitsstücken, die vom Arbeiter als zu niedrig berechnet, reklamiert wurden, eine Zeitstudie durchgeführt werden soll. Zeitweise sollen zur Kontrolle auch bei jenen Arbeitsstücken Zeitstudien durchgeführt werden, bei denen der Arbeiter den vereinbarten max. Verdienst erreicht. Es kann ja auch der Fall eintreten, daß der Akkord zu hoch berechnet wurde und daß der Arbeiter, um denselben nicht zu verderben, mit seinem Verdienst zurückhält, d. h. über eine bestimmte Höhe des Verdienstes nicht hinausgeht. Mit einem Wort „bremst", wie der Fachausdruck lautet. Es kann aber auch die Vorrichtung oder der Herstellungsplan ungeeignet sein und dadurch die Bearbeitungszeit wesentlich beeinflussen. Alle diese Fehler deckt eine systematisch durchgeführte Zeitstudie unbarmherzig auf.

Das Beispiel Abb. 121, Zeitstudie für Einrichtzeiten, deckt Mißstände auf, die in einem geregelten Betrieb unter keinen Umständen vorkommen dürfen. Die Zeitstudie gibt nicht nur Zeugnis von der Unfähigkeit des Einrichters, sondern auch des Meisters in dessen Abteilung solche Mißstände Platz greifen konnten.

Wir sehen in erster Linie, daß der Einsteller den Arbeitsvorgang einige Male überlegen mußte (siehe $+_1$), ein Beweis dafür, daß der Meister sich um seine Abteilung absolut nicht kümmerte und den Einrichter ganz nach eigenem Ermessen handeln ließ; obzwar auch dieser Weg nicht als der richtige bezeichnet werden kann, da der Arbeitsgang von der Vorkalkulation bzw. vom Vorrichtungsbau zum voraus festgelegt sein soll und nach diesem Plan die Vorrichtungen angefertigt sein müssen.

Wir sehen ferner, daß der Einrichter einige Arbeiten (siehe $+_2$) doppelt und dreifach ausführen mußte, da das Werkzeug nicht in Ordnung war. Ein Beweis dafür, daß auch die Werkzeugausgabe nicht funktionierte. Die Werkzeuge müssen unbedingt bei ihrer Ablieferung von der Werkzeugausgabe auf ihre weitere Verwendbarkeit untersucht und evtl. zur Reparatur gegeben werden. Nicht aber daß der Arbeiter die Werkzeuge, wenn er sie braucht, erst reparieren muß.

Ganz widersinnig sind die Zeiten für die Drehversuche (siehe $+$!!!). Der Einrichter brauchte hierzu:

$$14 \text{ min } 40 \text{ sek}$$
$$\underline{+\ 44 \quad \text{\textquotedbl}}$$
$$\text{Summe} \quad 58 \text{ min } 40 \text{ sek}$$

während die für die Bearbeitung des Werkstückes ausgewertete Zeit im ganzen **nur 12 min** beträgt.

Beobachtungsbogen für Einrichtarbeiten.

Aufgenommen: 21./X. 21.	Arbeiter: *Weinkopf (Einsteller)*. Abt.: *WP Gr. 67*.	Beobachtungsbogen für Einrichtearbeiten: *Nr. 3*.
Type: *35 PS-Wagen*. Zeichn.-Nr.: *12271/5*.		Gegenstand: *Gemischhebel*.
Arbeitsvorgang: *Nabe anflächen, bohren. Konus ausdrehen und Nabe überdrehen*.		Maschine: *Pittler-Revolver*. Masch.-Nr.: *625*.
Vorrichtung: *Spez. Spannfutter*.	Werkzeuge: *3 Messer, 1 Bohrer (= 4 Werkzeuge)*.	

Unterteilung des Arbeitsvorganges	von	bis	das sind min	sek
Spannfutter abmontieren	7ʰ 3′ 40″	7ʰ 7′ 30″	3	50
Spannfutter reinigen	7ʰ 7′ 30″	7ʰ 9′ 45″	2	15
Spannvorrichtung (Hebel und Zahnstange) abmontieren	7ʰ 9′ 45″	7ʰ 21′ 30″	11	45
Drehvorrichtung (Spez. Spannfutter) aufschrauben und Schutzhaube für Zahnräder der Übersetzung befestigen	7ʰ 21′ 30″	7ʰ 24′ 15″	2	45
Spez. Spannfutter zerlegen und neue Backen aufschrauben	7ʰ 24′ 15″	7ʰ 26′ 30″	2	15
Arbeitsstücke besorgen	7ʰ 26′ 30″	7ʰ 27′ 40″	1	10
Ein solches einspannen und Arbeitsvorgang überlegen	7ʰ 27′ 40″	7ʰ 35′	7	20 +₁
5 Messer (Werkzeuge von früheren Arbeitsstücken) abmontieren	7ʰ 35′	7ʰ 39′ 45″	4	45
Arbeitsvorgang überlegen und Arbeitsstück ausspannen	7ʰ 39′ 45″	7ʰ 42′ 45″	3	— +₁
Studium der Zeichnung	7ʰ 42′ 45″	7ʰ 43′ 30″	—	45
Spez. Spannfutter abschrauben	7ʰ 43′ 30′	7ʰ 44′ 45″	1	15
Reparatur desselben	7ʰ 44′ 45″	7ʰ 50′	5	15 +₂
Spannfutter aufschrauben	7ʰ 50′	7ʰ 50′ 40″	—	40
Reparatur desselben fortsetzen	7ʰ 50′ 40″	8ʰ 11′	20	20 +₂
Aufspannen eines Arbeitsstückes	8ʰ 11′	8ʰ 13′ 30″	2	30
Arbeitsvorgang überlegen	8ʰ 13′ 30″	8ʰ 17′ 30″	4	— +₁
Studium der Zeichnung	8ʰ 17′ 30″	8ʰ 18′ 20″	—	50
Messerfutter besorgen	8ʰ 18′ 20″	8ʰ 21′ 30″	3	10
Bohrer besorgon	8ʰ 21′ 30″	8ʰ 23′ 30″	2	—
Nabe des Arbeitsstückes durchbohren und unterhalten mit anderen	8ʰ 23′ 30″	8ʰ 25′ 20″	1	50
Bohrer schleifen	8ʰ 25′ 20″	8ʰ 27′ 45″	2	25
Spannfutter tiefer ausbohren	8ʰ 27′ 45″	8ʰ 29′ 45″	2	—
Anschlag verstellen	8ʰ 29′ 45″	8ʰ 31′ 20″	1	35
Arbeitsvorgang überlegen	8ʰ 31′ 20″	8ʰ 33′ 55″	2	35 +₁
1 Messerkopf mit Messer einspannen	8ʰ 33′ 55″	8ʰ 35′ 55″	2	—
Messerkopf ausspannen und abschleifen	8ʰ 35′ 55″	8ʰ 37′ 15″	1	20
Denselben wieder einspannen und einstellen . .	8ʰ 37′ 15″	8ʰ 42′	4	45 +₂
1 Messer ausspannen, studieren der Zeichnung und Messer schleifen	8ʰ 42′	8ʰ 48′ 45″	6	45 +₂
Dasselbe einspannen und einstellen	8ʰ 48′ 45″	8ʰ 49′ 45″	1	—
Speisen zu sich nehmen (essen)	8ʰ 49′ 45″	8ʰ 57′	7	15
Anschläge nach außen schlagen	8ʰ 57′	8ʰ 57′ 50″	0	50
Drehversuch und genaues Einstellen des Messers	8ʰ 57′ 50″	9ʰ 12′ 30″	14	40 +!!!
Transport . . .			128	50

Abb. 121.

(Fortsetzung)

Unterteilung des Arbeitsvorganges	von	bis	das sind	
			min	sek
Transport . . .			128	50
Zweiten Messerkopf einspannen, Messer hierzu schleifen und einspannen	$9^h\,12'\,30''$	$9^h\,18'\,40''$	6	10
Wegen nicht passen des Messerkopfes denselben ausspannen und einen anderen besorgen . .	$9^h\,18'\,40''$	$9^h\,20'\,30''$	1	$50 +_2$
Messer in die richtige Façon schleifen	$9^h\,20'\,30''$	$9^h\,25'\,20''$	4	$50 +_2$
Wegen nicht passen Messer nochmals schleifen	$9^h\,25'\,20''$	$9^h\,28'$	2	$40 +_2$
Messer schleifen	$9^h\,28'$	$9^h\,33'\,15''$	5	$15 +_2$
Drittes Messerfutter einspannen, Messer schleifen und einstellen desselben	$9^h\,33'\,15''$	$9^h\,39'\,20''$	6	05
Kopierleiste für Konus einstellen und reparieren	$9^h\,39'\,20''$	$9^h\,51'\,55''$	12	$35 +_2$
Kupierleiste auf Maschine schrauben	$9^h\,51'\,55''$	$9^h\,55'$	3	05
Für Kupierleiste Queranschlag auf Maschine schrauben	$9^h\,55'$	$9^h\,59'\,20''$	4	20
Messer gleichzeitig mit Kupierleiste für Konus einstellen	$9^h\,59'\,20''$	$10^h\,\,\,7'$	7	40
Wegen nicht passen des Queranschlages denselben verstellen	$10^h\,\,\,7'$	$10^h\,13'\,15''$	6	$15 +_2$
Messer mit Kopierleiste einstellen, fortsetzen und 3 mal Messer wechseln $+_2$, *sowie schleifen derselben*	$10^h\,13'\,15''$	$11^h\,49'$	35	$45 +_2$
Drehversuche	$11^h\,49'$	$12^h\,33'$	44	$-\,+\,!!!$
1 Stück in die Kontrolle geben	$12^h\,33'$	$12^h\,44'$	11	$-$
Summe . . .			280	20

Bemerkung: *Die Einrichtezeit beträgt 280 min 20 sek, das macht pro Werkzeug:* $\dfrac{280'\,20''}{4} = 70\ min\ 45\ sek,$ *also entschieden viel zu hoch. Die Einrichtezeit darf im ungünstigsten Falle höchstens 30 min pro Werkzeug betragen.*

Abb. 121.

Das Beispiel Abb. 122 und 123 behandelt eine Zeitstudie die zur Kontrolle über einen bestehenden Akkord durchgeführt wurde, bei dem der Arbeiter durchschnittlich 25 bis 30 vH über seinen Stundenlohn verdiente.

Die Auswertung Abb. 123 ergab, daß die vorkalkulierte und die durch Zeitstudie ermittelte Bearbeitungszeit bis auf die kleine Differenz von 44 Sek. übereinstimmt, der Akkord somit in Ordnung geht.

Als besonders krasses Beispiel von Zeitschiebung sei die nachstehende Zeitstudie (Abb. 124) über Zeitverluste angeführt, die, da der Arbeiter gegen den bestehenden Akkord ununterbrochen Einspruch erhob und da alle Vorstellungen daß der Akkord richtig bemessen sei erfolglos blieben, durchgeführt wurde.

Wir sehen aus der Zeitstudie (siehe die mit + bezeichneten Daten), daß der Arbeiter bestrebt war, die Zeit auf alle möglichen Arten zu verlängern, daß er täglich die Arbeit um einige Minuten vorzeitig beendet hat, daß er ferner Arbeiten ausführte die nicht zu seinen Obliegenheiten gehörten, Privatangelegenheiten während seiner Arbeits-

Zeitstudienblatt Nr. 15.

Österr. Daimler Motoren AG. Wr.-Neustadt.

Lfd. Nr.	Zeitverluste (Unterbrechungen)	von min	von sek	bis min	bis sek	das sind min	das sind sek
				Zeiten			
1	Betriebsstörung (Riemen auflegen)	11	45	14	35	2	50
2	do. „ „	23	20	25	12	1	52
3	Besprechung mit Meister	35	58	37	45	1	47
					Summe	6	29

Aufgenommen: 9./II. 22. — Arbeiter: *Pürer.* Kontr.-Nr.: *36.* — Beobachtungsbogen für Maschinen- und Handarbeitszeiten: *Nr. 1.*

Arbeitsvorgang: *Kl. Keilprofil fräsen.* Op.-Nr.: *6a.* — Maschinengattung: *Fräsmaschine Nr. 1194.*

Abteilung: *WL.* Gruppe: *1.* Meister: *Stein.* — Zeichnung: *Nr. 17959.* Gegenstand: *Differentialwelle.* — Material: V_4.

Vorrichtung: *Universalteilkopf.* — Werkzeuge: *2 Satzfräser.*

Anzahl der Zeitaufnahmen mit den gleichen Teilarbeiten

Arbeitsunterteilung	1		2		3		4		5		6		7		8		9		10		11		12		Mittel	
	min	sek	min	sek	min	sek	min	sek	min	sek	min	sek	min	sek	min	sek	min	sek	min	sek	min	sek	min	sek	min	sek
1 Arbeitsstück in Körner heben, genau einstellen, festspannen	—	—	1	30	1	33	1	20	1	33	1	33	1	47	1	32	1	32	1	55	1	38	1	21	~1	34
Maschine einschalten . .	—	—	26	05	52	13	17	15	42	28	9	13	34	42	60	—	28	53	54	55	20	58	48	08		
2 1. Flanke fräsen . . . . {	—	—	4	05	3	19	3	19	3	32	3	19	3	18	3	21	3	27	3	25	3	33	3	16	3	23
	—	—	30	10	55	32	20	34	46	—	12	32	38	—	3	21	32	20	58	20	24	31	51	24		

Jede Messung ist zweizeilig eingetragen (obere Zeile / untere Zeile). Die letzte Spalte gibt die "Summe".

Nr.	Vorgang													Summe
3	Maschine ausschalten, Tisch zurückkurbeln, Teilen … Maschine einschalten …	— —	— 50	— 30	— 33	2 18	— 33	— 32	— 33	— 26	— 35	— 24	— 28	— 30
		1 13	31 00	56 02	21 07	47 15	13 05	38 32	3 54	32 46	58 55	24 55	51 52	
4	2. Flanke fräsen	3 20	3 20	3 14	3 18	3 20	3 20	3 22	3 21	3 22	3 20	3 20	3 14	3 20
		4 33	34 20	59 16	24 25	50 35	16 25	41 54	7 15	36 08	2 15	28 15	55 06	
5	Wie unter 3	— 30	— 40	— 42	— 30	— 33	— 30	— 32	— 32	— 27	— 30	— 31	— 31	— 32
		5 03	35 —	59 58	24 55	51 08	16 55	42 26	7 48	36 35	2 45	28 46	55 37	
6	3. Flanke fräsen	3 30	2 56	3 10	3 21	3 22	3 22	3 21	3 22	3 40	3 25	3 20	3 15	3 23
		8 33	37 55	3 08	28 16	54 30	20 17	45 47	11 10	40 15	6 10	32 06	58 52	
7	Wie unter 3	— 31	— 25	— 28	— 32	— 33	— 33	— 34	— 33	— 59	— 32	— 29	— 22	— 29
		9 04	38 20	3 36	28 48	55 03	20 50	46 21	11 43	41 14	6 42	32 35	59 24	
8	4. Flanke fräsen	① 3 50	3 24	3 20	3 22	3 47	3 20	3 24	3 21	3 30	3 24	3 23	3 11	3 26
		15 44	41 45	6 56	32 10	58 50	24 10	49 45	15 04	44 44	10 06	35 58	2 35	
9	Wie unter 3	— 30	— 28	— 35	— 30	— 35	— 32	— 29	— 31	— 30	— 31	③ 50	— 41	— 34
		16 14	42 13	7 31	32 40	59 25	24 42	50 14	15 35	45 14	10 37	38 35	3 16	
10	5. Flanke fräsen	3 26	3 27	3 15	3 16	3 15	3 18	3 22	3 21	3 26	3 19	3 17	3 32	3 21
		19 40	45 40	10 46	35 56	2 40	28 —	53 36	15 56	48 40	13 56	41 52	6 48	
11	Wie unter 3	— 30	— 27	— 34	— 30	— 37	— 35	— 31	— 36	— 32	— 34	— 33	— 34	— 33
		20 10	46 07	11 20	36 26	3 17	28 35	54 07	19 32	49 12	14 30	42 25	7 22	
12	6. Flanke fräsen	3 25	3 28	3 18	3 25	3 15	3 15	3 20	② 36	48	3 42	3 15	3 53	3 26
		23 35	49 35	14 38	39 51	6 32	31 50	57 27	26 —	52 —	18 12	45 40	11 15	
13	Maschine ausschalten … Tisch zurückkurbeln …	— 19	— 15	— 22	— 19	— 24	— 18	— 18	— 15	— 15	— 23	— 30	— 30	— 19
		23 54	49 50	15 —	40 10	6 56	32 08	57 45	26 15	52 15	18 35	46 10	11 45	
14	Arbeitsstück ausspannen	— 41	— 50	— 55	— 45	— 44	— 47	— 43	1 06	— 45	— 45	— 37	— 40	— 45
		24 35	50 40	15 55	40 55	7 40	32 55	58 28	27 21	53 —	19 20	46 47	12 25	
	Summe													25 35

Siehe zugehöriges Auswertungsblatt Abb. 124.

Abb. 122.

Auswertungsblatt zur Zeitstudie lt. Abb. 122
über *Maschinen- und Handzeiten.*

Österr. Daimler Motoren AG.
Wr. Neustadt.

Abt.: *WL.* Gr.: *1.* Maschine: *Fräsmaschine Nr. 1194.* Arbeiter: *Pürer.* Kontr.-Nr.: *36.*	Gegenstand: *Differentialwelle.* Type: *AD 617.* Z.-Nr.: *17959.* Oper.-Nr.: *6a.* Vorgang: *Kl. Keilprofil fräsen.* Material: V_4. Werkzeuge: *2-Satzfräser.*	Aufgenommen: *9./II. 22.* Stückzahl: *12.* Beobachter: *J. Mohr.*	Unterbrechungen	Zeiten	
				min	sek
			1. Betriebsstörung *(Riemen auflegen)* .	2	50
			2. „ do. .	1	52
			3. Besprechung mit Meister	1	47

Anzahl der Teilarbeiten	Zerlegung des Arbeitsvorganges	Mittelwerte aus Zeitstudie 15		Einrichtezeiten		
		min	sek			
1	*Arbeitsstück in Teilkopf heben, festspannen und Maschine einschalten*	1	34	Die Gesamt-Einrichtezeit beträgt: $2^1/_2$ *Std.*		
2	*1. Flanke fräsen*	3	23			
3	*Maschine ausschalten, Tisch zurückkurbeln, teilen, Maschine einschalten*	—	30	Bei Anfertigung von *100* Stück beträgt der Anteil für 1 Stück	1	30
4	*2. Flanke fräsen*	3	20			
5	*Wie bei Pos. 3*	—	32	**Auswertung pro Stück:**		
6	*3. Flanke fräsen*	3	23	Einrichtezeit	1	30
7	*Wie bei Pos. 3*	—	29			

8	4. Flanke fräsen	3	26			
9	Wie bei Pos. 3	—	34	Maschinen- und Handgriffzeiten	25	35
10	5. Flanke fräsen	3	21	Summe	27	05
11	Wie bei Pos. 3	—	33			
12	6. Flanke fräsen	3	26	Zuschlag für Zeitverluste nach Beobachtungsbogen Nr. 5 = 15 vH für 27 min = ...	⌐ 4	—
13	Maschine ausschalten, Tisch zurückkurbeln	—	19	Gesamtsumme	31	05
14	Arbeitsstück ausspannen	—	45			
	Summe	25	35			

Kalkulierte Zeit = 31 min 49 sek
Beobachtete Zeit = 31 „ 5 „

Skizze.

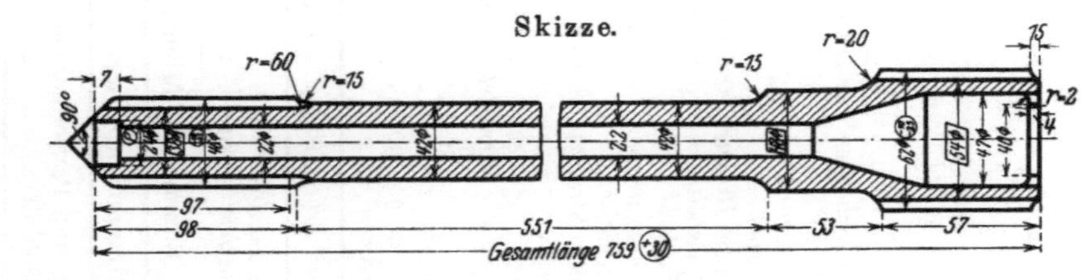

	Datum	Name
Ausgeführt . .	14./II. 22	J. Mohr
Geprüft	16./II. 22	F. Kresta

Bemerkungen: *Vorschub S = 35 mm/min; Umdrehungen der Frässpindel n = 55/min.*

Abb. 128.

Beobachtungsbogen für Zeitverluste.

Aufgenommen vom 12./X. bis 17./X. 21.	Arbeiter: *Roschka.* Kontroll-Nr.: *6817.*	1. Beobachtungsbogen für Zeit- verluste vom *1. bis 5. Tag.*	
Abt.: *WP. Gr. 67.* Meister: *Kunze.*	Maschine: *Pittler-Revolver.* Masch.-Nr.: *774.*	Zeichn.-Nr.: *18886.* Arbeitsstück: *Schraube.*	Op.: *1 b.* Material: *S.M.St.*

Art des Zeitverlustes	1. Tag Min.	2. Tag Min.	3. Tag Min.	4. Tag Min.	5. Tag Min.
Maschineschmieren	2′ 35″	—	3′ 30″	—	—
Kühlwasserpumpe in Betrieb setzen	14′ 15″	24′ 40″	—	14′ 45″	3′ 25″ +)
Kleider wechseln und unterhalten mit anderen	—	—	—	5′ 25″	— +)
Werkzeuge besorgen	—	—	—	—	4′ 25″
Drehstähle schleifen	9′ 12″	—	—	—	4′ 25″
Drehstähle nach dem Schleifen neu einstellen .	2′ 35″	—	—	—	—
Bedürfnisangelegenheit	3′ 28″	7′ 30″	4′	2′ 45″	—
Speisen in die Wärmekammer tragen	15′ 10″	—	—	—	3′ 45″ +)
Speisen zu sich nehmen	16′ 33″	—	19′ 20″	—	20′ +)
Geld für Frühstück dem Hilfsarbeiter übergeben	—	—	—	—	1′ 35″
Frühstück vom Hilfsarbeiter übernehmen . .	—	—	—	3′ 25″	—
Reparatur am Rollenkopf	21′	—	10′ 35″	—	—
Reparatur an Gewindepatrone	—	25′ 35″	—	—	—
Einstellen des Schneideisens	—	32′ 15″	5′ 10″	18′	3′ 40″
Betriebsstörung wegen Strommessungen . . .	—	3′ 50″	—	—	—
Arbeitsstücke zählen	—	10′	4′ 25″	—	12′ 25″ +)
Löhnung nachrechnen	—	—	2′ 50″	—	—
Benzin zum Waschen der verrosteten Arbeitsstücke besorgen	—	—	—	6′ 20″	— ⊥)
Reparatur des Spannfutters	—	—	—	3′ 25″	—
Privat zum Betriebsrat gegangen	—	—	—	17′ 20″	— +)
Werkzeuge herausnehmen	—	—	—	1′ 10″	—
Arbeit einstellen vor Arbeitsschluß um Uhr .	2ʰ 56′	2ʰ 55′	2ʰ 53′	1ʰ 50′	2ʰ 53′ +)
Maschine gründlich reinigen	—	—	—	60′	—
Waschen, Kleider wechseln usw.	4′	5′	7′	10′	5′
Summe der Minuten . .	88′ 48″	108′ 50″	56′ 50″	142′ 45″	58′ 40″
Insges. gestemp. Minuten pro Tag	480′	480′	480′	480′	480′
Abzügl. Verspätung und Pausenverluste bzw. früherer Arbeitsschluß	4′	5′	7′	10′	6′
Insges. geleistete Minuten pro Tag	476′	475′	473′	470′	475′

Geleistete Arbeitszeit . . . . 2369 Minuten — Sek.
Abzügl. Zeitverluste . . . . 455 „ 53 „
Reine Arbeitszeit . . . . . . 1913 Minuten 7 Sek.

Zuschlag für Zeitverluste auf reine Arbeitszeit:
∼ 456 Minuten = ∼ 24,5 vH der reinen Arbeitszeit.

Bemerkung:

Abb. 124.

zeit erledigte usw. Auf Grund der durchgeführten Zeitstudie konnte
nun dem Arbeiter einwandfrei bewiesen werden, daß seine Einwendungen
ganz unbegründet und der vorgegebene Akkord eigentlich zu hoch
berechnet sei. Die Folge hiervon war statt einer Erhöhung eine Herab-
setzung des Akkordes.

2. Der Kalkulations- und Betriebsrechenschieber.
(Abb. 125).

Wie eingangs erwähnt, ist durch die sinngemäße Anordnung der
Rechenschieberskalen zueinander die Möglichkeit gegeben, ziemlich
komplizierte Formeln mit einer einzigen Einstellung zu lösen.

In welch einfacher Weise alle, auf die Bearbeitung eines Werkstückes Bezug habenden, Werte mit meinem Kalkulations- und Betriebsrechenschieber ermittelt werden können, sollen die nachstehenden Beispiele, in Gegenüberstellung zur üblichen Rechnungsweise
mittels Formeln, zeigen.

Der leichteren Verständlichkeit halber sei der Rechenstab vorerst
an Hand der schematischen Abbildungen 126a und b erläutert, sowie
die Funktion bzw. die Werte der einzelnen Teilungen erklärt. Es
beinhaltet,

1. Am Rahmen oben (Abb. 126a).

Die Teilung $\sqrt{}$: die $\sqrt[2]{}$-Werte.

"   " R_1: die Schnittzeit in sek.

"   " R_2: a) die Schnittzeit in min,

                 b) die Leistung in PS,

                 c) die Materialfestigkeit K_z bei zähem Material,

                 d) sie dient ferner als Gegenteilung für die $\sqrt{}$-Teilung zur Be-
stimmung der 2. Potenz und als normale Teilung für den
gewöhnlichen Rechenschieber.

2. Am Rahmen unten (Abb. 126a).

Die Teilung $V-n-D \cdot H$: a) die Schnittgeschwindigkeit in m/min,

                         b) die Umdrehungen/min,

                         c) die Doppelhübe/min.

"   " K_z: die Materialfestigkeit bei sprödem Material.

"   " q: den Spanquerschnitt.

"   " G: das Gewicht bei Stangenmaterial (siehe auch Kennmarken am
Läufer Abb. 126b).

3. Auf der Zunge (Abb. 126a).

Die Teilung $Z_\varnothing$: den Durchmesser des Werkstückes.

"   " Z_Δ: das Vor- und Rücklauf-Verhältnis bei Hobel- und Shapingmaschinen.

"   " Z_o: dient als Gegenteilung für die Teilung R_2.

"   " Z_u: dient als Gegenteilung für die Teilung $V-n-DH$.

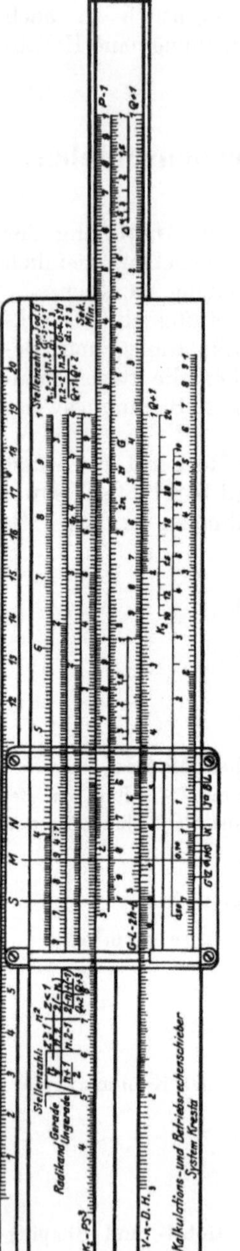

Abb. 125. Kalkulations- und Betriebsrechenschieber System Kresta.

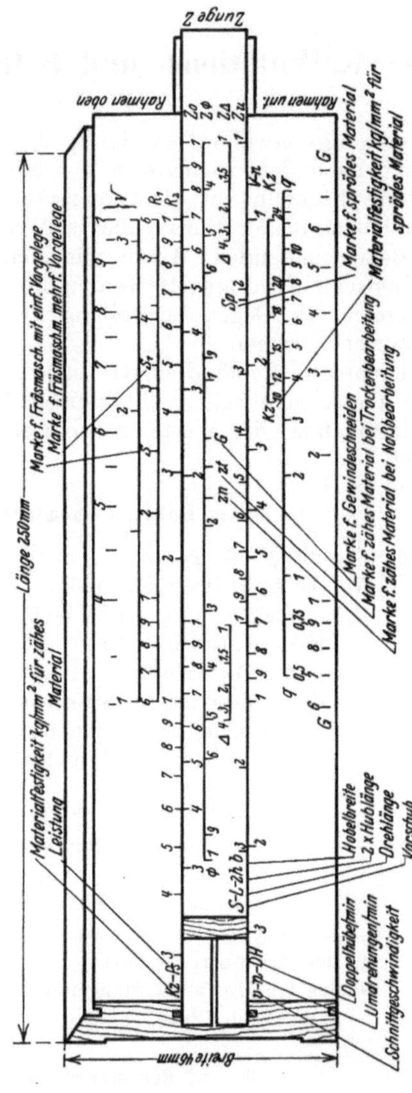

Der Schieber ist der Deutlichkeit halber verzerrt gezeichnet.

Die richtigen Maße betragen: Länge 230 mm, Breite 46 mm, Stärke 10 mm.

Abb. 126a.

4. Am Läufer (Abb. 126 b).

Die vertikal verschiebbare Leiste am Läufer enthält die Skala der Spanquerschnitte q von $0{,}5 \div 10$ mm².

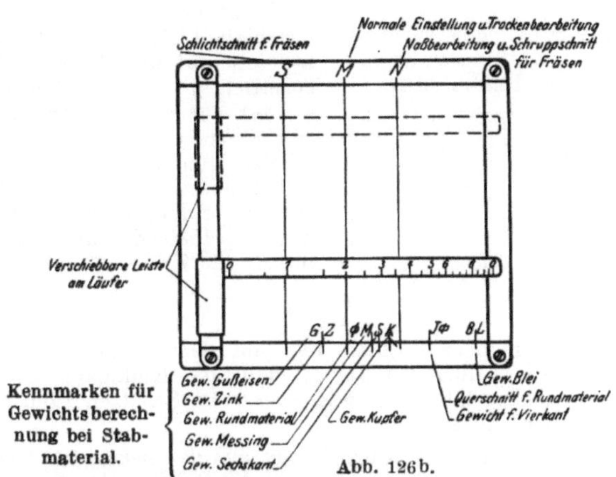

Kennmarken für Gewichtsberechnung bei Stabmaterial.

Abb. 126 b.

In den nachfolgenden Beispielen wollen wir der Kürze halber den Rahmen mit R, die Zunge mit Z, den Läufer mit L, die Skalen der oberen Rahmeneinteilung mit $\sqrt{\ }$, R_1, R_2; die Skalen der unteren Rahmeneinteilung mit V, K_z, q und G und die Skalen auf der Zunge, oben mit Z_o, unten mit Z_u, in der Mitte mit $Z_\varnothing$ und $Z_\varDelta$ bezeichnen.

1. Beispiel. Schnittgeschwindigkeit, Umläufe und Schnittzeit.

Es soll a) Die günstigste Schnittgeschwindigkeit für die Bearbeitung einer Welle aus S.M.St. bei einer Festigkeit $K_z = 80$ kg/mm², einer Spantiefe $y = 7$ mm, einem Vorschub $s = 0{,}5$ mm bestimmt werden, wenn die Bearbeitung derselben mit Wasserkühlung erfolgt.

Der Spanquerschnitt $q = y \cdot s = 7 \cdot 0{,}5 = 3{,}5$ mm².

b) Es soll ermittelt werden, wieviel Umdrehungen/min die Welle bei einem Durchmesser $d = 65$ mm ausführt.

c) Es ist die Laufzeit in Minuten für das einmalige Überdrehen der Welle zu bestimmen, wenn die Drehlänge $l = 1500$ mm beträgt.

Lösung:

nach Formeln	mit dem Rechenstab
Zu a) $$V = \frac{1000 \cdot \sqrt[4]{2} \cdot 1{,}16}{K_z \cdot \sqrt[4]{q}} = \frac{1190 \cdot 1{,}16}{80 \cdot \sqrt[4]{3{,}5}} =$$ $$= \frac{1190 \cdot 1{,}16}{80 \cdot 1{,}37} = \sim 12{,}6 \text{ m/min.}$$ $q = 3{,}5$ wurde geschätzt. Um q rechnerisch bestimmen zu können, muß V geschätzt oder durch Versuche bestimmt werden.	Stelle L, Haarstrich „N" über $K_z = 80$ (R_2), schiebe die Leiste am Läufer nach abwärts bis zur Skala V und lese daselbst unter dem Teilstrich $q = 3{,}5$ der Leiste die Schnittgeschw. $V = 12{,}6$ m/min ab. (Forts. d. Lösung s. nächste Seite.)

nach Formeln	mit dem Rechenstab
Zu b) $$n = \frac{1190 \cdot 1,16 \cdot 1000}{K_z \cdot q \cdot d \cdot \pi} = \frac{V \cdot 1000}{d \cdot \pi}$$ $$= \frac{12\,600}{65 \cdot 3,14} = \sim 62\ \mathbf{Umdr./min.}$$	Halte den zu a) gefundenen Wert mit L fest, setze unter dem Haarstrich „M" den Durchmesser $d = 65\ (Z_o)$, verschiebe L, Haarstrich M über $Z_1\ (Z_o)$ und lese auf der Skala V unter dem Teilstrich $q = 3,5$ der Leiste für $n = \sim 62\ \mathbf{Umdr./min}$ ab.
Zu c) $$T = \frac{d \cdot \pi \cdot l}{60 \cdot v \cdot s}$$ $$= \frac{65 \cdot 3,14 \cdot 1500}{60 \cdot 210 \cdot 0,5} = \mathbf{48,8\ min.}$$	Setze nun $Z_1\ (Z_u)$ über $n = 62\ (V)$ und L über $s = 0,5\ (Z_u)$, halte L fest, setze unter dem Haarstrich M die Drehlänge $l = 1500\ (Z_u)$ und lese über Z_l auf R_2 für $T = \sim \mathbf{49\ min}$ ab.

Die beiden Resultate nach Formeln und mit dem Rechenstab können nur unter der Voraussetzung übereinstimmen, daß der Kalkulant die richtige Schnittgeschwindigkeit gewählt hat, was aber beim Schätzen wohl in den seltensten Fällen zutreffen dürfte.

Selbstverständlich kann auch umgekehrt aus der bekannten Umdrehungszahl und Materialfestigkeit mit einer einzigen Einstellung der Spanquerschnitt und die Schnittgeschwindigkeit ermittelt werden.

2. Beispiel. Maschinenbelastung und Spanquerschnitt.

a) Wie groß ist bei der Bearbeitung der Welle lt. 1. Beispiel der Schnittwiderstand bzw. die Maschinenbelastung N_e in PS?

b) Wie groß kann der Spanquerschnitt q gewählt werden, wenn die Bearbeitung auf einer Drehbank erfolgt, die für 3,2 PS effekt. Leistung gebaut ist?

Lösung:

nach Formeln	mit dem Rechenstab
Zu a) $$N_e = \frac{P \cdot V}{75 \cdot 60}\ \text{PS}.$$ $$V = \frac{1190 \cdot 1,16}{K_z \cdot \sqrt[4]{q}} = \frac{1190 \cdot 1,16}{80 \cdot \sqrt[4]{3,5}} =$$ $$= \frac{1190 \cdot 1,16}{80 \cdot 1,37} = 12,6\ \text{m/min}.$$ $$P = b \cdot y \cdot K_z \cdot a = q \cdot K_z \cdot a$$ $$= 3,5 \cdot 80 \cdot 3 = 840\ \text{kg}.$$ $a = 3$ angenommen. **Daher** $$N_e = \frac{q \cdot K_z \cdot a \cdot V}{75 \cdot 60} = \frac{P \cdot V}{75 \cdot 60} =$$ $$= \frac{840 \cdot 12,6}{75 \cdot 60} = \mathbf{2,35\ PS}.$$	Stelle Marke Z_n über $q = 3,5$ Skala q (Rahmen unten) und lese über Z_1 auf R_2 $N_e = \mathbf{2,35\ PS}$ ab. (Forts. d. Lösung s. nächste Seite.)

nach Formeln	mit dem Rechenstab
Zu b) $$N_e = \frac{q \cdot K_z \cdot a \cdot V}{75 \cdot 60} \; \text{PS},$$ daher $$q_e = \frac{N_e \cdot 75 \cdot 60}{K_z \cdot a \cdot V} =$$ $$= \frac{3,2 \cdot 75 \cdot 60}{80 \cdot 2,6 \cdot 12,6} = \sim 5,5 \text{ mm}^2.$$ $a = 2,65$ angenommen.	Stelle Z_1 auf PS $= 3,2$ (R_2) ein und lese unter der Marke Z_n auf q (Rahmen unten) $q = \mathbf{5,5}$ **mm²**.

Die Schnittiefe $y = 7$ mm, daher beträgt der Vorschub:

$$S = \frac{q}{y} = \frac{5,5}{7} = 0,78 \text{ mm}.$$

3. Beispiel. Schlichtung von Streitfällen.

Angenommen, der Werkmeister wäre aus irgendwelchen Gründen gezwungen, die Bearbeitung der Welle laut 1. Beispiel auf einer anderen als vom Akkordbüro vorgesehenen Drehbank vorzunehmen und der Arbeiter reklamiert die angegebene Laufzeit von 49 min als zu niedrig bemessen. Ist die Reklamation berechtigt? Die effektive Leistung der Maschine sei mit 1,9 PS angenommen.

Lösung:

Bei einem Spanquerschnitt $q = 3,5$ mm² beträgt die Maschinenbelastung (siehe Beispiel 2) $= 2,35$ PS, mithin wäre die Drehbank von 1,9 PS effektiver Leistung bei $q = 3,5$ mm² um 0,45 PS überlastet.

Der Spanquerschnitt bzw. Vorschub muß daher etwas kleiner gewählt und die Schnittgeschwindigkeit entsprechend dem Spanquerschnitt erhöht werden.

Die Werte für q und V betragen:

nach Formeln	mit dem Rechenstab
1. Spanquerschnitt: $$q = y \cdot s = \frac{P}{K_z \cdot a} =$$ $$= \frac{N_e \cdot 75 \cdot 60}{K_z \cdot a \cdot V} \text{ mm}^2.$$	1. Stelle Z_1 auf 1,9 (R_2) ein und lese auf q (R_u) unter der Marke Z_n (Z) für $q = \mathbf{2,65}$ **mm²** ab.
2. Vorschub: $$a = \frac{P}{K_z \cdot q} = \frac{N_e \cdot 75 \cdot 60}{K_z \cdot a \cdot V}.$$	2. Der Vorschub beträgt bei $y = 7$ mm $$s = \frac{q}{y} = \frac{2,65}{7} = \mathbf{0,38} \text{ \bf mm}.$$
3. Schnittgeschwindigkeit und Umdrehungen pro Minute: $$V = \frac{1190 \cdot 1,16}{K_z \cdot \sqrt[4]{q}} \text{ m/min}.$$ Die Werte für q und V können nach vorstehenden Gleichungen nicht berechnet werden, da die 1. und 2. Gleichung 3 Unbekannte enthält. Der Wert für q muß daher geschätzt oder durch Versuche ermittelt und daraus die Werte V und a bestimmt werden. Die Schlichtung dieses Falles würde u. U. eine Zeitstudie erfordern.	3. Stelle L, Haarstrich N auf $K_z = 80$ (R_2) ein, schiebe die Leiste nach abwärts bis zur Skala V und lese daselbst unter dem Teilstrich $q = 2,65$ der Leiste, $V = \mathbf{13,6}$ **m/min** und über Z_1 (Z_u) auf Skala V, unter Benutzung der Leiste, $n = \sim \mathbf{66,5}$.

Bei dem kleineren Vorschub von $s = 0{,}38$ und erhöhter Schnittgeschwindigkeit auf $V = 13{,}6$ m/min beträgt die Laufzeit

$$T = \frac{l}{n \cdot s} = \frac{1500}{66{,}5 \cdot 0{,}38} = \mathbf{59{,}35 \ min} \ \text{gegen} \ \mathbf{49 \ min}.$$

Die Reklamation ist somit berechtigt.

4. Beispiel. Fräsmaschine.

a) Wie groß kann bei einer Fräsmaschine, die mit einem einfachen Vorgelege ausgerüstet ist, der Vorschub S/min bei Verwendung eines Walzenfräsers
aus Werkzeugstahl gewählt werden, wenn die Fräsbreite $b = 40$ mm und die Frästiefe $y = 5$ mm beträgt?

b) Welche Schnittgeschwindigkeit ist für den Fräser zulässig: 1. beim
Schruppen, 2. beim Schlichten und wieviel Umdr./min führt derselbe bei einem
Durchmesser $d = 60$ mm aus?

Das zu bearbeitende Material sei S.M.Fl. von einer Festigkeit $K_z = 50$ kg/mm².

Lösung:

nach Formeln	mit dem Rechenstab
Zu a) $$S = \frac{W \cdot v \cdot 60}{b \cdot y \cdot K_z \cdot a} \ \text{mm/min.}$$ $W =$ Schnittwiderstand. $$W = \frac{b \cdot y \cdot K_z \cdot a \cdot s}{v} \ \text{kg mm/sek.}$$ Die Gleichungen für S und W ent-halten je 3 Unbekannte, die erst durch Schätzungen oder Versuche bestimmt werden müssen und können daher nicht aufgelöst werden.	Stelle L, Haarstrich M auf Marke S (R_1) ein, setze darunter die Fräsbreite $b = 40$ mm (Z_o), verschiebe L (Haar-strich M) auf die Fräsbreite $y = 5$ mm (Z_u) und lese darüber auf R_2 für $S = \mathbf{22{,}5 \ mm}$ ab.
Zu b) 1. Für Schruppen: $$V = \frac{1000}{K_z} \cdot 0{,}86\,^*) = \frac{860}{50} = \mathbf{17{,}2 \ m/min.}$$ $$\eta = \frac{V \cdot 1000}{d \cdot \pi} = \frac{1000 \cdot 0{,}86 \cdot 1000}{K_z \cdot d \cdot \pi}$$ $$= \frac{860\,000}{50 \cdot 60 \cdot 3{,}14} = \sim \mathbf{91{,}3 \ Umdr./min.}$$ 2. Für Schruppen: $$V = \frac{1000}{K_z} \cdot 1{,}2\,^*) = \frac{1200}{50} = \mathbf{24 \ m/min.}$$ $$\eta = \frac{V \cdot 1000}{d \cdot \pi} = \frac{1000 \cdot 1{,}2 \cdot 1000}{K_z \cdot d \cdot \pi}$$ $$= \frac{1\,200\,000}{50 \cdot 60 \cdot 3{,}14} = \sim \mathbf{127{,}4 \ Umdr./min.}$$ *) 0,86 und 1,2 sind durch Versuche ermittelte Konstanten.	Stelle L, Haarstrich M über $K_z = 50$ (R_2) ein, setze darunter $d = 60$ ($Z \oslash$) und lese auf Skala V: 1. Für Schruppen unter dem Haar-strich N $$V = \mathbf{17{,}2 \ m/min.}$$ 2. Für Schlichten unter dem Haar-strich S $$V = \mathbf{24 \ m/min}$$ ab. Verschiebe nun L, Haarstrich M über Z_1 (Z_o) und lese auf der Skala V: 1. Für Schruppen unter N $$\mathbf{91{,}3 \ Umdr./min.}$$ 2. Für Schlichten unter S $$\mathbf{127{,}4 \ Umdr./min}$$ ab.

5. Beispiel. Hobelmaschine.

Auf einer Hobelmaschine, die mit einer Schnittgeschwindigkeit $V = 8$ m/min und einer Rücklaufgeschwindigkeit $V_r = 12$ m/min arbeitet, soll irgendein Werkstück gehobelt werden.

Hierbei beträgt:

die Hublänge inkl. Überlauf $h = 1000$ mm,

die Hobelbreite inkl. Anschnitt $b = 350$ mm,

der Vorschub/Doppelhub $s = 0{,}8$ mm.

a) Wieviel Doppelhübe/min führt die Maschine aus?

b) Wie groß ist die Schnittzeit für 1 Schnitt?

Das Verhältnis $V : V_r = 8 : 12 = 1 : 1{,}5$.

Lösung:

nach Formeln	mit dem Rechenstab
Zu a) $$\eta = \frac{V \cdot 1000}{h\left(1 + \dfrac{V}{V_r}\right)} = \frac{8 \cdot 1000}{1000\left(1 + \dfrac{8}{12}\right)} =$$ $$= \frac{8}{(1 + 0{,}666)} = \frac{8}{1{,}666} =$$ $$= \sim \textbf{4{,}8 Doppelh./min}.$$	Stelle L, Haarstrich M über 8 (V), setze darunter 2 mal $h = 2000$ (Z_u) und lese unter 1,5 $(Z\,\varDelta)$ auf Skala V für $\eta = \textbf{4{,}8 Doppelh./min}$ ab.
Zu b) $$T = \frac{h \cdot b}{V \cdot 1000 \cdot s}\left(1 + \frac{V}{V_r}\right) =$$ $$= \frac{1000 \cdot 350}{8 \cdot 1000 \cdot 0{,}8} \cdot \left(1 + \frac{8}{12}\right) =$$ $$= \frac{350}{8 \cdot 0{,}8}(1 + 0{,}666) =$$ $$= \frac{350}{6{,}4} \cdot 1{,}666 = \sim \textbf{91 min}.$$	Halte den zu a) gefundenen Wert mit Z fest, verschiebe L, Haarstrich M auf den Vorschub $s = 0{,}8$ (Z_u), setze darunter die Hobelbreite $b = 350$ (Z_u) und lese über 1,5 $Z\,\varDelta$ auf R_2 für $T = \textbf{91 min}$ ab.

Der Vorteil meines Rechenstabes liegt insbesondere auch darin, daß die mit demselben ermittelten Werte in jedem Betriebe zuverläßlich eingehalten werden können, da dieselben das Ergebnis langjähriger praktischer Versuche und Beobachtungen sind, also keine Laboratoriums-Werte, sondern praktisch erprobte Werte darstellen.

Zu erwähnen wäre noch, daß mein Rechenstab auch als Normal-Rechenstab gegenüber anderen Systemen ganz wesentliche Vorteile bietet, da mit demselben zwei Rechenoperationen, Multiplikation und Division, mit einer Einstellung ausgeführt werden können. Daß ferner mit demselben auch das Gewicht von ϕ-, $\boxdot$- und $\oplus$-Stangenmaterial gleichzeitig in G.E-, Meß-, Cu-, S.M.St. usw. mit einer einzigen Einstellung bestimmt werden kann, sei nur nebenbei erwähnt. Eine genaue Anleitung wird jedem Rechenstab beigegeben.

3. Genormte Schruppstähle.

Nachstehend noch einige Abbildungen und Tabellen über Schruppstähle massiv und mit aufgeschweißter Schnellstahl-Schneide wie sie heute mit Vorteil in Anwendung kommen.

Linke Schruppstähle (massiv).

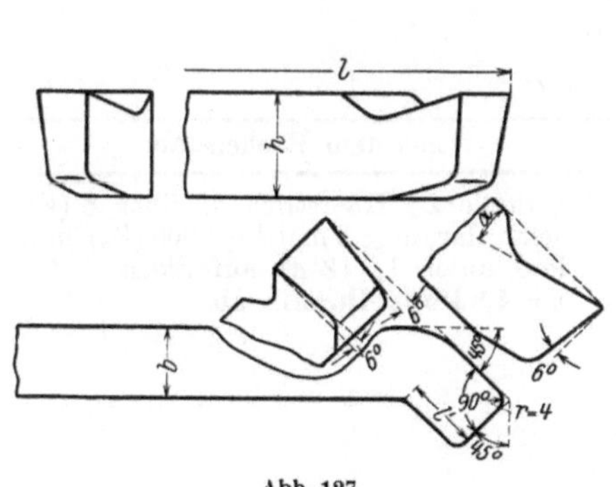

Abb. 127.

Maße in mm.

$b \times h$	l	l'
8×10	150	10
10×12	180	12
12×16	200	14
16×20	250	18
20×25	280	22
25×30	300	24
30×40	350	30
35×50	400	36
40×60	500	48

Material	α
Schmiedeeisen	24^0
Guß	12^0

Rechte Schruppstähle (massiv).

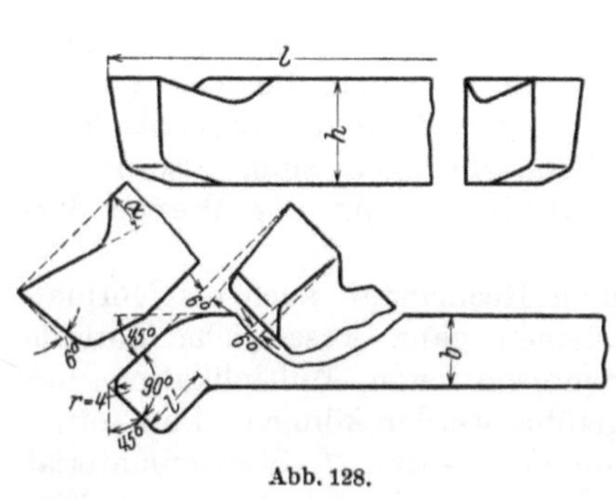

Abb. 128.

Maße in mm.

$b \times h$	l	l'
8×10	150	10
10×12	180	12
12×16	200	14
16×20	250	18
20×25	280	22
25×30	300	24
30×40	350	30
35×50	400	36
40×60	500	48

Material	α
Schmiedeeisen	24^0
Guß	12^0

Rechte Schruppstähle (mit Aufschweißplättchen).

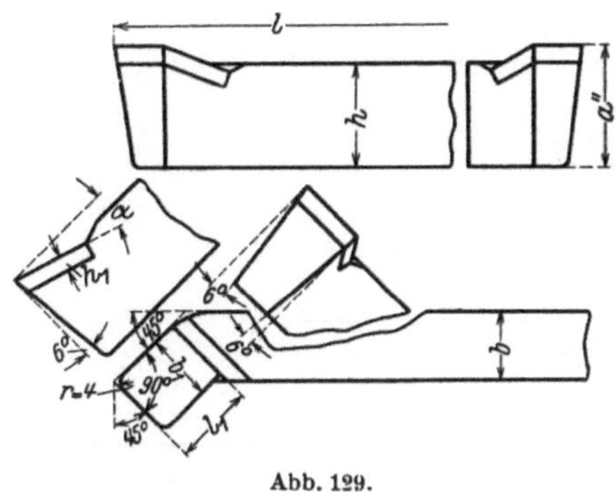

Abb. 129.

Maße in mm.

$b \times h$	l	a''	Aufschweiß-plättchen	
			$b_1 \times h_1$	l_1
25×30	300	35	25×5	25
30×40	350	46	30×6	30
35×50	400	58	35×8	40
40×60	500	70	40×10	50

Material	α
Schmiedeisen	24^0
Guß	12^0

Linke Schruppstähle (mit Aufschweißplättchen).

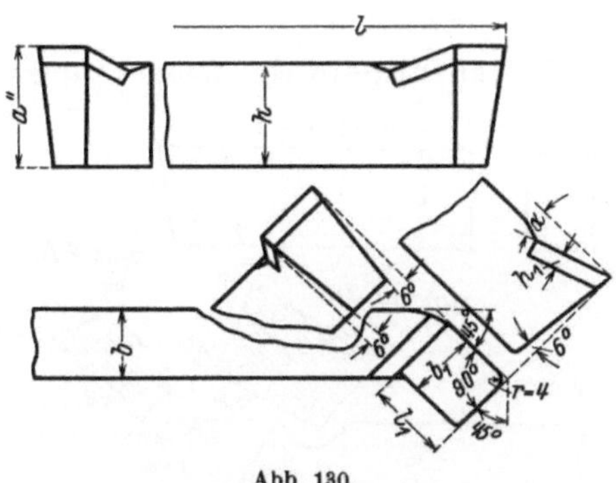

Abb. 130.

Maße in mm.

$b \times h$	l	a''	Aufschweiß-plättchen	
			$b_1 \times h_1$	l_1
25×30	300	35	25×5	25
30×40	350	46	30×6	30
32×50	400	58	35×8	40
40×60	500	70	40×10	50

Material	α
Schm.-Eisen	24^0
Guß	12^0

Gerade Schruppstähle (massiv „rechts").

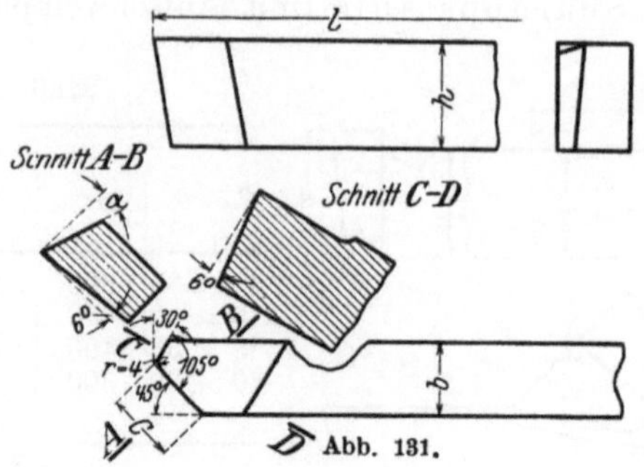

Maße in mm.

$b \times h$	l	c	Radius		Material	α
8×10	150	8	$r = 2$		Schm.-Eisen	24°
10×12	180	10	2		Guß	12°
12×16	200	12	2			
16×20	250	16	3			
20×25	230	20	3			
25×30	300	25	3			
30×40	350	30	4			
35×50	400	35	4			
40×60	500	40	4			

Gerade Schruppstähle (massiv „links").

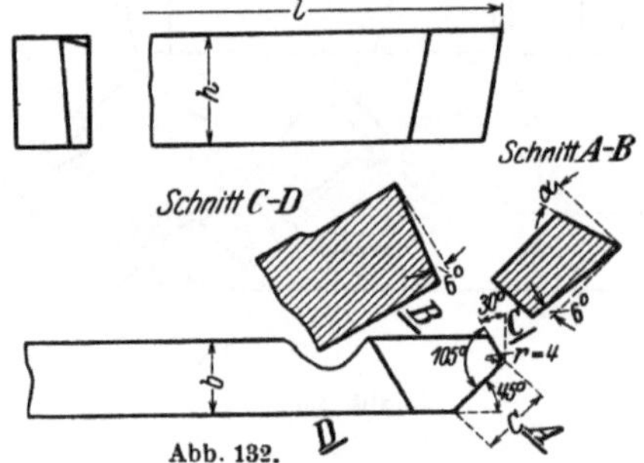

Maße in mm.

$b \times h$	l	c	Radius		Material	α
8×10	150	8	$r = 2$		Schm.-Eisen	24°
10×12	180	10	2		Guß	12°
12×16	200	12	2			
16×20	250	16	3			
20×25	230	20	3			
25×30	300	25	3			
30×40	350	30	4			
35×50	400	35	4			
40×60	500	40	4			

Lehrbuch der Vorkalkulation von Bearbeitungszeiten.
Von **Kurt Hegner**, Direktor der Ludwig] Loewe & Co. A.-G., Berlin.
Erster Band: Systematische Einführung. (Band II der „Schriften der
Arbeitsgemeinschaft Deutscher Betriebsingenieure".) Zweite, verbesserte
Auflage. Mit 107 Bildern. XII, 188 Seiten. 1927.　　Gebunden RM 15.—

Neuzeitliche Vorkalkulation im Maschinenbau. Von
Fr. Hellmuth, Techn. Chefkalkulator, Zürich, und **Fr. Wernli**, Betriebs-
ingenieur, Baden. Mit 128 Abbildungen im Text und zahlreichen Tabellen.
V, 219 Seiten. 1924.　　Gebunden RM 11.—

Die Kalkulation in Maschinen- und Metallwaren-
fabriken. Von Ingenieur **Ernst Pieschel,** Oberlehrer an der Städt.
Gewerbeschule Dresden. Zweite, vermehrte und verbesserte Auflage. Mit
214 Figuren und 27 Musterformularen. VIII, 258 Seiten. 1920.
Gebunden RM 6.70

Die Nachkalkulation nebst zugehöriger Betriebsbuch-
haltung in der modernen Maschinenfabrik. Für die
Praxis bearbeitet unter Zugrundelegung von Organisationsmethoden der Berlin-Anhaltischen Maschinenbau-A.-G., Berlin. Von **J. Mundstein.** Mit 30 Formularen und Beispielen. VI, 78 Seiten. 1920.　　RM 2.40

Moderne Zeitkalkulation. Aus der Praxis des allgemeinen Ma-
schinenbaues bearbeitet von **Otto Auerswald,** Vorkalkulator. Mit 69 Abbildungen im Text und 42 Tabellen. VIII, 126 Seiten. 1927.
RM 6.—; gebunden RM 7.50

Kalkulation und Zwischenkalkulation im Großbau-
betriebe. Gedanken über die Erfassung des Wertes kalkulativer Arbeit
und deren Zusammenhänge. Von **Rudolf Kundigraber.** Mit 4 Abbildungen.
IV, 58 Seiten. 1920.　　RM 2.50

Die Selbstkostenberechnung im Fabrikbetriebe. Eine
auf praktischen Erfahrungen beruhende Anleitung, die Selbstkosten in Fabrik-
betrieben auf buchhalterischer Grundlage zutreffend zu ermitteln. Von
O. Laschinski. Dritte, vollständig umgearbeitete Auflage. V, 138 Seiten.
1923.　　RM 3.50; gebunden RM 4.50

Grundlagen der Betriebsrechnung in Maschinenbau-
anstalten. Von **Herbert Peiser,** Direktor der Berlin-Anhaltischen Maschinenbau-A.-G. Zweite, erheblich erweiterte Auflage. Mit 5 Textabbildungen. VI, 216 Seiten. 1923.　　RM 6.60; gebunden RM 8.—

Betriebskosten und Organisation im Baumaschinen-
wesen. Ein Beitrag zur Erleichterung der Kostenanschläge für Bau-
ingenieure mit zahlreichen Tabellen der Hauptabmessungen der gangbarsten
Großgeräte. Von Dipl.-Ing. Dr. **Georg Garbotz,** Privatdozent an der Technischen Hochschule Darmstadt. Mit 23 Textabbildungen. IV, 124 Seiten.
1922.　　RM 4.20

Selbstkostenberechnung in der Gießerei. Grundsätze, Grundlagen und Aufbau mit besonderer Berücksichtigung der Eisengießerei. Von **Ernst Brütsch.** Mit 6 Tabellen. VI, 70 Seiten. 1926. RM 4.80

Kostenberechnung im Ingenieurbau. Von Dr.-Ing. **Hugo Ritter,** Berlin. VI, 114 Seiten. 1922. RM 3.40

Fabrikorganisation, Fabrikbuchführung und Selbstkostenberechnung der Ludw. Loewe & Co. A.-G., Berlin. Mit Genehmigung der Direktion zusammengestellt von **J. Lilienthal.** Dritte, von Wilhelm Müller revidierte und ergänzte Auflage. Mit einem Geleitwort von Prof. Dr.-Ing. G. Schlesinger, Berlin. Mit 133 Formularen. X, 200 Seiten. 1925. Gebunden RM 18.—

Grundlagen der Fabrikorganisation. Von Prof. Dr.-Ing. **E. Sachsenberg,** Dresden. Dritte, verbesserte und erweiterte Auflage. Mit 66 Textabbildungen. VIII, 162 Seiten. 1922. Gebunden RM 8.—

Mathematisch - graphische Untersuchungen über die Rentabilitätsverhältnisse des Fabrikbetriebes. Von Ingenieur **Reinhard Hildebrandt.** Mit 31 Abbildungen im Text und auf 7 Tafeln. VII, 79 Seiten. 1925. RM 5.10; gebunden RM 6.60

Einführung in die Organisation von Maschinenfabriken unter besonderer Berücksichtigung der Selbstkostenberechnung. Von Dipl.-Ing. **Friedrich Meyenberg,** Berlin. Dritte, umgearbeitete und stark erweiterte Auflage. XIV, 370 Seiten. 1926. Gebunden RM 18.—

Über die Eingliederung der Normungsarbeit in die Organisation einer Maschinenfabrik. Von Dipl.-Ing. **Friedrich Meyenberg,** Berlin. V, 67 Seiten. 1924. RM 3.30

Industriebetriebslehre. Die wirtschaftlich-technische Organisation des Industriebetriebes mit besonderer Berücksichtigung der Maschinenindustrie. Von Prof. Dr.-Ing. **E. Heidebroek,** Darmstadt. Mit 91 Textabbildungen und 3 Tafeln. VI, 285 Seiten. 1923. Gebunden RM 17.50

Organisation und Leitung technischer Betriebe. Allgemeine und spezielle Vorschläge. Von Ingenieur **Fritz Karsten,** Betriebsleiter. Mit 55 Formularen. VI, 163 Seiten. 1924. RM 4.20

Betriebswirtschaftliche Zeitfragen. Herausgegeben von der **Gesellschaft für Betriebsforschung E. V.,** Frankfurt a. M. (ehemals Gesellschaft für wirtschaftliche Ausbildung). Schriftleiter: Privatdozent Dr. Arthur Heber, Frankfurt a. M., Bockenheimer Anlage 45.

Fünftes Heft: **Die Verrechnungspreise in der Selbstkostenrechnung industrieller Betriebe.** Von Dr. **Theodor Beste,** Privatdozent der Betriebswirtschaftslehre an der Universität Köln. 68 Seiten. 1924. RM 3.—

Sechstes Heft: **Intensitätsmessung in der Industrie.** Von Dipl.-Ing. **W. Steinthal.** Mit 26 Abbildungen. 57 Seiten. 1924. RM 2.70

Siebentes Heft: **Der Einfluß des Beschäftigungsgrades auf die industrielle Kostenentwicklung.** Von **Herbert Peiser,** Mitglied des Vorstandes der Bamag-Meguin-A.-G., Berlin. Mit 13 Abbildungen. 22 Seiten. 1924. RM 1.80

Achtes Heft: **Industrielle Selbstkosten bei schwankendem Beschäftigungsgrad.** Von Fabrikdirektor Dr.-Ing. **H. Müller-Bernhardt.** Mit 10 Abbildungen. 32 Seiten. 1925. RM 3.—

Neuntes Heft: **Die Platzkostenrechnung im Dienste der Betriebskontrolle und Preiskalkulation.** An Hand eines Beispieles aus der Praxis erläutert von Dr.-Ing. **Gottfried Kritzler,** Marine-Ingenieur a. D. Mit zahlreichen Formularen und einem vollständig durchgeführten praktischen Beispiel. IV, 60 Seiten. 1928. RM 4.50

Ausgewählte Arbeiten
des Lehrstuhles für Betriebswissenschaften in Dresden

Herausgegeben von

Professor Dr.-Ing. **E. Sachsenberg,** Dresden

Erster Band: **Neuere Versuche auf arbeitstechnischem Gebiet.** Von Professor Dr.-Ing. **E. Sachsenberg. — Grenzen der Wirtschaftlichkeit bei der Vorkalkulation im Maschinenbau.** Von Dr. **W. Fehse. — Organisation und Grenzen der Arbeitszerlegung im fließenden Zusammenbau.** Von Dr. **K. H. Schmidt.** Mit 58 Abbildungen im Text. VI, 180 Seiten. 1924. RM 7.50; gebunden RM 9.—

Zweiter Band: **Die Bearbeitungsvorrichtungen für die spanabhebende Metallfertigung.** (Eine Systematik des Vorrichtungswesens.) Von Dr.-Ing. **H. Brasch. — Beiträge zur Wirtschaftlichkeit im Vorrichtungsbau unter besonderer Berücksichtigung der Herstellungsmenge und Art der Vorrichtung selbst.** Von Dr.-Ing. **G. Oehler. — Versuche über die Wirksamkeit und Konstruktion von Räumnadeln.** Von Prof. Dr.-Ing. **E. Sachsenberg.** Mit 248 Abbildungen im Text. VI, 184 Seiten. 1926. RM 14.40; gebunden RM 15.60

Dritter Band: **Neuere Versuche auf arbeitstechnischem Gebiet.** (Zweiter Teil.) Von Prof. Dr.-Ing. **E. Sachsenberg. — Beurteilung der Tagesbeleuchtung in Werkstätten vom Standpunkt des Betriebsingenieurs aus.** Von Dr.-Ing. **E. Möhler. — Untersuchungen über die den Zerspanungsvorgang mittels Holzkreissägen beeinflussenden Faktoren.** Von Dr.-Ing. **M. Meyer.** Mit 76 Abbildungen im Text und auf 2 Tafeln. VI, 118 Seiten. 1926. RM 9.60; gebunden RM 10.80

Vierter Band: **Untersuchungen an einem Lauf-Thoma-Getriebe zur Klarstellung der Betriebsverhältnisse und des Wirkungsgrades von Kolbenflüssigkeitsgetrieben.** Von Dr.-Ing. **Otto Hebenstreit. — Das Arbeiten der Feilen und ihr Verhalten während der Abnutzung.** Von Dr.-Ing. **Conrad Hildebrandt. — Untersuchungen über die den Zerspanungsvorgang mittels Holzbohrern beeinflussenden Faktoren.** Von Dr.-Ing. **Werner Osenberg.** Mit 196 Textabbildungen. VI, 167 Seiten. 1927. RM 18.—; gebunden RM 19.50

Die Rationalisierung im Deutschen Werkzeugmaschinenbau. Dargestellt an der Entwicklung der Ludw. Loewe & Co. A.-G., Berlin. Von Dr. **Fritz Wegeleben.** VII, 172 Seiten. 1924.   RM 6.—

Wirtschaftliches Schleifen. Gesammelte Arbeiten aus der „Werkstattstechnik", XI. bis XV. Jahrgang, 1917 bis 1921. Herausgegeben von Prof. Dr.-Ing. **G. Schlesinger,** Charlottenburg. Mit 467 Textabbildungen. IV, 103 Seiten. 1921.   RM 4.—

Zeitsparende Vorrichtungen im Maschinen- und Apparatebau. Von **O. M. Müller,** beratender Ingenieur, Berlin. Mit 987 Abbildungen. VIII, 357 Seiten. 1926.   Gebunden RM 27.90

Vorrichtungen im Maschinenbau nebst Anwendungsbeispielen aus der Praxis. Von **Otto Lich,** Oberingenieur. Zweite, vollständig umgearbeitete Auflage. Mit 656 Abbildungen im Text. VII, 500 Seiten. 1927.   Gebunden RM 26.—

Elemente des Vorrichtungsbaues. Von Oberingenieur **E. Gempe.** Mit 727 Textabbildungen. IV, 132 Seiten. 1927.
RM 6.75; gebunden RM 7.75

Automaten. Die konstruktive Durchbildung, die Werkzeuge, die Arbeitsweise und der Betrieb der selbsttätigen Drehbänke. Ein Lehr- und Nachschlagebuch von **Ph. Kelle,** Oberingenieur, Berlin. Zweite, umgearbeitete und vermehrte Auflage. Mit 823 Figuren im Text und auf 11 Tafeln sowie 37 Arbeitsplänen und 8 Leistungstabellen. XI, 466 Seiten. 1927.
Gebunden RM 26.—

Die Werkzeugmaschinen, ihre neuzeitliche Durchbildung für wirtschaftliche Metallbearbeitung. Ein Lehrbuch von Prof. **Fr. W. Hülle,** Dortmund. Vierte, verbesserte Auflage. Mit 1020 Abbildungen im Text und auf Textblättern, sowie 15 Tafeln. VIII, 611 Seiten. 1919. Unveränderter Neudruck 1923.   Gebunden RM 24.—

Taschenbuch für den Fabrikbetrieb. Bearbeitet von zahlreichen Fachleuten. Herausgegeben von Prof. **H. Dubbel,** Ingenieur, Berlin. Mit 933 Textfiguren und 8 Tafeln. VII, 833 Seiten. 1923. Gebunden RM 12.—

Additional material from *Lehrbuch der zeitgemäßen Vorkalkulation im Maschinenbau,*
ISBN 978-3-662-40632-8, is available at http://extras.springer.com